ON WAR
전쟁론

군사학
연구총서
3

ON WAR
전쟁론

군사학연구회 지음

플래닛미디어
Planet Media

탈냉전기 안보의 개념이 변하고 있다. 냉전기 안보가 단순히 군사안보로 대변되는 것이었다면 냉전 종식 이후에는 정치·경제·군사·사회 등 다양한 분야를 아우르는 포괄안보comprehensive security 개념으로 바뀌고 있다. 안보의 방법 면에서 본다면 한 국가 혹은 일부 국가 중심의 안보에서 초국가적 협력을 요구하는 협력안보cooperative security 개념이 강조되고 있다. 21세기 테러리즘과 극단주의라는 새로운 위협이 등장하고 이에 대비하기 위한 새로운 전쟁 양상이 대두함에 따라 이러한 안보개념은 나름 설득력을 얻고 있다.

문제는 포괄안보 개념이 과도하게 포장됨으로써 군사안보의 중요성에 대한 인식이 약화되고 있다는 것이다. 일각에서는 군사에 대한 논의를 시대착오적인 것으로 치부하거나 국가들 간의 전쟁이 마치 냉전기의 유물인 것처럼 간주하기도 한다. 초국가적 위협이 전통적 위협을 대체하고 경제안보 및 사회안보가 주류를 이루고 있는 상황에서 군사문제를 심각하게 다룰 필요가 없다는 것이다. 심지어 전쟁을 수행하는 데 있어서도 미국의 아프가니스탄전쟁과 이라크전쟁에서 '4세대 전쟁'이 대세를 이룬 것처럼 정규전 부대의 공격과 방어로 이루어지는 전통적인 전쟁방식이 더 이상 유효하지 않은 것으로 논하기도 한다.

그러나 21세기 안보의 성격과 방식이 아무리 변하더라도 그 핵심은 여전히 군사안보일 수밖에 없다. 전쟁은 수만 년 전부터 인류의 역사와 함께 존재해왔으며 앞으로도 그러할 것이기 때문이다. 클라우제비츠가 전쟁을 '정치의 연속'이라고 정의한 것은 전쟁이 곧 우리 삶의 일부임을 의미한다. "당신은 전쟁에 관심이 없을지라도 전쟁은 당신에게 관심이 있다"고 한 트로츠키의 말처럼 전쟁은 앞으로도 인류와 떼려야 뗄 수 없는 관계에 있는 것이다. 무엇보다도 중요한 것은 비군사안보, 즉 경제안보나 사회안보의 비중이 상대적으로 커진 것은 사실이지만 그것이 군사안보를 대체할 수는 없다는 사실이다. 경제안보나 사회안보가 잘못될 경우에는 불편함과 혼란을 조장하지만, 군사안보가 잘못될 경우에는 국가의 존재 자체가 위협받을 수 있다. 또한 경제안보나 사회안보가 실패할 경우에는 수습이 가능하지만 군사안보가 실패할 경우에는 돌이킬 수 없는 결과를 초래하고 만다. 따라서 포괄안보의 시대에도 군사안보 문제는 결코 소홀히 다룰 수 없다.

이러한 측면에서 전쟁을 이해하는 것은 중요하다. 전쟁의 이해는 군사안보를 연구하기 위한 첫걸음이라 할 수 있으며, 국가안보를 연구하기 위해 반드시 필요한 과정이다. 나아가 전쟁은 국제정치학 연구에서 중심적인 테마이다. 그래서 레몽 아롱Raymond Aron도 국제정치학을 '전쟁과 평화의 학문'이라고 정의했다. 전쟁은 없애거나 억제할 수 있는 것이 아니다. 전쟁은 파괴와 살상을 수반하는 잔혹한 현상이기에 혐오스럽고 회피하고 싶은 것이다. 문제는 그럼에도 불구하고 전쟁은 여전히 우리 주변을 맴돌고 있다는 것이다. 어차피 전쟁을 근절하지도, 억제하지도, 회피할 수도 없다면, 우리는 전쟁을 보다 잘 이해함으로써 군사 문제, 국가안보 문제, 국제정치 문제를 더 잘 다루어야 한다.

차제에 군사학연구회는 『전쟁론』을 펴내게 되었다. 시중에 전쟁론에 관한 저서들이 이미 나와 있지만 대학생 혹은 대학원생들이 표준교재로 사용하기에는 여러 제약이 따른다고 판단하여 집필을 시작한 것이다. 전쟁에 대한 논의의 표준을 제시한다는 측면에서 집필진이 많은 부담을 느꼈던 것이 사실이다. 그러나 군사학을 다루는 각 대학의 학생들과 연구자들, 그리고 이 분야에 관심이 있는 일반인들이 보다 쉽고 체계적으로 전쟁을 이해할 수 있는 지침서를 만든다는 책임감을 가지고 작업을 서둘렀음을 밝힌다.

이 책은 총 4부로 구성되어 있다. 제1부는 전쟁의 본질에 관한 것으로 전쟁의 정의, 원인, 과정, 종결을 다루고 있다. 제2부는 고대 및 중세, 근대 및 현대, 미래로 나누어 시대별 전쟁의 진화를 다루고 있다. 제3부는 전쟁의 유형에 관한 것으로 전면전쟁과 제한전쟁, 혁명전쟁과 4세대 전쟁, 이념전쟁과 종교전쟁을 다루고 있다. 그리고 제4부는 전쟁과 국력에 관한 것으로 전쟁과 사회, 전쟁과 군사력을 다루고 있다. 이번에는 여건상 수록하지 못했으나 추후 기회가 주어진다면, 리더십이나 경제관련 분야 등 다양한 주제에 대한 내용을 보완할 예정이다.

이 책의 발간에 관심을 갖고 물심양면으로 후원해준 국방대학교, 대전대학교, 건양대학교에 감사한다. 그리고 이 책이 나오기까지 지원을 아끼지 않으신 플래닛미디어 김세영 사장님과 편집자 김예진 씨, 디자이너 송지애 씨에게 감사의 말을 전한다. 모쪼록 이 책이 향후 군사학 교육과 연구는 물론, 군사학의 학문적 발전에 보탬이 되기를 기원한다.

2015년 2월,
집필진을 대표하여
박창희 씀

차례

CHAPTER 3 ────────────────────────────

전쟁의 과정 | 박창희(국방대학교 군사전략학과 교수)

CHAPTER 4 ────────────────────────────

전쟁의 종결 | 정재욱(숙명여자대학교 국제관계대학원 조교수)

PART 2 · 전쟁의 진화

ON WAR

戰爭論

PART 1
전쟁의 본질

ON WAR

CHAPTER 1
전쟁이란 무엇인가

최병욱 / 상명대학교 군사학과장

육군사관학교를 졸업하고 미 해군대학원(NPGS)에서 경영학 석사학위, 서울대학교에서
교육학 박사학위를 받았다. 펜실베이니아대학교(U-Penn)와 오하이오주립대학교(OSU)의
방문연구원, 한국국방연구원의 연구위원 등을 거쳤으며 한미연합사, 육군본부, 국방부
등에서 근무했다. 육군대령으로 전역 후 2014년부터 상명대학교 군사학과 학과장으로
재직하고 있다. 리더십, 인적자원개발, 교육훈련, 병영문화, 인력·인사정책 등의 주제를
연구하고 있다.

"당신이 전쟁에 관심이 없을지라도 전쟁은 당신에게 관심이 있다."

– 레온 트로츠키Leon Trotskii

인류의 역사는 전쟁으로 점철된, '전쟁의 역사'이다. 인류는 종족의 생존권을 확보하고, 나아가 부족 및 사회집단의 정치적 목적을 달성하기 위한 명분을 앞세워 전쟁을 수행해왔다. 전쟁은 잔혹한 폭력적 현상이기에 피하고 싶고, 없어지기를 바라는 대상이지만 그럼에도 전쟁은 여전히 우리 곁을 맴돌며 지금도 세계 곳곳에서 끊임없이 발생하고 있다.[1] "누군들 전쟁을 바랄 것인가? 그러나 당신이 전쟁에 관심이 없을지라도 전쟁은 당신에게 관심이 있다." 전쟁을 애써 외면하고픈 이들을 향한 공산주의자 트로츠키의 말이다. 전쟁은 과연 무엇이고, 왜 일어나며, 어떻게 수행되고, 또한 우리에게 어떠한 영향을 미치는가? 전쟁의 개념과 속성 및 유형을 중심으로 전쟁의 본질과 특성을 개관한다.

I. 전쟁의 개념

1. 전쟁과 평화

미국의 미래학자 앨빈 토플러Alvin Toffle는 그의 저서 『전쟁과 반전쟁War and Anti-war』에서 전쟁의 일상화 현상을 다음과 같이 설명하고 있다. 제2차 세계대전이 종료된 1945년 이후 전 세계에 걸쳐 약 150~160회의 전쟁과 내전이 일어났으며, 이 과정에서 군인만 약 720만 명이 전사했다.[2] 실제

---

1 휴 스트레이천, 허남성 역, 『전쟁론 이펙트』(서울: 세종서적, 2013), p.263.

2 제1차 세계대전 기간에 전사한 군인은 약 840만 명이다. 전사자 수만 놓고 보면, 세계는 제2차 세계대전이 끝난 이후 놀랍게도 제1차 세계대전을 다시 한 번 치른 셈이 된다.

로 1945년부터 1990년까지 2,340주 중에서 지구상에 전쟁이 전혀 없었던 기간은 전부 합하여 3주에 불과하다.[3]

왜 이토록 전쟁이 끊임없이 일어나는가? 항구적인 평화는 요원한 것인가? 이는 전쟁의 원인과 관련이 깊다. 노벨 생리의학상을 수상한 오스트리아의 동물학자 로렌츠Konrad Lorenz는 전쟁의 원인이 인간의 공격본능에 있다고 주장한다. 그에 따르면 인간도 동물과 마찬가지로 공격본능을 가지고 있으며, 이는 기본적으로 자신과 종족을 보호하고 식량을 획득하려는 데에서 비롯한다. 인간의 공격본능은 자민족 중심의 위대한 제국을 건설하려는 정치적 욕망으로 발전하게 되는데, 이것이 국가 사이에서 집단적으로 분출되면 전쟁으로 발전한다는 것이다.[4] 전쟁의 원인이 인간의 본성에 있다면 항구적인 평화 구축은 요원하다. 야심적이고 이기적인 인간의 본성이나, 자국의 이익만을 추구하는 국가의 속성은 결코 바꿀 수 있는 것이 아니기 때문이다.[5]

인류는 '평화'를 누리기 위하여 다양한 노력을 기울여 왔다.[6] 이러한 노력은 크게 두 가지 담론으로 구분된다. 첫째, 항구적 평화만이 최고의 선善이며 이를 인간의 이성으로 달성해야 한다는 주장이다. 법과 규범을 제정하고 국제기구를 만들며 외교적 활동과 경제제재 등을 통해 항구적 평화를 구축하려는 활동이 여기에 해당한다. 둘째, 평화를 위해 전쟁에 대비하는 것이 보다 현실적이며 효과적이라는 주장이다. 확실한 전쟁대비책을 강구하여 상대에게 승리할 가능성이 없음을 인식시킴으로써 전쟁 자체를 방지하거나, 혹은 자신에게 '보다 유리한 평화'를 구축하기 위하여 전쟁을

---

3 앨빈 토플러, 이규행 역, 『전쟁과 반전쟁』(서울: 한국경제신문사, 1997), pp.27-28.

4 김열수, "전쟁원인론: 연구동향과 평가", 『교수논총』 제38집 (2004).

5 박창희, 『군사전략론』(서울: 플래닛미디어, 2013), pp.32-45.

6 '평화'라는 개념에는 전쟁의 부재를 의미하는 소극적인 측면과 빈곤, 억압, 차별 등 사회적 불공정 배제라고 하는 적극적인 측면이 있다. 소극적 평화가 없는 곳에서 적극적 평화의 실현은 기대하기가 어렵다는 점에서 여기에서는 전쟁이 없는 상태를 평화라고 정의한다. 다케다 야스히로·가미야 마타케, 김준섭·정유경 역, 『안전보장학입문』(국방대학교 국가안전보장문제연구소, 2013), p.31.

적극적 수단으로 활용하는 논리이다.

그러나 평화를 향한 이러한 인류의 바람과 노력에도 불구하고 전쟁은 끊임없이 지속되어 왔다. 따라서 인류의 역사가 전쟁으로 점철된 '전쟁의 역사'라는 현실인식에 기초할 때, 전쟁과 평화를 다음과 같이 이해하는 것이 바람직하다.[7] 첫째, 오늘의 현상은 과거의 모든 혼란이 잠들어 있는 '결과적 평형상태'이다. 이런 관점에서 오늘의 평화는 '잠정적인 전쟁부재의 상태'를 의미한다. 둘째, 평화는 매우 '망가지기 쉬운 상태fragile status'이다. 자신에게 보다 안정적인 평화, 더욱 유리한 평화를 위해서 현재의 평형상태를 조정해야 할 필요성을 언제든 제기할 수 있기 때문이다. 셋째, 인류가 소망하는 상태가 전쟁이 아니고 평화이기에 평화를 확보하고 유지하기 위한 실천적인 노력이 필요하다. 평화에 대한 막연한 집착이나 염원, 국가 간의 외교적 수사나 합의는 결코 바람직한 수단이 되지 못한다. 이보다는 전쟁을 방지할 실천적인 힘과 의지가 중요하다. 한편 부득이하게 전쟁을 치르는 경우에는 극히 제한적으로, 짧고, 덜 혹독하게 수행해야 한다. 전쟁 중에도 평화의 가능성을 찾아야 하며, 전쟁이 끝난 후에는 평화 속에 깃들어 있는 전쟁의 씨앗을 제거하고 평화를 유지하기 위한 대책을 강구해야 한다.

전쟁과 평화는 동떨어진 별개의 개념이 아니며 상호 유기적인 관계를 맺고 있다. 전쟁과 평화의 관계는 "평화를 원하거든 전쟁을 대비하라"는 라틴 격언이나 "평화는 지킬 힘이 있을 때 확보하는 것"이라는 역사적 교훈에서 그 상징적 의미를 찾을 수 있다. 전쟁 중에도 평화를 모색하고, 평화 시에도 전쟁을 대비하는 것이 평화를 확보하는 비법이다.

---

7 온창일, 『전략론』(서울: 지문당, 2013), pp.427~429; 온창일, 『전쟁론』(서울: 집문당, 2008), pp.253~256.

2. 전쟁의 정의

전쟁은 원인과 현상이 복잡한 만큼이나 다양하게 정의되고 있다. 먼저 사전적 정의는 다음과 같다. 웹스터 사전은 전쟁을 "국가 또는 정치집단 간에 폭력이나 무력을 행사하는 상태 또는 사실, 특히 둘 이상 국가 간에 어떠한 목적을 위해서 수행되는 싸움"이라고 정의하고 있다.[8] 이러한 정의는 '국가 또는 정치집단 간'에 벌어지는 '폭력이나 무력행사'에 초점을 두고 있다. 한편, 옥스퍼드 사전에서는 "살아있는 실체들 사이에 벌어지는 모든 적극적 적대 혹은 투쟁" 혹은 "적대적인 힘 또는 원칙 사이의 갈등"으로 보다 포괄적인 관점에서 전쟁을 정의하고 있다. 이 정의에 따르면 전쟁의 주체는 '국가 또는 정치집단'에서 '살아있는 실체'로, 전쟁의 수단은 '폭력이나 무력행사'로부터 '투쟁 혹은 갈등'으로 확대된다. 전자는 협의狹義의 전쟁을, 후자는 광의廣義의 전쟁을 각각 개념화하고 있다.

한편 전쟁은 그 속성상 군사적 영역에서뿐만 아니라 사회 여러 분야와 깊은 관계를 맺으면서 학문분야 또는 여러 학자의 성향과 관점에 따라 다양하게 정의되고 있다. 법학자, 사회학자, 정치학자를 중심으로 한 전쟁의 정의에 관한 주요한 논점은 다음과 같다.[9] 먼저 네덜란드 법학자 흐로티위스Hugo Grotius를 비롯한 국제법학자들은 전쟁을 단순히 '싸움' 그 자체보다는 싸움이 일어나는 '상태'에 주안을 두고 있다. 흐로티위스에 따르면 전쟁은 '무력을 동원해 싸우는 행위자들의 상태'이다. 다만, 전쟁으로 분류하기 위해서는 보다 구체적으로 다음의 두 가지 조건을 충족해야 하는데, 하나는 싸움에 임하는 행위자들이 법적으로 대등해야 한다는 것이다. 이에 따르면 국가와 개인의 싸움은 전쟁으로 볼 수 없다. 다른 하나는 '무력'이란 육군이나 해군력과 같이 군사력을 의미한다는 것이다. 따라서 외교적 또는 경제적 제재조치 등은 전쟁으로 볼 수 없다. 한편 사회학자들은

---

8 황진환 외, 『군사학개론』(서울: 양서각, 2014), p.40.

9 박창희, 『군사전략론』, pp.22-24.

기본적으로 전쟁을 '무력을 동원한 싸움'이라는 관점에서 이해하고 있으나, 그러한 싸움이 사회 내에서 전쟁으로 인정받으려면 요건을 충족해야 한다고 보고 있다. 다시 말하면 무력충돌이 일어나더라도 어떤 사회에서는 그것을 전쟁으로 인정할 수 있으나 다른 사회에서는 그렇지 않을 수도 있다. 전쟁에 관한 사회구성원들의 통념과 인식을 전쟁을 구성하는 중요한 요소로 인식하고 있다.

정치학의 관점에서 전쟁에 관한 정의는 보다 구체적이다. 정치학자들은 전쟁의 초점을 폭력행위의 정치적 성격에 둔다. 국제정치학자인 헤들리 불Hedley Bull은 전쟁을 '정치적 행위자들이 서로에게 가하는 조직화된 폭력organized violence'이라고 정의한다. 이 정의는 단순하지만 분명한 메시지를 포함하고 있다. 첫째, 전쟁은 '집단화된 폭력'이다. 전쟁은 어느 한 개인의 분쟁이 될 수 없으며, 반드시 집단의 폭력이어야 한다. 둘째, 전쟁은 '조직화된 폭력'이다. 전쟁은 국가 혹은 집단 단위의 폭력으로, 우발적이 아닌 위계화·조직화된 모습을 갖추고 있어야 한다. 셋째, 전쟁은 '정치적 폭력'이다. 이 관점에서 전쟁의 목적은 정치적 목적을 달성하는데 있다. 따라서 전쟁에서의 승리는 궁극적으로 정치적 목적을 달성하기 위한 중간목표가 된다.

'정치수단'으로서의 속성을 강조하는 전쟁의 개념은 동서양에서 맥을 같이한다. 손자孫子는 "전쟁은 국가의 중대사이다. 국민의 생사가 달려 있으며 국가의 존망이 결정되는 길이니 깊이 생각하지 않을 수 없다(兵者 國之大事 死生之地 存亡之道 不可不察也)"고 전쟁의 특수성을 기술하는 한편, 최고 수준의 전쟁은 "싸우지 않고 상대를 굴복시키는 전쟁(不戰而屈人之兵)"이라는 점을 강조하고 있다. 손자의 핵심 사상은 자보이전승(自保而全勝), 즉 '스스로 보전하면서 온전한 승리를 거두는' 것이다. 이와 같이 손자는 전쟁의 본질을 국가가 가진 정치적 욕구의 발현으로 보고, 이에 대한 신중한 접근과 온전한 승리를 강조하고 있다. 이때 전쟁은 온전한 승리, 이른바 전승全勝을 위한 수단이 된다.[10]

프로이센의 군사이론가인 클라우제비츠Carl von Clausewitz는 전쟁을 "나의 의지를 실현하기 위해 적에게 굴복을 강요하는 폭력행위"로 정의했다. 이 정의는 전쟁의 목적, 목표, 수단을 모두 포괄한다. 적에게 나의 의지를 실현하는 것이 전쟁의 목적이며, 그 목적을 확실히 달성하기 위해 적이 저항할 수 없도록 굴복시키는 것이 전쟁의 목표이며, 물리적 폭력은 전쟁의 수단이 된다. 그는 동시에 전쟁은 "다른 수단에 의한 정치의 연속"이라는 함축적 표현으로 전쟁의 정치적 종속성을 강조하고 있다.[11] 동서양을 대표하는 두 군사사상가의 공통점은 전쟁을 국가목표 혹은 국가이익을 위한 수단으로 이해하고 있다는 점이다.

지금까지 사전적 의미와 학문영역에 따른 관점 및 군사이론가의 견해를 중심으로 전쟁에 관한 정의를 살펴보았다. 이를 종합하면 몇 가지 공통적인 요소를 찾아낼 수 있다. 첫째로 전쟁은 정치집단 간의 관계상황이고, 둘째로 전쟁에서는 폭력을 집합적이고 조직적으로 사용하며, 셋째는 전쟁이 다른 차원에서 설정한 목적을 달성하려는 행위라는 점이다.[12]

이를 다시 전쟁의 주체, 수단, 목적을 중심으로 구조화하면 다음과 같다.[13]

첫째, 전쟁의 주체는 누구인가? 전쟁은 국가 간 무력충돌이므로 당연히 주체는 국가가 된다. 그러나 남베트남민족해방전선(일명 베트콩Vietcong)과 남베트남 정부 사이의 내전內戰으로 시작된 베트남전쟁이나, 인민전선 정부와 프랑코 중심의 반란군 사이의 충돌이었던 에스파냐내전도 전쟁에 포함한다. 이 점에서 대부분의 전쟁 주체는 국가이지만, 합법적인 정부 혹은 이를 타도하고 합법적인 정부가 되고자 하는 집단(정치집단)을 전쟁의 주체로 포함할 수 있다. 따라서 전쟁의 주체는 국가 또는 정치집단

10 손무, 김원중 역, 『손자병법』(서울: 글항아리, 2011).

11 Carl von Clausewitz, trans. by Michael Howard and Peter Paret, *On War* (New Jersey: Princeton University Press, 1989), pp.75-89.

12 온창일, 『전쟁론』, pp.13-19.

13 황진환 외, 『군사학개론』, pp.41-43.

이 된다.

둘째, 전쟁의 수단은 무엇인가? 좁은 의미에서 보면 전쟁의 수단은 무력이나 폭력, 혹은 군사력이 된다. 그러나 제1차 세계대전 이후 전쟁은 군사력만이 아닌 모든 자원이 투입되는 총력전Total War 양상으로 변하였기 때문에, 전쟁의 수단 역시 군사력을 주축으로 하되 비군사력까지 포함하는 것이 바람직하다. 중국의 국공내전이나 베트남전쟁처럼 연합전선과 평화협정 등 평화적인 수단을 동원하여 상대의 체제와 정부를 전복한 사례도 있다. 따라서 전쟁의 주 수단은 군사력이지만, 정치, 경제, 기술, 심리 등 비군사적 수단도 전쟁의 수단으로 포함한다.

셋째, 전쟁의 목적은 무엇인가? 현대전쟁의 목적은 대부분 정치적 목적을 달성하는데 있고 그 정치적 목적은 곧 국가이익과 국가목표(국가가치)를 달성하는 데 있다. 따라서 전쟁의 목적은 정치적 목적인 국가이익을 달성하는 것이며, 궁극적으로는 '보다 나은 평화'를 구축하는 데 있다.

3. 전쟁의 양상과 의미 변화

전쟁은 시대에 따라 그 모습과 의미를 달리하며 변화한다. 우리가 맞이한 21세기의 전쟁은 어떤 모습을 띠고 있으며 과거의 전쟁과 어떤 차별성을 보이는가? 오늘날 '전쟁'이라고 했을 때 떠오르는 이미지는 18세기 후반에 이르러서야 굳어진 것으로, 그전까지만 해도 전쟁은 국가 간의 행위라기보다 특유한 군사조직을 가진 다양한 행위자들, 즉 교회, 봉건귀족, 도시국가 등의 행위였다. 현대의 전쟁은 국가가 중심이 된 영토분쟁이나 정규군 간의 전투 등 기본적인 전쟁 패턴과는 다른 양상을 보이고 있다. 민족, 종교, 경제적 이익 등 다양한 정체성과 이해관계에 따라 전쟁이 일어나고, 정규군뿐 아니라 다양한 사람들이 전쟁의 주체로 등장하고 있다.[14]

---

14 메리 캘도어, 유강은 역, 『새로운 전쟁과 낡은 전쟁』(서울: 그린비라이프, 2010), p.34.

전쟁 양상은 주로 새로운 기술력을 도입한 무기체계의 등장과 군사조직의 발전에 따라 변화한다. 앨빈 토플러는 『전쟁과 반전쟁』에서 인간의 전쟁 수행방식이 경제적 발전과 더불어 변화하고 있다고 설명한다. 제1의 물결인 농업혁명 시기에 인간의 집단거주가 이루어지면서, 전쟁은 소규모 농업공동체 사이에서 집단적 무력사용의 특징을 갖는다. 제2의 물결인 산업혁명 이후 대규모 노동집약적 생산이 가능해짐에 따라, 전쟁 양상도 국가에 의해 대규모로 조직된 상비군이 대량생산방식으로 제작된 무기를 가지고 다른 국가의 상비군과 싸우는 양상으로 전환되었다. 제3의 물결인 지식정보시대에는 컴퓨터와 첨단기술에 의해 전쟁을 수행할 것이라고 예측하고 있다. 토플러가 지적한 바와 같이 전쟁 양상의 변화에 기술발전이 미친 영향은 지대하다.[15] 예컨대 19세기 증기기관과 철도교통의 발전으로 대규모 병력이동이 가능해지면서 전쟁은 소모전 양상으로 변하였고, 이후 20세기 들어서는 전차와 항공기가 등장함에 따라 전쟁은 다시 기동전을 강조하는 전격전 양상으로 변했다. 20세기 중반 이후에는 전자정보 및 통신기술과 원자력의 발전으로 전쟁은 지상, 해상 및 해저, 공중 및 우주를 망라하는 모든 공간에서 가능해졌고, 정밀성과 파괴력에 있어서도 엄청난 발전을 이루었다.[16]

기술력의 발전이 전쟁 양상을 결정하고 나아가 기술력의 우위가 전쟁의 승패를 가름할 것이라는 기대와는 달리, 우리가 목도하는 21세기 현대의 전쟁은 사뭇 다른 모습을 보이고 있다. 미국은 2001년과 2003년에 각각 시작된 아프가니스탄전쟁과 이라크전쟁에서 압도적인 기술력과 화력

---

15 조한승, "미래전쟁 양상에 대비한 해외파병부대 발전방안", 『국방정책연구』 통권 제91호, pp.133-137.

16 이에 따라 전쟁의 양상이 기존의 소모적, 노동집약적, 대규모 전쟁에서 벗어나 첨단 전자정보기술을 활용하는 네트워크 중심전(NCW: Network-centric Warfare)으로 발전하고 있다는 인식이 널리 퍼지고 있다. NCW 개념은 정보기술과 첨단센서의 발전을 전제로 각각의 단위 무기체계 사이에 네트워크 연결을 이루어 신속하고 정확하게 정보를 교환하고, 공격 및 방어를 위한 배치, 이동, 수송, 분석의 효과를 극대화할 수 있다는 것을 주요 내용으로 한다. 앞의 글, p.135.

의 우세를 바탕으로 탈레반 정권과 사담 후세인 정권을 비교적 쉽게 무너 뜨리는데 성공했다. 그러나 시간이 지나면서 정체가 모호한 반군세력들 하고의 전쟁을 통해 종전 이후 오히려 더 많은 희생을 치르고 있다. 전쟁 의 양상이 변화하고 있는 것이다.

독일의 정치학자 뮌클러Herfried Münkler는 그의 책『새로운 전쟁Die neuen Kriege』에서 9·11테러와 아프가니스탄전쟁, 이라크전쟁 등 최근의 세계사 적 사건들을 예로 들며 '고전적인 국가 간의 전쟁'은 이제 사라졌다고 주 장하고 있다. 대규모 전투보다는 난민 행렬, 비참한 수용시설, 굶주리는 사람들로 상징되는 이른바 '새로운 전쟁'으로 그 양상이 변하고 있다는 것 이다. 이 새로운 전쟁은 강도는 약해졌을지 몰라도 더 잔혹하고 더 오래 지속되는 폭력으로 우리의 삶과 사회구조에 더 깊이 파고들며 사회·경제 적으로 더 심각한 영향을 미치고 있다.[17] 이제 전통적 관점의 '낡은 전쟁' 에서는 논외의 대상으로 간주하던 비공식 전쟁, 반란, 봉기, 테러, 저강도 분쟁 같은 개념들이 '새로운 전쟁'의 틀 안에서 주요한 개념으로 부상하고 있다. 새로운 전쟁은 민족, 인종, 종교 등의 측면에서 특수한 정체성을 내 세우는 범죄집단들이 부당한 폭력을 행사하면서 발생한다. 이 전쟁에서 는 전쟁과 범죄, 인권침해 간 경계가 모호하다.

'4세대 전쟁Fourth Generation Warfare'과 '하이브리드 전쟁Hybrid War'의 개념 또 한 최근의 전쟁 양상을 설명하는 유용한 도구로 등장하고 있다. 윌리엄 린 드William S. Lind에 따르면, 근대국가의 등장 이래 전쟁 양상은 지금까지 크게 3단계의 진화과정을 거쳐 지금은 4번째 단계, 즉 '4세대 전쟁' 양상으로 변화하고 있다.[18] 1세대 전쟁은 베스트팔렌조약 이후부터 나폴레옹전쟁 에 이르는 시대로, 근대적 성격의 주권국가가 전쟁의 주요 행위자로 등장

---

17 헤어프리트 뮌클러, 공진성 역,『새로운 전쟁: 군사적 폭력의 탈 국가화』(서울: 책세상, 2012), pp.13-18

18 William S. Lind, Keith Nightengale, John F. Schmitt, Joseph W. Sutton, Gary I. Wilson, "The Changing Face of War: Into the Fourth Generation," *Marine Corps Gazette* (October 1989), pp.22-26.

한다. 나폴레옹전쟁 이후 제1차 세계대전에 이르는 시기는 시민혁명 이후 주권국가의 성격이 국민국가로 바뀜에 따라, 이때의 2세대 전쟁 역시 애국심과 민족주의로 무장한 대규모 국민군대 사이의 전쟁으로 바뀌게 된다. 3세대 전쟁은 제1차 세계대전 이후 현재까지 벌어지는 전쟁으로 엄청난 화력과 정밀무기를 바탕으로 한 기동전, 신속하고 정밀한 이동수단을 사용하여 적의 후방을 타격하여 신속하게 전쟁을 종결짓는 전력전이 대표적인 전술로 등장했다. 그 뒤를 잇는 4세대 전쟁의 가장 큰 특징은 비국가 행위자가 전쟁의 중요 행위자로 등장하게 되었다는 것이다. 새로운 전쟁에서 전투는 국민군대 중심의 전투와 달리 소규모 비국가 조직에 의해 전개되며, 물리적 파괴가 아닌 적 내부의 사회적·문화적 붕괴를 목적으로 삼는다. 따라서 4세대 전쟁에서는 전투행위자의 구분, 전선의 구분, 더 나아가 전쟁과 평화의 구분이 모호하다.[19]

한편 하이브리드 전쟁은 여러 전쟁방식의 '융합fusion'을 의미한다. 하이브리드 전쟁개념은 2000년대 중반 미 해병대 출신 프랭크 호프먼Frank G. Hoffman 등이 제기한 것으로 재래식전쟁, 비정규적 전쟁, 사이버 정보전쟁 등 다양한 전쟁 양상이 시간과 공간, 물리적 측면과 정보부문, 국가와 비국가 행위자, 전투원과 민간인 등 모든 차원에서 상호 교차적으로 융합되어 전개되는 전쟁을 의미한다.[20] 4세대 전쟁개념이 비국가 행위자에 초점을 맞추어 전개된 것과는 달리, 하이브리드 전쟁은 국가와 비국가 행위자의 전통적 재래전 방식에서 벗어나 자신들의 우위를 점할 수 있는 기술과 전술을 조합하거나, 혹은 기존 전쟁방식의 틈새 공간을 활용하는 전략을 구사하는 것에 주목하고 있다. 호프먼에 따르면 앞으로의 군사적 위협은 단순한 흑백 이분법적 논리로 접근할 수 없다. 전통적 능력, 비정규적 전

---

19 김정기, "전쟁 양상의 변화", 군사학연구회, 『군사학개론』(서울: 플래닛미디어, 2014), pp.135-136.

20 Frank G. Hoffman, "How Marines are preparing for hybrid wars," *Armed Forces Journal* (March 2006).

술 및 편제, 테러행위, 범죄와 무질서 등을 포함하는 서로 다른 전쟁 양식이 융합하여 나타난다. 행위자도 국가와 비국가 행위자를 모두 포함한다.

토플러가 제기한 기술력의 발전에 따른 전쟁 양상의 변화, 뮌클러의 새로운 전쟁, 린드와 호프먼이 주장하는 4세대 전쟁과 하이브리드 전쟁은 모두 전쟁 양상과 전쟁의 의미가 변화하고 있음을 시사하고 있다. 이처럼 새로운 전쟁의 출현이라는 관점에서 보면 클라우제비츠의 전쟁개념은 이제 더 이상 유효하지 않는 것처럼 보인다.[21] 그러나 새로운 전쟁에서 '새로움'은 과연 무엇을 의미하는가? 클라우제비츠는 '전쟁은 정치의 수단'이며 아울러 '진정한 카멜레온ein wahres Chamäleon'의 성격을 갖고 있다고 설명한다. 클라우제비츠에 의하면 전쟁은 폭력성, 우연성, 합리성의 3요소로 구성되어 있다. 전쟁의 3요소는 상호 간에 역동적인 관계를 유지하면서 카멜레온보다 더 다양한 전쟁 현상을 만들어 낸다. 새로운 전쟁의 '새로움'은 실상 전쟁이 정치의 도구라는 '사실의 변화'에 있지 않고 전쟁이 정치의 도구가 되는 '방식의 변화'에 있다고 할 수 있다. 전쟁의 가변성을 새로움이라고 한다면 전쟁의 가변성을 역설한 클라우제비츠의 분석과 그의 전쟁사상은 현재에도 여전히 유효하다.

---

21 이스라엘의 전쟁사학자 마르틴 판 크레펠트(Martin van Creveld)는 그의 저서 『전쟁의 변형(The Transformation of War)』에서 '미래의 전쟁'이라는 제목 아래 "오늘날 전쟁은 새롭게 변화하고 있으며, 따라서 과거 국가 간 전쟁의 시대에만 유효했던 클라우제비츠의 전쟁개념은 더 이상 유효하지 않다"고 지적하고 있다. Martin van Creveld, *The Transformation of War* (New York: The Free Press, 1991), pp.192-223.

II. 전쟁의 속성

지금까지 전쟁과 평화의 관계, 전쟁의 정의, 전쟁의 의미 변화 등 다양한 차원과 관점에서 전쟁에 대한 개념을 살펴보았다. 전쟁은 기본적으로 '군사력의 충돌'이며 '정치의 연속'이다. 클라우제비츠는 전쟁의 속성을 이론적으로 체계화한 대표적 군사이론가로서, 그의 전쟁사상체계의 효용성은 오늘날에도 높이 평가받고 있다. 그는 전쟁의 본질을 '절대전쟁'과 '현실전쟁'이라는 상반된 두 가지 관점으로 구분하고, 현실전쟁 차원에서 전쟁을 구성하는 세 가지 요소를 전쟁의 속성으로 제시하고 있다. 클라우제비츠의 논의를 중심으로 전쟁의 이중적 구조와 현실전쟁을 구성하는 세 가지 속성을 살펴본다.

1. 전쟁의 이중적 구조

클라우제비츠는 전쟁을 '힘의 무한 사용을 전제로 하는, 관념세계에만 존재하는 절대전쟁'과 '정치적 수단으로서의 전쟁본질에 기초한, 현실세계에서 발생하는 현실전쟁'으로 구분하고 이를 전쟁의 이중적 구조로 설명하고 있다.[22]

(1) 절대전쟁

클라우제비츠는 전쟁을 "나의 의지를 실현하기 위해 적에게 굴복을 강요하는 폭력행위"로 정의하고 있다. 이 정의에는 전쟁의 세 가지 요소로 지목되는 목적, 목표, 수단이 모두 포함되어 있다. 즉, 적에게 나의 의지를 관

---

22 Carl von Clausewitz, *On War*, pp.75-89; 카알 폰 클라우제비츠, 김만수 역, 『전쟁론』 제1권 (서울: 갈무리, 2010), pp.45-82; 김연주, "클라우제비츠의 『전쟁론』", 군사학연구회, 『군사사상론』(서울: 플래닛미디어, 2014), pp.135-141.

철시키는 것이 전쟁의 목적이며, 이를 위해 적의 저항력을 무력화하는 것이 목표이고, 물리적 폭력은 전쟁의 수단이다.

절대전쟁은 물리적 폭력이 전쟁의 목적, 목표, 수단의 측면에서 상호작용을 통해 극한으로 치닫는 전쟁이다. 첫째, 전쟁의 목적인 '나의 의지를 실현'하기 위해 폭력은 무한대의 상호작용을 한다. 전쟁은 적대적 감정과 의도에서 시작된다. 전쟁과 같은 위험한 상황에서 무자비하게 폭력을 사용하는 쪽은 폭력을 사용하지 않는 쪽보다 유리하다. 따라서 서로 자신의 뜻에 따를 것을 강요하며 폭력을 사용하게 되는데, 이러한 폭력은 상호간의 상승작용을 하면서 무한대의 극한으로 치닫게 된다. 둘째, 전쟁의 목표인 '적의 저항력을 무력화'하기 위해 폭력은 극한으로 치닫는다. 전쟁행위의 목표는 적을 쓰러뜨리거나 혹은 무장을 해제하여 적의 저항력을 무력화하는 데 있다. 전쟁 당사자가 빠질 수 있는 최악의 상황은 저항력을 완전히 상실하는 것이다. 적을 나의 의지에 따르도록 강요하려면 사실상 저항하지 못하게 만들거나, 아니면 그렇게 될 가능성 때문에 위협을 느끼는 상태에 빠뜨려야 한다. 여기에서 상호작용이 존재한다. 즉, 내가 적을 쓰러뜨리지 못하면 적이 나를 쓰러뜨릴 것이라는 두려움을 갖게 되며, 이것이 결국 폭력을 극한으로 치닫게 하는 요인이 된다. 셋째, 적을 무력화하기 위한 '힘'에 관한 것으로 적을 물리치려면 힘을 적의 저항능력에 맞춰야 한다. 적의 저항능력은 서로 분리할 수 없는 두 요소로 이루어져 있는데, 하나는 적이 갖고 있는 모든 수단이며, 다른 하나는 강력한 의지력이다. 현실적으로 적의 의지력을 측정하는 것은 매우 어렵기 때문에, 적이 갖고 있는 수단을 파악하여 이를 극복할 더 많은 수단을 갖기 위해 노력하게 된다. 그러나 적도 똑같은 노력을 할 것이기에 상대를 압도하려는 노력은 상호 간에 상승작용을 일으킨다.

이상과 같이 폭력의 상호작용은 이론적으로 극단에 이를 때까지 결코 멈추지 않는다. 어느 편도 자기 행동을 자제하지 못하고 상대방을 압도하려는 노력을 확대해 나갈 것이기 때문이다. 결국 무제한 폭력의 충돌은 극한 상태에서 절대전쟁의 모습으로 나타나게 될 것이고, 이러한 절대전쟁은 어느 한편이 완전히 파멸할 때에만 종식된다.

(2) 현실전쟁

위에 기술한 절대전쟁개념은 현실전쟁을 보다 잘 드러내기 위해서, 현실전쟁의 속성을 구체적으로 나타내기 위해서 상호 대비의 개념으로 사용한 것이다. 클라우제비츠 역시 이러한 절대전쟁은 현실세계에서 일어나기 불가능한 탁상공론이라고 평가하고 있다. 클라우제비츠에 따르면 절대전쟁은 다음과 같은 특별한 상황을 전제로 한다. ① 전쟁이 과거의 정치세계와 무관하게 고립된 행위로 갑자기 발생하는 경우, ② 전쟁이 단 한 번의 결정이나 동시에 발생하는 결전으로 구성되어 있는 경우, ③ 전쟁에 이어지는 정치적 상황이 전쟁에 전혀 영향을 미치지 않으면서 전쟁이 독자적으로 종결되는 경우이다. 그러나 현실에서 이러한 조건을 모두 충족하는 경우는 없다. 왜냐하면 첫째로 전쟁은 상대방이 처한 상태와 행동의 수준에 따라 폭력의 수준과 범위를 상호 수정하는 것으로, 정치세계와 무관한 완전히 고립된 행위일 수 없다. 둘째로 전쟁은 일회성 행위가 아니며, 셋째로 전쟁의 결과는 결코 절대적이지 않으며 전쟁에서 패배한 국가도 후일 정치적 상황이 바뀌면 언제든지 다른 개선책을 마련할 수 있기 때문이다.

한편 전쟁에서 발생하는 다양한 마찰요인은 폭력이 무한대로 확장하는 상황, 이른바 절대전쟁으로 나아가지 못하도록 방지한다. '마찰friction'이란 현실전쟁과 절대전쟁의 차이 및 현실전쟁의 속성을 동시에 설명하는 핵심개념이다. 클라우제비츠는 마찰을 유발하는 요소로 ① 생명을 위협하는 제반요인인 '전쟁의 위험성', ② 불순한 기상조건과 험준한 지형, 수면부족과 긴장 등을 포함하는 '육체적 고통', ③ 정보의 부족에서 오는 전장의 '불확실성', ④ 인간의 능력으로는 어찌할 도리가 없는, 예상치 않은 사태와 같은 '우연성'을 들고 있다. 이러한 마찰요소로 인해 모든 전쟁계획은 방해를 받으며, 전쟁 수행 중 지속적으로 목적과 수단을 재평가할 수밖에 없다.

현실전쟁개념의 핵심은 '전쟁은 정치의 수단'이자 '다른 수단에 의한 정치의 연속'이라는 클라우제비츠의 전쟁개념에서 잘 드러난다. '적에게 나의 의지를 강요'하는 절대전쟁의 목적은, 현실전쟁에서 '정치적 목적을 구현'하는 것으로 대치된다. 정치적 목적은 양측의 의지와 노력의 정도에 따라 변하게 마련이다. 설정된 정치적 목적을 국민이 얼마나 공감하느냐에 따라 군사활동의 목표가 정해지고 투입할 군사력의 양이 결정되며, 정치적 목적이 크고 작음에 따라서 군사활동은 섬멸전부터 단순한 무력정찰 수준까지 다양한 형태로 표출된다. 현실전쟁은 정치적 목적이 지배하는 전쟁이다.

2. 전쟁의 세 가지 속성

클라우제비츠에 의하면 현실전쟁은 '기묘한 삼위일체의 구조'로 구성되어 있다. '삼위일체Dreifältigkeit, trinity' 개념은 현실전쟁 차원에서 전쟁을 구성하는 3요소와 각 요소의 사회적 행위주체를 결합한 클라우제비츠 이론의 핵심이다. 그는 전쟁의 3요소를 다음과 같이 정의하고 있다. 첫째, 증오와 적대감의 원초적 폭력성으로, 이는 맹목적인 본능과 같다. 둘째는 창의적인 정신활동과 관련된 우연과 개연성의 작용이며, 셋째로 전쟁을 합리적인 수단이 되게 하는 국가의 정치이성이다.[23] 첫 번째는 국민과, 두 번째는 군대와, 세 번째는 정부와 관련되어 있다. 이 세 기둥은 상호 간에 균형을 유지함으로써 절대전쟁으로 진행하는 것을 막고, 상호 결합에 따라 전쟁을 카멜레온보다도 더 변화무쌍하고 역동적인 것으로 만들어간다.[24]

---

23 카알 폰 클라우제비츠, 김만수 역, 『전쟁론』 제1권, p.81.; 김연주, "클라우제비츠의 『전쟁론』", pp.141~142.

24 미 합참의장과 국무장관을 지낸 콜린 파월(Colin Powell)은 "직업군인 신분인 내가 클라우제비츠에게서 구한 가장 큰 교훈은, 군인이 아무리 애국심과 용기와 전문성을 지녔더라도 단지 삼각대

(1) 원초적 폭력성

클라우제비츠는 전쟁을 "나의 의지를 실현하기 위해 적에게 굴복을 강요하는 폭력행위"로 정의하면서 '폭력행위'가 전쟁에서 필수적인 요소임을 강조하고 있다. 맹목적인 원초적 폭력은 그 자체가 목적이며, 폭력 자체의 흥분, 열정, 정열 등에 따라 한번 발화되면 원초적이고 파괴적인 성향을 무한대로 노출하면서 극한으로 진행된다. 한편 조직화된 집단적인 폭력은 전쟁을 인간의 다른 행위와 구분하는 유일한 특징이다. 맹목적 폭력은 집단적 차원에서 국가와 민족이라는 동일체 의식하에서 상대방을 집단으로 타도하려는 단 하나의 목적을 가지며, 협상이나 타협의 여지없이 극한의 폭력상태로 발전하게 하는 요인이 된다. 국민의 폭력성과 적대감은 현실전쟁을 구성하는 기본요소이다.

(2) 개연성과 우연성

클라우제비츠는 전쟁을 카드게임과 같은 '도박'에 비유하고 있다. 전쟁의 본질은 상대방의 의중을 정확히 알 수 없지만 서로의 의중을 추측하는 도박과 같고, 따라서 전쟁에는 각자의 추측을 통한 '개연성'의 법칙과 전장의 불확실성에 따른 '우연성'의 법칙을 적용한다. 전쟁의 우연성은 앞에서 설명한 바와 같이 마찰에 기인한다. 위험, 육체적 고통, 불확실성 등의 특성으로 인해 전쟁을 계획대로 진행하는 데에는 내재적·외재적 마찰이 항상 존재한다. 전쟁의 마찰은 아군뿐만 아니라 상대방에게도 존재하게 마련이다. 따라서 마찰현상은 어려움인 동시에 호기가 된다. 클라우제비츠는 마찰을 전쟁의 저항요인임과 동시에 기회요인으로서 이중적 가치를 지닌 것으로 인식했다.

의 다리의 하나에 불과하다는 점이다. 군대와 정부와 국민이라는 세 개의 다리가 더불어 받쳐주지 않는다면, 전쟁이라는 과업은 제대로 수행될 수 없다'고 클라우제비츠의 삼위일체론의 중요성을 강조했다. 휴 스트레이천, 허남성 역, 『전쟁론 이펙트』, p.14-16 참조.

클라우제비츠는 마찰을 최소화하고 전장의 불확실성을 극복하기 위한 대안으로 '군사적 천재'의 개념을 제시하고 있다.[25] 그에 따르면 군사적 천재는 깊은 어둠 속에서도 인간의 정신을 진실로 이끄는 내면적 불빛, 즉 이성의 산물인 '통찰력'과 통찰력이 비추는 희미한 불빛을 따르는 용기, 즉 이성과 감성의 복합체인 '결단력'의 두 가지 특성을 모두 갖추고 있어야 한다. 또한 그는 군사적 천재의 본질이 이성과 감성의 힘을 통합하는 강한 정신력에 있다고 강조한다. 이런 점에서 개연성과 우연성에 관한 행위주체는 최고지휘관과 군대가 된다.

(3) 국가의 정치이성

국가의 정치이성은 '전쟁의 정치적 종속성'으로부터 출발한다. 클라우제비츠는 '전쟁은 정치의 도구'이자 '다른 수단에 의한 정치(정책)의 연속'이라는 함축어로 전쟁의 정치적 속성을 표현하고 있다.[26] 그는 전쟁이 정치적 목적인 자신의 의지를 강요하기 위한 수단임을 강조함으로써, 전쟁이 갖고 있는 폭력성을 정치적 목적에 의해 이성적으로 지도해야 함을 강조하고 있다. 인간의 보편적인 이성은 맹목적인 충동과 원초적인 폭력성을 거부하고, 극단적인 선택보다는 합리적인 균형을 추구하며, 충돌 대신에 조화를, 무모함 대신에 사려 깊은 행동과 결과를 추구한다. 이 점에서 클라우제비츠는 정부 또는 국가를 정치이성의 실체로 인식하고 있다. 국가의 정치이성이 전쟁을 이성적 분별의 대상이 되게 만들며, 전쟁을 정치적 목적 달성을 위한 합리적 수단으로 나아가게 한다. 정부 또는 국가의 정치이성은 폭력성을 통제할 수 있는 유일한 요소이다.

클라우제비츠는 전쟁을 결투와 도박으로 묘사하고 있다. 결투에서는

---

25 김연주, "클라우제비츠의 『전쟁론』", pp.148-149 참조.

26 여기서 '정치'와 '정책'이 함께 등장하는 것은 독일어에서 'Politik'이라는 단어가 두 가지 뜻을 모두 내포하고 있기 때문이다. 정치(정책)적 목적달성을 위한 수단으로서의 전쟁은 모든 현대국가에서도 적용된다.

서로 자신의 생명을 보호하고자 하는 폭력성의 발로를, 도박에서는 상대
방이 지니고 있는 패를 모르면서 벌이는 우연성과 불확실성의 모습을 표
현했다. 한편 전쟁은 정치적 목적을 달성하기 위하여 이성적으로, 제한적
인 수단으로만 사용해야 한다. 전쟁의 3요소는 개별적으로 상이한 본질에
근원을 두고 있으나 상호 역동적 관계를 유지하며 카멜레온보다 더 다양
한 전쟁현상을 나타낸다. 그럼에도 불구하고 전쟁이 정치적 목적 혹은 평
화를 실현하기 위해서는 세 요소가 최적의 균형을 이루어야 한다. 전쟁의
3요소가 최적의 균형을 이루는 상태로 하나로 통합될 때 진정한 삼위일
체가 될 수 있다. 전쟁의 삼위일체론은 전쟁의 본질과 제반현상을 절대전
쟁과 현실전쟁의 관계 속에서 이해하게 한다.[27]

III. 전쟁의 유형

전쟁의 유형은 전쟁의 어떤 특성을 분류의 기초로 삼느냐에 따라 달라지
며, 어떤 시대적 특징이나 특정한 요소를 강조하는 차원에서 다양하게 분
류된다. 전쟁에 대한 분류와 유형화 작업은 전쟁을 포괄적, 체계적으로 이
해하는 데 도움을 준다. 대표적인 유형화 기준으로는 전쟁의 목적, 무기의
종류, 전략의 차원, 전쟁 지역 등이 있다.[28] 전쟁을 어떤 관점에서 볼 것이
냐에 따라 달라지지만, 기본적으로 어느 한 전쟁은 다양한 유형의 전쟁을
포괄하고 있다.

---

27 김연주, "클라우제비츠의 『전쟁론』", p.147.
28 황진환 외, 『군사학개론』, p.45.

1. 전쟁의 목적에 따른 분류

전쟁은 그 목적에 따라 종교전쟁, 이념전쟁, 제국주의전쟁, 독립전쟁, 통일전쟁, 내전, 예방전쟁 등으로 구분할 수 있다. 종교전쟁은 종교적 신념 차이에서 비롯된 전쟁이다. 대표적으로 십자군 원정을 들 수 있다. 십자군 원정은 11세기부터 13세기까지 중세 서유럽의 로마가톨릭 국가들이 중동의 이슬람 국가에 대항하여 성지^{聖地} 예루살렘을 탈환하는 것을 목적으로 행한 대규모 군사원정을 가리킨다. 처음의 순수한 열정과는 달리 점차 정치적·경제적 이권에 따라 교황은 교황권 강화를, 영주들은 영토 확장을 목적으로 하는 등 변질되었다. 따라서 이것을 간단히 종교전쟁이라고만은 할 수 없지만, 기본적으로 그리스도교도와 이슬람교도의 배타적 싸움이라는 점에서 종교전쟁으로 분류한다.

이념전쟁은 서로 다른 가치체계를 내세운 정치집단들이 무력을 사용하여 상대의 체제를 전복하려는 의도로 수행하는 전쟁을 의미한다. 이러한 성격의 전쟁은 몇 가지 특징을 가지고 있다.[29] 첫째, 이념전쟁은 이념적 가치를 보존하기 위하여 민족이나 국가를 초월한다. 그리하여 한 민족이나 국가 내에서 내전을 현실화하기도 하고, 국지전을 이념적 진영 간의 국제전으로 확장하기도 한다. 둘째, 이념전쟁은 잠정적으로 정치적 타협을 통해 중단할 수는 있으나, 결국에는 상대의 체제를 무력화하거나 전복할 때까지 지속된다. 셋째, 이념전쟁은 제거해야 할 이념과 이에 근거한 가치체계를 무력화하기 위하여 거의 모든 폭력적·비폭력적 수단을 동원한다. 폭력이 조직화된 군사력에서부터 개인적·집단적 테러행위까지 망라하기 때문에 대체로 전쟁의 잔혹성 수준이 높다.

이러한 이념전쟁으로, 자유와 평등이라는 새로운 이념과 가치 아래 당시 왕조체제를 유지하고 있던 유럽 국가들과 전쟁을 수행한 나폴레옹전

---

29 온창일, 『전쟁론』, pp.25-33.

쟁(1796~1815년)을 포함할 수 있다. 미국의 남북전쟁(1861~1865년) 역시 이념전쟁으로 볼 수 있다. 연방정부의 권한 강화를 주장한 미국 북부와 주정부의 권위를 더욱 중시하는 미국 남부 간 노예제도의 존폐문제를 둘러싼 이념대립이라는 특징을 갖는다. 중국이 이른바 토지혁명전쟁, 항일전쟁, 전국해방전쟁으로 지칭하는 국공내전(1927~1949년), 냉전기 동서 양대 진영의 접경에서 벌어진 6·25전쟁(1950~1953년), 베트남전쟁(1954~1975년)은 모두 이념전쟁이라 할 수 있다.

제국주의전쟁은 세력권 확장이나 식민지 쟁탈을 목적으로 수행하는 전쟁을 의미한다. 사실상 대부분의 전쟁은 생존권 보장을 위한 생활영역의 확장으로부터 왕권이나 전제군주의 통치영역의 확장, 종교지역의 확장, 이념 세력권의 확장, 국가 권역의 확장, 동맹의 영향권 확장 등에 이르기까지 여러 가지 이유와 목적을 내세운 세력권 확장 전쟁이다. 과거 제국을 건설했던 로마나 몽고는 세력권의 확장을 목적으로한 제국주의 전쟁의 전형을 보여준다. 범汎게르만주의 및 범슬라브주의에 입각한 국가동맹 간의 대결로 시작된 제1차 세계대전(1914~1918년)이나, 아리안족의 생활권이 좁아서 슬라브족의 것을 박탈해야겠다는 히틀러의 기염으로 시작된 제2차 세계대전(1939~1945년) 역시 제국주의전쟁이다. 자국 주도 아래 대동아공영권大東亞共榮圈을 형성하겠다는 구상을 구현하기 위하여 군국주의 일본이 시작한 태평양전쟁(1941~1945년)도 세력권을 확장하거나 이를 저지하려는 세력들의 전쟁으로서, 지역적 패권을 장악하려는 제국주의전쟁으로 분류한다.

그 외에도 기타 목적에 따라 독립을 목적으로 수행하는 독립전쟁, 민족통일을 위한 통일전쟁, 국가 내 권력 쟁탈을 목적으로 수행하는 내전, 앞으로 예견되는 더 위험한 전쟁을 예방하기 위한 목적으로 수행하는 예방전쟁 등을 들 수 있다. 독립전쟁으로 영국의 식민지의 상태에서 독립을 쟁취하기 위하여 치른 미국의 독립전쟁(1775~1783년)을 대표적으로 들 수 있다. 통일전쟁은 민족 단위 혹은 지역적 개념에서 통일을 달성하기 위한 전쟁으로, 한반도에서는 중국 당나라의 도움을 받아 백제를 멸망시키고 고구려까지 멸망시킨 신라의 삼국통일 전쟁을 들 수 있다. 독일 통일을 달성하기 위하여 벌인 프로이센-오스트리아 전쟁(보오전쟁, 1866년)과 프로이센-프랑스 전쟁(보불전쟁, 1870~1871년)도 여기에 해당한다. 내전은 어떤 이유에서든 한 국가 내에서 정치권력을 장악하기 위하여 벌인 전쟁이라 할 수 있다. 미국의 남북전쟁이나 에스파냐내전(1936~1939년)이 여기에 해당한다. 이 외에도 덜 위험한 전쟁을 통해 더 위험한 전쟁을 방지하려는 의도로 치러지는 예방전쟁이 있다. 이스라엘이 자신에게 불리한 전쟁을 기다리지 않고 주위의 아랍 국가들에게 선제공격을 가함으로써 시작된 6일전쟁(1967년)은 예방전쟁이라 할 수 있다. 전쟁의 목적에 따른 유형을 보면, 대개 특정한 시기의 역사적 상황과 분위기가 전쟁의 동기를 형성함을 알 수 있다.

2. 전쟁 수행방식에 따른 분류

전쟁은 그 수행방식에 따라 개념적 차원에서 정규전, 비정규전, 특수전으로 구분할 수 있다.[30] 정규전은 국가가 정규군을 운용하여 규정된 전술과 전법에 따라 하는 전쟁으로, 비정규전에 대비되는 전쟁 유형으로 개념화할 수 있다.[31] 전선이 비교적 명확하여 전방에 적, 측·후방에 우군이 배치되어 실시되는 전쟁으로, 이러한 배열의 대치상태에서는 어느 측이 상대의 측·후방을 먼저 포위하여 강타하느냐 하는 전투수행방식이 중요하다. 따라서 신속하고 은밀한 기동을 통해 원하는 시간과 장소에서 국지적인 전력의 우세를 확보하는 것이 통례로 되어 왔다. 전쟁사에 기록된 거의 대

---

30 전쟁의 속성상 목적 달성을 위해 국가의 총력을 기울인다는 점에서, 거의 모든 전쟁이 이러한 세 가지 전쟁 양상 모두를 포함하고 있다. 다만, 전쟁의 결과를 결정짓는 주된 전쟁 양상이 어느 것이었느냐에 따라 구분하는 것이다.

31 클라우제비츠는 『전쟁론』에서 국가단위로 조직된 무장력을 정규군으로 보고, 그 이하 단위의 무장한 민병대 등을 비정규군으로 규정했다.

부분의 전쟁은 정규전이다.[32]

그러나 정상적인 대치상태에서 승리할 가능성이 희박하거나, 혹은 정규전이 아닌 다른 방식으로 전쟁을 수행하는 것이 보다 효과적이라고 판단되는 경우, 이른바 비정규전을 수행했다. 반도전쟁Peninsular War 당시 정상적인 대치상태에서 막강한 나폴레옹군에 패배한 에스파냐의 군과 국민은 시도 때도 없이 사방에서 나폴레옹군을 공격하는 게릴라전을 택함으로써 전쟁의 양상을 비정규전으로 전환했다. 베트남전쟁(1960~1975년) 또한 대표적인 비정규전 양상으로 구분된다. 미군이나 남베트남군에 비해서 상대적으로 전력이 빈약한 북베트남군은 정글이라는 전장의 특성을 활용하여 지속적으로 게릴라전을 전개하였고, 이로써 미군의 전의와 사기를 크게 저하시키는데 성공했다. 이후 북베트남군은 진퇴양난에 처한 미국과 휴전에 합의하여 우선 1973년 미군을 베트남에서 철수시키고, 이후 남베트남군에 대해 전면공격을 실시하여 남베트남 정부를 전복하고 전쟁을 마감했다. 이렇게 보면 베트남전쟁은 비정규전의 전형이라 할 수 있으나 전쟁의 종결에 있어서는 정규전의 형식을 취했다. 이러한 의미에서 비정규전은 모든 폭력적·비폭력적 수단과 방법을 동원한 전쟁으로서 정규전의 형태를 포괄하고 있다고도 볼 수 있다.

특수전은 전·평시를 막론하고 비상사태나 전략적 우발사태 발생 시 국가목표를 달성하거나 안정을 유지하기 위하여 특별히 훈련된 군사요원 또는 준군사요원이 수행하는 제반활동으로, 아프가니스탄전쟁을 예로 들 수 있다. 미군을 비롯한 다국적군은 빈라덴을 추종하는 무리를 색출하는 새로운 형태의 특수전을 수행하고 있다. 이러한 전투에서 동굴이나 다른 은신처를 수색하는 각개 특수병사들은 직접 자신이 지원사격과 포격을 요청할 수 있으며, 최상급 지휘관에게 보고와 지시도 동시에 주고받을 수 있는 하나의 부대Unit 역할을 수행한다. 각개 특수병사 또는 소수 정예요

---

32 온창일, 『전쟁론』, pp.37-39.

원의 역할이 전쟁 수행방식에서 중요한 위치를 점하고 있다는 점에서 특수전은 정규전과 구별된다. 앞으로 계속 이어질 대^對테러전쟁의 양상이나 성격은 특수전일 가능성이 높다.

3. 기타 전쟁의 특성에 의한 분류

전쟁은 전쟁에 참여하는 국가들의 목적, 목적 달성을 위해 쏟는 노력의 정도, 동원하는 자원의 정도에 따라 총력전쟁, 전면전쟁, 제한전쟁, 혁명전쟁으로 구분할 수 있다.[33] 총력전쟁은 국가 간 전쟁에서 한 국가가 다른 국가를 완전히 파괴하는 것을 목표로 하며, 그 목표를 달성하기 위해 가용한 수단을 모두 사용하는 전쟁을 의미한다. 현재의 상황에서 강대국들 간에 총력전쟁이 발발한다면 이는 핵무기의 사용을 전제로 한다. 전면전쟁은 국가 간 전쟁에서 한 국가가 다른 국가를 완전히 파괴하는 것을 목표로 하지만, 그 국가가 가진 모든 자원을 동원하지는 않는다. 현재의 상황에서 강대국들이 전쟁을 하더라도 그들이 가진 모든 핵무기를 사용하지 않는다면, 이는 개념상 전면전쟁에 해당한다. 제한전쟁은 강대국과 약소국 간의 전쟁으로, 각 국가는 제한된 전쟁목표를 가지고 자원 일부만 동원하여 지리적으로 한정된 범위 내에서 전쟁을 수행한다. 6·25전쟁은 미국과 중국의 입장에서 보면 제한전쟁이었다. 혁명전쟁은 비정부조직과 정부 간의 전쟁을 의미한다. 정부는 가용한 수단의 일부 또는 전부를 동원하여 비정부조직을 파괴하려 하며, 비정부조직은 가용한 모든 수단을 동원하여 국가 영토의 일부 또는 전부에서 기존 정부를 대체하려 한다.

한편 전쟁은 수행전략 혹은 작전술 차원에서 섬멸전, 마비전, 기동전, 소모전 등으로 구분된다. 섬멸전은 결전의식을 바탕으로 적의 군사력을 철저하게 파괴함으로써 적의 저항의지를 박탈하고 우리의 의지를 일방적

---

33 박창희, 『군사전략론』, pp.58-60.

으로 강요하는 전쟁을 의미한다. 마비전은 적의 군대를 격멸하기보다는 적 국민의 저항의지를 말살하는 데 목표를 두는 전쟁이다. 마비전은 전투력의 물리적 파괴가 아닌 공포와 전쟁지도체계의 붕괴에 초점이 있다. 기동전은 적의 군사력을 물리적으로 파괴하기보다는 기동을 통하여 심리적 마비를 추구함으로써 최소의 전투로 결정적 승리를 달성하는 전쟁 수행 방식을 의미하며, 소모전은 제1차 세계대전에서 전형적으로 나타난 바와 같이 적의 모든 자원을 대상으로 장기간에 걸쳐 적 군사력을 파괴하는 전쟁을 의미한다.

이 외에도 전쟁은 현대 핵무기 출현에 따라 핵전쟁과 재래식전쟁으로 구분하며, 전쟁 수행기간의 길고 짧음에 따라 장기전, 단기전으로 구분한다. 한편 작전수행방식과 연관한 작전기간에 따라 지구전, 속결전으로 구분하며, 전쟁을 수행하는 장소에 따라 지상전, 해전, 공중전으로 구분한다. 전쟁은 이와 같이 전쟁의 목적, 수단, 전략 등 다양한 기준에 의해 구분할 수 있다. 그러나 이러한 구분은 전쟁의 특성을 이해하기 위한 이론상의 구분으로, 현실에서는 하나의 전쟁이 다양한 전쟁 유형을 동시에 포괄하는 경우가 대부분이다.

ON WAR

CHAPTER 2
전쟁의 원인

박용현 / 대전대학교 군사학과장

육군사관학교를 졸업하고 대전대학교에서 군사학 박사학위를 받았다. 육군 군사학 발전 연구위원으로서 군사학이 학문으로 자리매김하는 데 기여하고, 대령으로 예편한 후한국 최초 군사학과 창설을 주도했다. 2004년부터 대전대학교 군사학과 교수로 재직하고, 2012년부터는 학과장을 맡고 있다. 장교의 품성과 자질 향상, 군사학과 학생지도와 잠재역량 계발, 군 리더십, 위기관리, 국가안전보장 등에 관심을 갖고 연구하고 있다.

전쟁은 과거에나 현재에나 지속되며 진화하고 있다. 그래서 인류의 역사는 전쟁의 역사라고 해도 과언이 아니다. 전쟁에 관한 연구 경향은 크게 보면 ① '전쟁이 왜 발생하며 이를 방지할 방법이 없는가'에 대한 전쟁원인론, ② '전쟁이 무엇이며 어떻게 효과적으로 전쟁을 수행할 것인가'에 대한 전쟁수행론, ③ '지속되고 있는 전쟁을 어떻게 평화적으로 종결시킬 것인가'에 대한 전쟁관리론이 있다.[1] 이 장에서는 그중 전쟁의 원인에 대하여 살펴보고자 한다.

전쟁은 문명의 생성과 소멸, 국가의 흥망성쇠를 결정하는 사회적 동인動因과 동학動學으로 작용하는 복잡한 정치적·사회적 현상이므로 다양하고 복잡한 원인에 의해 일어난다.

그래서 이 장에서는 다양한 관점의 전쟁의 원인을 요약·정리하여 제시하고자 한다. 먼저 인간의 욕망과 욕심, 자신의 의지 관철, 오인과 오판 등 인간의 불완전성에 기인하는 전쟁의 원인을 인간 차원에서 이해하고자 한다. 다음으로 국가의 독립과 생존, 국가의 목표와 이익 추구 등의 국가 행위 과정에서 국가 내부의 사회적 집단과 국가 간의 경쟁, 갈등과 마찰, 대립 등에 의해 발생하는 전쟁의 원인을 사회·국가 차원에서 살펴보고자 한다. 마지막으로 무정부상태의 국제체제의 특징, 국제체제의 변화, 시대적 상황 등에 의해 발생하는 국제체제 차원의 전쟁의 원인을 살펴보고자 한다.

---

1 김열수, 『전쟁원인론: 연구동향과 평가』, 국방대학교 교수논집 제38집 (2004), p.93.

I. 인간 차원의 전쟁의 원인

1. 인간 이해

전쟁은 인간에 의해 결정되고 발생하며 수행된다. 그러므로 전쟁의 원인을 이해하기 위하여 먼저 인간의 본성을 살펴보고자 한다.

인간의 본성에 대한 여러 견해가 논의되어 왔다. 성선설^{性善說, Goodness} Theory은 중국의 맹자^{孟子}, 프랑스의 루소^{Jean Jacques Rouseau} 등이 주장하였으며, 인간은 태어날 때부터 본질적으로 선^善한 존재이나 성장과정에서 환경의 영향과 오염으로 악^惡한 행위가 나타난다고 여겼다. 이에 반해 동양의 순자^{荀子}, 고대 그리스의 플라톤^{Platon} 등이 주장한 성악설^{性惡說, Badness Theory}은 인간은 악한 충동, 욕망, 공격성을 지닌 본질적으로 악한 존재라고 보는 관점이다.

본능설^{本能說, Instinct Theory}은 인간은 이성^{理性}보다 본능^{本能}에 의해 영향을 받고 행동한다는 견해이다. 진화론을 창시한 다윈^{Charles Darwin}은 인간을 동물과 뚜렷하게 구분되지 않는 본능적인 생물학적 존재로 인식했다.

제임스^{William James}는 모방, 경쟁, 싸움, 동정, 욕심, 공포, 호기심 등 32개 본능을 열거하고 있으며, 맥두걸^{William McDougall}은 증오, 호기심, 경쟁, 싸움, 성적 질투, 자기주장, 건설, 모(부)성애, 군집, 욕심, 배고픔, 생식 등의 12개의 본능을 제시했다. 정신분석학의 창시자인 프로이트^{Sigmund Freud}는 심리적 에너지를 원초적인 욕망의 무의식인 원초아(Id), 개인의 생활을 유지시키는 자아(ego), 양심과 도덕을 추구하는 초자아(super ego)의 세 체계로 설명한다. 본능적인 에너지로서의 원초적인 욕망인 원초아는 쾌락을 추구하며, 현실의 이익을 추구하는 자아와 도덕을 추구하는 초자아와 갈등을 겪기도 한다고 보았다. 인간의 내면의 세 심리적 에너지의 분포에 따라 행동유형이 결정된다고 보았다.

백지설^{白紙說, Tabula rasa Theory}은 중국의 고자^{告子}, 영국의 존 로크^{John Locke} 등

이 주장한 것으로, 인간은 태어날 때 백지와 같이 특정한 본성을 가지고 있지 않으며 환경의 자극을 수동적으로 받아들이는 수용적인 존재로 보았다.

성숙·미성숙설成熟·未成熟設, Maturity⊠Immaturity Theory은 존 듀이John Dewey의 교육관, 에릭슨Erik Erikson의 자아정체성 형성론, 아지리스Chris Argyris의 성숙·미성숙 이론 등에서 주장되었다. 인간은 선·악이나 지智·무지無智로 구별되는 존재가 아니라 성숙과 미성숙의 기준에서 보아야 한다는 관점이다. 인간은 태어나서 미성숙으로부터 자아의 정체성 형성과 성숙을 통해 자아실현을 위하여 발전해 가는 존재로 보았다.[2]

인간의 본성을 바탕으로 전쟁의 원인을 살펴보면 성악설과 본능설에서 주장하는 인간의 욕망, 충동, 경쟁, 싸움, 의지 등이 전쟁의 직접적인 원인이 된다고 볼 수 있다. 성선설, 백지설, 성숙·미성숙설의 인간의 본성은 직접적으로 전쟁의 원인과 연계성이 미흡하나 인간은 성장, 성숙 과정에서 환경의 영향, 오염, 자극, 학습 등에 의해 전쟁을 일으킬 개연성이 있다고 볼 수 있다.

다음으로 인간의 삶과 인간관계에서 나타나는 현상을 전쟁의 원인과 연계하여 살펴보고자 한다. 인간 개개인은 각자의 존엄성을 갖고 태어나며, 인간은 세상에서 자신을 가장 소중한 존재로 인식한다. 그래서 너도 나와 같은 소중한 존재이므로서 인간 간에는 평등하고 자유롭다. 그러나 인간은 자신의 특성과 가치 등에 의해 형성된 자아의 정체성을 가지고 있으며, 얼굴 모양과 취향도 다르듯이 인간은 각각 서로 다른 특성이 있다. 인간은 자신과 다른 타인의 특성이나 성향을 틀리거나 잘못 되었다고 생각하는 경향이 있다. 이로 인해 인간은 의사소통과 의사결정 과정에서 오해, 오류, 왜곡, 혼란 등을 초래하여 경쟁, 갈등, 마찰, 대립, 논쟁, 다툼을 유발한다.

---

2 박유진, 『현대사회의 조직과 리더십』(서울: 양서각, 2008), pp.41-47을 요약·재정리함.

인간은 의사소통과 의사결정 과정에서 이성異性, 지성知性, 감성感性이 동시에 작동한다. 이성은 언행의 옳고 그름을, 지성은 일을 수행하는 효과적인 방법과 비효과적인 방법을, 감성은 기분과 느낌의 좋은 것과 나쁜 것을 판단하는 기준이 되고 선택과 결정에 영향을 미친다. 그러나 인간은 유혹에 빠지거나, 장애물에 걸리거나, 환경과 분위기에 의해 잘못된 선택과 결정을 하는 경우도 있다. 인간은 감정에 치우쳐서 오인하고 오판하여 잘못된 선택과 결정을 한다. 인간은 불완전한 존재이다. 그래서 전쟁의 원인은 인간의 불완전성 때문에 기인한다고 볼 수 있다.

전쟁은 국가의 정치지도자, 혁명과 반군 집단의 지도자들에 의해 결정되고 수행되며, 국민들과 집단의 구성원들에 의해 지지되고 수행된다. 인간의 불완정성은 전쟁의 근본적인 원인을 제공한다고 볼 수 있다. 앞에서 살펴본 인간의 본성과 실제의 삶을 바탕으로 인간 차원의 전쟁의 원인에 대하여 살펴보고자 한다.

2. 공격본능이론

콘라트 로렌츠Konrad Lorenz는 "공격성은 타인으로부터 도전을 받을 때 회피나 도주하지 않고 분노를 느끼고 싸움으로 대항하려는 성향이다. 이런 공격성은 통상 자신과 종족을 보호하고 식량을 확보하는 데 필요한 영토를 지키며 종족의 진화를 위한 성의 선택과정에서 긍정적으로 작용한다"[3]고 설명하고 있다.

사회심리학적 관점에서 "① 공격성은 오직 인간의 본능이라는 입장과, ② 공격성은 오직 학습되는 것, 그리고 ③ 좌절에 의해 활성화되는 내적 반응"[4]이라는 것이 공격본능이론이다. 이러한 관점에서 학자들의 주장을

---

3 Konrad Lorenz, *On Aggression* (New York: Harcourt Barce Jo-vanovich, 1966). 윤형호, 『전쟁론(평화와 실제)』(서울: 도서출판 한원, 1994), p.262에서 재인용.

4 윤형호, 『전쟁론(평화와 실제)』, pp.262-263.

살펴보면 다음과 같다.

루이스 리키Louis Leakey와 로버트 아드리Robert Ardrey는 인간은 공격적 본능에 의해 폭력을 사용한다고 주장했다. 윌리엄 제임스, 맥두걸, 프로이트도 인간의 본성에 공격본능이 있다고 주장했다. 로렌츠는 인간의 공격성과 정치적 갈등 관계를 연구한 결과에 따르면 "첫째, 공격성은 다른 종과 간에 발생하는 것이 아니라 같은 종간에 발생하며, 진화론적 관점에서 종족 보존의 기능이 있다. 둘째, 침입자와의 투쟁은 대개 자기 영역이 중심이 된다. 셋째, 구성원의 결속이 강할수록 공격적 성향이 강하다. 넷째, 침입자를 격퇴하기 위해 위협하는 일련의 대응은 협상, 합의 등 완화된 공격본능을 나타낼 수 있다"[5]고 설명하고 있다.

모겐소J. Morgenthau는 권력정치이론 연구에서 인간의 공격본능은 생존과 번식, 지배의 본능과 밀접한 관계가 있다고 주장했다. 개인이나 국가의 힘(무력, 경제력 등 개인과 국가의 능력)이 형성되어 적 또는 상대보다 우위에 있다고 판단되면 인간의 공격본능이 작동하여 힘의 투쟁에 위해 전쟁이 발생한다고 보았다.

모겐소는 국제정치학의 영역에 공격본능이론을 적용한 힘의 투쟁 관점에서 개인과 집단의 지배, 국가 간 대립, 권력투쟁 때문에 전쟁이 일어난다고 설명하고 있다. "첫째, 국가의 지배계층이 궁지에 빠지거나 권위가 높아지고 힘이 축적되면 전쟁을 획책한다. 둘째, 특정 지역에 힘의 공백이 발생하면 자국의 영향력을 강화하거나 자국의 정책목표와 이익을 추구하기 위해 전쟁을 도발한다. 셋째, 경제력과 군사력을 급속히 증강하여 인접 및 특정 국가에 영향력을 강화하거나 유리한 새로운 기회를 마련하기 위하여 야심적인 정책결정자들이 팽창정책을 추진하기 때문에 타국과 대립 시 전쟁이 일어난다고 보았다."[6]

---

5 앞의 책, p.264.

6 앞의 책, p.265.

앞에서 살펴본 바와 같이 공격본능이론은 자기 보존과 이익 추구, 상대의 지배와 자신의 의지 관철, 갈등과 마찰, 대립, 경쟁 과정에서 인간의 공격본능이 작용하기 때문에 전쟁이 발생한다고 보는 관점이다. 특히 인간의 공격본능은 종족, 민족, 종교와 관련될 때 전쟁을 촉발하고 강화한다.

3. 사회적 진화이론

사회적 진화이론은 사회도 생물과 같이 경쟁을 통해 진화하고 발전할 뿐만 아니라 적자생존의 원칙에 의해 약자는 제거된다는 관점으로, 전쟁을 문명과 국가의 발전에 '필요악'으로 간주했다.

다윈은 『종의 기원On the Origin of Species』과 『인간의 유래와 성 선택The Descent of Man, and Selection in Relation to Sex』에서 인간의 기원과 역사, 진화, 본성, 생식의 변화, 성性의 선택 등을 설명하면서 고등동물의 진화과정은 성의 선택과정에서 가장 많은 영향을 받으며 성적 투쟁이 일어난다고 보았다. "성적 투쟁의 첫째 유형은 경쟁자의 축출이나 살해이며, 둘째 유형은 상대의 성적 호감이나 관심을 얻으려는 성의 선택을 위한 경쟁과 투쟁 과정에서 자연적 선택보다 더욱 강한 직접적인 투쟁을 야기한다고 보았다."[7] 루트비히 굼플로비치Ludwik Gumplowicz는 인간의 생존경쟁은 필연법칙으로 종족간의 대립에 의해 투쟁과 전쟁의 원인이 된다고 보았다. 허버트 스펜서Herbert Spencer는 적자생존適者生存의 중요성을 강조하면서 인간 사회의 발전과정에서 사회적 질서유지와 통제의 필요에 의해 종교적·정치적 제도가 발전되었다고 설명했다. 사회적 통합을 위한 강제 기능과 생존을 위한 협동 기능이 진화되는 과정에서 개인 간, 집단 간, 제도 간의 갈등과 대립 등에 의해 투쟁이 일어난다고 보았다. 이런 생존경쟁 과정에서 적자인 최우수 적격자만 생존한다고 설명하고 있다. 구스타프 라첸호퍼Gustav Ratzenhofer는 국가 내부의 정치집단과 지도자들의 대립에 의해 정쟁政爭과 내분이 일어나고,

---

7 윤형호, 『전쟁론(평화와 실제)』, p.259.

국가 간에도 종교, 민족, 체제, 가치 등의 차이로 인해 국제적 투쟁과 전쟁이 발생한다고 보았다.

앞에서 살펴본 바를 정리하면, 사회적 진화이론은 인간이 공동체를 형성하여 사회적으로 진화하는 과정에서 성적 선택과 투쟁, 생존 경쟁 등이 나타나고 이로 인한 대립과 투쟁에서 전쟁이 발생한다고 보고 있다. 이는 사회적 진화과정이 적자생존의 필연적 현상으로 전쟁의 원인이 된다고 보는 관점이다.

4. 좌절 - 공격이론

공격본능의 발산보다는 긴장, 좌절, 염려, 박탈감 등으로 생기는 극도의 불만상태가 공격으로 지향되어 전쟁으로 확대된다는 견해이다.

존 돌러드John Dollard는 "공격에 대한 충동의 강도는 ① 좌절된 반응의 충동 정도, ② 좌절된 반응의 정도, ③ 좌절된 반응의 수에 따라 변한다"고 했다.[8] 공격행동은 목표 지향적 활동이 좌절되었을 때에만 일어나고, 모든 좌절 행동이 반드시 공격행위를 야기하지는 않는다고 주장했다. 공격의 대가와 성과가 적을수록, 처벌이나 부담이 클수록 공격행위의 가능성은 낮아진다고 보았다.

돌러드와 두드Leonard W. Dood는 공동연구에서 좌절이 항상 공격을 유발하지 않는다고 한 기존의 좌절-공격이론을 수정·보완했다. 그들은 공격행위가 "① 자극과 반응 형태, 공포와 분노의 개입 여부, ② 좌절의 개인적 인식과 해석에 의존 및 차이, ③ 능동적 좌절과 피동적 좌절의 구분과 공격 반응의 차이, ④ 일상적 반복적인 방해와 새로운 일시적 방해의 구분의 곤란, ⑤ 좌절과 공격 징후의 애매성, ⑥ 최초의 의도 지향 곤란, 가장, 지연, 변경하는 경우 등에 의해 복잡하게 작용한다고 보았다."[9] 예를 들어

---

8 앞의 책, p.264.

9 앞의 책, p.265.

제2차 세계대전은 독일과 일본의 외부 지향적 팽창정책에 대한 영국, 프랑스, 미국의 견제로 독일과 일본의 좌절로 인해 발생했다고 볼 수 있다.

앞에서 살펴본 바와 같이 좌절-공격이론은 좌절의 반응으로 공격행위가 발생한다고 보았지만, 반드시 좌절이 전쟁의 원인이 되지는 않는다고 설명하고 있다.

5. 사회학습이론

사회학습이론은 공격성향이 환경의 영향을 받아 습득된다고 보았다. 인간은 외부로부터 자극을 받으면 그 자극을 나름대로 검토·평가하여 가장 유리한 반응을 보인다는 것이다. 전쟁은 개인의 공격성이 문화적 유산에 의해 전이되어 야기된 폭력현상이라고 보았다. 사회학습이론은 인간 행위의 자극-반응이론과 학습이론을 연계하여 자극(독립변수) → 인식(매개변수) → 반응(종속변수)으로 설명하고 있다.

해들리 캔트릴Hadley Cantril은 "자극-반응은 단순한 기계적 반응이 아니고, 과거의 경험에 의해 형성된 여러 전제들의 근거를 바탕으로 반응한다고 보았다. 인간은 학습과 경험을 바탕으로 사물을 보는 방법과 태도, 견해 등이 형성되면 자신의 관심, 효과적인 방법 등을 기초로 자신의 목적, 환경적 요인, 직접적인 관계 등을 강화하는 반응을 선택한다"[10]고 주장했다.

모그디스Franz Mogdis의 연구에 의하면, "사회학습이론을 바탕으로 1950년에서 1957년까지의 소련과 중국의 외교형태를 분석한 결과에 따르면 양국은 상대방에 대한 인식보다 상대방의 행동에 의해 더 많은 영향을 받고 있다고 분석되어 자극-반응이론이 더 강하게 작용한다고 분석했다. 1950년에서 1969년간의 아랍국가와 이스라엘의 관계를 분석한 결과를 보면 단기적인 국가행위는 자극-인식-반응의 학습이론이 작용하는 것으로 분석되었으며, 장기적인 국가행위는 자극-반응 학습이론이 더 정확하

---

10 윤형호, 『전쟁론(평화와 실제)』, pp.266-267.

다고 분석되었다. 이스라엘의 보복행위 후에 아랍국가의 행동을 견제하는 효과가 있으나 시간이 경과하면 견제의 효과가 약해져서 이스라엘의 보복행위에 도전한다는 것이다."[11]

앞에서 살펴본 바와 같이 사회학습이론은 자극에 대한 인식과 반응의 결과로 전쟁의 원인을 설명하고 있다. 자극-반응 학습이론은 장기적이고 현실적으로 더 부합한다고 볼 수 있으며, 자극-인식-반응의 학습이론은 설득력이 미흡하다고 볼 수 있다.

6. 이미지 이론

이미지란 감각에 의하여 획득되고 형성된 현상이 마음속에서 재생되는 것이다. 이미지 이론은 개인과 국가 간 인식의 차이, 왜곡, 불일치 등에 의해 형성된 이미지가 갈등, 대립, 분쟁의 요인이 되어 전쟁이 일어난다고 보았다. 국가와 집단의 지도자와 구성원에게 형성된 이미지를 심리학의 '치환과 투사'[12] 현상 개념과 연계하여 전쟁의 원인을 분석하고 있다.

켈먼Herbert C. Kelman에 의하면 국제적 갈등으로 발전하는 집단 간 긴장과 갈등의 조성과 결정은 지도자와 구성원의 심리적 상태에 의해 형성된 이미지에 영향을 받는다. 지도자는 정치적 조작이 가능하여 왜곡된 이미지를 활용할 수도 있다.

불딩Kenneth E. Boulding은 복잡한 정치적 조직 행위는 정책결정자와 국민의 이미지에 영향을 받는다고 주장했다. "대중적 이미지는 소수 강력한 집단과 지도자에 의해 형성되며, 민중적 이미지는 가족과 소속 집단에 의해 형성된다. 이와 같은 이미지는 역사적으로 계속되고 강화되면 자국의 좋은 이미지와 적국의 나쁜 이미지가 형성되는 거울 이미지 현상이 나타나며,

---

11 앞의 책, p.267.

12 치환은 근본적 원인을 해결하지 않고 문제의 왜곡을 통해 해결하려는 심리현상이다. 투사는 자신의 잘못, 좋지 않은 특성과 성질 등을 타인에게 전가하여 자신을 보호하려는 무의식적 심리현상이다.

타국의 이미지에 영향을 준다."[13]

화이트Raiph K. White는 제1·2차 세계대전과 베트남전쟁은 모두 자신과 적에 대한 이미지를 올바르고 객관적으로 인식하지 못한 결과라고 분석하고 있다. 자신과 적을 객관적으로 관찰하지 못한 여섯 가지 인식적 왜곡을 제시하고 있다. "① 적의 이미지는 악마적, 비인도적이다. ② 자국의 이미지가 형성되면 남성적이고, 공격적으로 강력하게 지속되는 경향이 있다. ③ 자국의 이미지는 도덕적, 문명적 가치가 있다. ④ 자신의 실수, 적의 가치, 폭력 사용과 미래의 효과 등을 모호하게 하거나 선택적으로 은폐한다. ⑤ 자신의 의도와 행동을 적이 어떻게 인식할지 이해하지 못하고 있다. ⑥ 군사력에 대한 과대 확신으로 제3국의 개입을 고려하지 않았다."[14]

스탠포드 대학의 홀스티Ole Holsti, 노스Robert C. North, 브로디Richard A. Brody는 분쟁 중인 국가 간의 착각과 상호 악마관 등을 분석했다. 분쟁 상황의 현저한 특징으로 상호 오해와 부정적 이미지가 형성되어 고정화되는 현상이 나타나고 있으며, 빈번하게 적대감을 증가시킨다고 보고 있다.

호니Karen Horney는 이미지에 의해 선입감, 편견, 고정관념과 같은 요소가 작용한다고 보았다. 그래서 인간은 어린 시절에 겪었던 수모나 모욕을 만회하기 위해서 상대에 대한 승리와 눈에 보이는 성공을 요구하는 이상적인 자신의 모습과 자신의 실제 능력을 혼동하고 있다는 것이다.

프롬Erich Fromm은 인간은 국가가 폭력과 전쟁을 통해서 자신을 보호해 줄 것을 원하고 있다고 보았다. 그래서 국가와 사회가 현저한 어려움과 위기에 빠지면 국가의 지도자와 정책결정자, 민중의 집단은 공격적인 행위를 유발할 수 있다고 했다.

페스팅어Leon Festinger의 인식상의 불일치不一致와 일치一致性에 관한 이론을 살펴보면, 개인은 자신의 가치 추구, 환경의 개선, 행동의 자유를 위해 일

---

13 윤형호, 『전쟁론(평화와 실제)』, p.269.
14 앞의 책, p.270.

어날지 모르는 불일치 현상을 줄이려는 경향이 있다. 인지상의 일치를 모색하기 위하여 자신의 가치, 환경, 행동을 수정하고 재구성하여 일치를 위한 변화를 모색하려고 한다. 그래서 인간은 사회적 이상과 현실의 정치체계의 실제 현상이 참을 수 없는 현저한 차이가 있을 때 외부 환경을 재구성할 목적으로 혁명적 조직을 결성하여 수동적 지지를 하거나 폭력적 저항과 활동 등을 한다. 이 과정에서 인간은 불안정한 상황 때문에 보상과 처벌에 따른 저울질을 하고 방황을 한다고 한다. 이 견해는 국제적인 전쟁과 내부적인 혁명적 분쟁의 원인을 발생시킨다고 설명하고 있다.

7. 기타 이론

인간은 잘못된 정보와 지식, 인식의 차이, 의사소통의 왜곡 등으로 인해 오인·오판할 수 있다. 정치심리학자들은 전쟁 개시 여부와 위기관리 과정에서 상대의 의도와 능력에 대한 지도자의 오지誤知(잘못 알고 있는 지식)가 전쟁을 촉진한다고 보고 있다.

"첫째, 지도자의 과대망상, 둘째, 지도자의 적의 성격에 대한 편견과 오지, 셋째, 적이 자기를 공격할 것이라는 지도자의 오지, 넷째, 지도자의 적의 힘과 능력에 대한 오지 등이 발생할 수 있다. 오지에 의한 오판이 전쟁을 촉발한다."[15]

제2차 세계대전 시 히틀러의 슬라브족에 대한 편견, 증오와 경멸은 소련을 공격하는 요인이 되었다.

블레이니Geoffrey Blainly는 전쟁당사국들이 스스로 자국에 유리한 낙관적인 전망에 의해 전쟁을 유발한다고 보고 있다. 레비Jack S. Levy는 피·아의 능력과 적 및 제3국의 의도에 대한 오해가 전쟁을 유발한다고 설명하고 있다.

현실주의 정치학자들인 아우구스티누스, 스피노자, 니이버, 모겐소 등은 전쟁의 원인을 인간의 악마성, 자기보존성, 권력 투쟁성에서 찾고 있

---

15 앞의 책, p.276.

다. 거$^{Ted R. Gurr}$는 기대와 실익 간의 괴리, 가치 기대와 가치의 능력 간의 차이에 의해 발생하는 상대적 박탈감과 좌절감 때문에 전쟁이 발생한다고 설명하고 있다.

앞에서 살펴본 바와 같이 인간 차원에서는 전쟁의 원인을 인간의 본성, 인간의 불완전성, 인간의 성장과 사회화 과정, 인간 간의 갈등과 대립 등의 관점에서 찾고 있다.

II. 사회·국가 차원의 전쟁의 원인

1. 국가와 안보의 이해

국가$^{國家, Nation, State}$는 일정한 영토에서 배타적 주권의 통제가 미치는 통치기구이다. 국가의 구성요소로는 국가의 정통성을 국민의 마음속에 심어줄 국가의 이념, 인구와 영토 같은 물리적 기반, 물리적 기반을 관리하고 통치하기 위한 제도 등이 있다.

국가의 이념은 강건하고 안정된 국가의 기반이 되는 필수 요소이다. 국가의 이념은 국민들의 견고하고 확고한 지지를 받아야 한다. 국가의 이념에 대한 국민들의 지지가 약할 경우 혁명이나 내란을 초래할 수 있다.

국가의 제도는 입법부, 사법부, 행정부를 망라한 정부조직과 그것을 운영하는 법률, 절차, 규범을 포괄한다. 국가의 제도는 국가이념보다 구체적이고 실질적인 안보의 대상이다. 국민들과 외부의 영향으로 급격한 제도의 변경을 요구받아 국가 내부가 불안정하면 혁명이나 내란이 발생하며, 타국에 의해 자국의 이념이 훼손되고 타국의 이념을 반영하는 제도를 강요받을 때 전쟁이 발발한다.

국가의 물리적 기반은 인구와 영토, 영토 내의 자연자원과 경제력 등을 포함한다. 영토와 자국민의 보호는 근본적인 국가안보의 대상이며, 국가

목표와 유지, 국가이익 추구의 필수적 요소이다. 모든 국가는 자국의 이념, 제도, 물리적 기반을 대상으로 국가안보를 추구한다.

전쟁은 국가 내부의 취약성이 증가하여 국가가 혼란하고 불안정할 때 외부의 침략을 받아 발생한다. 국가의 취약성은 국가의 내부 문제로 정치, 경제, 사회 등의 응집력에 좌우된다. 연약한 국가는 정치·경제·사회적으로 불안정한 국가이며, 강건한 국가는 정치·경제·사회적으로 안정되고 응집력 있는 국가이다.

외부의 위협은 국가목표와 이익을 추구하는 과정에서 국가 간 갈등과 대립 때문에 발생한다. 인접국가 간에는 과거의 전쟁과 지배의 경험에 따른 국가 간의 감정 등 역사적·문화적 갈등과 마찰이 존재한다. 국가의 행위는 국가안보를 추구하는 과정에서 상대 국가에 대한 의심, 불신과 패배에 대한 공포로 인해 구조적 갈등과 대립을 초래한다. 통상 인접국가 간 위협이 존재하는데, 외부로부터의 위협은 국가 간 인식의 차이, 위협에 대한 인식의 논리적 복잡성, 위협의 대응에 따른 정치적 선택 등의 문제로 인하여 주관적이고 상대적인 개념으로 작용한다. 국가의 위협은 인접국가 간 불신과 패배의 공포를 증폭시키므로 힘과 안보의 딜레마가 발생한다.

예를 들면, 인접국가는 방어용 미사일을 개발한다고 주장하지만 다른 인접국가는 자국을 공격하기 위한 미사일로 판단할 수 있다. 이와 같은 힘과 안보의 딜레마는 인접국가 간에 군비확장과 군비경쟁을 초래하여 결국 전쟁으로 이어진다. 깔대기에 빠지거나 들어가게 되면 나올 수 없듯이 일정한 수준의 갈등과 대립이 발생하면 전쟁으로 치달을 수밖에 없다는 이른바 '깔때기 이론'이다.

모든 국가는 독립과 안전보장, 국가목표와 이익을 추구하며, 제반 위협을 사전에 억제하고 대처하며, 유사시 성공적으로 국가를 방위하고자 한다. 전쟁은 이러한 행위 과정에서 국가 간에 발생하는 갈등과 대립으로 인해 발생한다. 특히 정치·경제·사회적으로 불안정하고 응집력이 약한 국가가 침입을 받을 가능성이 크다.

2. 사회현상으로서 전쟁

사회학자, 인류학자, 정치학자들은 전쟁을 사회적·집단적 공격현상으로 보고 있다. 이러한 견해를 살펴보면, 월츠는 "국가 차원에서 일국의 호전성은 그 국가의 정치 제도의 특성, 생산과 분배 양식, 엘리트 구성, 국민성 등에 의해 결정된다고 본다. 국가는 합리적 행위자로 자국의 국가목표와 국가이익을 추구하기 위하여 행동을 결정하며, 자국의 목표와 이익을 추구하는 과정에서 국가들 간의 갈등과 대립 때문에 전쟁을 유발한다고 보고 있다. 결국 국가의 행위는 국가사회의 특징(민주주의 또는 전체주의, 자본주의 또는 사회주의, 선진 국가 또는 개발도상 국가 등)에 의하여 결정된다는 것이다. 사회적·국가적 수준에서의 전쟁 원인은 국가와 사회의 성격과 사회 집단의 행동에서 찾고 있다."[16]

베이다Andrew P. Vayda는 뉴기니New Guinea 동부 고원의 마링족을 연구한 결과 "전쟁은 인간과 자원 및 토지 간의 적응-부적응 과정의 일부로 식량의 감소와 이로 인한 영토의 확대를 위한 집단행위"라고 분석했다.[17] 사회적 적응과 부적응 현상 때문에 개인과 집단의 좌절은 자신을 포함한 사회적 환경의 영향과 상황의 인식에 의해서 공격적으로 지향되거나 퇴행되거나 완화되며, 다른 방향으로 전향되기도 한다. 전쟁은 생물학적 욕구나 심리적 상태보다는 사회적 구조나 조건에 의해 발생한다. 섬너William Graham Sumner는 "전쟁은 개인 간이 아닌 집단 간의 분쟁으로부터 발생된다고 한다. 외부의 적에 대항하기 위해 내부 단결력을 강화하고, 평화와 협조적 응집력을 증진시키기 위해서 외부 집단과의 전쟁과 적개심의 앙양이 필요한 요소가 될 수 있다."[18]

앞에서 살펴본 바와 같이 전쟁은 개인과 집단의 감정과 가치에 대한 복잡한 문화적·사회적 반응으로 사회의 여러 요인에 의해 작용하는 사회적

---

16 윤형호, 『전쟁론(평화와 실제)』, p.278.

17 앞의 책, p.279.

현상으로 이해할 수 있다.

3. 집단갈등론

전쟁은 집단 간의 분쟁현상이다. 집단은 갈등의식을 느끼고 이것이 표면화되면 조직을 형성하고, 조직은 갈등을 의식하면 응집하고 강화된다. 집단 분쟁은 개인 분쟁과 여러 면에서 상이한 성격이 있다. 집단 분쟁은 집단의 구성원들이 원하고, 공통의 이익, 의사, 제도를 희망할 때 발생한다.

게오르크 지멜Georg Simmel과 베버Max Weber는 "분쟁은 사회생활에서 배제될 수 없다고 주장하며, 전쟁의 원인은 집단 간의 투쟁에 기인한다는 관점이다. 집단 갈등은 개인에 의해서 만들어지는 조직과 집단이 추구하는 물질적, 이념적 이익을 추구하기 때문이다. 집단 갈등은 국가와 집단의 행위와 정치 과정에서 국내·국제적으로 정치적 이익을 얻기 위한 계속적인 분쟁이 일어나서 전쟁으로 발전된다고 보고 있다. 이와 같은 집단 간의 투쟁은 상대를 강제하고 지배하려는 상황 하에서 전쟁이 발생한다고 보고 있다."[19]

앞에서 살펴본 바와 같이 집단갈등론은 전쟁은 집단의 이익과 안정을 추구하는 과정에서 집단 간의 갈등과 대립에 의해 발생한다는 관점이다.

4. 사회심리학적 이론

사회심리학적 이론은 사회 내에 불만이 증가하면 변화를 위한 압력이 증가하게 되고, 변화에 대한 압력이 저항을 받게 되면 폭력 행동을 유발하여 점차 분쟁과 전쟁으로 발전하게 된다는 관점이다.

인간 차원의 좌절-공격 이론과 같이 사회 내에 존재하고 있는 불만의 정도는 시민의 투쟁과 폭동을 예측할 수 있는 척도이며, 사회적 불만이 높

---

18 앞의 책, p.279.

19 앞의 책, pp.280-281.

을수록 폭동이 일어날 가능성이 커진다. 사람들은 행복과 복지를 약속하는 정치적·경제적·사회적 제도를 창조하고 유지하기 위하여 집단을 형성하고 행동하는 성향을 가지고 있다. 인간들은 기존의 제도가 억압적이라고 생각하면 점차 저항하기 시작한다. 이러한 대중의 저항을 사회지도자들이 받아들이게 되면 사회적 개혁이 일어나게 된다. 그러나 이에 대한 정부의 반응이 미온적이거나 거부하게 되면, 사람들은 자제력을 상실하게 되고 불만과 저항의 집단행동으로 나타나서 혁명과 반란이 일어난다.

브린턴Crane Brinton은 영국내전The British Civil War, 미국독립전쟁The American Revolution, 프랑스혁명, 러시아혁명을 비교 분석한 결과 다음과 같이 주장했다.

"혁명은 영국, 미국, 프랑스, 러시아는 혁명 전에 점진적 경제발전을 이룩하였듯이 경제사정이 가장 어려운 시기와 장소에서 발생하는 것이 아니라 사회 주요 인사들이 기회가 부당하게 박탈을 당했다고 불만을 가져 계급 간의 대립 때문에 일어났다. 정부는 지식인들에 의해 구체제를 배척하고 격리되어 비효율적으로 운영되게 되었던 것이다. 따라서 혁명의 초기단계에서 모든 국가들은 재정적 위기를 경험하게 되고 불만계층은 공개적으로 혁명적 개혁을 요구하게 되며 점차로 진보적 세력이 혁명을 주도하게 된다. 이 단계에서 정부는 무력에 의하여 반란을 진압하려고 하지만 정부의 기능과 안정성을 상실하게 되어 혁명의 목적을 달성하기 위하여 채택한 과격한 집단행동으로 발전한다는 것이다.

이러한 역사적 연구에 의하면 혁명은 절대 빈곤과 절대 독재 하에서는 발생하지 않았으며, 혁명은 상당한 기간의 경제적·사회적 발전을 이룩한 후에 따르는 단기간의 퇴보를 경험하게 될 때 일어날 가능성이 커지게 된다."[20]

거Ted R. Gurr가 주장한 상대적 박탈relative deprivation 이론에 의하면, "사람들은 그들이 기대하는 수준에 도달하지 못하는 경우에 상대적으로 박탈감

---

20 윤형호, 『전쟁론(평화와 실제)』, p.285.

을 느끼게 되며, 점점 불만을 고조시키고 폭력을 행사하려는 가능성을 증가시키게 된다."[21] 이러한 불만이 정치적 폭동으로 확산되는 문제는 정치적 폭동을 정당화시키는 데 관련되는 여러 가지 조건에 의하여 결정된다. 특히 정치체제가 군대, 무기, 경찰 등과 같은 강제력을 효과적으로 독점하고 있을 때는 정치적 폭동이 일어나기 어렵다. 정치체제가 기업체, 노동자, 교회, 교수, 지식인 등으로부터 지지를 얻고 있을 때도 폭동이 일어날 가능성은 줄어든다. 정치체제의 강제적 통제가 잘 안 이루어지고, 제도에 대한 지지가 없는 경우에 정치적 폭동이 일어날 가능성이 크다.

그는 이러한 상대적 박탈이론을 바탕으로 시민투쟁을 연구한 결과, "① 체제의 정당성이 도전 받게 되고, ② 역사적으로 시민투쟁의 경험이 있으며, ③ 폭도들이 상당한 강제력을 행사할 수 있을 뿐만 아니라, ④ 특히 폭도들에 대한 제도적 지지도가 높을 때에 집단적 폭동의 가능성이 크다"고 보았다.[22]

5. 경제 모순과 계급갈등 이론[23]

경제 모순과 계급갈등 이론은 부의 분배에 따른 경제적 모순에 의해 형성된 계층 간 갈등이 전쟁의 원인이 된다는 것이다. 마르크스·엥겔스는 전쟁의 본질을 사회·경제적 요인과 직접적인 관련성 속에서 파악했다. 폭력혁명(전쟁)은 자본주의 사회의 생산력과 생산관계의 모순, 부의 사적 소유 때문에 일어난다고 설명했다. 폭력혁명(전쟁)은 부의 분배와 계급 권력의 변화를 가져오기 위해서 '프롤레타리아 계급에 의한 부르주아 계급의 타도'라는 폭력혁명(전쟁)의 계급투쟁이 필연적으로 뒤따른다고 주장했다. 전쟁의 유형을 국가 내에서 프롤레타리아 계급과 부르주아 계급 간의 투

---

21 앞의 책, p.285.

22 앞의 책, p.286.

23 김열수, 『전쟁원인론: 연구동향과 평가』, pp.102-105를 요약·정리함.

쟁인 폭력혁명과 국가 간의 전쟁으로 구분했다. 프롤레타리아에 의해 부르주아 계급의 타파가 이루어지면 국가 간의 전쟁은 사라지고 평화가 도래할 것이라고 믿었다. 부르주아(억압자)에 대항하는 프롤레타리아(피억압자)의 전쟁은 유일하게 합법적인 전쟁으로 주장했다.

홉슨J. A. Hobson은 자본주의가 어느 발전단계(제국주의 단계)에 도달하면 소득분배가 불균등하게 되어 한편에서는 과잉저축이, 다른 한편에서는 과소소비(빈곤)가 발생한다고 보았다. 그에 따른 잉여생산품과 잉여자본은 국내에서 소비·투자되기 어려워지므로 해외시장을 찾게 되며, 자본수출은 결국 정치적·군사적 수단에 의해서 추진되는데 이것이 곧 제국주의의 원동력이라는 것이다. 그리고 제국주의 정책을 추진하는 주요 결정자는 투자와 직접적인 관계가 있는 금융업자로 보고 있다.

힐퍼딩Rudolf Hilferding은 '금융자본의 성장'을 중심으로 분석했다. 은행자본과 산업자본의 융합현상에 주의를 기울이면서, 국내시장에서 자본의 독점적 위치는 국가의 보호정책에 의해서 생겨났으며 이것이 해외로 팽창한다고 주장했다. 세계 각국의 독점 자본가들이 카르텔 협정을 체결하여 담합할 수는 있겠지만 이 협정은 불안한 휴전에 지나지 않아 자본주의 강대국들 간의 경제적 경쟁은 필연적으로 전쟁을 야기할 수밖에 없다고 주장했다.

카우츠키Karl Kautsky는 자본주의의 균등 발전 가능성을 가정하면서, 범세계적인 제국주의자들의 동맹을 통한 초제국주의 단계에서는 제국주의 국가들 간의 투쟁이 종식된다고 보았다. 또한 제국주의 국가들은 카르텔을 통해 합병된 금융자본에 의해 세계를 공동으로 착취할 것이라고 주장했다.

앞에서 살펴본 바와 같이 경제 모순과 계급갈등 이론은 자본주의의 경제적 구조의 모순 때문에 전쟁이 일어난다고 설명한다. 국내에서 계층 간의 갈등이 혁명을 유발하며, 국가 간 전쟁은 국제시장 확보가 원인이라고 보고 있다.

6. 제국주의전쟁 이론

제국주의전쟁 이론은 경제 모순과 계급갈등 이론을 바탕으로 레닌과 마오쩌둥이 제1차 세계대전의 원인을 밝히고자 제시한 이론이다. 레닌은 제국주의를 자본주의의 최고단계인 독점 자본주의 단계로 이해하고, 제국주의의 붕괴는 곧 자본주의 자체의 붕괴인 동시에 사회주의 혁명의 전야 단계로 파악했다. 그는 전쟁 주체가 노동 계급이냐 자본가 계급이냐에 따라 전쟁을 '정의로운 전쟁'과 '정의롭지 못한 전쟁'으로 구분했다. 또한 혁명전쟁의 국제화는 제국주의의 붕괴로부터 시작될 것이라고 보았다. 제국주의전쟁은 자본주의의 활동무대가 국가로부터 세계 전역으로 확대되면서 세계는 민족과 국가라는 영토적 편성을 가져왔으며, 강대국 간의 전쟁은 프롤레타리아 국제주의와 민족주의간의 갈등에 의해 발생했다고 주장했다.

레닌의 제국주의전쟁 이론은 "제국주의는 자본주의의 최고 단계에서 필연적으로 나타나는 현상이며, 이 제국주의는 더 이상 무주無主의 식민지가 남아나지 않은 상태에서는 전쟁을 통한 식민지 재분할을 필연적으로 야기한다고 주장하고 있다. 특히 레닌은 제1차 세계대전은 가장 완벽한 식민지 재분할을 위한 제국주의전쟁이라고 지적하고 있다."[24]

원래 마르크스는 자본주의가 성숙하면 자연발생적으로 혁명이 일어나 자멸하게 된다고 주장했다. 그러나 현실에서는 자본주의의 절정기 영국 등의 나라에서 혁명이 일어나지도 않았고 오히려 번창해 가고 있었다. 마르크스 이론이 현실과 동떨어진 것으로 나타나자 납득할 만한 설명을 찾기 위해 레닌이 제국주의전쟁 이론을 제시했다고 보는 것이 타당하다. 레닌은 이런 분석을 토대로 프롤레타리아 혁명에 대한 몇 가지 결론을 도출해냈는데, "① 독점자본주의하에서는 선진국의 프롤레타리아 중에서 일부밖에 혁명에 동원할 수 없으며, ② 선진국은 최초의 공산혁명이 일어날

---

24 윤형호, 『전쟁론(평화와 실제)』, p.282.

곳이라 할 수 없고, ③ 프롤레타리아 혁명은 세계적으로 보았을 때 제국주의의 수탈을 제일 많이 당하는 변방국가에서 일어날 것"[25]이라고 보고 있다. 레닌의 제국주의전쟁 이론은 마르크스주의의 이론체계를 연장하는 선에서 경제구조의 변화가 숙명적으로 전쟁을 가져온다는 일종의 역사적 결정론적 이론이다.

마오쩌둥의 전쟁론도 레닌의 제국주의전쟁 이론에 기초하고 있다. 마오쩌둥도 레닌의 주장처럼 자본주의가 제국주의전쟁을 일으키게 된다는 점을 인정하고 있으나, 사회주의 국가도 수정주의로 타락하면 제국주의화한다고 주장함으로써 자본주의의 발달로 제국주의전쟁이 불가피해진다는 점은 부인하고 있다. 제국주의는 자본주의의 발달이 가져오는 특수 현상이 아니며, 전쟁은 제국주의 강대국 또는 패권국의 지배욕 때문에 발생한다는 것이다. 따라서 자본주의 국가뿐만 아니라 사회주의 국가도 제국주의화할 수 있다고 보고 있다.

제국주의전쟁 이론은 제1차 세계대전의 원인 규명에는 일부 수긍할 수는 있을지 몰라도 보편적으로 받아들일 수는 없다. "제2차 세계대전 이후 1970년 초까지 있었던 무력충돌 사례로 전 세계적으로 53개의 사례가 있는데, 이 중에서 제국주의전쟁 이론으로 설명할 수 있는 이론은 단 하나도 없다. 확인된 사실은, 첫째는 오늘날의 자본주의가 레닌이 상정했던 대로 발전되어 가지 않았기 때문에 자본주의는 예정 코스인 제국주의로 치닫지 않았다는 것이다. 둘째로 제국주의와 전쟁은 논리적으로 반드시 연결되는 것은 아니라는 것이다. 따라서 이 제국주의전쟁 이론은 현시대에 적용하기에는 부적합한 이론으로 평가할 수 있겠다."[26]

---

25 이상우, 『국제관계이론』(박영사, 1991), p.103.
26 앞의 책, pp.109-110.

7. 기대효용 이론[27]

기대효용 이론expected-utility theory은 전쟁의 기대이익이 기대비용보다 많을 때에 지도자들은 국가이익을 위해 전쟁을 선택한다는 것이다. 부에노 데 메스퀴타Bruce Bueno de Mesquita는 여러 학자들의 전쟁원인에 대한 견해가 과학적인 설명은 되지 못했다고 비판하면서 기대효용 이론을 제시했다.

메스퀴타는 전쟁원인을 분석하기 위하여 ① 전쟁 결정권은 최고정책결정자가 지니고 있으며, ② 이 지도자는 합리적 기대-효용의 최고 창출자이고, ③ 위험을 감수 또는 회피할 것이냐 하는 것은 지도자의 의사결정에 영향을 미치며, ④ 전쟁 발발 시 제3국의 예상행동도 의사결정에 영향을 미치고, ⑤ 전쟁 시 한 국가가 사용할 수 있는 힘은 전쟁지역의 근접성 정도에 따라 다르다고 가정하고 있다. 피·아 능력, 전쟁 개입 또는 회피를 통해서 얻을 수 있는 이익 및 전쟁에 개입하는 제3국의 상대적인 힘과 이익을 고려하여 최고정책결정자는 기대되는 이익과 손실의 규모를 측정하여 전쟁을 일으킨다는 논리이다. 지난 2세기 동안 약 250회의 분쟁 기록에서 최고지도자들은 전쟁의 개시는 물론 전쟁의 종료와 확대 시에도 기대-효용 극대화를 도모했다는 것이다.

국가 지도자들은 자신과 국가를 위해 이기적으로 이익을 추구한다. 지도자들이 이기적인 선택을 통해 생산과 투자를 결정하게 하는 보이지 않는 손으로 작동한다는 스미스의 이론이 국가들 간에도 상호작용하며, 적용된다는 점을 강조하고 있다. 그는 확실한 것을 선택(O2)하는 것과 모험적인 선택 중(O1, O3)에서 선택하는 예를 제시한다. O1을 성취할 확률은 P, O3를 성취할 확률을 1−P라고 가정할 때 세 가지의 선택이 가능하다고 제시하고 있다.

---

27 김열수, 『전쟁원인론: 연구동향과 평가』, pp.109-111 내용을 요약·정리함.

[선택 1] $PU(O1)+(1-P)U(O3) > U(O2)$

정책결정자는 기대효용을 극대화하려는 모험적 선택을 하여 기대되는
수익이 보장된 가치보다 더 클 것이라고 믿는다면, 그는 확실한 결과(O2)
보다 모험적인 선택(O1 또는 O3)을 할 것이다.

[선택 2] $PU(O1)+(1-P)U(O3) < U(O2)$

정책결정자는 가장 바람직한 결과(O1)를 가져올 가능성(P)이 있는 전략
을 선택하거나, 가장 덜 바람직한 결과(O3)를 선택하기보다는 확실한 선
택(O2)을 할 것이다.

[선택 3] $PU(O1)+(1-P)U(O3) = U(O2)$

정책결정자는 모험적 선택 O1의 확률(P)과 O3의 확률(1-P)의 총합이
1이 되므로 확실한 선택(O2)와 같을 경우에는 모험적 선택(O1, O3)에 무
관심해질 것이다.

와그너R. Harrison Wagner는 메스퀴타의 이론을 다음과 같이 비판했다. 외교
정책 결정에서 지도자가 다른 의사결정자들의 동의를 구하여 정책을 결정
하는 인물이면, 전쟁 이외의 다른 대안을 선택할 수 있다. 지도자가 합리
적이거나 도덕성에 의해 영향을 받는 인물이라면 전쟁에 대한 기대효용만
선호하는 것은 아니다. 불확실한 상황 하에서 전쟁에 대한 기대-효용 계
산에 필요한 요소를 평가해야 된다는 메스퀴타의 논리는 기대-효용이론
의 근본을 이해하지 못하고 있으며, 자국의 능력이 적 능력보다 작을 때에
도 승리할 수 있다는 믿음을 가지고 전쟁을 할 수도 있다는 것이다.

피어런James D. Fearon은 두 국가가 협상 대신 값비싼 전쟁을 하는 조건과

방법에 대한 의문을 제기하기도 했다. 그는 기대-효용 이론이 국제사회의 규범이나 국가가 위신 때문에 자기 이익만 추구할 수 없다는 점을 너무 경시하고 있다고 주장했다. 국가행위의 합리성과 전쟁 원인 간 관계는 현실주의자들이 바라보는 인간의 합리성을 전제로, 최고지도자가 전쟁을 통한 기대-효용을 면밀히 계산하여 협상보다는 전쟁을 통해 얻는 이익이 더 많을 경우 전쟁을 유발한다는 것이다. 그러나 이러한 시각은 최고지도자가 가질 수 있는 '오지'의 영역을 완전히 배제해 버렸기 때문에 한계가 있다.

8. 문명충돌론[28]

문명충돌론은 상이한 문명으로 말미암아 문명 간의 전쟁이 발생한다는 것이다. 1993년에 발표된 헌팅턴Samuel P. Huntington의 『문명충돌론Clash of Civilizations』은 세계의 즉각적인 주목을 받으면서 많은 충돌을 일으켰다. 헌팅턴은 문명을 주어진 사회에서 면면이 이어져 온 세대들이 우선적으로 중요성을 부여한 가치, 기준, 제도, 사고방식을 담고 있는 실체로 파악하면서, 문명은 언어, 역사, 종교, 관습, 제도 같은 공통된 객관적 요소와 사람들의 주관적 귀속감에 의해 정의된다고 했다.[29] 헌팅턴은 탈냉전 세계에서 국가들은 고전적 현실주의 이론으로는 도저히 예측할 수 없는 문명적 입장에서 자신의 이익을 파악하고, 민족과 민족을 나누는 가장 중요한 기준은 이념·정치·경제가 아니라 문명이기 때문에 문명 패러다임이 필요하다고 주장한다. 동일 문명에 속한 국가들은 서로 신뢰할 수 있지만 타 문명의 국가들 간에는 위협을 느낀다. 헌팅턴은 문명 간의 충돌을 자국의 정체성을 강화하고 결속하기 위하여 공격할 상대가 필요하기 때문에 다른 문명의 국가에서 적을 찾는 것이라고 설명하고 있다.

---

28 김열수, 『전쟁원인론: 연구동향과 평가』, pp.108-109를 요약·정리함.

29 이희재 역, 『문명의 충돌』(서울: 김영사, 1997), pp.46-49를 요약·정리함.

헌팅턴은 문명을 유럽과 북미대륙을 아우르는 서구, 중화, 일본, 힌두, 이슬람, 정교正敎, 라틴아메리카, 아프리카 등 8개 문명으로 분류하고 있다. 헌팅턴은 문명마다 철학적 전제, 밑바닥에 깔린 가치관, 삶을 바라보는 총체적 전망이 다르기 때문에 문명 간의 단층선에서 충돌이 일어날 것이라고 주장한다. 그러나 모든 문명이 충돌하는 것은 아니며 서구에 대한 의존도가 높은 라틴아메리카나 아프리카와는 갈등의 소지가 높지 않은 반면, 러시아, 일본, 인도와는 협력과 갈등 요인을 모두 내포하고 있다고 주장한다. 또한 이슬람과 중화문명은 도전의식이 강하기 때문에 충돌할 가능성이 높다고 주장한다. 따라서 서구는 중화와 이슬람을 견제해야 하고 다른 문명에 대한 기술적·군사적 우위를 유지하여 다른 문명들이 미국과 유럽의 반목을 이용하지 못하도록 막아야 한다고 강조하면서 서구의 대동단결을 촉구했다.

헌팅턴의 문명충돌론은 국내외에서 심각한 비판을 받았다. 왜 세계의 문명은 8개로 분류되어야 하며 일본문화는 한자권 문화인 중화문명에서 제외시켜 왜 독립된 문화로 설정했는지, 같은 문명권을 신뢰할 수 있다고 했는데 전쟁의 역사인 유럽의 역사를 어떻게 해석해야 하는지, 오리엔탈리즘으로 무장한 새로운 냉전질서의 구상은 아닌지, 서구의 오만은 아닌지, 이슬람 문명과 서구 문명의 전쟁은 1400년이나 지속되었으며, 1757년부터 1920년 동안에 서구가 이슬람의 영토를 병합한 경우가 92건이나 됨에도 불구하고 왜 이슬람이 가해자가 되어야 하는지, 서구와 중화의 충돌을 경제·권력의 측면에서 설명할 수 있음에도 불구하고 왜 굳이 이를 문명의 충돌로 설명하려는지 등에 대해 많은 비판을 받았다.[30]

---

30 김열수, 『전쟁원인론: 연구동향과 평가』, p.108에서 재인용; 리하랄드 뮐러, 이영희 역, 『문명의 공존』(서울: 푸른숲, 1999); Fouad Ajami, "The Summoning," *Foreign Affairs,* Vol. 72, No. 4 (Sept./Oct. 1993); 강정인, "문명충돌론의 이론적 적실성: 헌팅턴의『문명의 충돌』을 중심으로," 박광희 편, 『21세기의 세계질서: 변혁시대의 적응논리』; 양준희, "비판적 시각에서 본 헌팅턴의 문명충돌론," 『국제정치논총』 제42집 1호 (2002).

헌팅턴의 문명충돌론은 같은 문화권인 이란-이라크 전쟁, 중국-베트남 전쟁, 중남미에서의 각 국가 간의 전쟁, 한반도 전쟁, 베트남전쟁을 설명할 수 없고, 같은 문화권인 이라크(제1차 걸프전)와 아프가니스탄을 공격한 서구에 대해 왜 이슬람 국가들이 동참하고 있는지도 설명할 수 없다. 때문에 문명충돌론은 전쟁의 원인으로 분류되기에는 너무 많은 허점이 있다.

9. 기타 견해

먼저 내부집단과 외부집단의 가설에 근거한 전쟁의 원인을 살펴보고자 한다. 지멜은 외부집단과의 갈등이 내부집단의 응집력과 정치적 중앙집권화를 증가시킨다고 주장했다. 정치지도자가 정치적 권위에 도전을 받게 되면 국내의 지지를 얻기 위해 전쟁을 유발할 수 있다. 코저Lewis Coser는 최소한 내부 결속력이 이미 존재하고 있을 때, 그리고 외부 위협이 집단의 일부가 아닌 집단 전체에 대한 것이라고 일반적으로 인식될 때에만 내부집단의 결속이 증가할 것이라고 주장했다. 외국과의 전쟁이 국내의 결속에 미치는 영향은 기존 내부단결의 수준과 정쟁의 결과에 달려있다. 승리하면 전쟁을 주장했던 사람들의 정치적 지위는 강화되지만, 패배하면 전쟁을 주장했던 사람의 권력은 감소하고 반대편의 권력은 증가한다. 따라서 승리에 대한 확신이 없다면 자신의 정치적 입지 확보를 목적으로, 또한 국내 단결을 목적으로 외부와 전쟁을 수행하지는 않을 것이다.[31]

둘째, 국가의 속성과 전쟁형태 간의 관계에 대한 관점이다. 종교, 언어 등 국가의 속성과 특성이 상이성은 전쟁의 발생을 촉진하는 반면, 유사성은 평화를 촉진한다고 주장한다. 칸트Immanuel Kant는 『영구평화론Zum ewigen Frieden』에서 "공화국 시민은 전쟁비용과 죽음 그리고 전후복구 문제로 전쟁을 원하지 않으며, 전쟁은 보수를 지불하지 않는다war does not pay"라고 주

---

31 김열수, 『전쟁원인론: 연구동향과 평가』, pp.106-107.

장했다. 민주주의 국가 간에는 전쟁을 하지 않는다는 것이다. 레비는 민주주의 국가끼리 전쟁을 하지 않는 이유를 다음 세 가지 모델로 제시하고 있다. "① 민주국가들은 민주적 정치문화와 평화적 해결규범을 공유하고 있기 때문에 무력보다는 형성된 규범의 경쟁을 통해 분쟁을 해결한다는 민주적 문화 및 규범 모델, ② 억제와 균형, 힘의 분산, 그리고 대중 논쟁의 필요성 등이 민주국가 사이에 서로 힘의 사용을 제한한다는 제도적 제약, ③ 언론의 자유와 공개적 정치성을 보장하는 민주주의 정치체계의 투명성 등에 바탕을 두고 있기 때문에 전쟁을 유발하는 데 제약이 있다."[32]

셋째, 민족주의와 전쟁 간 인과관계에 관한 관점이다. "민족이란 종족을 중심으로 관습과 전통을 공유하는 집단이다. 국가란 계약관계이지만 민족이란 혈연관계이다. 국가는 바꿀 수 있지만 민족이란 바꿀 수 없다. 민족이란 종교나 언어보다도 강하고 국가보다도 강하다. 그만큼 정체성이 강한 것이 민족이다.

민족국가 간의 전쟁에 대한 시각은 크게 태생주의적primordialism 시각과 도구주의적instrumentalism 시각으로 대별된다. 전자는 민족 간에는 태고의 증오심이 있기 때문에 민족 분쟁은 태어날 때부터 정해져 있는 숙명이라는 접근인데 반해, 후자는 정치엘리트가 그들의 이익을 증진시키기 위해 민족주의를 조작한다는 것이다. 그러나 왜 어떤 민족끼리는 전쟁을 하는데 반해, 또 어떤 민족끼리는 전쟁을 하지 않는가에 대한 설명을 할 수 없다는 측면에서 전자의 시각은 문제가 있다. 또한 정치 엘리트들이 그들의 이익을 증진시키기 위해 민족분쟁을 이용한다고 하는 도구주의적 접근도 민족에 대한 격세 유전적 증오심이나 민족의 자부심을 너무 무시하고 있다는 측면에서 설명력이 약하다."[33]

---

32 김열수, 『전쟁원인론: 연구동향과 평가』, p.101.

33 앞의 책, pp.105-106.

III. 국제체제 차원의 전쟁의 원인

1. 국제체제의 이해

국제체제란 배타적 주권을 가진 다양한 국가가 기능적으로 서로 교섭하는 행위체제이다. 국제체제의 특징은 어떠한 상위의 정치적 권위도 거부하는 중앙정부가 부재하는 무정부상태이다. 국제체제는 국제체계 구조와 무정부상태의 문제로 국가의 성격, 힘의 분포상태, 국제사회의 영향 등에 의해 상호작용하는 복잡한 국가 간의 행위체계이다. 국제체제는 국가 간의 행위와 상호작용에 의해 복잡한 구조와 현상에 의해 조성된다. 무정부상태는 국가 간의 갈등과 일관된 분쟁을 유발한다. 국제체제의 현상과 구조는 불확실하며, 구조적으로 불신과 패배에 대한 공포가 작동한다. 그래서 국제정치는 국제관계와 전쟁과 평화의 문제에 관심을 두고 연구하고 있다.

국제정치학자들의 주장에 의하면, 전쟁은 국제체계 내에서 힘의 분배 현상과 위계질서, 국제체계를 구성하는 국가들 간의 상호작용, 국제체제의 구조 변화 등에 의해 발생한다. 자유주의자 입장은 국제체계를 국가 간의 상호 협력을 지배적인 현상으로 인식한다. 경제 교류의 확대와 통합, 국제적 규범의 준수 등에 의해 전쟁보다는 평화를 추구할 수 있다는 관점이다. 신자유주의자는 국제제도에 의한 국가 간 협력이 가능하므로 민주적 평화 조성이 가능하다고 보는 입장이다. 현실주의자는 국제체제를 무정부상태의 준전쟁상태로 인식한다. 국가이익의 배타적 추구로 국가 간의 갈등 등에 의해 전쟁이 발생한다는 입장이다. 신현실주의자의 관점은 국제체계는 무정부상태이지만 전쟁상태는 아니라는 것이다. 군사력 및 경제력에 따라 국제체제의 위계질서가 조성된다는 관점이다.

월츠는 "전쟁의 원인을 국제관계의 무정부상태의 특징과 이로 인해 생기는 안보딜레마security dilemma에 있다고 보았다. 안보의 딜레마는 개별 국가들의 정책과 행위를 조정·통제하는 초국가적 기구의 부재에서 비롯되며, 상대국의 행위에 대한 불신과 패배에 대한 공포로 인해 발생한다. 무정부적 상황에서는 국가들 간의 협동과 조화를 기대할 수 없기 때문에 국가들 간의 전쟁은 불가피한 것으로 보았다. 모든 국가는 외부 위협에 대처하기 위해 한 국가가 자위적 조치로서 군사력을 강화하게 되면, 다른 국가는 이를 위협으로 인식하고, 이런 위협으로 부터 자국을 보호하기 위한 군사적 조치를 함으로써 안보 딜레마를 형성하게 되는 것이다."[34]

모든 국가는 다른 국가들을 자국의 본질적 이익을 위협하는 잠재적 적국으로 간주한다. 따라서 모든 국가는 서로 불신하는 경향을 보이며, 이런 상황에서 외부로부터의 위협에 대처하기 위해 적어도 잠재적 적국만큼 강력해지려고 한다.

2. 힘의 전이 이론[35]

힘의 전이 이론은 전쟁의 원인을 국제구조의 변화에서 찾는 이론이다. 국제사회는 주권국가들로 구성되어 있으며, 각 국가는 힘의 크기에 따라 최강의 지배국가로부터 약한 종속국가에 이르는 계층적 위계질서에 의해 일정한 위치를 차지한다. 전쟁은 국제체계의 위계질서를 변경하려는 과정에서 발생한다. 국제정치질서를 지배하는 기존의 강대국과 이에 도전하는 신흥 강대국 사이의 지배권 쟁탈전이라 할 수 있다.

국제체계는 국가의 힘인 국력에 따라 지배국-강대국군-중급국가군-약소국군-종속국가군 등의 피라미드적 위계구조를 이루고 있다. 이러한 피라미드적 구조 하에서 각 국가들이 기존의 국제질서를 받아들이는 입장이 다르다. 각국의 입장은 ① 최강의 지배국과 함께 만족해하는 강대국, ② 불만스러워하는 강대국, ③ 만족해하는 약소국, ④ 불만스러워 하는 약

---

34 윤형호, 『전쟁론(평화와 실제)』, p.287.

35 앞의 책, pp.293-296를 요약·정리함.

소국 등으로 구분할 수 있다. 현상을 유지(만족)하려는 국가와 현상을 변경(불만족)하려는 국가 간에는 갈등이 발생한다.

힘의 전이 이론은 다음과 같은 전제로 설명하고 있다. ① 국제사회는 정치질서가 없는 무정부상태로 초국가적 권위가 작용되지 않는 상태이다. ② 국제질서는 한 시점에서 가장 강한 국가와 그 국가를 지지하는 국가들의 집단의 힘으로 유지되며, 그 질서는 최강의 지배국이 보다 큰 이익을 갖도록 되어 있어, 어느 나라든지 최상의 계층에 올라서려 한다. ③ 각국의 국력은 시간에 따라서 변한다. 국가의 국력의 변화와 경쟁국과 국력 차이의 변화에 의해 힘의 전이를 가능하게 해준다는 것이다.

힘의 전이과정에서 오간스키는 힘의 3대 변화요소로 ① 부와 산업능력, ② 인구, ③ 정부조직의 효율성을 들고 있다. 그리고 이 중에서 산업능력의 증강이 주도적 역할을 하며, 산업화의 진행에 따라 한 국가가 강대국이 되는 과정을 ① 잠재적 힘의 단계, ② 힘의 전이적 성장단계, ③ 힘의 성숙단계의 3단계로 보았다.

오간스키는 자신의 이론을 검증하기 위해 3개의 이론 가설을 설정했다. ① 세력균형가설은 '힘의 균형은 평화유지에 도움을 주나, 힘의 불균형은 전쟁을 유발한다. 힘이 강한 측이 공격자가 된다.' ② 집단안보가설은 '힘의 불균형 분포는 평화유지에 기여하며, 균등 또는 거의 균등한 힘의 분포는 전쟁을 촉진한다.' ③ 힘의 전이 가설은 '서로 대결 중인 국가 간에 정치·경제·군사 역량의 균등분포가 이루어지면 분쟁의 확률은 높아진다. 침략국은 불만을 가진 강대국들로 구성된 소수집단에서 생긴다. 그리고 강자가 아닌 약자가 공격자가 된다.'

오간스키는 이 가설에서 미국 등 9개국을 주요 강대국으로 선정하고 이들이 참여한 전쟁을 분석해 '전쟁 발발'과 '힘의 분포'라는 두 변수간의 결합 정도를 조사하였는데, 그 결과는 다음과 같다. ① 힘의 분포가 균등하거나 불균등하냐에 따라 전쟁이 발발한다. ② 강대국 간에 힘의 균형이 불안정할 때 전쟁이 일어난다. ③ 이런 현상은 국가의 크기와 국제사회의 지위와는 상관이 없는 문제다. 약소국군 내의 전쟁은 국력의 한쪽이 기울 때만 전쟁이 발발하고 있어 힘의 불균등 분포가 전쟁의 원인을 제공한다. 강대국군(지배 경쟁국가군)에서는 일국이 상대의 국력을 앞지르는 과정이 있을 때만 전쟁이 일어난다. 이러한 조사결과를 통하여 판단해 볼 때, 전쟁의 원인에 대한 세력균형가설은 약소국군 내에서만 맞으며, 힘의 전이이론 가설은 국제사회의 지배권을 다투는 강대국군 내에서 맞다.

3. 위계이론[36]

위계이론은 개인 또는 국가 등의 집단의 행위과정에서 개인이나 집단이 차지하고 있는 지위에서 비롯한 행위능력에 의존한다는 이론이다. 국제정치에서 각 국가들은 국제질서의 계층구조로 파악하고 각 국가의 행위를 결정한다는 관점에서 전쟁 현상을 위계이론으로 설명하고 있다.

위계이론은 국제적 질서를 보편주의적 전통에서 보는 칸트적 견해에서 출발하는 신마르크스주의Neo-Marxism 시각이다. 신마르크스주의는 국가를 단위로 하여 구성된 국제질서에 있어서도 계급관계가 존재한다고 보는 관점이다. 고도의 자본주의 사회에서 빈익빈 부익부貧益貧 富益富 현상에 의해 구조적으로 프롤레타리아 계급에 대한 착취가 불가피하듯, 국제사회에서도 선진국의 후진국 착취가 구조화되어 후진국은 선진국이 될 수 없다고 본다. 즉 세계는 하나의 계급사회, 하나의 자본주의체제가 되어 핵심국가의 발전 자체가 주변국의 발전을 저해한다고 보고 있다.

위계이론을 국가행위에 영향을 주는 요인을 기준으로 세 유형으로 분류했을 때 대표적인 이론은 다음과 같다. ① 국가행위에 영향을 주는 요소를 구조 속에서의 위계 그 자체에서 찾는 라고스Gustavo Lagos의 아티미아Atimia 이론, ② 국가행위에 영향을 주는 요소를 여러 위계 간의 부조화 내지는 불균형에서 찾는 갈퉁Johan Galtung의 공격행위의 구조이론과 위계 불

---

36 윤형호, 『전쟁론(평화와 실제)』, pp.296-302를 요약·정리함.

균형이론, ③ 국가행위에 영향을 주는 요소를 행위국과 대상국 간의 위계상 차이에서 찾는 러멜$^{Rudolph\ Rummel}$의 위계-장이론 등이다.

라고스는 한 나라의 위계서열 자체가 아티미아 현상이나 국가행위의 원인이 된다고 보았다. '아티미아 현상'은 주어진 사회체계 내에서 위계경쟁이 일어나며, 타인이 나보다 앞설 때 상대적으로 지위 저하를 겪게 된다는 것이다. 국제체계에서는 경제발전, 국력, 위신에 의해 위계가 형성된다. 각 국가는 이 세 차원의 위계상 능력에 의해 자국의 국제적 지위를 측정한다. 현재 국제질서에서 주권을 지닌 모든 국가는 형식적으로 동등한 위계를 갖지만, 실제로는 소수의 국가만이 형식적 위계와 실질 위계가 일치한다. 이외의 나라들은 위계가 높은 나라에 복종적 관계에 위치하는 아티미아 과정과 현상을 수용할 수밖에 없다. 한 국가의 총체적 아티미아 현상은 경제 및 기술에서의 성숙단계에 이를 수 있는 능력을 개발하지 못하였을 때 일어난다고 보고 있다.

갈퉁의 위계 불균형이론은 분화된 여러 위계 차원에서 행위자의 위계간의 불균형이 공격행위를 일으키는 원인이 된다고 보았다. 국제관계는 가진 자와 못 가진 자, 또한 많이 가진 자와 덜 가진 자로 나눠지는 다차원의 계층체계 속에서 이루어지는 상호작용 체계로 인식했다. 각국은 각각의 위계차원에서 특정 지위를 부여받거나 쟁취하거나 그 위치에 머물도록 강요받는다고 상정하고 있다. 갈퉁의 위계 불균형이론은 다음과 같은 가정을 기초로 하고 있다. ① 조직 내 각 요소들은 서로 다른 과업을 수행하면 되며, 그 결과로 각 요소들은 체계 내에서 다른 지위를 갖게 된다. ② 기준에 따라 서로 다른 각 요소의 체계 내 지위 간에 서열을 부여할 수 있게 된다. 체계 내의 지위를 평가하는 기준이 되는 변수가 위계변수이다. ③ 각 요소가 각각의 위계변수에서 가지는 값, 즉 각 위계 차원상의 위치는 일정기간 안정을 유지한다. 이와 같은 가정을 국제사회에 적용하면 국제사회는 다차원의 위계질서가 복합적으로 병존하는 행위체계로 이해될 수 있다.

공격행위는 행위자가 위계 불균형의 사회적 지위에 있을 때 가장 택하기 쉽다. 그 공격행위는 개인들로 구성된 사회체계에서는 범죄 형태로, 집단으로 구성된 체계에서는 혁명 형태로, 그리고 국가들로 구성된 국제체계에서는 전쟁 형태로 나타난다.

라고스와 갈퉁의 이론에서 발전한 러멜의 위계-장이론은 위자의 위계와 대상자의 위계 차이 등 두 당사자 간의 위계 불일치가 행위자에게 대상자에 대한 지향성 행위를 결정하는 요소가 된다고 했다. 러멜의 위계-장이론을 살펴보면 다음과 같다. ① 국가 간의 위계가 같아지면 그들 사이에 공통이익이 형성되고 또한 의사소통의 길이 열린다. ② 국가 간의 위계 불일치가 커지면 커질수록 그들 사이의 관계는 불확실해지며 그들 사이의 상호 기대도 멀어진다. ③ 두 나라 사이의 위계 불일치는 상호간의 위계결정 갈등행위와 상관있다. 경제가 고도로 발전된 나라의 타국의 대한 위계결정 협동행위 및 갈등행위의 정도는 그 나라와 대상국의 국력 차의 불일치 정도의 함수이다. 경제적 후진국의 특정 대상에 대한 위계결정 협동행위 및 갈등행위의 정도는 그 나라와 대상국의 경제발전의 불일치 정도의 함수로 설명하고 있다. 국가의 여러 가지의 협동과 갈등 행위 중에서 위계에 따라 결정되는 행위와 그렇지 않은 행위를 구분한다. 나아가서 경제적 선진국과 후진국의 행위 원인을 구분한다. 선진국의 행위는 주로 국력 불일치에 의해, 후진국의 행위는 주로 경제력 차원에서의 위계 불일치에 의해 결정된다고 보고 있다.

4. 리처드슨 모델[37]

리처드슨Lewis F Richardson은 영국의 수학자, 물리학자, 기상학자이며 1930년대 국제분쟁의 원인 이해를 위해 노력했다. 리처드슨은 모든 국가는 잠재적인 적대국가가 투자한 군사비에 비례하여 군사비를 증가시킨다는 가정

---

37 윤형호, 『전쟁론(평화와 실제)』, pp.288-290를 요약·정리함.

을 기초로 하여 군비경쟁 모델을 구상했다.

그의 사후에 발간된 저서를 통하여 군비지출의 기본적 상호관련성에 대하여 모델을 제시하여 1975년 미국 정치학계의 방법론에 영향을 주었다. 특히 국가들 간의 공포, 경쟁의식, 적개심 등이 군비경쟁을 초래하며, 군비경쟁이 안정적일 때에는 전쟁이 억제되었으며 불안정적일 때에는 전쟁발생이 증가했다고 주장했다. 그는 제1·2차 세계대전 전의 유럽 각국의 군비지출 자료를 통해서 군비경쟁 간의 상관관계를 계량적으로 분석했다. 두 나라 사이의 군비경쟁은 상대국의 군사비 지출과 과거에 결정된 군사물자 구입에 지불해야 할 경제적 부담, 양국관계에 잠재되어있는 불만, 불안정, 불신, 야심, 공포 등의 영향을 받는다고 보고 다음과 같은 미분방정식으로 표현했다.

$$dx / dt = kY - aX - mc + ew + g$$
$$dy / dt = lX - bY - nc + fw + h$$

X: X국의 군사력   **Y:** Y국의 군사력

k(l): 군비경쟁 당사국 간 경쟁적 반응을 나타내는 반작용(방위계수)
a(b): 고가 무기체계를 계속 생산(획득)함에 따라 야기되는 피로계수
c(c): X(Y)국의 독립적인 경제제약 변수
m(n): 경제제약 변수에 대한 계수
w(w): X(Y)국의 일반적인 기술진보계수
e(h): 군비지출과 기술 사이의 기능적 상관계수
g(h): X(Y)국의 Y(X)국에 대한 적대의식 수준

이 미분방정식을 요약하면 X국의 군사비 지출변화는 일반적으로 Y국의 군사비 지출 수준에서 오는 위협의 정도에 따르며, 이 위협은 X국의 군사비 지출을 증대시키게 되며 결국 Y국의 군사비 지출도 함께 증가시킨다.

이와 같은 사실은 국내정치 또는 국제정치적 요인들이 군사비 수준에 영향을 미치는 중요한 요인임을 상기시켜 준다. 이 모델을 요약하면 군사

비 수준의 증가는 적국의 군사비 수준에 의해 나타나는 위협의 인식에 순기능적이며, 자국의 군사비 수준에 부담이 되는 경제적 제약 효과에 역기능적으로 작용한다.

군비경쟁에 있어서 군사비 지출의 촉진요인인 방위계수(k, 1)가 억제요인 피로계수(a, b)보다 클 때에는 군비경쟁이 가속화되고 불안정하게 되어 전쟁 유발 가능성이 높아지게 된다. 일국의 군사력 증대는 상대국에게 의심과 적개심을 야기하여 전쟁이 일어날 수 있으나, 국민의 호전성이나 공격성 때문에 전쟁이 발생하는 것은 아니라는 입장이다.

군비증강은 실제적인 갈등의 원인이 되기 때문에 상대국의 호전성이나 갈등으로 간주하고 있다. 군사력을 증강하는 국가와 이를 의심하는 상대국 사이에 갈등은 위협의 인식, 방위의식 등에 의해 군비증강의 요인이 되고 전쟁으로 진행된다는 주장이다. 이러한 견해는 국제정치에서 인정하고 있으며 많은 연구가 이 모델을 기초로 하고 있다.

5. 구조균형이론[38]

구조균형이론은 사회심리학의 개인 간의 행위 형태를 규명한 이론을 바탕으로, 국제정치학자들이 각국의 특성을 초월하는 국제체제 구조의 특성에서 국가 간의 행위 정형을 도출하여 국제관계를 설명하는 이론이다.

구조균형이론의 궁극적 목적은 구조의 균형·불균형에서 각 구성원의 행위 정형을 찾아내는 것이다. 즉, 균형된 구조 속에서 각 구성원은 어떤 행위를 하며, 불균형 속에서도 또한 각 구성원은 어떤 행위 성향을 갖게 되는가를 규명하려는 것이다. 이 이론의 핵심은 '친구의 친구를 친구로 대하면 마음이 편하고, 친구의 적을 나도 미워하면 마음이 편한데, 친구의 적을 내가 사랑하게 되면 마음이 편하지 않아서 마음의 갈등을 피하기 위해 사랑을 포기하든가 아니면 친구와 의를 끊든가 하게 된다'고 보았다.

---

38 윤형호, 『전쟁론(평화와 실제)』, pp.288-290를 요약·정리함.

이런 관점이 전쟁의 영역에서도 동일하게 적용된다는 입장이다.

이 이론을 1965년 수에즈 운하 사건에 대입하여 설명하면, 이집트가 영국과 프랑스의 공동소유인 수에즈 운하를 국유화하자 영국과 프랑스가 보복조치를 하였으며, 이스라엘은 영국과 프랑스 편에 서서 이집트를 공격했다. 영국과 이스라엘은 이전까지의 적대관계를 청산하고 우호관계로 전환했다. 한편 미국은 이집트를 지지하여 다른 아랍권 국가들과 관계를 개선하는 계기가 되었다. 그래서 영원한 우방도 적도 없다고 할 수 있다.

이와 같이 제반 국가들 간의 관계를 설명할 수 있으나 구조균형이론에는 다음과 같은 한계가 있다. 첫째, 국가 간 관계에서 정치·경제·문화적 유대 등의 변수 중 어떤 것이 가장 중요한 작용요소인지를 설명하지 못하고 있다. 둘째, 국가 간의 관계를 호好·불호不好의 두 가지로밖에 구분하지 못하여 국제관계에서 갈등과 협조, 우호와 적대에 의해 전쟁을 유발하는 수준의 차이를 다루지 못하고 있다. 셋째, 국가 행위에 영향을 미치는 개별 국가 행위의 속성을 반영하기 어렵기 때문에 실질적인 국가 행위를 설명하는데 제약이 있다. 그러나 이 이론이 보편적으로 통용될 수 있다는 강점이 있으며, 전쟁의 원인을 사회심리학적 접근을 통해서 설명할 계기가 되었다는 점에서 평가할 수 있다.

6. 동태적 균형이론[39]

동태적動態的 균형이론은 국제체제의 현상 변경에 따른 국가 간의 부조화에서 전쟁 원인을 찾고 있으며, 실증적 검증이 가능한 이론이다. 러멜은 갈등과 전쟁의 원인을 시간의 흐름에 따라 기존 질서를 지키려는 보수성(현상 유지)과 실질적 힘의 균형간의 간격이 늘어나는 것(현상 변경)에서 찾고 있다.

역사란 간헐적인 혁명적 변화를 거쳐 단계적으로 이어져 나간다는 시

---

39 앞의 책, pp.304-306를 요약·정리함.

각은 부단히 발전하는 생산력과 상부구조 사이에서 혁명의 불가피성을 논하는 마르크스의 주장과 맥을 같이한다고 할 수 있다.

갈등행위를 포함한 인간행위의 결정요소를 심리적·사회적·집단구조(국제관계) 차원에서 찾아 종합적으로 설명하려 한다. 행위란 인간 의지에서 다른 사람과의 관계를 거쳐 조정되고, 다시 행위의 틀이 되는 구조 속에서 적응과정에 힘이 작용한다는 것이다. 힘은 능력, 관심, 이익, 의지의 결합으로 보았다. '힘(Power)=관심(Interest)×능력(Capabiliy)×의지(Will)'의 공식을 제시하며, 이 세 요소 중 어느 하나가 결여되어도 힘은 없다고 주장했다.

자연현상에서는 시간의 흐름과 순서에 따른 인과관계가 나타난다. 그러나 인간은 자신이 추구하는 목표를 지향하며, 효과를 기대하고 행위를 결정한다. 따라서 인간의 행위결정은 시간의 흐름에 의한 인과관계를 설명하는데 한계가 있다. 기대는 미래현상에 대한 예측인데, 이러한 예측이 맞는 경험을 반복하게 되면 기대에 대한 신뢰가 생기게 되고, 이러한 기대가 기대 구조를 형성되어 질서의 토대가 된다. 질서는 특정 행위에 대한 특정 결과가 서로 인과관계에 있을 때 존립한다.

여러 행위자가 한 장소에 모여 서로 주고받는 행위가 갈등으로 나타나고, 결국은 서로를 인식하여 '힘의 균형'이 이루어지게 된다. 즉 사회社會의 장場은 어떠한 제도적·조직적 계약이 없는 조건에서 자유로운 행위로 움직이는 무대이다.

장場의 반대개념은 조직組織이다. 조직 내의 행위는 조직 목적에 따라 명령되고 계획된다. 구성원 간의 관계는 정책결정자의 지시에 따르는 현상을 보인다. 조직은 그래서 반장反場으로 불린다.

국제체제도 국가 간의 사회의 장이므로 국제질서의 현존구조와 실질적 힘의 균형 사이의 괴리가 갈등상태가 되고, 어떤 촉발작용이 일어나면 전쟁으로 발전한다. 전쟁으로 파괴된 기대구조는 전쟁을 통해 새로 이뤄지는 힘의 균형에 따라 새롭게 형성된다. 이는 새로운 기대구조, 즉 신 국제질서를 형성한다.

국제체제의 질서가 전쟁으로 발전하는 경험적인 평가 자료를 살펴보면 전쟁의 필요조건, 촉진조건, 억제조건 등이 있다. 전쟁의 필요조건에는 ① 접촉과 상호 관심의 집중, ② 대립되는 이익의 충돌, ③ 전쟁능력, ④ 현존 질서 붕괴 등이다.

전쟁의 촉진조건은 다음과 같다. ① 사회적·문화적 상이성이 높으면 전쟁을 촉진한다. ② 강대국이 개입하여 어느 한편을 도우면 전쟁을 촉진한다. ③ 현 질서를 지배하는 지배국의 허약성이 나타나면 전쟁을 촉진한다. ④ 양측이 서로 강하다고 믿을 만큼 두 나라의 힘이 엇비슷할 때 전쟁은 쉽게 일어난다.

전쟁의 억제조건은 위의 촉진요인이 반대조건이 될 때로 사회적·문화적 상이성相異性이 적고, 상호 동맹관계가 높으며, 강한 지배국이 존재하고, 세계여론의 반대에 부딪칠 때 등이다.

7. 국내 혼란과 국제전쟁의 연계[40]

전쟁의 원인을 국가의 취약성과 외부의 위협에 의한 국내 혼란과 국제전쟁의 관계에서 찾고자 하는 이론들을 살펴보고자 한다.

연계이론은 국가시스템과 국제시스템이 겹치는 부분에서 일어나는 제현상이다. 국가시스템과 국제시스템 속의 현상에 연결되는 반복되는 행위현상들을 확인하고 분석하려는 생각에서 '연계linkage'라는 개념을 설정한 것이다.

로제나우James N. Rosenau는 한 시스템에서 연유하여 다른 시스템 속에서 반응을 얻는 반복되는 행위를 연계라고 정의했다. 국가 행위는 의도성 여부와 반응을 예측하거나 목적으로 행한 행위, 의도와 관계없이 결과적으로 어떤 반응을 일으키게 되는 갈등 행위와 연계된다고 보고 있다.

---

40 윤형호, 『전쟁론(평화와 실제)』, pp.288-290를 요약·정리함.

갈등을 '배타적인 동기나 목표가 병존하는 상태'로 정의했을 때, 개인의 심리적인 내적 갈등, 타인과의 관계에서 일어나는 외적 갈등, 사회적 갈등 등이 존재한다. 연계이론은 국제정치 영역에서는 사회적 갈등이 관심의 대상이다. 내우외환內憂外患과 같이 내적인 혼란이 대외적인 갈등행위를 조장한다고 보고 있다. 한 국가의 경제적 낙후성은 대내 갈등과 대외 갈등행위를 연계시키는 매체가 된다고 보았다. 로제나우는 후진국 지도자들이 국내 불만을 대외 관계에서의 위기로 관심을 돌려 해결하려는 경향을 갖고 있다고 주장한다.

이러한 주장은 논란의 대상이 되었으나 전쟁연구에 상당한 기여를 한 것으로 알려진 라이트도 대내·외 갈등 간의 연계가 있다고 주장했으며, 로즈크랜스Richard N. Rosecrance도 국가의 엘리트들 간의 불안은 국가 안의 불안정한 관계와 밀접한 상관관계가 있을 것이라고 주장했다.

이러한 내·외부 갈등에 대한 연계이론들은 논리적 결함, 실증적 연구를 위한 종속변수의 설정, 이러한 갈등현상이 전쟁으로의 진행을 설명하지 못하는 문제점 등이 있다. 그러나 전쟁의 원인을 설명하는 국가체제와 국제체제의 영역을 연계하여 새로운 관점에서의 이해의 폭을 넓혀주는 계기를 부여하고 있다.

8. 기타 견해[41]

먼저 세력균형이론을 살펴보면 세력의 균형이 평화를 가져오고 세력의 불균형이 전쟁을 초래하는 경향이 있다고 주장하는 반면, 세력전이이론은 이와 반대로 세력균형이 오히려 전쟁을 초래하고 세력 불균형이 평화를 가져오는 경향이 있다고 주장한다.

세력전이이론은 세계정치를 바라보는 현실주의의 세 가지 기본과정을 거부한다. 현실주의자들은 국제정치현상을 다음과 같은 입장에서 보

---

41 김열수, 『전쟁원인론: 연구동향과 평가』, pp.114-115를 요약·정리함.

고 있다. 첫째, 국제질서가 무정부적이지 않고 국내 정치체계와 유사한 위계적 방식으로 조직되어 있다. 둘째, 국내정치체계와 국제정치체계를 지배하는 규칙이 기본적으로 유사하며, 국내체제의 정치집단과 마찬가지로 국가들 역시 국제질서 내에서 희소자원을 추구한다. 셋째, 국가 간의 경쟁은 잠재적 국가이익을 추구하는 과정에서 국가 간 갈등 또는 협조로 나타난다. 이때 국가의 목적은 세력 확대가 아니라 국가이익의 극대화에 있다. 그래서 갈등으로부터 얻는 국가이익이 현재의 국가이익보다 적다고 판단되면 국가 간 평화로운 경쟁이 지속되고, 반대의 경우에는 갈등이 발생한다고 보고 있다.

현실주의의 기본 가정을 거부한 오간스키^{A. F. K. Organski}는 세력균형이 평화를 유지하는 것이 아니라 오히려 전쟁의 기회를 증대시킨다고 주장하면서, 국제정치의 지배국과 주요 도전국 간 세력이 거의 균형을 이룰 때 전쟁이 일어나기 쉽다고 주장했다. 길핀의 패권전쟁이론은 국제체계의 위계질서를 강조하면서 패권국의 존재가 국제체제를 안정시키고 있다고 주장했다. 최고의 패권을 추구하는 경쟁자들 및 이들의 동맹국들이 양극화 체계를 형성하여, 조그만 사건 하나가 대규모의 갈등을 촉발할 수도 있다고 본다. 그러한 갈등이 어떻게 해소되는가에 따라 새로운 패권국과 힘의 위계구조가 결정된다.

앞에서 살펴본 바와 같이 많은 심리학자, 사회학자, 역사학자, 경제학자, 정치학자들이 자신의 학문분야를 바탕으로 전쟁의 원인에 관한 이론을 일반화하고자 했다. 그러나 전쟁의 원인을 일반화, 체계화하여 규명하는 데 어려움과 한계가 있다. 전쟁은 다양한 요인이 종합적으로 작용하여 발발하기 때문에 단일 변수로는 전쟁의 발발을 효과적으로 설명할 수 없다. 앞에서 제시한 전쟁의 원인에 관한 이론을 종합적으로 분석해 보면 다음과 같다.

전쟁의 원인에 대한 연구관점은 "① 어떤 특정한 전쟁에만 관계된 사건, 상황, 행위, 지도자의 개성에 관한 시각, ② 인간의 행동, 사상, 가치들에 관한 시각, ③ 비인간적인 힘, 상황, 과정 유형, 관계들에 관한 시각, ④ 안정된 상황 속으로 교란요소를 유입 혹은 투입하는 과정으로 보는 시각, ⑤ 상황 자체 내에 본질적인 안정조건의 결핍이나 잠재가능성에 대한 인간 의식의 실패로 보는 시각 등"으로 다양하다.[42]

전쟁의 원인에 관한 연구방법의 과학적·역사적·실천적 접근 관점을 살펴보면 다음과 같다. 과학적 연구의 관점은 "① 국가체제 내에서 불확실하게 동요하는 정치 및 군부 세력 간의 안정된 평형상태 유지의 곤란, ② 국가이익의 변화, 휴머니티의 가치변화 및 공정한 국제분쟁 해결 등을 위해서 국제법상의 근거와 제재를 사용하는데 어려움, ③ 전반적인 사회 질서를 유지할 수 있고, 사회에 대한 외부사회의 위협을 배제하기 위한 정치권력의 조직화의 곤란, ④ 평화를 국지적으로 일시적으로 혹은 세계여론을 조성하는데 곤란" 등에 의해 전쟁이 발발한다는 견해이다.[43]

앞에서 서술한 전쟁의 원인에 관한 내용을 요약하면, 전쟁은 인간 차원에서 인간의 욕망·욕심·공격성 등 인간의 불완성 때문에, 사회·국가 차원에서는 집단 간 경쟁·대립·갈등 등에 의해, 국제체제 차원에서는 국제체제의 무정부상태, 힘(국력)과 위계질서, 현상 유지와 변경의 상호작용, 구조 변화 등에 의해 발생한다고 볼 수 있다.

전쟁의 원인에 관한 연구는 앞에서 제시된 이론을 바탕으로 전쟁을 유발하는 본질적인 요인과 전쟁이 발생하는 조건으로 구분하여 연구할 필요가 있다. 전쟁은 경쟁, 상황, 구조 등의 변화 과정에서 나타나는 사회적 현상이다. 그래서 전쟁이 발생하는 필요조건, 촉진조건, 억제조건 등에 관한 연구가 요구된다. 전쟁의 원인을 연구하는 목적은 전쟁을 억제하고 평화를 조성하는데 있으므로, 전쟁의 조기 종결 및 평화 조성에 관한 연구도 요구된다.

---

42 윤형호, 『전쟁론(평화와 실제)』, p.307.

43 앞의 책, pp.310-311.

ON WAR

CHAPTER 3
전쟁의 과정

박창희 / 국방대학교 군사전략학과 교수

육군사관학교를 졸업하고 미 해군대학원Naval Postgraduate School에서 국가안보학 석사
학위, 고려대학교에서 국제정치학 박사학위를 받았다. 2006년부터 국방대학교 군사전
략학과 교수로 재직하고 있으며, 한국동북아학회 및 국방정책학회 이사로 있다. 군사
전략, 중국군사, 전략이론 등의 군사학 주제를 연구하고 있으며, 저서로는 『군사전략론』
등이 있다.

이 장에서는 전쟁의 과정을 다룬다. 전쟁의 과정에 대한 연구는 기본적으로 두 가지 측면에서 접근할 수 있다. 하나는 정치외교적 수준에서 전쟁이 어떻게 시작되고 어떠한 상황에서 확대 또는 제한되는지를 보는 것이고, 다른 하나는 군사전략적 수준에서 전쟁이 어떻게 수행되는지를 분석하는 것이다. 이 책이 전쟁에 대한 일반적인 논의를 다루는 만큼 여기에서는 정치외교적 수준에서 전쟁의 과정을 다루기로 한다. 지금까지 전쟁의 과정에 대한 연구는 전쟁의 원인이나 결과에 비해 거의 이루어지지 않고 있다. 국제정치 분야의 학자들은 전쟁을 예방하기 위해 그 원인을 규명하거나, 혹은 전쟁이 종결되고 나서 형성된 전후의 질서를 밝히는데 많은 노력을 기울였지만, 전쟁의 과정에 대해서는 별다른 관심을 두지 않고 있다. 그러나 정치외교적 수준에서 전쟁이 어떻게 시작되는지, 국내외적 요인에 의해 전쟁이 어떻게 확대되고 제한되는지를 이해함으로써 전쟁 전반을 구성하는 온전한 퍼즐을 완성할 수 있기 때문에 전쟁의 과정을 연구하는 것이 중요하다. 이 장에서는 전쟁의 과정을 전쟁의 개시, 전쟁의 확대, 전쟁의 제한이라는 세 부분으로 나누어 고찰하기로 한다.

I. 전쟁의 개시

전쟁의 원인은 국가들로 하여금 전쟁을 개시하도록 하는 요인으로 작용한다. 그러한 원인으로는 전쟁을 직접적으로 야기하는 촉발원인precipitating cause 또는 즉각원인immediate cause, 전쟁의 배경요인으로 작용하는 근본원인 fundamental cause 또는 허용원인permisive cause이 있다.[1] 그러나 그러한 전쟁의 원

---

1 John Garnett, "The Causes of War and the Conditions of Peace," John Baylis et al., *Strategy in the Contemporary World* (New York: Oxford University Press, 2007), pp.24-26.

인이 직접 전쟁을 개시하도록 하는 것은 아니다. 전쟁의 개시는 어디까지나 국가지도자의 결심에 따르는 것이기 때문에, 전쟁의 원인이 작용하더라도 지도자가 결심을 미루거나 포기한다면 전쟁은 발발하지 않을 수도 있다. 만일 지도자가 전쟁을 결심한다면 그것은 ① 기습을 통해서, ② 선전포고에 의해서, ③ 기습 후 선전포고를 하거나 아예 선전포고 없이 전쟁을 시작하는 것으로 나누어 볼 수 있다.

1. 기습에 의한 전쟁 개시

역사적으로 볼 때 많은 전쟁은 기습으로 시작되었다. 전쟁에서 공격하는 측은 기습을 통해 얻을 수 있는 효과를 극대화하여 보다 유리한 상황에서 전쟁을 수행할 수 있다. 기습은 상대가 예상하지 않은 시간과 장소에서 예상하지 않은 방법으로 공격함으로써 달성할 수 있다. 비록 상대가 기습을 눈치채더라도 이를 제때 효과적으로 대처하기에 너무 늦다면 기습은 성공적으로 이루어진 것으로 볼 수 있다. 기습을 추구하는 측은 피아 간의 전투력 균형을 결정적으로 아측에 유리하게 전환시킬 수 있기 때문에 투입된 노력 이상의 성공을 거둘 수 있다. 대체로 국가들은 기습에 성공하기 위해 속도, 기만, 예상치 못한 전투력의 사용, 전술과 작전방법의 변화 등을 추구한다.[2]

기습은 다음과 같은 특징을 갖는다. 첫째로 기습공격은 상대가 미처 전쟁을 준비하지 못하고 병력을 제대로 배치하지 못한 상태에서 이루어진다. 즉 상대국가의 상비군은 전쟁이 발발할 것이라는 사전 경고를 받지 못하고, 대다수의 부대는 국경지역에서 멀리 떨어져 있다. 전투를 수행하는 데 필요한 군수보급물자가 제대로 준비되지 못하고, 병력의 동원도 전혀 이루어지지 않은 상태에 있다. 둘째, 기습공격을 가하는 측은 공격의 시점·장소·범위·방법을 선택할 수 있다. 이로써 기습을 하는 공자는 시작단

---

2 육군사관학교, 『세계전쟁사』(서울: 일신사, 1985), p.19.

계에서부터 전쟁의 주도권을 장악할 수 있다. 셋째, 기습공격은 적의 지휘통제 및 통신, 동원, 군수체계를 와해할 수 있다. 무방비 혹은 방어가 취약한 상태에 놓여 있는 적의 C4I 체계[3]를 기습적으로 타격할 경우 적의 전쟁지도 및 군사지휘에 커다란 혼란과 마비를 초래할 수 있다. 넷째, 기습은 적이 태세를 바꾸게끔 강요할 수 있다. 가령, 적이 공세적 군사교리를 추구해 왔더라도 기습을 당하면 수세로 전환하지 않을 수 없을 것이다. 다섯째, 기습은 전력 승수효과를 가져옴으로써 약한 측에게 유리하도록 군사력 균형이 달라질 수 있는 이점을 제공한다.[4]

기습을 통해 전쟁에서 승리한 사례는 많다. 대표적인 사례가 바로 이스라엘의 6일전쟁이다. 이집트의 나세르 Gamal Abdel Nasser 대통령은 아랍국가들의 단합을 도모하고 경제적 어려움으로 인한 자국 국민들의 불만을 누그러뜨리기 위해 이스라엘에 대한 강경정책을 추구했다. 그는 1967년 5월 22일 티란 해협을 봉쇄하고, 다음 날에는 아카바 만을 봉쇄하는 조치를 취했다. 그리고 아랍국가들과 함께 시나이 반도에 1,000대의 전차를 배치하는 등 이스라엘을 압박했다.[5] 아랍국가들의 전면적 공격에 직면하여 전쟁이 불가피하다고 인식한 이스라엘은 아랍동맹의 군사력을 최단시간 내에 파괴하기 위해 전격적인 선제기습전략을 구상했다.

이스라엘의 기습공격은 1967년 6월 5일 7시 45분, 10개 편대로 구성된 공군의 선제타격으로 시작되었다. 이스라엘 공군은 기습을 달성하기 위해 적이 예상하지 못한 아침 시간에 공격을 개시했고, 적 레이더에 탐지되지 않도록 지중해 및 이스라엘 남부의 네게브 Negev 사막으로 크게 우회하여 접근했다. 또한 적의 대공사격을 회피하기 위해 지상 또는 해상에서

---

3 지휘(Command), 통제(Control), 통신(Communications), 컴퓨터(Computers) 및 정보(Intelligence)

4 Zeev Maoz, *Paradoxes of War: On the Art of National Self-Entrapment* (Boston: Unwin Hyman, 1990), p.171.

5 김희상, 『중동전쟁』(서울: 일신사, 1982), pp.229-237.

고도 10~30m로 비행했으며, 이 과정에서 일체 무선교신을 하지 않았다. 이들의 주요 목표는 시나이 반도, 나일 강 삼각주, 나일 계곡, 카이로 등지에 위치한 19개 비행기지였다. 이스라엘 공군은 250대의 항공기로 약 3시간에 걸쳐 이집트 전투기 340대 가운데 300여 대를 파괴했으며, 다음 날까지 다른 아랍동맹국들의 항공기 120여 대를 파괴했다. 개전 이틀 만에 제공권을 장악한 이스라엘은 이후 지상작전을 개시하여 시나이 반도를 장악하고 요르단 및 시리아 방면으로 진격하여 휴전을 이끌어냄으로써 전격적인 승리를 거두었다.[6]

그러나 기습이 전쟁의 승리를 항상 보장하는 것은 아니다. 마오즈^{Zeev} ^{Maoz}는 20세기 기습공격의 사례를 연구한 결과, 기습을 취한 국가가 전쟁에서 이긴 사례보다 오히려 패한 사례가 더 많았다고 주장했다. 〈표 3-1〉에서 보는 바와 같이 20세기에 있었던 15회의 기습공격 사례에서 먼저 기습을 가한 국가는 5회 승리한 반면 기습을 당한 국가는 7회 승리한 것으로 나타났다. 마오즈는 이를 '기습의 패러독스$^{paradox\ of\ surprise}$'라고 표현했다. 그는 대부분의 기습공격이 패배로 돌아가는 이유는 바로 기습이 약자의 선택이기 때문이라고 보았다. 대부분의 기습공격은 군사적으로 열세한 국가에 의해 이루어진 것으로 더욱 강한 상대국가는 기습적인 1차 공격을 흡수하고 군사력을 정비한 후 반격을 가할 수 있었다는 것이다.[7]

그럼에도 불구하고 기습은 전쟁을 시작하는데 무척 매력적이고 유혹적인 방법이 아닐 수 없다. 전쟁이 불가피하다면 적이 예상하지 않은 시간과 장소에서, 적이 예상하지 못한 방법으로 먼저 군사력을 운용하여 공격한다면 초기 전쟁단계에서 주도권을 확보할 수 있을 것이다.

---

6 김희상, 『중동전쟁』, pp.261-395.

7 Zeev Maoz, *Paradoxes of War*, pp.170-172.

〈표 3-1〉 20세기 기습전쟁 사례와 그 결과

공격일자	전쟁	기습국가	대상국가	승리한 국가
1913. 6. 30	제2차 발칸전쟁	불가리아	세르비아, 그리스	세르비아, 그리스
1919. 5. 5	그리스-터키전쟁	그리스	터키	터키
1931. 12. 19	만주사변	일본	중국	일본
1941. 6. 22	바르바로사 작전	독일	소련	소련
1941. 12. 7	진주만 공격	일본	미국	미국
1950. 6. 25	6·25전쟁	북한	남한	−
1950. 11. 26	중국의 6·25전쟁 참전	중국	미국	−
1956. 10. 29	시나이전쟁	이스라엘	이집트	이스라엘
1956. 10. 31	수에즈전쟁	영국, 프랑스	이집트	이집트
1962. 10. 20	중인전쟁	중국	인도	중국
1967. 6. 5	6일전쟁	이스라엘	이집트	이스라엘
1973. 10. 6	10월전쟁	이집트, 시리아	이스라엘	이스라엘
1978. 10. 30	우간다전쟁	탄자니아	우간다, 리비아	탄자니아
1980. 9. 22	이란-이라크전쟁	이라크	이란	−
1982. 4. 2	포클랜드 전쟁	아르헨티나	영국	영국

2. 선전포고에 의한 전쟁 개시

선전포고는 한 국가가 다른 국가를 상대로 전쟁을 할 때 이루어지는 공식
적 행동으로, 이를 통해 둘 혹은 그 이상의 국가 사이에 전쟁상태가 성립
된다. 선전포고는 인류의 오랜 역사에서 하나의 관행처럼 이어 내려왔다.[8]

---

8 Robert B. Strassler, *The Landmark Thukydides: A Comprehensive Guide to the Peloponnesian war*
(New York: The Free Press, 1996), pp.89-90.

그러나 선전포고의 관행이 항상 엄격하게 지켜진 것은 아니다. 예를 들어,『펠로폰네소스 전쟁사』에서 저자인 투키디데스Thucydides는 스파르타의 동맹국인 테베가 아테네의 동맹국인 플라타이아이Plataeae에 대해 선전포고 없이 기습공격을 가한 것을 비난하고 있는데, 이는 고대 그리스 시대에 선전포고가 관행이었지만 때로는 이러한 관행을 지키지 않았음을 보여준다.

역사적으로 선전포고에 대한 사람들의 인식은 달랐다. 예를 들어 1700년부터 1870년까지의 전쟁역사를 살펴보면, 유럽국가들 사이에 치른 전쟁에서 선전포고가 있었던 경우는 단지 10회에 그쳤다. 1700년대 한 학자는 조금이라도 자부심을 가진 군주들은 선전포고를 하지 않은 채 전쟁을 일으키지 않을 것이라고 하면서, 그 이유로 공개된 공격을 통해 승리하는 것이 보다 명예롭고 영광스럽기 때문이라고 주장했다.[9] 반면, 1880년 영국의 한 학자는 선전포고가 적으로 하여금 방어할 시간과 기회를 주는 만큼 누구도 그러한 엉뚱한 행동을 의무라고 생각하지 않을 것이라고 주장했다.[10] 이와 같이 선전포고에 대한 상반된 인식이 존재함으로써 국가들은 유리한 상황에서만 상대국가에 전쟁을 선포하기에 이르렀다.

1907년 헤이그 협약Hague Convention의 제1항은 "협약 체결국들은 그들 간의 적대행위가 사전에 선전포고나 전쟁의 조건을 담은 최후통첩과 같은 명확한 경고 없이 시작되어서는 안 된다는 것을 인정한다"고 되어 있다.[11] 이는 기습공격을 허용하지 않음으로써 국가들로 하여금 군비경쟁을 완화하고 전쟁 발발을 억제하게 하는 조치로 이해할 수 있다. 이에 따라 국가들은 제1차 세계대전과 제2차 세계대전을 치르면서 적국에 대해 선전포고를 실시했다. 1939년 9월 3일 영국, 인도, 프랑스, 호주, 뉴질랜드가 독

---

9 Cornelius van Bynkershoek, Tenney Frank, trans., *The Classics of International Law* (Oxford: Clarendon Press, 1930), p.8.

10 William Edward Hall, *A Treatise on International Law* (London: Oxford University Press, 1924), p.444.

11 조약 원문은 다음을 참조하라. http://avalon.law.yale.edu/20th_century/hague03.asp#art1

일에 대해 전쟁을 선포했으며, 1940년 4월 24일 독일은 노르웨이에 대해 전쟁을 선포했다. 1941년 12월 7일 일본이 진주만을 공격하고 전쟁을 선포하자 미국은 8일에는 일본, 11일에는 독일에 대해 전쟁을 선포하며 제 2차 세계대전에 뛰어들었다.제2차 세계대전이 끝난 후 유엔은 국가들 간의 분쟁을 전쟁 없이 해결하기 위해 회원국들로 하여금 자위의 목적이 아니면 무력사용 위협 및 무력사용을 금지하도록 했다. 그 결과 선전포고는 이전 시대와 다른 의미를 갖게 되었다. 즉, 유엔의 승인을 받거나 자위의 목적이 아닌 이상 '선전포고'는 무력사용을 금지한 유엔헌장을 자동적으로 위반하는 행위가 되었다. 따라서 유엔 창설 이후 선전포고는 주로 '자

〈표 3-2〉 1945년 이후 선전포고 현황

전쟁	선전포고 (국가)	형식	상대국가	종결
중동전쟁	1948. 5. 15 (아랍국가들)	선전포고	이스라엘	이라크, 시리아, 레바논과 지속
오가든전쟁	1977. 7. 13 (소말리아)	선전포고	이디오피아	1978. 3. 15
이란-이라크전쟁	1980. 9. 22 (이라크)	선전포고	이란	1988. 7. 20
포클랜드 전쟁	1982. 5. 11 (아르헨티나)	전쟁구역 선포	영국	1982. 6. 20
미국의 파나마 침공	1989. 12. 23 (파나마)	전쟁상태선포	미국	1990. 1. 31
에티오피아전쟁	1998. 5. 14 (에티오피아)	전쟁상태 선포	에리트레아	2000. 5. 25
차드내전	2005. 12. 23 (차드)	선전포고	수단	2010. 1. 15
지부티-에리트레아 분쟁	2008. 6. 13 (지부티)	전쟁상태선포	에리트레아	2010. 6. 6
남오세티아전쟁	2008. 8. 9 (그루지야)	전쟁상태선포	러시아	2008. 8. 16
헤글리그 위기	2012. 4. 11 (수단)	전쟁상태선포	남수단	2012. 5. 26

위'를 명분으로 한 중동과 동아프리카 지역에서의 분쟁에서 이루어지게 되었고, 그 횟수는 10회에 불과했다.

3. 사후 포고 혹은 선전포고 없는 전쟁

기습공격 전에 정치적 협상 등 위장평화행동을 통해 기습의 효과를 노리는 국가의 경우에는 먼저 기습적으로 전쟁을 시작한 후 요식행위로 선전포고를 하는 경우가 종종 있었다. 러일전쟁에서 일본은 1904년 2월 8일 뤼순(여순旅順) 항에 있는 러시아 극동함대의 군함 두 척에 기습적인 어뢰공격을 가해 크게 파손시켰으며, 9일에는 제물포항에 있는 바르야크함과 카레이츠함을 공격하여 침몰시켰다.[12] 그리고 이러한 기습공격을 통해 해양에서 우세를 장악하고 나서 10일 러시아에 대해 선전포고를 했다.

일본은 태평양전쟁에서도 미국에 대해 기습공격을 먼저 가한 후 전쟁을 선포하는 방식으로 전쟁을 시작했다. 일본군은 최초 헤이그 협약을 준수하기 위해 형식적으로 공격 30분 전에 선전포고를 전달하려 했으나, 워싱턴의 일본대사관을 통해 전달하는 과정에서 지체되었다. 따라서 일본은 1941년 12월 7일 7시 40분 진주만에 기습을 가하여 정박 중인 함선과 비행장의 비행기, 해군 시설 등을 파괴하고 미군 3,500명의 피해를 강요한 후 미국에 전쟁을 선포하게 되었다. 비록 의도한 것은 아니었지만 결국 전쟁을 시작한 후 선전포고를 한 셈이다.

선전포고 없이 전쟁을 수행하는 사례도 많다. 대표적으로 베트남전쟁은 선전포고가 이루어지지 않았기 때문에 언제 전쟁이 시작되었는지 명확히 규정하기 어려우며, 이에 대해 여러 학설이 제기되고 있다. 1954년 제네바협정 조인 직후설은 미국의 베트남 개입은 제네바협정 위반임을 내세워 협정 체결 직후를 미국의 침략전쟁 개시 시기로 본다. 1959년설은 남베트남 내 게릴라 투쟁이 조직화되고 북베트남으로부터 호찌민루트

---

12 최용성, 『세계전쟁의 이해』(포천: 드림, 2009), pp.257–258.

Ho Chi Minh Trail가 개척된 것을 근거로 제기되었다. 1961년설은 미국이 본격적으로 군사행동을 취한 케네디 행정부의 조치를 근거로 제기되었다. 마지막으로 1965년설은 통킹 만 사건 이후 미국이 베트남에 대규모 군사력을 파병한 것을 근거로 하고 있으며, 통상적으로 이를 베트남전쟁의 시작으로 간주하고 있다.

II. 전쟁의 확대

클라우제비츠는 전쟁을 '불확실성'의 영역으로 간주했다. 전쟁을 수행하는 과정에서 예상치 않았던 많은 '마찰friction'과 '우연chance'이 작용하여 최초 계획과 달리 전쟁을 엉뚱한 곳으로 끌고 갈 수 있기 때문이다.[13] 그래서 클라우제비츠는 전쟁을 '도박gamble'에 비유했다.[14] 마찰과 우연이라는 요인이 작용하기 때문에 전쟁은 군사력이 강한 국가가 반드시 승리하는 것은 아니다. 따라서 전쟁은 신중하게 결정하고 신중하게 수행해야 한다.

결국 전쟁은 국가가 의도한 대로 수행되는 것은 아니다. 애초에 정치적 목적이 부적절하게 설정되어 전쟁이 지연될 수도 있고, 때로는 군사전략이 제대로 이행되지 않아 쉽게 끝낼 수 있었던 전쟁을 망칠 수도 있다. 혹은 예상치 못하게 제3국이 개입하거나 상대국가의 동맹국이 동맹조약을 발효하여 개입함으로써 전쟁은 장기화되고 그 규모 및 범위가 커질 수 있다. 여기에서는 최초 의도와 달리 전쟁이 어떻게 확대되는지에 대해 살펴보도록 한다.

---

13 Carl von Clausewitz, Michael Howard and Peter Paret, eds. and trans., *On War* (Princeton: Princeton University Press, 1984), pp.119-121.

14 앞의 책, pp.85-86,

1. 정치적 목적

전쟁의 확대는 정치적 목적의 달성과 깊은 관련이 있다. 전쟁은 무력을 동원한다는 점에서 외교와 구별되지만, 그것이 무분별한 폭력 행사를 의미하지는 않는다. 전쟁은 어디까지나 국가의 정치적 목적을 달성하기 위한 수단으로써, 목적을 달성한 경우 무력행위는 중지해야 한다. 즉, 정치적 목적이 적의 영토를 탈취하는 것이든, 정책을 변화시키는 것이든, 혹은 우리의 주권과 영토를 수호하는 것이든, 국가는 그러한 목적을 달성한 경우에는 전쟁을 중단하려 할 것이다.

그러나 정치적 목적을 신속하게 달성하지 못할 경우 전쟁은 확대될 수 있다. 전쟁을 일으킨 국가가 정치적 목적을 쉽게 달성하지 못한다면 제반 여건을 고려하여 상대국가와 협상을 통해 전쟁을 마무리할 수도 있겠지만, 많은 경우 전쟁은 지연되고 규모가 커질 수 있다. 그러면 왜 전쟁에서 정치적 목적을 쉽게 달성하지 못하는가? 여기에는 다양한 이유가 존재한다.

첫째, 정치적 목적 달성을 위한 하위목표가 분명히 설정되지 않아 무엇을 어떻게 해야 하는지 모르고 헤매는 경우가 있다. 가령 적을 완전히 정복해야 하는 것인지, 아니면 제한적으로 적을 공격하고 빠져나와야 하는지 목표가 애매하다면 동원 규모를 판단하기 어려울 뿐 아니라 동원된 자원을 효율적으로 사용할 수도 없게 될 것이다. 미국의 베트남전쟁이 이러한 사례에 해당한다. 미국은 아시아 지역에서 공산주의 세력의 팽창을 저지하기 위해 베트남전쟁에 개입했다. 당시 미국의 입장은 북베트남으로 하여금 남베트남 정부를 독립국가로 인정하고 남베트남으로부터 군대를 철수하도록 하는 것이었다. 그러나 미국은 이러한 목표를 달성하기 위해 무엇을 해야 하는지를 잘 몰랐다. 단순하게 남베트남 전력을 증강시킬 것인지, 남베트남 내의 베트콩 섬멸에 주력할 것인지, 남베트남 지역의 안정화에 주력할 것인지, 필요하다면 북베트남을 공격하여 점령할 것인지에 대한 명확한 방향을 설정하지 못했고, 그것이 곧 전쟁에서 실패 후 북베트남과 평화협상을 통해 불명예스럽게 철수하는 원인으로 작용했다.[15]

둘째, 정치적 목적과 가용한 수단 간의 괴리로 인해 목적을 달성하기 어려울 수 있다. 즉, 추구하고자 하는 정치적 목적이 가용한 자산과 수단에 비해 너무 큰 경우이다. 일본의 진주만 공격은 처음부터 달성하기 어려운 정치적 목표를 설정함으로써 전쟁을 확대할 수밖에 없었던 사례이다. 전쟁을 지속하기 위한 자원이 부족했던 일본은 연합국이 유럽전역에 집중하고 있는 틈을 타, 신속하고 결정적인 공격으로 태평양 지역을 장악하여 전쟁을 종결하고자 했다. 일본은 먼저 미 진주만의 태평양함대를 무력화하고 태평양 지역을 장악하여 방어선을 친 후, 미국이 공격해올 경우 적절히 협상을 통해 대동아공영권을 확보할 수 있다고 믿었다. 그러나 일본의 진주만 공격은 당시 참전 여부를 놓고 분열되어 있던 미국 국민들의 여론을 하나로 결집시키고 전의를 불태우도록 하는 역효과를 가져왔다. 결국, '제한적 소모전'을 예상했던 일본의 판단과 달리 태평양전쟁은 미국과 일본 간의 전면전으로 확대되었고 일본이 전쟁에서 패하게 된 원인으로 작용했다.[16]

2. 군사전략의 영향

군사전략은 전쟁의 과정을 지배하는 매우 중요한 요소이다. 군사전략이란 "국가안보목표를 달성하기 위해, 혹은 전쟁에서 승리하기 위해 가용한 군사적 자산을 운용하는 방법"으로 정의하며, 통상 '어떻게 싸울 것인가'에 관한 개념으로 이해할 수 있다.[17] 전쟁의 승리가 정치적 목적 달성에 기여한다면, 군사전략은 전쟁에서 승리하기 위한 불가결한 요소가 되는 셈이다.

15 Harry G. Summers, Jr., *On Strategy: The Vietnam War in Context* (Carlisle: US Army War College, 1981), p.3.

16 육군사관학교, 『세계전쟁사』, pp.468-476.

17 박창희, 『군사전략론: 국가대전략과 작전술의 원천』(서울: 플래닛미디어, 2013), pp.101-103.

국가들은 전쟁을 시작하면서 효율적인 군사전략을 통해 신속하게 전쟁에서 승리를 거두려고 한다. 특히 공격하는 국가는 '섬멸전략'을 구사함으로써 적의 군사력을 조기에 와해하고 적으로 하여금 평화협상에 임하도록 할 것이다. 방어하는 입장에서도 군사력이 대등하다면 국가경제 및 사회에 미치는 부정적 영향을 고려하여 가급적 신속하게 전쟁에서 승리하려 할 것이다. 반면, 방어하는 국가가 군사적으로나 경제적으로 공격하는 국가보다 많이 약하다면 신속결전보다는 지연소모적인 전략으로 전쟁에 임할 것이다.

군사전략 측면에서 전쟁이 확대되는 경우는 군사전략상 문제가 있을 경우, 군사전략목표가 군사적 능력의 한계를 초과할 경우, 상대가 지연소모전으로 나올 경우로 나누어 볼 수 있다.

먼저 제1차 세계대전 시 독일의 프랑스전역은 군사전략상 하자로 인해 독일이 프랑스에 대해 신속한 승리를 거두지 못하고 전쟁이 지연된 사례였다. 1891년 독일군 참모총장에 취임한 슐리펜Alfred Graf von Schlieffen 장군은 프랑스와 치를 전쟁에 대비하여 과감한 포위섬멸전략을 구상했다. 그의 계획은 단기결전을 위해 네덜란드 영토를 거쳐 프랑스 북쪽을 우회하여 프랑스군의 좌익을 측후방으로 포위공격하고, 남쪽에서는 방어 혹은 전략적 후퇴로 프랑스군을 유인했다가 포위가 이루어지면 반격하는 것이었다. 그는 신속한 포위가 가능하도록 북쪽 주공과 남쪽 조공 간의 병력비율을 7:1로 배분했다. 그러나 그의 후임으로 총참모장이 된 몰트케Helmuth von Moltke 장군은 1911년 이 계획을 수정했는데, 그는 네덜란드의 중립을 존중하여 기동로를 변경하고 남쪽에서의 반격을 용이하게 하기 위해 주공의 병력 일부를 조공 지역으로 재배치했다. 그 결과 주공과 조공의 병력 비율은 3:1로 조정되었으며, 독일군은 집중함으로써 얻을 수 있는 이점을 포기하고 양면공격을 하게 되었다. 그 결과 1914년 9월 프랑스전역에서 독일군 주력은 프랑스군을 신속하게 포위하여 섬멸하지 못했고, 전선은 스위스에서 북해까지 약 1,000km의 참호선을 형성하여 교착상태에 빠지

게 되었다.[18]

중일전쟁은 일본이 정치적 목표 달성을 위한 군사작전 소요를 제대로 판단하지 못해 전쟁이 확대된 사례이다. 애초에 일본은 전쟁을 시작하면서 3개월 이내에 중국 전역을 석권하고 정치적 목적을 달성할 것으로 자신했으나, 실제로 중국의 주요 지역을 장악하고 본격적으로 본토를 통치하기까지는 약 16개월이 소요되었다.[19] 1936년 서안사건으로 장제스(장개석蔣介石)가 제2차 국공합작을 통해 전쟁을 결심하자 일본은 세 가지 조건을 내걸고 장제스의 국민당 정부에 최후통첩을 보냈다. 첫째로 만주국을 인정할 것, 둘째로 중국 내 공산주의 세력을 근절하기 위해 일본과 협력할 것, 셋째로 중국 내 반일세력을 척결할 것이었다.[20] 장제스가 이를 거부하자 일본은 1937년 7월 노구교사건을 일으켜 화북지역에서부터 공격을 시작했으며, 8월에는 상하이(상해上海) 지역으로 전쟁을 확대했다. 장제스가 이끄는 중국군은 상하이에서 결전에 임하여 12월 말까지 난징과 충칭으로 후퇴하며 저항했다. 일본은 베이징北京, 톈진天津, 난징南京, 광저우廣州 등 중국 동남부 해안지역을 장악하며 사실상 중국을 손아귀에 넣을 수 있었지만, 이는 일본이 가진 군사력의 한계로 인해 1938년 말이 되어서야 가능했다. 그리고 일본의 기대와 달리 국민당은 항복하지 않고 충칭(중경重慶)을 수도로 하여 저항을 계속함으로써 전쟁은 1945년 8월까지 지속되었다.[21]

미국의 대테러전쟁은 첨단기술을 동원한 미군에 의해 정규전을 신속하게 승리하고도 비정규전으로 대항하는 현지의 반군세력에 의해 10년 이상 '더러운 전쟁'에 휘말리게 된 사례이다. 9·11테러를 계기로 미국은

---

18 육군사관학교, 『세계전쟁사』, pp.201-205.

19 Bruce A. Elleman, *Modern Chinese Warfare, 1795-1989* (London: Routledge, 2001), p.203.

20 앞의 책, p.204.

21 앞의 책, p.205.

2001년 10월 7일 아프가니스탄의 탈레반 정부와 알카에다 세력을 상대로 대테러전쟁을 시작했다. 공세에 밀린 탈레반과 알카에다 세력은 아프가니스탄 동부의 토라보라Tora Bora 지역을 거쳐 파키스탄 접경지역으로 이동하며 저항을 계속했다. 미국은 2003년 3월 20일 이라크를 공격하여 사담 후세인Saddam Hussein 정권을 몰아내고 5월 1일 종전을 선언했다. 그러나 아프가니스탄 및 이라크 내에서 반군들이 세력을 키우면서 게릴라식 저항을 계속했고 미군을 포함한 동맹군의 사상자가 크게 증가했다. 미국은 4세대 전쟁이라 일컫는 '새로운 전쟁'을 수행하기 위해 추가병력과 막대한 자원을 투입하지 않을 수 없었으며, 결국 2011년 말이 되어서야 이라크전쟁을 종결했고, 2014년 말에야 아프가니스탄에서 병력을 완전히 철수할 수 있었다. 세계 최강의 군사력을 보유한 미국도 상대가 지연소모전략을 추구할 경우 '더러운 전쟁'에 휘말려 예상보다 오랜 기간 전쟁을 수행할 수밖에 없었음을 보여준다.

3. 제3국의 개입

전쟁은 예상하지 않았던 제3의 국가들이 개입할 경우 확대된다. 전쟁은 대부분 지역 내 세력균형의 변화를 야기하며 직·간접적으로 전쟁당사자들과 관계를 맺고 있는 제3의 국가들의 이익에 영향을 미치게 된다. 만일 군사적으로 개입하더라도 전쟁의 결과에 별다른 영향을 미칠 수 없다고 판단할 경우 제3의 국가는 개입하지 않을 것이다. 특히 제3의 국가가 약소국일 경우에는 더욱 그러하다. 그러나 자국의 이익을 위해 군사개입이 반드시 필요하고 개입을 통해 전쟁을 유리한 방향으로 이끌 수 있다고 판단한다면, 비록 동맹조약을 체결하지 않은 국가라 하더라도 개입할 수 있다. 이 경우 대다수의 군사개입은 통상 전쟁을 수행하는 당사국보다 더 강한 국가에 의해 이루어진다.

강대국의 군사개입은 전쟁의 경로와 예상되는 결과를 바꿀 수 있다. 그래서 클라우제비츠는 제3국이 개입할 경우 중심은 적국의 군사력에서 개입국가의 군사력으로 전환된다고 지적한 바 있다. 6·25전쟁은 대표적으로 제3국의 개입에 의해 전쟁이 확대된 사례이다. 김일성은 1950년 6월 25일 남한을 공격하면서 7일 이내에 전쟁을 끝낼 수 있다고 자신했다. 그는 미국의 군사개입을 예상하지 않았으며, 개입을 결심하더라고 실제로 개입이 이루어지기 전에 승리할 수 있을 것으로 판단했다. 그러나 미국의 개입은 이틀 만에 신속하게 결정되었고, 설상가상으로 북한군의 군사작전이 의도한대로 이루어지지 않았기 때문에 전쟁은 지연되기 시작했다. 오히려 인천상륙작전에 의해 북한군은 궤멸에 가까운 타격을 입었고 유엔군은 북진을 통해 전쟁을 마무리 지으려 했다. 그러나 1950년 10월 19일 중국인민지원군이 전쟁에 개입하면서 6·25전쟁은 새로운 국면을 맞게 되었다. 중국은 미국이 한반도를 장악하는 것을 우려해 북한지역에 완충지대를 구축하고자 병력을 파병한 것이다. 중국의 군사개입으로 유엔군은 다시 38도선 이남으로 밀렸고, 이후 중국군과 유엔군 간의 소모전과 휴전협상을 거듭하며 전쟁은 거의 3년 동안 지연되었다.

베트남전쟁도 제3국의 개입에 의해 전쟁이 확대된 사례이다. 1945년 8월 일본이 항복한 직후 호찌민胡志明, Ho Chi Minh은 혁명을 일으켜 바오다이保大, Bao Dai 황제를 폐위시킨 후 9월 2일 베트남 민주공화국(북베트남)을 선포했다. 이후 호찌민은 인도차이나로 다시 돌아온 프랑스와 협정을 체결하여 공존의 길을 택했으나 11월 협정이 결렬되자 인도차이나전쟁을 일으켰다. 이때 군사적으로 미약했던 호찌민에 지원의 손길을 내민 국가는 중국이었다. 모택동은 호찌민이 프랑스군에 대항하여 싸울 수 있도록 전략적으로나 물질적으로 아낌없는 후원을 해 주었으며, 그 결과 북베트남은 1954년 초 디엔비엔푸Dien Bien Phu 전투에서 승리하고 17도선 이북을 차지할 수 있었다. 이 과정에서 프랑스군은 미국의 지원을 받았다. 미국은 아시아에서 냉전이 심화되자 인도차이나의 공산화를 방지하기 위해 6·25전쟁을 계기로 프랑스군의 인도차이나전쟁 비용을 지원하기 시작하여 1953년에는 프랑스군 전비의 약 80%를 부담하고 있었다. 이와 같이 베트남전쟁은 프랑스, 중국, 미국의 직·간접적 개입에 의해 전쟁이 확대된 사례였다.

인도차이나전쟁 후 미국은 프랑스군이 철수하고 남은 공백을 메우면서 제2차 인도차이나전쟁, 즉 베트남전쟁에 개입했다. 이 과정에서 북베트남은 소련과 중국이 지원했다. 소련은 물질적 지원만을 제공했지만 중국은 1965년부터 1969년까지 방공부대와 공병부대를 투입하여 미군의 폭격을 저지하고 파괴된 도로와 교량을 복구하도록 도와주었다. 만일 외부 세력의 개입이 없었다면 베트남전쟁은 쉽게 끝이 날 수도 있었다. 1973년 미국이 철수한 후 2년 만에 북베트남이 남베트남을 공격하여 통일을 달성했다는 사실은 곧 제3국의 개입이 없었다면 이 전쟁이 어떠한 형태로든 훨씬 빠르게 끝날 수 있었음을 보여준다.

4. 동맹체제의 작동

동맹이란 "국가들의 공동이익을 촉진할 목적으로 두 개 이상의 국가가 체결한 공식 협정의 결과"로 정의한다. 보다 구체적으로 어느 한 국가가 외부로부터 군사적 공격을 받거나 안보적 위협을 당할 경우 동맹을 맺은 다른 국가가 지체하지 않고 모든 수단을 동원하여 지원한다. 동맹체제는 전쟁을 확대시키는 직접적인 요인으로 작용한다.

제1차 세계대전이 대표적인 사례이다. 제1차 세계대전이 발발하기 전 유럽에서는 영국, 프랑스, 러시아로 구성된 3국협상과 독일, 오스트리아, 이탈리아의 3국동맹이라고 하는 두 개의 동맹체제가 성립되었다. 1914년 6월 오스트리아 황태자 페르디난트Ferdinand가 사라예보에서 세르비아의 한 청년에게 암살되는 사건이 발생하자 오스트리아는 세르비아를 상대로 선전포고를 했는데, 이는 오스트리아를 지원하는 독일과 세르비아를 지지하는 러시아를 끌어들였으며, 결국 동맹을 체결한 유럽의 주요 국가들이 모두 전쟁에 참여하는 결과를 낳았다.

III. 전쟁의 제한

1. 국내여론의 악화

클라우제비츠는 전쟁을 정치의 영역인 정부, 군사적 영역인 군, 사회적 영역인 국민으로 구성된 '삼위일체trinity'라고 묘사함으로써 '국민' 혹은 '여론'에 대한 관심을 제기한 최초의 전략사상가였다.[22] 1789년 프랑스 혁명 이후 직업군인 및 용병들이 아니라 일반 국민들이 직접 전쟁에 뛰어드는 이른바 총력전의 시대가 등장했다. 총력전 체제하에서 국가는 국민의 여론에 순응하지 않을 수 없게 되었다. 막대한 인력과 물자를 필요로 하는 대규모의 전쟁을 수행하는 데 있어서 국민들의 지지와 참여, 희생 없이는 병력을 충원할 수도, 물자를 동원할 수도, 전쟁을 지속할 수도 없었기 때문이다.[23]

역사적으로 전쟁을 시작할 때 높았던 국민들의 지지는 전쟁이 지연되면서 약화되기 마련이다. 전쟁은 인명의 손실과 재산의 파괴는 물론이고 국가경제활동에도 제약을 가한다. 처음에는 적개심에 불타 전쟁을 지지했던 국민들도 시간이 지남에 따라 전쟁에 염증을 느끼고 적당한 선에서 전쟁을 끝내고 싶어 한다. 그러나 이러한 여론의 변화는 정부와 군의 전쟁 수행에 부정적인 영향을 준다. 민주국가의 경우 국민여론에 특히 취약할 수밖에 없는데, 그것은 정부가 국민들의 선거를 통해 구성되기 때문이다.

미국의 베트남전쟁은 국내여론이 악화되면서 전쟁을 서둘러 마무리한 사례이다. 1968년 초까지 미국은 남베트남 정국의 안정과 함께 북베트남 정부군과 민족해방전선에 비해 압도적으로 우세한 병력을 투입하여 험준

---

22 Carl von Clausewitz, *On War*, p.89.

23 Michael Howard, "The Forgotten Dimensions of Strategy," George E. Thibault, ed., *Dimensions of Military Strategy* (Washington, D.C.: NDU, 1987), p.30.

한 산악에 은거하고 있는 베트콩과 북베트남군을 평정해나가고 있었으므로 전쟁 상황을 낙관하고 있었다. 그러나 1968년 구정 명절기간에 북베트남은 남베트남 전 지역의 도시에서 일제히 대규모 공세를 가하여 사이공의 미국 대사관 구내에까지 침투했다. 이후 매스컴에서는 "아시아의 약소국을 상대로 한 전쟁에서 곧 이길 것으로 알고 있던 미군이 고전을 거듭하고 있다"는 뉴스를 방영하기 시작했다. 베트남전쟁의 실상을 새롭게 인식하기 시작한 미국 국민들은 반전데모에 나섰다. 베트남전쟁이 갑자기 미국 사회의 내부 분열요인으로 작용하자 존슨 행정부는 베트남전쟁을 재검토하고 전쟁을 축소하는 방향으로 전환하기 시작했다. 존슨 대통령은 1968년 3월 북베트남에 대한 폭격을 중지하고 그해 대통령 선거에 출마하지 않겠다고 선언했다. 후임인 닉슨 대통령은 존슨이 추구하던 베트남에 대한 군사개입 강화('베트남전쟁의 미국화')정책에서 선회하여 '베트남전쟁의 베트남화'라는 구호를 내걸고 미군 철수방안을 모색했다.[24]

국내 여론의 악화에 따른 군사개입 중단이라는 점에서 유사한 사례로 미국의 소말리아 파병을 볼 수 있다. 1991년 1월 수도 모가디슈가 반군들에게 점령당할 위기에 처하자 시야드 바레Siyad Bare 대통령은 소말리아를 탈출했고, 지배적인 세력이 부재한 소말리아는 무정부상태로 전락했다. 유엔은 1992년 초 인도주의적 지원을 제공하기 위해 소말리아유엔작전(UNOSON I)을 수행했으나 반군들의 방해로 작전은 실패로 돌아갔다. 그해 12월 유엔은 소말리아에서 인도주의적 구호작전을 가능케 할 안정된 환경을 조성하기 위해 모든 필요한 조치를 취하도록 하는 안보리 결의안 794호를 통과시켰다. 이에 미국의 주도로 무장병력인 통합특수부대(UNITAF)가 개입하여 1992년 12월부터 1993년 5월까지 작전을 수행하고 유엔 평화유지군에 부분적으로 흡수되어 제2의 소말리아유엔작전(UNOSOM II)을 수행했다. 그러나 모가디슈의 상황은 계속 악화되어 6월

---

24 최용성, 『세계전쟁의 이해』, pp.579-580.

에는 유엔 평화유지군 병력 가운데 사상자가 발생했고, 10월에는 미국의 특수대원들이 집중공격을 받고 8명이 사망하는 사건이 발생했다. CNN은 소말리아 반군들이 미군의 시체를 차량에 매달아 모가디슈 시내를 끌고 다니는 광경을 반복해서 방송에 내보냈다. 이를 본 미국 국민들 사이에서는 소말리아 파병에 반대하는 비난의 목소리가 높아졌고, 들끓는 여론의 철수 압력에 부담을 느낀 클린턴 대통령은 1994년 3월 말까지 미군 병력을 철수하겠다고 발표했다.[25]

2. 국제사회의 중재

전쟁이 발발하게 되면 국제사회 혹은 주변 국가들이 나서서 전쟁을 중지하라는 요구와 함께 종전을 위한 협상을 중재하려고 노력한다. 이들의 중재 노력이 전쟁을 제한하는 역할을 하는 셈이다. 만일 두 국가 간의 전쟁이 중재 없이 진행되다가 어느 한쪽이 항복함으로써 종결된다면 이는 전쟁이 갈 데까지 갔다는 것을 의미한다. 반면, 전쟁이 수행되는 중간 혹은 마지막 단계에서 제3국에 의한 중재가 이루어져 평화협상이 체결된다면 이는 중재가 없을 때보다 전쟁이 제한되었음을 의미한다. 이 경우 두 국가는 인명피해와 물적 손실을 줄일 수 있다.

　제2차 아편전쟁은 제3자의 중재에 의해 전쟁이 제한된 사례이다. 1856년 '애로Arrow호사건'이 전쟁의 원인을 제공했다. 애로호에 게양된 영국 국기를 한 중국인이 내려서 바다로 버리자, 영국은 이를 구실로 중국 내에서 더 많은 이권을 강요하기 위해 1858년 프랑스와 함께 함대를 동원하여 톈진으로 진격시켰다. 군사적 위협을 통해 영국과 프랑스는 1858년 6월 청조와 조약을 체결했지만, 불만을 가진 청조는 조약 비준을 거부했을 뿐 아니라 이듬해 톈진 앞바다에서 4척의 영국 군함을 격침했다. 1860년 영

---

25 강성학, "유엔과 미국: 교황과 황제처럼,"『인간신과 평화의 바벨탑』(서울: 고려대학교 출판부, 2006), pp.431-432.

국과 프랑스는 240척 이상의 더욱 강력한 함대를 이끌고 진격했고 황제는 만리장성 너머 러허(열하熱河)로 피신했다. 이때 러시아가 개입했다. 러시아는 연해주를 차지할 욕심으로 영국·프랑스 연합군과 청조 사이에 중재를 자청했고 열강과 중국 간의 전쟁은 더 확대되지 않은 채 종결될 수 있었다. 이 대가로 러시아는 1860년 11월 청조와 북경조약을 체결하여 우수리Ussuri 강 동쪽의 연해주 지역을 확보할 수 있게 되었다.[26]

1957년 제2차 중동전쟁은 유엔(UN)의 중재로 전쟁이 제한된 사례이다. 1952년 군사쿠데타로 정권을 장악한 이집트의 나세르 대통령은 공산진영에서 대량의 무기를 도입하고 7월에 수에즈 운하를 국유화하여 영국과 프랑스 세력을 축출했다. 9월 중순에는 이스라엘이 수에즈 운하와 아카바Aqaba 만을 사용하지 못하도록 봉쇄했고, 10월 초에는 이집트·시리아·요르단군을 통합한 사령부를 설치하고 게릴라활동을 강화하면서 이스라엘을 군사적으로 위협했다. 이에 이스라엘은 이집트의 군사력이 더 강해지기 전에 해상봉쇄를 풀고 게릴라 근거지를 파괴하기 위해 군사작전을 준비하기 시작했다. 때마침 영국은 이집트의 수에즈 운하 국유화 조치에 대해 군사적 방안을 모색하고 있었으며, 프랑스는 이집트가 알제리 폭동을 지원하는데 대해 불만을 갖고 있었다. 이에 따라 영국, 프랑스, 이스라엘은 수에즈 전쟁을 공모하여 10월 29일 이스라엘의 시나이 반도 공격을 시작으로 11월 5일에는 영국과 프랑스가 수에즈 운하에 공정부대를 투하하면서 작전을 전개했다.

그러나 사전에 전쟁 사실을 통보받지 못한 미국과 소련을 비롯한 국제사회는 영국, 프랑스, 이스라엘의 일방적인 군사행동에 대해 거세게 반발했고, 유엔 안전보장이사회를 소집하여 이 문제를 논의했다. 미국과 소련은 안전보장이사회에서 '이집트로부터 병력을 철수하고 무력사용과 위협을 자제토록 촉구'하는 결의안을 상정했으나 영국과 프랑스의 거부권 행

---

26 존 K. 페어뱅크 외, 김한규 외 역, 『동양문화사(하)』(서울: 을유문화사, 1991), pp.53~57.

사로 부결되자 총회를 소집하여 이를 통과시켰다. 대신 미국은 영국군과 프랑스군이 철수할 때 수에즈 운하를 이집트에 직접 넘겨주는 대신 유엔군에 넘겨주도록 함으로써 두 국가의 국가적 위신을 살려주는 조치를 취했다. 영국과 프랑스, 이스라엘은 11월 7일 유엔 총회에서 채택된 휴전안을 받아들이고 수에즈 운하와 시나이 반도에서 철수했으며, 이로써 전쟁은 확대되지 않고 제한될 수 있었다.

3. 제3국의 개입 우려

제3국의 군사개입은 전쟁을 확대시킨다. 반대로 전쟁을 수행하는 국가들이 제3국의 군사개입으로 인해 전쟁이 확대될 것으로 예상할 경우에는 전쟁을 제한할 수 있다. 즉, 제3국이 개입할 가능성이 있다고 판단할 경우 전쟁을 수행하는 국가는 전쟁이 지연되고 규모가 커질 것에 대한 부담으로 인해 전쟁을 제한하거나 마무리하는 경우가 있다.

미국은 베트남전쟁을 수행하면서 중국의 개입을 우려하여 전쟁을 남베트남 지역으로 제한했다. 1965년 7월 존슨 대통령은 베트남에 대한 군사개입 강화('베트남전쟁의 미국화')를 공식적으로 결정하고, 웨스트모어랜드 William C. Westmoreland 사령관의 5만 명 증파 요청을 승인하는 동시에 추가 요청도 수락하겠다는 뜻을 밝혔다. 또한 존슨 대통령은 동맹국들을 베트남에 끌어들여 다국적군을 결성하고, 이를 통해 전쟁을 명분을 확보하고 부담을 줄이고자 했다. 이러한 노력에 의해 베트남에는 1965년 말까지 2만 명의 한국군과 호주군 및 뉴질랜드군이 파병되었으며, 1966년에는 태국, 필리핀, 대만, 에스파냐 등지에서 파병이 이어졌다.[27]

이 과정에서 미 군부는 존슨 대통령에게 미군의 북진을 승인해 줄 것을 요청했다. 즉, 지상군을 투입해 17도선을 돌파하고 북베트남의 하노이로

---

27 최용성, 『세계전쟁의 이해』, pp.576-577.

진격하여 전쟁을 신속히 종결하겠다는 의도였다. 그러나 존슨 대통령은 이러한 군부의 요청을 거부했다. 중국 정부가 "만일 미군이 지상군을 투입하여 17도선을 넘어 북진하면 중국도 전쟁에 개입하겠다"는 입장을 밝히고 중국-베트남 국경선 인근에 30만 병력을 대기시켜놓았기 때문이다. 당시 중국은 1965년부터 방공부대와 공병부대를 북베트남 지역에 파병하여 북베트남을 지원하고 있었지만 그 활동범위는 23도선 이북에 한정되어 있었으며 보병 및 포병과 같은 전투부대는 파병하지 않고 있었다. 이러한 상황에서 미 지상군의 17도선 이북으로의 진격은 곧 전쟁의 확대를 의미하는 것이었다. 6·25전쟁에서 경험했던 것 같은 중국의 군사개입을 두려워한 미국 정부는 결국, 군부의 주장을 물리치고 북베트남에 대한 지상군 공격을 단념한 채 전쟁범위를 남베트남 지역으로 제한했다.[28]

4. 동맹체제의 작동

앞에서 전쟁당사국이 체결하고 있는 동맹체제가 전쟁을 확대하는 요인으로 작용할 수 있음을 보았다. 일종의 '연루'에 의해 동맹을 맺은 국가들이 이미 일어난 전쟁에 빨려 들어가는 것이다. 여기에서는 이와 반대로 동맹체제가 전쟁을 미연에 방지하거나 이미 발발한 전쟁이 확대되지 않도록 하는 역할을 보도록 한다.

상대국가가 동맹을 맺고 있으면 그 동맹국의 개입을 우려하여 전쟁을 일으키거나 확대하기 어렵다. 6·25전쟁이 미·중 간 혹은 미·소 간의 전쟁으로 확대되지 않았던 데에는 이러한 논리가 작용했다. 인천상륙작전에 성공한 유엔군이 북진을 결정하고 38선을 돌파하여 진격하자 중국군이 '항미원조'라는 명분을 내걸고 북한을 지원하기 위해 군사적으로 개입했다. 이때 맥아더 장군은 중국의 지원을 차단하고 신속하게 전쟁을 승리로 이끌기 위해 만주지역을 폭격해야 하며, 필요하다면 원자탄을 사용해

---

28 최용성, 『세계전쟁의 이해』, pp.576-577.

서라도 중국의 개입을 차단해야 한다고 주장했다. 그러나 트루먼 행정부는 확전에 대한 부담을 가졌다. 그것은 미·중 간 전쟁으로의 확전에 대한 부담보다는 중국과 동맹관계에 있는 소련과의 전쟁으로 이어짐으로써 제3차 세계대전으로 확대될 수 있다는 우려가 작용했기 때문이다. 결국 미국 정부는 만주 폭격을 허용하지 않았는데, 이는 중소동맹에 의해 6·25 전쟁이 한반도에 제한된 사례로 볼 수 있다.

중월전쟁도 동맹체제에 의해 전쟁이 제한된 대표적인 사례이다. 1979년 2월 17일 중국은 국경지역에서 기습적으로 베트남을 공격했다. 중국의 정치적 목적은 베트남에 교훈을 주는 것이었다.[29] 즉 1978년 11월 소련과 체결한 동맹을 믿고 그해 12월 캄보디아를 침공하는 등 중국의 이익에 반하는 행동을 서슴지 않는 베트남을 응징하는 것이었다. 그러나 전쟁을 결심하면서 중국은 그 기간과 규모, 범위를 제한하지 않을 수 없었다. 베트남을 전면적으로 공격한다면 베트남의 동맹국인 소련이 군사적으로 개입하여 중국과 소련 간의 전쟁으로 확대될 것이기 때문이다. 따라서 중국은 군사적 목표를 한정하여 국경지역 인근에서 베트남군 주력을 격파하고 국경지역의 일부 베트남 도시를 점령하는 것으로 설정했다. 베트남의 수도인 하노이를 점령하거나 그 이상 남쪽으로 진격하는 것은 자칫 소련의 군사개입을 초래할 수 있었다.

따라서 중국은 소련의 개입을 방지하기 위해 세심한 조치를 취하지 않을 수 없었다.[30] 첫째, 덩샤오핑鄧小平은 미국을 방문하면서 베트남을 공격할 가능성에 대해 언급하였는데, 이때 의도적으로 소규모의 군사행동에 그칠 것이라는 메시지를 전달했다. 즉 중국의 공격이 제한적일 경우 소련은 굳이 참전하지 않을 것이라는 데 양국 간 무언의 합의가 이루어질 수

---

29 Daniel Tretiak, "China's Vietnam War and its Consequences," *The China Quarterly*, No. 80 (December 1979), p.743.

30 Bruce A. Elleman, *Modern Chinese Warfare, 1795-1989*, p.290.

있다고 본 것이다. 둘째, 소련을 자극할 수 있는 행동이나 용어 사용을 금지했다. 예를 들어 소련을 지칭하면서 '북극곰polar bear', '종이 북극곰paper polar bear' 등의 언급을 삼갔다. 셋째, 베트남 공격 시 해군이나 공군을 투입하지 않고 육군을 중심으로 작전을 전개했다. 이 경우 국경지역에서의 군사적 충돌 정도로 전쟁의 범위를 제한할 수 있다고 보았다. 그리고 마지막으로 중국군이 작전을 개시한 지 3주 만에 일방적 철수를 발표한 것은 아마도 제한적인 공격이라는 무언의 약속을 지킴으로써 소련에 개입의 빌미를 주지 않기 위한 것으로 볼 수 있다. 애초부터 중국의 베트남 공격은 제한적인 성격의 군사작전으로 사전에 신중하게 계획된 것이었다.

핵시대가 도래하면서 동맹체제는 더욱 전쟁을 제한하는 역할을 하고 있다. 재래식전쟁과 달리 핵전쟁은 클라우제비츠가 주장한 정치적 수단으로서 기능할 수 없다. 핵무기를 동원한 전쟁은 곧 상호 공멸을 초래하는 만큼 핵전쟁은 어떤 형태로든 정치적 목적을 달성하기 위한 유용한 수단이 될 수 없다. 핵무기 경쟁이 심화하면서 양국은 이러한 점을 명확히 인식했고, 동맹국이 포함된 지역분쟁이 자칫 미·소 간의 핵전쟁으로 발전하지 않도록 극도로 조심하지 않을 수 없었다. 따라서 미국과 소련은 중동이나 동아시아 등 세계 각지에서 분쟁이 발생할 경우 확대되지 않도록 철저히 관리했으며, 그 결과 냉전시대의 모든 전쟁은 제한전쟁으로 끝날 수 있었다.

IV. 맺음말

앞에서 전쟁이 수행과정에서 어떻게 확대되거나 제한되는지에 대해 살펴보았다. 전쟁은 많은 경우 기습으로 시작된다. 과거 선전포고가 전쟁을 시작하는 하나의 관행으로 자리 잡았던 적이 있지만, 현대에 오면서 이러한 절차는 종종 생략되고 있다. 그러다보니 현재의 전쟁은 기습 혹은 선전포고 없이 수행되는 경우가 많다. 일단 시작된 전쟁은 전쟁을 개시한 국가의 의도와 달리 확대될 수 있다. 이는 전쟁을 수행하는 국가의 정치적 목적이 제대로 설정되지 못하거나 군사전략이 계획대로 이행되지 못할 경우, 그리고 제3국이나 동맹국가가 개입하는 경우 나타날 수 있다. 또한 전쟁은 다양한 요인에 의해 제한될 수 있다. 때로는 국내여론에 의해, 국제사회의 중재에 의해, 제3국이나 동맹국의 개입을 우려한 끝에 전쟁을 중단 혹은 한정할 수 있다.

이러한 전쟁의 과정은 '전쟁 수행' 그 자체를 다룬다는 점에서 전쟁의 원인이나 결과를 다루는 연구와 차별된다. 전쟁의 과정에 대한 연구는 지금까지 국제정치학에서 주로 관심을 가져왔던 전쟁의 원인에 대한 연구의 연장선에서 이해할 수 있다. 즉, 전쟁을 야기하는 다양한 원인에 의해 전쟁이 발발한 이후 그러한 원인들이 전쟁당사자는 물론 동맹국, 제3국, 국제사회와 어떻게 상호작용을 하는지를 분석함으로써 전쟁의 과정을 보다 심도 있게 이해할 수 있다. 결국, 전쟁의 과정에 대한 연구는 전쟁의 원인 및 전쟁의 결과와 함께 하나의 세트로 이루어져야 하며, 그럼으로써 전쟁에 대한 온전한 퍼즐을 맞출 수 있게 될 것이다. 이것이 바로 전쟁의 과정에 대한 연구에 보다 많은 관심이 요구되는 이유이기도 하다.

ON WAR

CHAPTER 4
전쟁의 종결

정재욱 / 숙명여자대학교 국제관계대학원 조교수

육군사관학교를 졸업하고, 미 뉴욕주립대학교에서 국제정치학 석사, 고려대학교에서 정치학 박사학위를 받았다. 주요 연구 분야는 국제분쟁, 북핵문제, 급변사태, 한미동맹 등이다. 주요 논문으로 "북한 급변사태와 보호책임(R2P)에 의한 군사개입 가능성 전망: 리비아 사태 및 시리아 사태를 중심으로", "북한의 군사도발과 적극적 억지전략의 구현방향", "4세대 전쟁에서 군사적 약자의 승리 원인 연구", "시리아 사태와 한반도 안보", "우크라이나 사태의 국제정치적 함의", "Making Constructive Realism?: A Reassessment of the Role of Ideas in Realist Theory" 등이 있다.

인류의 역사는 수많은 전쟁으로 점철되어 왔다. 이에 따라 전쟁에 대한 연구가 끊임없이 이루어져 왔으나, 대다수 전쟁연구의 핵심 주제는 '왜 전쟁이 발생하는가'와 '언제, 어떻게 시작할 것인가'에 초점을 맞추어 왔다. 반면 전쟁을 '언제, 어떻게 종결할 것인가'에 대한 연구는 상대적으로 미흡했다고 볼 수 있다. 매사에 시작과 끝이 있듯이 전쟁의 종결은 전쟁의 원인과 함께 전쟁연구에 있어 빠져서는 안 되는 핵심적인 주제이다. 따라서 본장에서는 전쟁 종결의 중요성과 전쟁의 종결에 영향을 미치는 변수 및 조건에 대해 살펴보고, 실제로 전쟁이 종결되는 다양한 방식을 역사적 사례를 들어 소개할 것이다. 끝으로 과거와 달리 오늘날 변화한 국제사회의 환경이 전쟁 종결에 부여하는 함의와 대응방향에 대해 살펴볼 것이다.

I. 전쟁 종결의 중요성

1. 전쟁 종결의 의미

전쟁을 계획하는 단계에서 흔히 범하는 실수가 군사적 승리에만 관심을 가지고 언제, 어떻게 전쟁을 종결할 것인가에 대해 큰 관심을 두지 않는다는 점이다. 대표적으로 베이드Bruce C. Bade는 미국의 전쟁계획 수립 및 수행 과정에 대한 연구를 통해 전쟁 종결의 의미에 대한 미국의 소극적인 인식을 지적하고 있다. 즉 미국은 지금까지 전쟁 종결을 '적군의 섬멸을 통해 저절로 이루어지는 것'으로 간주하거나, 설혹 전쟁 종결계획을 사전에 수립하더라도 모든 교전행위가 종식되고 적군이 항복한 이후 적국의 국내 상황을 어떻게 처리할 것인가에 초점을 둔 경우가 많았다.[1] 예를 들면 독

---

1 Bruce C. Bade, "War Termination: Why Don't We Plan for It?" In John N. Petrie, ed., *Essay on Strategy XII* (Washington D.C.: National Defense University Press, 1998), p.205.

립전쟁과 제1·2차 세계대전에서 미국의 전쟁 종결 개념은 적군을 완전히 섬멸한 후에 자연스럽게 이어지는 후속 국면으로 인식하였고, 심지어 냉전기간 동안 6·25전쟁과 베트남전쟁 등 소위 제한전쟁limited war을 경험하고 난 이후에도 '완전한 섬멸을 통한 전쟁 종결'이라는 인식에는 큰 변화가 없었으며, 그 결과 어떠한 대안적인 종결전략도 발전하지 못했다.[2]

물론 전쟁 종결의 의미를 적군의 완전한 섬멸 이후 자연스럽게 이루어지는 국면으로 해석할 수도 있다. 그러나 이러한 전쟁 종결의 의미는 적군의 완전한 섬멸이라는 단일 전쟁목표 또는 시점에만 의존하는 소극적인 해석으로 볼 수 있다. 즉 종결을 위한 다양한 전쟁목표 및 특정 시점을 고려한 종결전략의 사전 수립 및 추진 같은 적극적인 과정이나 행위의 의미를 포함하지 않고 있다. 이러한 해석은 사실상 적극적 과정이나 행위를 요구하는 '종결termination'보다 자연스럽게 이루어지는 '끝end'이라는 의미에 가깝다고 할 수 있다.

이와는 달리 전쟁 종결을 정책결정자들이 전쟁의 특정 시점에 전투를 중단시키는 과정process 또는 행위act로도 정의할 수 있다. 이러한 관점에서 베이드는 많은 전쟁에서 정책결정자들은 적군이 완전히 소멸하기 이전 또는 더 이상 전쟁 수행목표 달성이 불가능한 시점에서 전쟁을 끝내야만 하는 상황에 직면하기도 함을 지적했다. 이 경우 정책결정자들은 언제, 어떻게 전쟁을 종결할 것인가에 대한 정치적 선택을 해야 하며, 군 지도부는 구체적인 종결계획을 사전에 수립해 두어야 함을 강조한다.[3]

2. 전쟁 종결의 중요성

전쟁 종결의 중요성은 일찍이 고대 중국의 전략가인 손자孫子의 언급에서 찾아볼 수 있다. 손자는 전쟁은 국가의 중대한 일로서 인민의 생사와 나라

---

2 Bruce C. Bade, "War Termination: Why Don't We Plan for It?", pp.210-211.

3 앞의 글, p.206.

의 존망이 기로에 서게 되는 만큼 전쟁을 시작하기 전에 미리 전쟁 이후의 상황을 염두에 두고 신중히 살펴야 하며,[4] 전쟁으로 인해 발생하는 인적·물적 비용을 신중히 고려하여 다소 미진한 점이 있더라도 전쟁을 신속하게 종결할 필요성을 역설했다.[5] 즉 전쟁을 시작할 때 전쟁 이후의 모습에 지대한 관심을 두고 신중하게 판단해야 하며, 조기에 종결해야 할 필요성에 대해서도 강조하고 있다.

전쟁 종결의 중요성은 적군을 완전히 섬멸한 시점보다 전쟁이 진행되는 중간에 일정한 정치적 목적을 달성했을 경우에 증대한다. 또한 정치적 목적을 달성하지 못하거나 예상치 못한 마찰에 직면하여 전쟁이 계획한대로 진행되지 않을 경우, 그 중요성과 필요성이 더욱 증대한다. 실제로 역사상 많은 전쟁사례들을 볼 때 최초 수립된 전쟁의 정치적 목적은 전쟁을 수행하는 과정에서 군사적 상황, 국내외적 상황, 전쟁 지속능력 등에 의해 지속적으로 변했다. 즉 전쟁계획 단계에서 수립한 정치적 목적을 달성했을 때 전쟁을 종결한 경우보다, 전쟁 수행과정에서 여러 상황변화로 인해 교전 당사국들 간 협상으로 전쟁을 종결한 경우가 더 많았다.[6]

특히 탈냉전 이후의 전쟁사례들을 볼 때, 앞으로의 전쟁에서는 많은 대내외적 제한으로 인해 적군의 완전한 소멸 또는 정복 단계까지 가는 경우가 점점 줄어들 것으로 예상할 수 있다.[7] 즉 제한전쟁의 가능성이 보다 현실성을 지닌다. 그 이유는 첫째, 강대국들이 핵을 감축하거나 폐기할 가능

---

4 『손자병법(孫子兵法)』, 시계편(始計篇). "兵者, 國之大事. 死生之地, 存亡之道, 不可不察也."

5 손자, 김광수 역, 『손자병법』(서울: 책세상, 2001), pp.413-414.

6 H. A. Calahan, *What Makes a War End?* (New York: Vanguard Press, 1944), p.187; Lewis Coser, "Termination of Conflict", *Journal of Peace Resolution*, Vol. 5 (1961); Tansa George Massoud, "War Termination (review essay)", *Journal of Peace Research*, Vol. 33, no. 4 (1996), pp.491-496.

7 베이드 역시 탈냉전 이후 전쟁환경을 고려하면, 향후 적군의 소멸이라는 결정적인 군사적 승리에 방점을 두는 전면전쟁보다 제한적인 정치·군사적 목적을 달성하고 신속한 종결을 지향하는 제한전쟁이 더욱 증대할 가능성이 높다고 주장하고 있다. Bruce C. Bade, "War Termination: Why Don't We Plan for It?", pp.205-231.

성이 희박하고, 게다가 북한 및 이란의 핵무기 등 대량살상무기 개발과 확산 가능성이 상존하는 현실을 고려하면 향후 '완전한 군사적 소멸'을 상정하는 전쟁계획의 수립 및 실제적 수행 가능성이 점차 감소할 것으로 판단할 수 있다. 즉 핵무기 환경에서 무제한적 확전은 군사적 수단 사용에 심각한 제한을 부여하고 있다. 둘째, 적군 소멸 및 정복에 대한 국제적 규범 및 도덕적 제한사항이다. 유엔헌장 상 무력사용이 인정되는 자위권의 경우 그 근본 취지는 '평화의 회복'이며, 이는 침략국을 격퇴하고 이전 상태로 복구함을 의미한다. 즉 아무리 침략국일지라도 그 국가의 존재 자체를 소멸시키는 군사행위는 정당화되기 어렵다. 또한 소위 '보호책임R2P: responsibility to protect'에 따르면 인도주의적 군사개입의 경우도 무고한 민간인들의 보호에 중점을 두며, 기존 독재정권의 붕괴 또는 소멸을 원칙적으로 허용하지 않고 있다.[8] 만약 이러한 국제적인 규범 또는 원칙을 무시하는 국가의 경우 국제적 비난 및 위신의 하락, 국제사회의 제재, 동맹국 손실 등을 감수해야만 한다. 셋째, 국내 정치적 제한사항이다. 적군의 완전한 소멸 및 승리과정에서 소요되는 사상자 수나 경제자원의 손실, 전쟁 피로도war-weariness 등 인적·물적·정신적 손실이 클 경우, 지도자들은 반전 여론이나 시위, 폭동 또는 반란 같은 국내 정치적 압박에 직면하게 된다. 참고로 계량화된 전쟁연구의 선도자인 라이트Quincy Wright는 상호 대등한 힘을 가진 교전국 간의 전쟁은 4~5년 지속되는 경향이 있으며, 그 이유는 4~5년이 지날 경우 교전국 중 하나 또는 두 교전국 모두 내부적으로 비용 및 군대의 사기internal morale & morale of soldiers 측면에서 전쟁 지속 의지가 약해지는 징후가 나타나기 때문이라고 설명한다.[9] 이러한 요소들을 고려할 때 향후에도 전쟁 종결 조건을 충족시키기에는 매우 어려운 상황이 이어

---

8 정재욱, "북한 급변사태와 보호책임(R2P)에 의한 군사개입 가능성 전망", 『국방연구』, 제54권, 4호 (2012).

9 Quincy Wright, *A Study of War* (Chicago: University of Chicago Press, 1964), p.226.

질 것으로 전망한다.

한편, 전쟁 종결은 이후에 미치는 영향 면에서도 중요하다. 역사적으로 잘못된 전쟁의 종결은 또 다른 전쟁의 원인이 되었음을 주목할 필요가 있다. 예를 들면 제1차 세계대전 이후 체결된 베르사유조약의 가혹성은 결국 제2차 세계대전의 원인 중 하나로 작용했다.[10] 또한 제2차 세계대전 종결과정에서 약소국들의 민족, 문화, 종교 등 역사적 배경에 대한 충분한 이해가 없이 전승국들이 일방적으로 국경선을 분할한 결과, 6·25전쟁과 수차례의 중동전쟁 등을 초래했다고 볼 수 있다.

3. 전쟁 종결계획의 수립

그렇다면 전쟁 종결계획은 누가 수립해야 할 것인가? 클라우제비츠의 말처럼 전쟁이 결국 정치적 목적을 달성하기 위한 행위라고 볼 때, 전쟁의 종결계획은 근본적으로 정치지도자들의 역할이라고 할 수 있다. 그러나 이러한 정치적 목적은 자국이 보유한 군사적 능력 및 제한사항 등에 대한 고려 없이는 합리적으로 수립하기 어렵다. 마찬가지로 군사전략 역시 정치적 목적을 배제한 상태에서 수립할 수가 없다. 결국 전쟁 수행계획 및 종결계획은 정치지도자와 군 지휘부 간의 긴밀한 상호작용을 필요로 한다.

따라서 전쟁의 종결에 대한 구상과 계획은 대전략grand strategy 차원에서 전쟁을 통해 달성하고자 하는 정치적 목적 수립과 밀접하게 연관되어야 하고, 동시에 군사전략military strategy 차원에서도 면밀히 고려해야 한다. 요컨대 전쟁을 언제, 어떻게 종결할 것인가의 문제는 정치지도자와 군 지휘부 간의 협의를 거쳐 수립할 때 가장 효과적일 것이다.

---

10 Donald Kagan 저, 김지원 역, 『전쟁과 인간』(서울: 세종연구원, 1996), pp.381-411; Edward H. Carr, *The twenty years' crisis, 1919-1939: an introduction to the study of international relations Nationalism and after* (New York : Harper, 1964).

II. 전쟁 종결의 조건

1. 전쟁 종결에 영향을 미치는 변수

정책결정자들이 전쟁을 지속할 것인지 종결할 것인지를 결심하는데 있어 고려하는 요소에는 어떤 것들이 있을까? 이러한 질문에 가장 앞서 접근한 캐럴[Berenice A. Carroll]은 전쟁의 종결에 영향을 미치는 아홉 가지 변수를 제시하고 있다.[11] 첫째, 전쟁의 목적[aims] 또는 목표[objectives]이다. 전쟁 개시 전에 수립한 것뿐만 아니라 전쟁 수행기간 중 어느 시점에서 새롭게 설정한 다양한 목적 또는 목표들을 모두 지칭한다. 둘째, 특정 시점의 군사적 상황 또는 조건이다. 이는 기존 전투들에서의 패배 또는 승리 여부, 영토의 상실 또는 획득 정도, 군사작전의 본질이나 전략의 변화 여부 등을 고려하는 것을 의미한다. 셋째, 사기[morale] 또는 전쟁의 분위기[war moods]이다. 예를 들면 정치지도부 및 군대, 대중의 심리 또는 이념과 군대의 훈련 및 준비 정도 등이 포함된다. 넷째, 비용[costs]이다. 여기에는 전쟁 수행에 소비된 지출, 사상자 수, 재산의 파괴, 영토의 손실 등 다양한 측면을 포함한다. 다섯째, 전쟁수행국의 파괴에 대한 취약성[vulnerability to destruction]이다. 즉 전쟁을 수행할 경우 적 공격으로부터 주요 도시 및 핵심시설의 방호상태 또는 취약성 정도를 의미한다. 여섯째, 잠재력[potential]이다. 예비 인력, 경제적 자원, 동맹국의 지원 가능성 등을 들 수 있다. 일곱째, 국내적 상황[domestic conditions]이다. 여기에는 내부 정치적 소요 가능성, 전쟁지도부 또는 지도자에 대한 지지 정도, 전쟁 추구에 대한 대중의 단합 정도 등이 포함된다. 여덟째, 국외적 상황[external conditions]이다. 동맹국의 증대 또는 이탈, 제3국 또는 국제사회의 개입, 교전 상대국이 또 다른 전쟁에 관련되었을 여부 등이 포함된

---

11 Berenice A. Carroll, "How Wars End: An Analysis of Some Current Hypotheses", *Journal of Peace Research*, Vol. 6 (1969), pp.313-314.

1. 전쟁의 목적 또는 목표
2. 특정 시점의 군사적 상황 또는 조건
3. 사기(morale) 또는 전쟁의 분위기(war moods)
4. 비용(costs)
5. 전쟁수행국의 파괴에 대한 취약성(vulnerability to destruction)
6. 잠재력(potential)
7. 국내적 상황(domestic conditions)
8. 국외적 상황(external conditions)
9. 교전 상대국에게 기대할 수 있는 평화협정의 조건

다. 마지막으로 평화협정에서 기대할 수 있는 조건이다. 즉 교전 상대국의
의도에 대한 인식과 현 상황을 상당한 수준으로 변화시킬 수 있는 능력의
여부 등이 포함된다.

2. 전쟁 종결의 조건 분석

앞서 언급한 캐럴의 연구를 포함하여 기존의 여러 연구내용을 종합하면,
전쟁 종결에 영향을 미치는 변수들은 크게 군사적 측면, 비용 측면, 타결
조건terms of settlement 측면 등 세 범주로 구분할 수 있다.[12]

(1) 군사적 측면

전쟁지도부가 전쟁 종결을 결심하는 과정에 있어 군사적 측면을 강조하
는 대표적인 학자로는 캘러핸H. A. Calahan과 코저Lewis A. Coser가 있다. 캘러핸
은 "결국 전쟁을 종결하는 측은 군사적 패자"라고 말하고[13] 코저 역시 "군
사적 패자는 전쟁의 지속보다 평화회복에 더욱 관심을 가질 수밖에 없다"

---

12 Tansa George Massoud, "War Termination (review essay)", pp.491~496.

13 H. A. Calahan, *What Makes a War End?*, p.228.

고[14] 설명하면서, 전쟁지도자가 전쟁 종결 문제와 관련하여 가장 관심을 가지는 것은 '현재의 군사적 상황이 새로운 시도로 인해 역전될 가능성이 있는지'와 '자국에 그러한 시도를 할 만한 잠재적 능력이 있는가'라고 주장한다. 동일한 관점에서 블레이니Geoffrey Blainey는 전쟁은 힘의 사용을 통한 경쟁이며 전쟁이 지속되는 원인은 교전국가들 간의 상대적 힘에 대한 의견 차이disagreement of relative power라고 설명하면서, 전쟁 종결에 영향을 미치는 핵심적인 변수를 군사력에 맞추고 있다.[15] 즉 전쟁 중에 국가지도자들이 전쟁을 지속할 것인가 또는 종결할 것인가에 대한 결정은 군사적 상황에서 오는 압박 또는 기대가 중요하게 작용한다고 설명한다.

이들의 주장을 정리하면, 결국 현재까지의 군사작전 수행결과와 전쟁을 지속할 수 있는 군사적 능력, 특히 향후 예상되는 군사작전의 결과가 정책결정자에게 상당한 영향을 미친다는 것이다. 따라서 향후 군사적 승리가 예상되는 국가는 상대적으로 높은 협상력을 지니게 되며 요구사항이 충족될 때까지 타협을 시도할 가능성이 매우 희박하다. 물론 예외적인 경우도 있다. 러일전쟁에서 일본의 사례가 보여주듯 일련의 신속한 군사적 승리를 거두었으나 전쟁을 더 끌 경우 군사적 손실을 예상할 때, 적절한 양보를 시도하거나 조기 종결을 추구할 수 있다.

(2) 비용 측면

대부분의 전쟁연구에서는 전쟁의 계획과 종결 단계에서 비용의 측면을 중요하게 다루고 있다. 즉 전쟁의 종결 또는 지속에 대한 결정은 전쟁 수행과정에서 발생하는 인적·경제적·정치적 비용에 영향을 받는다. 이때 비용은 대외적 비용과 국내적 비용으로 구분할 수 있다. 대외적 비용은 국제적 위신의 하락, 국제사회의 제재, 동맹국 손실 등을 포함하며, 국내적

---

14 Lewis Coser, "Termination of Conflict", p.349.

15 Geoffrey Blainey, *The Causes of War*, 3rd ed. (New York: Free Press, 1988), pp.25-30.

비용은 사상자 수나 경제자원의 손실 등 인적·물적 손실을 들 수 있다.

이러한 전쟁 종결과 비용의 상관관계를 다루는 대표적인 이론으로 손익계산cost/benefit calculation 또는 합리적rational 모델을 들 수 있다. 예를 들면 폭스William T. R. Fox는 교전국들 중 한 국가의 손익계산에 변화가 생기지 않는 한 전쟁은 지속될 것으로 주장하였고, 위트먼Donald Wittman과 필러Paul R. Pillar 역시 각각 기대효용이론expected utility theory과 협상이론bargaining theory을 전쟁 종결에 적용하여 비용의 중요성을 강조하고 있다.[16] 이러한 이론가들은 정책결정자들이 전쟁의 종결을 결심하는데 있어서 가장 중요한 영향을 미치는 요소가 비용에 대한 계산 및 인지라고 주장한다. 동일한 맥락에서 메스퀴타Bruce Bueno de Mesquita도 합리적인 행위자는 전쟁 지속에 따르는 예상 이익이 매우 낮거나 수용할 수 없을 정도까지 내려갈 경우 전쟁을 멈출 것이라고 설명한다.[17]

물론 이러한 비용의 범주에는 인적·경제적 비용뿐만 아니라 국내정치적 비용도 포함한다. 전쟁지도자들은 통상 국내정치적 비용에 민감한 반응을 보이며, 전쟁 종결을 결정하는 과정에서도 중요한 변수로 고려하는 경향이 있다. 예를 들면 미국이 베트남전쟁의 종결을 결심하는데 있어서, 미국 내 반전여론 또는 시위 같은 요소들이 워싱턴 내 화전파(종전파)의 입지를 강화하는데 영향을 미쳤다. 2016년까지 이라크와 아프카니스탄에서 미군을 철수하겠다고 발표한 오바마 정부 역시, 국내정치적 비용이라는 요소로부터 상당한 영향을 받았다고 볼 수 있다. 이처럼 국내정치적 비용 또한 전쟁 종결을 위한 손익계산에 중요한 요소로 간주되고 있다.

---

16 William T. R. Fox, "The Causes of Peace and Conditions of War", *The Annals of The American Academy of Political and Social Science*, vol. 392, (November 1970), pp.1-13; Donald Wittman, "How a War Ends", *Journal of Conflict Resolution*, vol. 23, no. 4 (December, 1979), pp.743-763; Paul R. Pillar, *Negotiating Peace: War Termination as a Bargaining Process* (Princeton, NJ: Princeton University Press, 1983).

17 Bruce Bueno de Mesquita, *The War Trap* (New Haven, CT: Yale University Press, 1981).

한편 비용을 구성하는 여러 요소 중 특정 요소를 기준으로 삼아, 비용과 전쟁기간의 상관관계를 밝히려는 연구도 이루어져 왔다. 우선, 비용과 전쟁의 지속기간 간의 상관관계에 대한 계량적 연구결과들을 들 수 있다. 라이트는 내부비용과 군대의 사기internal cost & morale of soldiers를 계량화하여, 상호 대등한 힘을 가진 교전국 간 전쟁의 경우 통상 4~5년 지속된다고 했다. 또한 클링버그Frank Klingberg는 '전사자의 수'를 기준으로 하여 전쟁 종결을 위한 비용 한계점을 제시하였고,[18] 리처드슨Lewis Richardson은 '전쟁 피로도war-weariness'를 기준으로 비용과 전쟁기간의 상관관계를 수치로 제시하고 있다.[19] 그러나 비용이 전쟁기간에 미치는 영향에 대한 이 같은 계량화된 연구는 전쟁의 특성 및 비용의 다양성과 복잡성으로 인해 일반화된 가설을 제시하는데 한계를 나타내고 있다. 이 밖에도 비용과 교전 당사국들의 협상bargaining position에 대한 연구도 이루어지고 있다. 일반적으로 더 많은 비용을 감수해야 하는 당사국일수록 협상에서 양보하려 들거나 전쟁을 종결하려는 의지가 상대적으로 높다고 볼 수 있다. 이러한 맥락에서 필러는 일단 협상을 시작하게 되면, 상대적으로 더 많은 비용을 지출하고 있는 교전국의 경우 상대국에게 많은 요구를 할 수 없게 된다고 설명한다.[20]

끝으로, 전쟁 종결의 결정에 미치는 이러한 비용의 영향력은 앞서 지적한 군사적 측면과 밀접한 관계를 지닌다. 예를 들면, 더 많은 비용을 손실한 교전국은 향후 군사적 상황을 자국에게 유리하게 변화시킬 가능성이 없다고 판단할 경우, 협상과정에서 전쟁 종결에 대해 더욱 큰 관심을 가지게 된다. 또한 어느 국가도 일방적인 군사적 우세를 점하고 있지 않은 상황, 즉 전쟁이 군사적 교착상태에 빠진 경우에도 비용의 측면은 중요한 변

---

18 Frank L. Klingberg, "Predicting The Termination of War: Battle Casualties and Population Losses", *Journal of Conflict Resolution*, vol. 10, no. 2 (June, 1966), pp.129-171.

19 Lewis F. Richardson, "War Moods", *Psychometrika*, vol 13, Part II, no. 4 (December, 1948), pp.197-232.

20 Paul R. Pillar, *Negotiating Peace*, pp.143-149.

수로 작용할 수 있다. 교착된 전쟁 상황은 일반적으로 교전국들로 하여금 향후 전쟁 전개과정에 대해 회의적인 기대를 가지게 하며, 따라서 전쟁을 종결하기 위한 협상에 높은 동기를 부여한다. 그러나 교전국 간에 향후 예상되는 비용 또는 손실에 대한 수용능력 및 의지가 상이할 경우에는, 전쟁 종결을 위한 협상으로 이어지지 못하는 경우가 발생할 수 있다. 즉 비록 교착상태에 있더라도 비용 및 손실에 덜 민감한 교전국은 자신들의 요구사항이 수용될 때까지 양보를 할 가능성이 낮다.[21] 또한 군사적 교착상태의 과정이 과도하게 소모적이지 않을 경우, 즉 교전국들에게 높은 비용을 부가하지 않는 경우에도 종결을 위한 협상으로 이어지기가 어렵고, 비록 협상이 개최되더라도 교전국들이 자신들의 요구사항을 상대방에게 양보할 가능성은 낮아지게 된다.[22]

(3) 타결조건

전쟁 종결에 대한 결정은 앞서 살펴본 군사적 측면 및 비용 측면과 함께 '타결조건terms of settlement'에 의해서도 영향을 받는다. 전쟁이 특정한 목적 달성을 위한 하나의 수단인 만큼, 각 교전국은 협상과정에서 제시된 타결조건이 전쟁목적을 충족시킬 경우 더 이상 전쟁을 지속할 필요가 없다. 이처럼 협상과정에서 타결조건은 전쟁을 지속할 것인가를 결정하는데 상당한 영향을 미친다. 일반적으로 군사적 승리의 가능성이 높고 전쟁 지속에 따른 예상기대비용이 낮을 때는 전쟁 지속에 대한 강한 의지를 가지게 되며, 협상 시 타결조건에 대해서도 양보를 하지 않으려는 경향을 가지게 된다.

그러나 여기에도 예외적인 경우를 찾아볼 수 있다. 우선, 전쟁의 목적이 차지하는 비중 또는 가치가 때때로 전쟁 지속에 대한 의지 및 타결조건에 상당한 영향을 미친다. 어떤 교전국에게 있어 전쟁의 비중과 가치가 클수

---

21 Tansa George Massoud, "War Termination (review essay)", pp.493~494.

22 앞의 글, pp.494.

록, 그 국가는 어떠한 비용을 감수하고서라도 전쟁을 지속하려는 경향을 보이며, 적군의 완전한 철수 같은 매우 높은 수준의 타결조건을 지향한다는 것이다. 달리 표현하자면, 어떤 국가가 전쟁에서 지고 있는 상황이고 향후에도 군사적으로 유리한 상황으로 변할 가능성이 희박함에도 불구하고 전쟁의 비중 또는 가치가 상당히 클 경우, 최초 전쟁목적을 지속적으로 추구하며 타결조건의 변화를 거부하는 경향을 보인다. 이 경우 교전국들은 통상 저강도전투low intensity warfare로 전환함으로써 자국의 전쟁비용을 줄임과 동시에 전쟁 지속에 대한 강한 의지를 과시함으로써 상대국에게 더 많은 양보를 강요하는 방식을 선택한다. 반면, 상대적으로 자국이 수행하고 있는 전쟁에 대한 비중과 가치가 낮거나 또는 제한적인 목적limited goals을 부여하고 있는 국가의 경우, 전쟁 지속에 따르는 비용에 대해 더욱 민감한 반응을 보이며 결국 높은 비용을 감내하지 않으려는 경향을 나타낸다. 이러한 경향은 때때로 군사적 강국이 약소국과 벌인 전쟁에서 패배하는 이유를 설명해 주고 있다. 맥Andrew Mack은 승리와 패배에 있어 물질적 힘material power보다 '강한 결전의지 또는 이익'을 가진 행위자가 승리한다고 주장하며 베트남전쟁의 결과를 사례로 들고 있다.[23] 즉 비록 군사적 약자일지라도 국가 존망의 사활적 이익이 걸린 경우 매우 강한 결전의지를 가지게 되며, 그 결과 전쟁이 길어질수록 상대적으로 약한 의지를 가진 군사적 강자의 정치적 취약성이 드러남에 따라 때때로 강대국이 약소국에게 패배하게 된다. 베트남전쟁의 경우 군사적 약자인 북베트남은 '국가의 생존과 독립'을 지켜내야 한다는 최상위의 전쟁목적을 설정하고 있었던 반면 미국은 '공산주의 팽창으로부터 제3세계 국가의 보호'라는 상대적으로 제한적인 전쟁목적을 가지고 전쟁에 돌입했다. 두 나라에서 차지하는 베트남전쟁의 비중과 가치에는 큰 차이가 있었고, 이러한 점을 인식한 북베

---

23 Andrew J. R. Mack, "Why Big Nations Lose Small Wars: The Politics of Asymmetric Conflict," *World Politics*, Vol. 27, No. 2 (January 1975), pp.175-200.

트남군은 소위 공세적 '지구전 전략protracted war strategy'으로 전환하여 장기전을 통해 미군의 전쟁비용을 증대시킴으로써, 워싱턴의 전쟁 지속에 대한 의지를 약화시키는데 주안을 두었다. 결국 전쟁 종결을 위한 협상과정에서도 현 전장 상황의 적당한 수습이 아닌 북베트남군의 남베트남 지역 잔류 및 완전한 미군의 철수라는 매우 높은 수준의 타결조건을 요구하며 이를 관철시키기 위해 '협상과 전투fighting while negotiation'를 병행하는 압박전술을 구사했다.

둘째, 정권의 유형과 전쟁 종결 의지 사이에 밀접한 관계가 있다. 한 국가의 정권유형은 정치지도자들이 전쟁 종결 여부 및 타결조건 수준을 결정하는 과정에 있어 중대한 영향을 미친다는 것이다.[24] 괴먼스Hein E. Goemans는 정권의 유형을 억압 및 정치참여에 대한 제한이 전혀 존재하지 않는 민주적 정권non-repressive/non-exclusionary regime, 억압 및 정치참여에 대한 제한이 극단적으로 존재하는 억압적·배타적 정권repressive & exclusionary regime, 억압 및 정치참여에 대한 제한이 중간 정도로 존재하는 반半억압적·반半배타적 정권semirepressive & moderately exclusionary regime으로 구분한다.[25] 이 중에서 반억압적·반배타적 정권의 경우, 비록 전쟁 승리 가능성이 희박하거나 전쟁비용이 상당히 소요될 것으로 예상하더라도 전쟁 종결 협상조건을 기존보다 낮게 조정하는 것에 부정적인 경향이 있다고 설명한다. 왜냐하면, 이러한 유형의 정권에서는 전쟁 패배의 정도와 상관없이 전쟁을 수행한 국가지도자에게 미치는 영향이 완전한 패배a total defeat를 당한 경우와 동일하기 때문이다. 즉 정치권력의 상실은 물론이고 투옥, 망명, 처형 등 추가적인 처벌까지 감수해야 한다. 따라서 이 경우 전쟁지도자들은 더 이상 잃을 것이 없다는 생각으로 비관적인 전망에도 불구하고 타협을 거부하거나 전쟁을

---

24 Hein E. Goemans, *War and punishment: The causes of war termination and the First World War* (Princeton University Press, 2000).

25 억압적·배타적 정권의 사례는 이라크의 사담 후세인 정권과 북한의 김정은 정권, 반억압적·반배타적 정권의 사례는 유고슬라비아의 밀로셰비치 정권을 들 수 있다. 앞의 책, pp.43-44.

지속하여 전세 역전을 노리는 일종의 '도박'을 추구하는 경향이 강하다.[26]

반면 완전한 독재국가나 민주국가의 경우는 전쟁에서 '무조건 항복'하지 않는 한, 비록 정치권력은 상실할지라도 투옥, 망명, 처형 등의 추가적인 처벌까지 적용되지는 않는다고 주장한다. 따라서 이 경우 전쟁지도자들은 승리의 가능성이 희박하다고 판단할 경우 어느 정도 패배를 감수하거나 타결조건을 낮추어서 전쟁을 종결하고자 하는 의지 및 경향이 상대적으로 강하다는 것이다.[27]

앞에서 전쟁 종결에 영향을 미치는 여러 측면을 살펴보았지만, 어떤 전쟁이 지니고 있는 특수한 상황이나 조건들에 의해 각 요소의 영향력은 다르게 적용된다. 따라서 어떤 요소가 전쟁 종결에 지배적인 요소라고 규정하기는 어려우며, 결국 전쟁의 종결에 대한 일반적인 이론을 수립하는 것은 매우 힘든 작업이라고 할 수 있다.

III. 전쟁 종결의 방식

전쟁의 종결이란 일반적으로 교전 당사자들 간에 전투행위를 종식하는 것을 의미한다. 그런데 역사적으로 볼 때 전쟁의 종결, 즉 전투행위의 종식은 다양한 방식으로 이루어졌다. 필러는 저서 *Negotiating Peace: War Termination as a Bargaining Process*에서 1815년부터 1980년까지 주요 전쟁 142개의 사례연구를 통해 전쟁 종결 유형에는 일방의 항복[capitulation]에 의한 종전, 일방의 정치적 존재가 소멸[extermination]하는 경우, 더 큰 전쟁으

---

26 Hein E. Goemans, *War and punishment*, pp.36-42.

27 앞의 책, pp.44-46.

로 흡수^{absorption to a larger conflict}되는 경우, 일방의 철수^{withdrawal}에 의한 경우, 국제기구 등 제3자의 개입^{intervention by a third party}에 의한 경우, 교전 당사자들 간 협상에 의한 종전 등이 있다고 설명하며, 국내 연구 역시 대체로 이러 한 유형을 포함하고 있다.[28] 각 유형별로 의미와 사례들을 살펴보면 다음 과 같다.[29]

1. 정치집단의 소멸에 의한 종결

정치집단의 소멸에 의한 종결이란 교전 당사자들 사이에 어느 일방이 군 사적 패배나 내부 붕괴에 의해 소멸함으로써 전쟁이 종결되는 것을 의미 한다. 고대의 전쟁은 동서양을 막론하고 이러한 소멸에 의해 종결되는 경 우가 많았다. 예를 들면 중국의 춘추전국시대^{春秋戰國時代}(기원전 770~221)의 경우 주^周 왕실의 세력이 약해지자 제후국들이 분립하여 상호간 항쟁을 되풀이한 결과, 대부분이 소멸하고 진^秦, 초^楚, 연^燕, 제^齊, 조^趙, 위^魏, 한^韓 등 이른바 '전국 칠웅^{戰國七雄}'으로 압축되었다. 이들은 다시금 패권을 다투었 으나, 진^秦에 의해 중원이 통일되는 과정에서 나머지 여섯 나라는 모두 소 멸했다. 고대 한반도의 경우도 고구려, 백제, 신라 등 삼국의 전쟁 결과 백 제와 고구려는 소멸하게 되었다. 고대 서양의 경우 역시 수많은 그리스 도 시국가들이 정치적으로 소멸하는 과정을 겪었다. 한니발이 이끈 카르타 고와 로마 사이에 벌어진 제3차 포에니전쟁(기원전 149~146) 역시 카르타 고가 소멸하면서 종결되었다.

---

28 국내적 연구로는 온창일, 『전쟁론』(서울: 집문당, 2007); 박영준, "전쟁의 종결과 영향에 대한 이론적 고찰"(한국정치학회, 2007) 등이 있다. 온창일은 전쟁 종결방식으로 ① 정치집단의 소멸, ② 항복, ③ 일방적 중단, ④ 휴전, ⑤ 중재에 의한 전투의 종식 등 다섯 가지 유형을 제시하고 있다. 박 영준은 전쟁의 승패가 갈리는 경우에는 ① 일방이 정복되어 소멸하는 경우, ② 일방이 항복하여 강화조약을 체결하는 경우로 구분하고, 전쟁이 승패가 갈리지 않은 경우에는 ③ 휴전이 성립된 채 강화조약까지는 이르지 못한 경우, ④ 휴전 성립 이후 강화조약이나 평화협정을 체결한 경우로 구 분하고 있다.

29 여기서는 상대적으로 빈도가 낮은 '더 큰 전쟁으로의 흡수'나 '일방에 의한 철수' 유형에 대한 설명은 생략한다.

중·근세에도 한 정치집단이 소멸함으로써 전쟁이 종결되는 사례를 비교적 쉽게 발견할 수 있다. 1200년대 칭기즈 칸Chingiz Khan이 이끄는 몽골족은 주변 세력부터 시작하여 금나라, 서아시아, 동유럽으로 이어지는 팽창 및 정복과정에서 수많은 정치집단을 소멸시켰다.

그러나 이처럼 교전 당사국 중 어느 일방이 군사적 패배나 내부 붕괴에 의해 소멸함으로써 전쟁이 종결되는 사례는, 근대 이후의 '국가 간 전쟁interstate war'에서는 찾아보기 어렵다. 현대전에서는 1975년 북베트남에 의해 남베트남이 소멸된 사례나 1990년 북예멘이 남예멘을 우월한 군사력으로 점령함으로써 통일을 완성한 사례를 찾아볼 수 있다. 그러나 이들 사례는 일방의 소멸이 내전intrastate war 상황에서 이루어졌다는 점에 유의할 필요가 있다. 즉 베트남전쟁의 경우 북베트남과 미국 간의 국제전은 1973년 파리협상에 의해 종결되었고, 미국이 철수한 이후 북베트남이 남베트남을 침공하여 소멸시킴으로써 내전이 종결되었다. 예멘의 경우도 외부세력의 개입이나 중재 없이 남북 예멘 간에 전형적인 내전이 진행되다가, 북예멘이 남예멘의 수도를 점령함으로써 남예멘 정부가 소멸하는 방식으로 종결된 사례이다.

이와 같은 맥락에서 필러는 앞서 소개한 저서에서 1815년 이후 국가 간 전쟁들interstate wars의 경우 대부분 협상에 의해 종식되었고, 반면 내전의 경우는 대체적으로 일방의 소멸에 의해 종식된 사례가 많았다고 설명한다.[30] 즉 국가 간 전쟁의 경우 상대방에 대한 완전히 소멸을 목표로 하는 경우가 흔하지 않고, 내전의 경우는 상대방을 완전히 소멸하지 않으면 전쟁목적을 달성하기가 불가능한 경우가 많기 때문에 협상을 통한 종결의 가능성이 현격하게 줄어든다. 다만 최근 경향은 내전이라도 국제사회가 개입하면 협상에 의해 종결되는 경우가 있으며, 향후 전쟁에서 교전 당사자 간 협상을 통한 전쟁 종결의 중요성이 더욱 증대할 것이다.

---

30 Paul R. Pillar, *Negotiating Peace*, Chap.2.

2. 항복에 의한 종결

항복에 의한 종결이란 교전 당사자 사이에 어느 일방이 전쟁 지속이 더이상 불가능하다고 결정을 내림으로써 전쟁이 종결되는 경우를 의미한다. 전체적인 전쟁 수행역량이 상대적으로 약소한 국가가 더 이상 전쟁을 수행할 수 없다고 결정한 경우, 전쟁 수행역량은 남아 있으나 내부 권력투쟁 등으로 항복을 결정한 경우, 항전을 지속할 경우 오히려 정치적 소멸 등 보다 큰 피해가 예상될 때 항복을 선택할 수 있다.

항복은 승자가 강요하는 수준과 정도의 차이에 따라 조건부 항복과 무조건 항복으로 구분할 수 있다. 조건부 항복은 승전국이 통상 전쟁배상금, 일부 영토의 할양, 무장해제 또는 군비제한 같은 일정한 응징과 배상을 부여하기로 결정할 경우 이루어진다. 청일전쟁(1894~1895)에서 승리한 일본은 패전국인 청淸국이 막대한 전쟁배상금을 지불하고 요동반도와 대만을 할양하는 조건으로 강화를 체결했다. 제1차 세계대전의 경우는 미국 등 전승국들이 패전국인 독일에게 조건부 항복에서 요구할 수 있는 거의 모든 내용을 강요한 사례이다. 베르사유조약으로 독일은 상당수의 해외 식민지를 잃었고, 알자스로렌Alsace-Lorraine을 프랑스에 반환했다. 또한 전쟁 도발의 책임을 물어 연합국 손해에 대한 배상금 지불이 부과되었고, 육군 병력은 10만 이내, 해군의 군함 보유량은 10만 톤 이내로 군비가 제한되었으며, 참모본부·의무병역제도는 폐지되고, 공군·잠수함의 보유도 금지되었으며, 육·해군의 무장에 대해서도 엄한 제한과 감시를 받았다. 또한 라인란트Rheinland 일대는 비무장지대로서 15년간 연합국의 점령하에 두고, 자를란트Saarland 지방은 15년간 국제연맹의 관리하에 두며, 15년 후에 주민투표에 의해 그 귀속을 결정하기로 했다.[31] 베르사유조약으로 연합국이 독일에 부과한 조건은 정치·경제·사회 전반에 걸친 매우 가혹한 것이며, 이는 결국 독일에서 나치즘Nazism이 성장하는 토대를 제공한 것으로 평가되고 있다.[32] 즉 대다수 독일 국민들은 베르사유조약 내용이 부당하다고 인식하고 있었으며, 그 부산물로 탄생한 바이마르 공화국에 대한 불신이 팽배했다. 결국 이러한 총체적인 내부 불안정은 급진적 국수주의와 베르사유조약 폐기를 주창하는 나치즘에 대한 범국민적 지지와 열광으로 이어지게 되었다.[33]

한편 무조건 항복은 전쟁에서 승자가 패자와 어떠한 협상도 하지 않고 일방적으로 강요하는 종결방식이다. 가장 대표적인 사례로 제2차 세계대전 당시 추축국이었던 독일과 일본의 경우를 들 수 있다. 이 두 국가는 거의 모든 사안을 미국과 영국 등 승전국들의 재량에 내맡길 수밖에 없었다. 독일은 1945년 5월 베를린 공방전에서 패하고 히틀러도 자살하자 2대 총통인 칼 되니츠Karl Dönitz가 그해 5월 7일 연합군에 항복함으로써 종결되었다. 이에 따라 우선 연합군은 점령한 오스트리아와 독일에 행정기구를 설치했다. 오스트리아는 중립국이 되었고, 독일은 연합국이 서로 분할 점령하여 이후 서독과 동독으로 갈라졌으며 정치체제 및 경제구조까지 강제 개편되었다. 뿐만 아니라 연합국은 독일 동부의 슐레지엔Schlesien, 노이마르크트Neumarkt, 포메른Pommern 대부분을 폴란드에게, 동프로이센Ostpreussen은 소련에게 할양토록 했고, 그 결과 독일은 전쟁 전 독일 영토의 4분의 1을 잃게 되었다. 일본의 경우, 전권대사였던 외상 시게미쓰 마모루重光葵가 1945년 9월 2일 요코하마 근해에 정박한 미 해군 전함 미주리호USS Missouri 선상에서 항복문서에 조인했다. 이에 따라 일본 본토에 극동위원회가 설립되었고, 일본은 1945년부터 1952년까지 '군정기'를 겪게 되었다. 독일과 달리 일본은 분할되는 처지를 면할 수 있었으나, 미국은 일본 본토

31 Donald Kagan, *On the Origins of War and Preservation of Peace* (New York: Anchor Books, 1996), pp.398–403.

32 앞의 책, pp.433–445.

33 Joseph S. Nye Jr. and David A. Welch, *Understanding Global Conflict and Cooperation: An Introduction to Theory and History* (Pearson education, 2011), pp.112–122.

와 태평양 상의 일본이 장악했던 섬들을 점령하였고, 소련은 러일전쟁 당시 빼앗겼던 사할린 섬과 쿠릴 열도를 합병했다. 또한 일본이 강점했던 한반도는 1945년부터 1948년까지 소련과 미국이 나누어서 점령했다.

3. 제3자의 개입 및 중재에 의한 종결

전쟁의 종결방식 중에 또 하나의 유형은 전쟁을 수행하고 있는 교전 당사자가 아닌 제3자의 개입 및 중재를 통해 전쟁을 종결하는 방식이다. 우선 제3국의 입장에서 교전 당사국 사이를 주선good office하거나 중재mediation하는 것은 자국의 국제적 영향력과 위신을 높이는 절호의 기회가 될 수 있다.[34] 또한 유엔(UN)을 비롯한 국제기구는 존재의의 자체가 국제분쟁의 방지 및 해결에 있기 때문에 교전 당사국 간의 분쟁 조정에 적극적일 수밖에 없다.[35] 이렇듯 교전 당사자가 아닌 제3자의 개입 및 중재를 통해 전쟁이 종결되는 경우는 개입 및 중재의 주체에 따라 두 가지 경우로 구분해 볼 수 있다. 첫째, 교전 당사자들 모두가 전쟁 지속능력을 소진하였거나 더 이상 전투를 지속하기 어렵게 되어 제3국에 의한 중재를 묵시적 또는 명시적으로 요청하는 경우를 들 수 있다. 둘째, 국제기구의 개입 및 중재에 의해 전쟁이 종결되는 경우를 들 수 있다. 정치·경제·군사적인 요인에 추가하여 인종·종교·민족적 요소가 뒤엉킨 전쟁은 당사자 간에 전쟁의 종결이 매우 어렵고 이를 중재할 마땅한 개별 정치집단이 존재하기 어렵다. 이럴 경우에 국제기구가 개입하여 중재를 함으로써 전쟁을 종결할 수 있다.

---

34 주선(good office)은 제3국이 도의적 영향력을 행사하면서 교전국을 직접 협상테이블로 끌어들이는 것이며, 중재(mediation)는 제3국이 편의를 제공하고 구체적인 제안을 행하면서 교섭에 직접 개입하는 것을 말한다. 박영준, "전쟁의 종결과 영향에 대한 이론적 고찰", p.10.

35 유엔헌장 제1조 1항은 국제분쟁에 대해 유엔이 평화적 수단으로 조정 또는 해결을 도모할 책무를 명시하고 있다.

(1) 제3국의 중재에 의한 종결

대표적인 사례로는 미국의 중재에 의해 종결된 러일전쟁(1904~1905)을 들 수 있다. 1904년 2월 8일 밤 뤼순(여순旅順)에 대한 일본군의 기습으로 시작된 러일전쟁은 승기를 잡은 일본이 미국에 중재를 요청해 조속히 강화조약을 체결함으로써 전쟁을 종결한 사례이다. 절대적인 군사력에서는 러시아에 뒤지지만 극동지역에서는 상대적 우위를 점한다고 판단한 일본은, 러시아 극동함대를 기습공격해 무력화하고 신속히 지상군을 투입하여 러시아 지상군을 격멸한다는 작전계획을 구상했다.[36] 이에 따라 일본군은 기습적으로 1905년 1월 1일 뤼순을 함락하고, 이어진 3월의 봉천전투에서 승리를 했다. 게다가 아프리카 희망봉을 돌아서 쓰시마 해협으로 진출한 러시아의 발트함대까지 격멸했다. 그러나 이후 일본은 병력과 재정의 한계에 봉착했다. 일본군은 1개 사단 정도를 증원할 여력밖에 없었으며 재정은 고갈상태가 됨으로써 전쟁을 계속할 경우 승리할 가능성이 희박하다는 것을 인식했다. 따라서 가능한 신속하게 종전하여 조선 및 만주에서 적절한 이익을 얻고 러시아로부터 전쟁배상금을 받아 국고를 다시 채우는 등 실리를 바라고 있었다. 러시아의 상황도 마찬가지였다. 개전 초 러시아는 자국 내에서 상승하는 혁명운동을 잠재우기 위해 '작은 승리의 전쟁'을 원했으나, 봉천과 쓰시마 해협에서의 패배로 인해 오히려 국내 혁명열기가 고조되는 결과에 직면하게 되었다. 따라서 러시아 역시 국내 혁명의 열기를 잠재우기 위해서 조속한 평화가 필요하다고 생각했다.[37] 결과적으로 초기 전투에 상관없이 양측 모두 진퇴양난의 상황에 놓이게 되었다.

　1905년 6월 1일 일본이 미국 정부에 강화 중재를 요청했고, 루스벨트

---

[36] 온창일, 『전쟁론』, pp.187-188.

[37] 강성학, 『시베리아 횡단열차와 사무라이: 러일전쟁의 외교와 군사전략』(고려대학교 출판부, 1999), pp.379-380.

대통령은 이를 수락하고 적극적인 중재에 나섰다. 미국 정부의 중재 이유는 우선, 극동의 세력균형에 대한 미국의 관심을 들 수 있다. 미국은 당시 영국의 쇠퇴와 독일 및 일본의 부상에 따르는 힘의 구조적 변화를 예리하게 의식하고 있었으며, 일본에 의한 극동지역 지배를 내심 우려하고 있었다. 둘째, 과거와 같이 국제회의를 통해 중재가 이루어질 경우 독일을 비롯한 열강들이 개입할 가능성을 염려했다. 셋째, 세계적 지도자로 인정받고자 하는 루스벨트의 개인적 야심도 고려할 수 있다.[38]

한편 러시아가 미국의 중재에 응하겠다고 하면서도 만주에 있는 러시아군을 증강하자 일본은 7월 4일 사할린 주둔 러시아군을 공격하여 격퇴했다. 상황이 이렇게 전개되자 마침내 러시아는 1905년 8월 10일부터 포츠머스 강화회담에 참가하여, 9월 5일 러·일 강화조약에 조인했다.

러·일 강화조약(포츠머스강화조약)은 제3국의 중재에 의한 전쟁 종결이 결코 쉬운 과정이 아니라는 것을 보여주었다. 궁극적으로는 성공적인 타협에 도달했지만 이는 루스벨트 대통령과 러시아 전권대사 비테$^{Sergei Vitte}$, 일본 외상 고무라^{小村壽太郞} 간의 매우 복잡하고 어려운 협상의 결과였다. 왜냐하면 군사적인 상황이 완전하게 결정되지 않은 채 당사국이 협상테이블에 마주 앉았고, 러시아는 비록 미국의 중재에 응하기는 했지만 굴욕적인 평화를 수용할 생각이 전혀 없었기 때문이었다.[39]

일본은 한국에 대한 배타적 이익 보유, 랴오둥 반도(요동반도^{療東半島}) 조차권, 장춘^{長春}-뤼순 간 동청철도 및 그 지선의 양도 등을 요구하여 확보했다. 이후 추가적으로 사할린 반도, 전비 배상, 러시아 극동해군의 제한 등을 요구하였으나 그로 인해 회담이 결렬할 위기에 놓이자, 사할린 남부만 할양받는 조건으로 포츠머스강화조약에 신속히 조인했다.

---

38 앞의 책, pp.388-390.

39 앞의 책, pp.379-380.

(2) 국제기구의 개입 및 중재에 의한 종결

국제사회에 있어 공식적으로 평시 전쟁 예방 및 전쟁 발생 시 중재에 의한 평화적 해결 역할이 부여된 국제기구는 제1차 세계대전 이후 설립된 국제연맹LN: League of Nations과 오늘날 국제연합UN: United Nations을 들 수 있다. 하지만 국제연맹의 경우 그리스-불가리아 분쟁에 대한 중재를 제외하고 성공한 사례를 찾아보기 어렵고, 유엔이 직접 개입하여 분쟁을 해결한 경우도 극소수에 불과했다. 이러한 사실은 전쟁 종결에 있어 국제기구의 역할이 매우 제한적이라는 것을 보여준다. 실제로 오늘날 국제사회 일각에서 유엔의 무용론이 계속 제기되는 것은, 유엔이 강대국 중심의 의사결정 체계와 권력정치를 내포하고 있다는 태생적 한계를 아직까지 해결하지 못한 것을 의미한다. 이와 함께 탈냉전 이후 국가 간 군사적 충돌은 현저하게 줄어드는 대신, 대부분의 무력분쟁이 비정규전이나 게릴라전, 민족분규 등 내전의 형태를 띠고 있다.[40] 통상적으로 내전의 경우는 상대방을 완전히 소멸하지 않으면 전쟁목적을 달성하기가 불가능한 경우가 많기 때문에 중재나 협상을 통한 종결의 가능성이 현격하게 줄어든다.[41]

실제로 탈냉전 이후 새로운 양상의 전쟁이 빈발함에 따라 국제사회의 요구에 힘입어 유엔은 다양한 평화유지활동을 전개하였으나, 현재까지는 그다지 성공적이라는 평가를 받지 못했다. 유엔 안보리가 최초로 인도적 개입을 승인(결의안 제794호)한 것은 1992년 12월 소말리아 사태였다. 당시 수십 개의 부족과 군벌들 사이에 전쟁이 끊이지 않던 소말리아에 극심한 가뭄과 전염병까지 돌아 인구의 절반이 넘는 420만 명이 기아에 허덕이며 고통받았다. 이러한 전쟁을 평화적으로 중재하여 해결하고자 유엔

---

40 2012년 SPIRI 보고서에 의하면 2001~2010년 총 29건의 주요 전쟁이 발생했는데, 그중 27건(93%)이 내전이었다. 여기서 주요 전쟁이란 쌍방 무력충돌로 연간 1,000명 이상이 사망한 분쟁을 일컫는다. Stockholm International Peace Research Institute(SIPRI), *SIPRI Yearbook 2012* (New York: Oxford University Press, 2012).

41 Paul R. Pillar, *Negotiating Peace*, Chap.2.

평화유지군(PKO)을 파견하였고 이와는 별개로 1992년 미 해병대 중심의 다국적 평화유지군을 파견했다.[42] 하지만 유엔의 개입을 반대하는 군벌세력에 의해 평화유지군이 살해당하자 1993년 12월 평화유지활동을 실패로 규정하였고, 유엔평화유지군과 다국적군, 대부분의 관련단체들이 철수했다. 이후 1994년 르완다에서 대량살상이 벌어지는데도 미국을 비롯한 국제사회는 개입을 주저하였고, 그 결과 사태 발생 약 100일 만에 80만 명이 희생되었다. 또한 1992년 4월 보스니아-헤르체고비나가 유고슬라비아 연방으로부터 독립을 선언하자 이를 반대하는 세르비아인들이 전쟁을 일으켰는데, 유엔의 평화유지노력에도 불구하고 스레브레니차 Srebrenica 대량학살을 포함한 인종청소는 멈추지를 않았다.[43] 이와 같은 사례들은 국제기구의 개입 및 중재에 의한 내전 종결의 한계를 여실히 보여주고 있다.

한편, 유엔의 개입 및 중재에 의해 전쟁이 종결된 사례들도 찾아볼 수 있다. 가장 성공적이었던 사례는 엘살바도르의 내전 종결이다. 1980년대 엘살바도르는 미국의 지원을 받던 정부에 대항하는 좌익 반군과 정부군 사이에 10년에 걸쳐 잔혹한 내전이 진행되고 있었다. 냉전이 종식된 1990년 유엔은 양 진영을 제네바로 불러들여 단계별 협상을 진행하였고, 마침내 양측은 1992년 평화협상안에 조인했다. 이후 유엔 감시단의 감독 하에 선거가 실시되었고 반군 지도자가 대통령에 당선됨으로써 오늘날까지 민주주의 체제를 유지해나가고 있다.

---

42 일반적으로 국제평화활동은 두 가지 방식으로 나뉜다. 첫째, 유엔평화유지활동(UNPKO: UN Peacekeeping Operation)으로 유엔 안전보장이사회의 결의안에 따라 유엔 주도로 평화유지군이나 정전감시단을 파견한다. 둘째, 다국적평화유지활동(MNF PO: Multinational Force Peace Operation)으로 유엔의 위임을 받은 지역기구나 특정 국가가 주도하여 구성된 다국적군을 말한다. 두 경우 모두 접수국의 동의 및 유엔 안전보장이사회의 승인이 있어야 파견이 가능하다. 전자는 유엔이 비용을 부담하고 유엔 사무총장이 임명하는 단일 사령관의 지휘하에 작전을 수행하며, 후자는 안전보장이사회가 지정한 특정 국가의 주도로 임무가 이루어지고 파견국들이 비용을 부담한다.

43 이신화, "세계안보와 유엔의 역할," 박흥순·조한승·정우탁 편, 『유엔과 세계평화』(서울: 오름, 2013), pp.161-162.

중동지역에서 발생한 일부 전쟁이나 분쟁의 경우 일정한 시간 이후 다시 재개되는 과정을 보여주고 있지만, 일단 유엔의 중재로 종결된 사례를 찾아볼 수 있다. 대표적인 사례는 2006년 이스라엘의 레바논 침공을 들 수 있다. 2006년 7월 12일 팔레스타인 무장세력 헤즈볼라Hezbollah가 이스라엘이 억류하고 있는 아랍인들을 석방하라는 조건을 내걸고 이스라엘 병사 2명을 납치하자, 이스라엘은 헤즈볼라의 근거지인 레바논 남부지역을 침공하고 대규모 폭격을 감행하여 사실상 전쟁상태에 돌입했다. 레바논 역시 이스라엘 북부지역에 포격을 가하면서 보복공격을 감행했으나, 자국의 피해가 가중되는 결과를 감수해야만 했다. 결국 유엔이 개입했다. 유엔 안전보장이사회는 2006년 8월 12일, 즉각적인 휴전과 양군의 철수, 약 1만 5,000명의 평화유지군을 레바논 남부지역에 파견한다는 내용의 휴전 결의안을 통과시켜 양측에게 휴전을 요구하였고, 이스라엘과 레바논, 그리고 헤즈볼라도 이를 수락했다.[44]

앞서 언급했듯이, 오늘날 전쟁의 양상이 정치·경제·군사적인 요인에 추가하여 인종·종교·민족적 요소로 뒤엉킴에 따라 당사자 간에 전쟁의 종결이 매우 어렵다. 따라서 그 어느 때보다도 국제기구에 의한 중재에 거는 기대가 높아지고 있으나 현재까지 국제사회의 기대수준에는 미치지 못하고 있는 실정이다.[45]

---

44 온창일, 『전쟁론』, pp.190-191.

45 이러한 실패의 원인으로는 첫째로 평화적 중재 및 해결을 위해 개입하는 세력들이 내전 중인 국가의 양 세력 중 어느 일방을 지지하는 경향이 있다는 점, 둘째로 유엔이 내전상황에 너무 지나치게 혹은 너무 소극적으로 개입하거나 수수방관한다는 점, 마지막으로 유엔이 '국익 각축장'으로 전락하여 제기능을 발휘하지 못하고 있다는 점 등을 들 수 있다. 이 점에 대해서는 다음을 참조하라. 박홍순, "다자외교의 각축장," 『다자외교 강국으로 가는 길』(서울: 21세기 평화재단, 평화연구소, 2009). 한편 마이클 도일은 콩고나 소말리아 사태에서 중재에 의한 해결이 실패한 주된 원인은 그 나라 내부 또는 주민들의 지지 없이 외부에 의한 해결책을 일방적으로 적용했기 때문이라고 지적한다. Katie Paul, "Why Wars No Longer End with Winners and Losers," *News Week* (2010. 1.11).

4. 교전 당사자 간 협상에 의한 종결

항복, 정치적 소멸, 제3자에 의한 중재 이외에 전쟁을 종결하는 또 하나의 방식은 교전 당사자 간 직접적인 협상을 통해 평화협정 또는 정치적 합의를 도출하는 경우를 들 수 있다. 간혹 제3자가 협상에서 일부 역할을 하기도 하지만, 무엇보다 교전 당사자들의 협상전략 및 과정이 전쟁 종결에 결정적인 영향을 미친다는 점에서 제3자의 중재에 의한 종결방식과는 차이가 있다. 교전 당사자 간 협상에 의한 전쟁 종결방식은 오늘날과 같이 국가 간 경제적 상호 의존이 깊어지고, 핵무기 등 대량살상무기가 확산되고 있으며, 군사적 승리가 반드시 정치적 목적 달성을 가져오기 어렵다는 점을 고려할 때 그 중요성이 날로 증대하고 있다.

필러는 전쟁 종결에 이르는 협상과정과 관련하여 하나의 이론적 모델을 제시하고 있다. 즉 전쟁은 결과를 전혀 예측할 수 없는 '불확실한 uncertainty' 초기단계를 거쳐 상대방의 전쟁 지속능력과 의지에 대해 '예측할 수 있는 understanding' 2단계에 이르게 되고, 이후 '협상 bargaining' 단계를 거쳐 종결된다는 것이다.[46] 필러는 2단계의 중요성을 언급하는데, 이 단계에서 상대방의 예상보다 더욱 적극적인 공세적 군사작전을 전개함으로써 상대방에게 전쟁 지속에 대한 결의를 보여줄 수 있고, 향후 더 큰 손실을 입게 될 것이라는 상대방의 판단을 유도함으로써 결국 상대방의 협상에 대한 의지를 높일 수 있다는 것이다. 흥미로운 점은 전쟁 종결을 위한 협상과정에서 공세적 군사작전이 유용한 흥정도구 bargaining tool로 쓰인다는 것이다. 이때 적의 전쟁 지속의지를 꺾을 수 있는 대상을 군사작전의 목표로 할 때 더욱 효과적일 수 있다고 주장한다.[47]

이러한 필러의 협상이론을 구체적으로 보여주는 대표적인 사례로, 베트남전쟁 당시 북베트남군이 전쟁 종결을 위해 미국과 협상하는 과정에

---

46 Paul R. Pillar, *Negotiating Peace,* p.145.

47 앞의 책, p.146.

서 보여준 공세적 군사작전을 들 수 있다. 미국이 직접 개입한 지 2년이 지난 1967년 중순, 전쟁은 교착상태stalemate가 지속되면서 양측 모두 고통을 겪고 있는 상황이었다. 북베트남 지도부는 현재의 교착상태가 궁극적으로 자신들에게 유리하다고 판단하고 있었으나, 동시에 미국이 여전히 군사적 승리의 가능성을 믿고 있다는 점도 인식하고 있었다. 따라서 워싱턴의 전쟁 지속의지 약화를 겨냥한 대규모 공세적 군사작전이 필요하다고 판단했다. 즉 1968년 북베트남의 대규모 구정 공세Tet Offensive는 미국이 결코 승리를 달성할 수 없다는 사실을 워싱턴 지도부에 명확히 인식시켜 주기 위해 시행된 군사작전이었다. 북베트남 지도부는 구정 공세와 동시에 미국과 협상을 시작할 용의가 있음을 공식적으로 표명했다.[48] 전장에서 공세적 압박을 통해 이후 협상에서 유리한 지위를 차지하겠다는 '협상과 전투fighting while negotiating' 전략을 적용한 것이다.[49] 이후 미국과 협상의 물꼬가 트이게 되자, 유리한 조건에 따라 협상을 진행할 의도에 따라 북베트남 지도부는 2차, 3차에 걸친 공세적 군사작전을 시도하기로 결정했다.[50]

구정 공세는 교착상태의 전쟁이 북베트남측으로 기울게 만드는 중요한 전환점이 되었고, 이후 북베트남은 미국과 협상과정에서도 지속적인 공세적 군사작전을 수행함으로써 유리한 협상결과를 얻게 되었다. 베트남

---

48 북베트남 지도부의 주요 성명 내용은 다음과 같다. "미국 정부는 지금까지 북베트남과 미국 국민, 세계 여론의 정당한 요구에 대해 진지한 자세로 임해오지 않았다. 그러나 북베트남 정부는 미국이 북베트남에 대한 폭격의 무조건적 중단 및 기타 모든 적대행위를 종식하는 문제에 대해 대화를 시작하기를 원하며, 이를 위해 미국 측 대표와 접촉할 북베트남 대표를 임명할 준비가 되어있음을 선언한다." *An Outline History of the Vietnam Worker's Party* (1930-1975) (Hanoi: Foreign Languages Publishing House, 1988), p.217.

49 Nguyen Vu Tung, "Hanoi's Search for Effective Strategy," in Peter Lowe(ed.), *The Vietnam War* (New York: Saint. Martin's Press, 1999), pp.49-50.

50 4월 25일 자《인민군(Quan Doi Nhan Dan)》편집자 난을 통해 "미 제국주의자들은 아직도 철수할 생각을 하지 않고 있다. 따라서 우리 인민은 완전한 승리를 얻을 때까지 더욱 희생해야만 한다"라고 전투를 촉구했다. William S. Turley, *The Second Indochina War: A Short Political and Military History, 1954-1975: The Unexamined Victories and Final Tragedy of America's Last Years in Vietnam* (Boulder, CO: Westview Press, 1986), p.113에서 재인용.

전쟁 과정은 미국 존슨 행정부와 북베트남 정부 간 의지의 대결로 볼 수 있다. 미국은 가급적 빠른 시간 내 반드시 승리를 달성해야만 하는 상황이었으나, 반전 분위기의 확산과 점점 증가하는 전쟁비용의 압박으로 인해 결정적인 군사적 승리를 시도할 기회를 놓쳤다.[51] 반면, 북베트남은 미국이 결코 자신들을 패배시킬 수 없다는 사실을 인식시켜주면 전쟁에서 이길 수 있다고 믿고 있었다. 또한 이 같은 인식을 심어주는데 가장 효과적인 방법은 군사적 공세를 이용해 워싱턴의 의지를 약화시키는 것이라고 판단했다.

이후 닉슨 행정부가 들어서면서 미군의 점진적인 철수와 남베트남군을 중심으로 전쟁을 수행한다는 '베트남전쟁의 베트남화Vietnamization' 전략이 시행되자, 1969~1970년 북베트남의 전략적 중점은 파리에서 진행되는 회담을 지원하기 위하여 전장에서 압박을 지속하는 것이었다. 북베트남은 구정 공세 이후 1970년대 초반에 이미 또 한 차례의 대규모 공세를 염두에 두고 있었으며, 그동안에는 방어에 치중하면서 공세 준비에 박차를 가했다. 요컨대 '군사적 공세를 통하여 협상에서 유리한 위치를 점한다'는 북베트남의 전략은 변함없이 진행되었으며, 이는 전장에서 결정적 승리를 도모하는 것만이 닉슨 정부가 협상에 의한 전쟁 종결을 갈구하도록 만들 수 있다고 판단했기 때문이다. 이에 따라 북베트남이 시행한 1972년 '부활절 공세'는 다수의 사상자에도 불구하고 전략적 측면에서 성공적이었다. '베트남화' 정책에 대한 미국의 희망을 좌절시켰고, 남베트남 지역 내 전략적 지점을 확보하고 북베트남군을 잔류시킨다는 목표를 성공적으로 달성했다. 꽝찌Quang Tri 지방을 비롯하여 록닌Loc Ninh, 꼰뚬Kon Tum 등 남베트남 주요 지역을 점령하고 잔류한 북베트남군 부대는 실제로 1973년

---

51 서머스는 북베트남 측이 구정 공세를 시도하기 전에 미군이 교착상태를 타개하기 위한 전략적 공세를 먼저 시도했더라면 전쟁의 상황은 완전히 달라졌을 것이라고 지적하고 있다. Harry G. Summers, Jr., *On Strategy: A Critical Analysis of the Vietnam War* (New York: Presidio Press, 1984), pp.153-154.

초에 평화협정이 체결되기까지 협상테이블에서 하노이의 북베트남 정부에 우세한 위치를 부여해 주었다.

결과적으로 북베트남은 미국과의 최종협상에서 그들이 원하던 바를 얻었다. 미국이 반대했던 대부분의 조항이 최종협정에 포함되었는데, 예를 들면 남베트남 내에 현재 주둔하고 있는 북베트남군을 묵인하고, 북베트남을 '임시혁명정부'로 호칭함으로써 베트남 내에 2개의 정부가 존재함을 인정했으며, 국가 조정 및 협의기구를 창설했다. 마침내 1월 13일 평화협정이 체결되었고 미국의 베트남전쟁은 종결되었다.

IV. 맺음말

"전쟁은 사랑과 마찬가지로 시작하기는 쉬워도 끝내기는 어렵다."

20세기 초 미국 언론인 멩켄[H. L. Mencken]이 한 말이다. 실제로 오늘날 국제관계를 둘러싼 환경을 돌이켜 볼 때 앞으로의 전쟁은 '언제, 어떻게 시작할 것인가'보다 '언제, 어떻게 끝낼 것인가'의 문제가 더욱 중요해질 것으로 예상한다. 사실상 제2차 세계대전 이전까지는 전쟁을 어떻게 치르고 어떻게 끝내는지 개략적으로 정해진 공식이 있었다. 교전 당사자들은 특정 영토의 영유권 문제 같은 명확한 목표를 둘러싸고 전쟁을 하였으며, 한쪽이 굴복하고 다른 쪽이 원하는 지역을 장악할 때까지 싸웠고, 전쟁이 끝나면 승자와 패자가 분명하게 갈렸다.[52] 그러나 과거와 달리 오늘날의 전쟁은 그 종결과 관련하여 몇 가지 중요한 특징을 나타내고 있는데, 결과적으로 전쟁의 종결이 더욱 어려워지고 있음을 보여주고 있다.

우선 앞서 지적했듯이 국가 주권 개념의 강화, 상호 의존적 국가관계

---

52 Katie Paul, "Why Wars No Longer End with Winners and Losers," *News Week* (2010. 1.11).

의 심화, 장기전에 대한 비관적인 국내 여론 등으로 인해 과거와 달리 적군의 완전한 소멸을 통한 확실한 승리를 추구 하는 것이 어렵게 되고 있다. 실제로 제2차 세계대전 이래 벌어진 전쟁의 절반 가까이가 일방의 완전한 승리가 아닌 상호 타협에 의해 종결되었다고 한다.[53] 둘째, 군사적인 승리만을 추구할 경우 정치적 목적을 달성할 수 없는 경우가 속출하고 있다. 즉 한쪽이 군사적으로 확실한 우세를 달성하더라도 전쟁의 궁극적 목표인 정치적 목적의 달성으로 자연스럽게 연결되지 않는 경우가 종종 있다는 것이다. 이 경우 정전-교착상태-저항이 반복되면서 전쟁이 기약 없이 지속되는 경향을 보인다. 미국은 일찍이 베트남전쟁에서 유사한 상황을 경험하였고, 최근에는 이라크와 아프가니스탄 전쟁에서 이러한 현상에 직면한 바 있다.

요컨대 전쟁 종결의 측면에서 볼 때 현재 또는 향후의 국제환경은 타 국가에 대한 정복 또는 무조건 항복을 받아내기가 어렵고, 완전한 군사적 승리만을 강조할 경우 전쟁목표를 달성하기가 어렵다는 시대적 특성을 지니고 있다. 결과적으로 이러한 현실은 전쟁계획을 구상할 경우 완전한 군사적 승리에만 집착하지 않고 전장에서 소기의 승리를 바탕으로 협상을 통해 종전을 이끌어내는 '전쟁 종결전략'의 중요성을 새삼 일깨워주고 있다. 특히 많은 전쟁의 경우 정책결정자들은 적군이 완전히 소멸하기 이전 또는 더 이상 전쟁 수행목표 달성이 불가능한 시점에서 전쟁을 끝내야만 하는 상황에 직면할 수 있음을 염두에 두고, 각 상황(시나리오)별로 어떻게 전쟁을 종결할 것인가에 대한 구체적인 종결상태end state와 종결계획war termination plan을 사전에 수립해 둘 필요가 있다.

---

53 앞의 글.

ON WAR

戦争論

PART 2

전쟁의 진화

ON WAR

CHAPTER 5
고대 및 중세의 전쟁

손경호 / 국방대학교 군사전략학과 교수

1993년 육군사관학교를 졸업하고 보병 소위로 임관했다. 일본 방위대학교에서 국제관계학 석사학위(2003)를 받았으며, 미국 오하이오주립대학교에서 역사학 박사학위(2008)를 취득했다. 2008년부터 현재까지 국방대학교 군사전략학과에서 전쟁사를 강의하고 있다. "미국의 한국전쟁 정전 정책 고찰"등 다수의 논문을 발표했으며, *The Shaping of Grand Strategy*를 공동으로 번역했다.

서구와 동양의 전쟁은 여러 면에서 다르게 발달해왔다. 고대 중국에서 중앙집권적인 국가 조직에 의한 대규모 병력 동원과 이를 활용한 대회전이 벌어졌던 것과 달리, 비슷한 시기 그리스에서는 상대적으로 소규모의 전쟁이 보다 자율성을 지닌 시민들로 구성된 군대에 의해 치러졌다. 아울러 이슬람세계 역시 나름대로 독특한 전쟁 방식을 지니고 있었다. 이 장은 서구의 고대라는 특정한 공간과 시간대에 고유한 사회·정치·문화적인 환경 가운데에서 수행된 전쟁을 통해 인류가 이해하고 수행한 전쟁을 이해하는데 중점을 두고 설명한다.

I. 고대

1. 사회와 사상

(1) 고대 그리스

고대 지중해 세계는 동지중해 일각, 즉 에게 해$^{Aegean Sea}$ 주변에서 오리엔트 선진 문명의 영향 아래 성장하기 시작했다. 마지막 청동기 문명인 미케네 문명은 그리스어를 사용한 최초의 주민들에 의해 형성되었다. 이들은 다수의 소왕국을 형성하였으며 농업을 바탕으로 한 피라미드식 왕정 사회를 구성했다. 그런데 이들은 기원전 1200년경 원인 모를 동란으로 인해 역사에서 사라지게 되었다.

이후 이 지역에는 암흑기가 등장했다. 이 시기에 대한 기록은 남아 있지 않고 『오디세이아^{Odysseia}』에서 사회상의 단초를 확인할 수 있는데, 이에 따르면 촌장들에 의해 다스려지는 수개의 개별 촌락이 결합한 느슨한 귀족 사회였다. 한편 기원전 8~7세기에 이르러 이 지역의 인구가 급증하고 발달된 오리엔트 문명과 교류가 활발해졌다. 이 지역에 점차 폴리스^{polis} 즉 도시국가가 형성되었으며 다시 폴리스의 주도로 해외 식민지가 건설되었다. 화폐 경제가 발달하기도 했다.

고대 그리스 도시국가의 대표 격인 아테네의 경우 기원전 6세기 초 솔론Solon의 개혁으로 소농의 귀족 예속을 방지하는 제도가 생겨났으며 예속 노동력은 국외에서 조달하기 시작했다. 이러한 과정을 통하여 재산에 따른 차별적 국정참여가 이루어졌으며 참주정을 거쳐 민주정으로 변화했다. 이들은 민회, 500인회, 그리고 전쟁이 발생할 경우 전쟁을 지휘할 장군들을 두었다.

스파르타는 도리아계 정복자들의 집락이 결합하여 생겨난 폴리스로서 기원전 8세기에 형성되었으며 메세니아 평원을 정복하였고 이 과정에서 피정복민을 모두 노예화했다. 리쿠르고스Lykourgos 개혁으로 경제적 불평등을 제거하고 체제를 수호하기 위하여 생산을 노예들에게 전담시키고 지배층은 훈련과 전투를 주로 담당하게 했다. 게루시아Gerousia라는 28명으로 구성된 귀족회의가 최고 의결기관이며 2명의 종신 왕이 있고 이들은 스파르타군을 지휘하며 중요한 종교적, 사법적 기능을 지니고 있었다. 또한 왕을 견제하며 외교에 있어서 독점권을 행사하고 민회를 소집하는 감독관Ephorate이 5명 존재했다.

아테네는 민주주의를 시행한 대표적인 국가였다. 기원전 7세기 후반부터 기존의 귀족정을 거부하는 움직임이 나타났으며 기원전 6세기 초 솔론에 의한 개혁이 등장하면서 보편적인 시민이 정치의 주체로 참여할 수 있는 제도가 정착되기 시작했다. 솔론은 채무관계에 의해 가난한 농민들이 귀족들의 노예로 전락하는 사태를 막고자 하였는데, 이를 바탕으로 공동체 내부에서는 지배와 예속 관계가 사라지게 되었다. 솔론의 개혁 이후 좀 더 진보적인 조치들이 아테네 사회에 등장하였으며 이를 바탕으로 아테네의 민주주의가 더욱 발전하게 되었다.

클레이스테네스Cleisthenes는 중소 농민층을 강화하는 한편 시민 공동체를 형성하는 데 주력했다. 그는 귀족들의 세력을 와해하기 위하여 당시 존재하고 있던 4부족 제도를 10개 부족제도로 전환하여 혈연을 중심으로 한

귀족들의 결속력을 약화시켰다. 아울러 500인회가 등장하였는데 이는 정무의 예심 기구로서 아테네의 모든 시민이 제한 없이 참여할 수 있었다. 다만 이러한 개혁에도 불구하고 민주정치에의 참여는 생계에 대한 염려가 없는 부유층에 한정될 수밖에 없었다. 심지어 고위 행정직에 대한 피선거권은 재산을 기준으로 한 분류에서 상위 계층의 시민들에게만 개방되어 있었다.

아테네의 민주주의는 일단의 정치 세력에 의해 더욱 촉진되었다. 많은 수를 점유하고 있던 하층 시민들을 선동하여 정치적 성공을 추구하던 데마고고이Demagogoi라는 세력이 등장하여 급진적인 민주정치 제도들을 만들어 냈다. 그러한 가운데 가장 특징적인 제도는 공무수행에 대한 수당 제도의 도입이었다. 이를 통해 하층 시민들이 비로소 생계에 대한 부담 없이 정치에 참여할 수 있는 길이 열리게 된 것이다.

(2) 고대 로마

고대 서구 사회를 대표하는 또 하나의 국가는 로마이다. 로마는 티베르Tiber 강으로부터 15Km 떨어져 있는 지역에서 출발했다. 근처에는 7개의 언덕이 자리 잡고 있는데, 전설에 의하면 기원전 753년에 로물루스Romulus가 그중 한 언덕에서 왕이 되었다고 한다. 로마인들은 기원전 6세기 초 북쪽에 인접하여 정착해 있던 에트루리아Etruria인의 지배 아래에서 비로소 일정한 경계를 지닌 도시 공동체로 전환되었다. 이들의 문화는 그리스 지역의 폴리스와 대단히 유사했다. 로마 사회는 소수의 귀족들에 의해 지배되고 있었다. 조상들의 이름을 댈 수 있는 자들(파트리키patricii)이 지배계층을 형성하였고 무리를 이룬 자들(플레브스plebs)은 피지배계층을 형성했다. 파트리키는 거의 독점적 귀족으로 그들은 비귀족층 중에서 경제적 자립 능력이 없는 자들을 클리엔테스clientes로 삼아 자신들의 세력 기반으로 했다.

로마 사회는 독특한 역할을 수행하는 몇 개의 민회로 조직되었다. 초기에 등장한 민회인 쿠리아^{Curia}는 '성인 남자들의 무리'라는 뜻이다. 쿠리아에는 대체로 귀족들만이 참여했던 것으로 보인다. 또 각 쿠리아는 전시에 소정의 병력을 로마 군대에 파견하게 되었는데 초창기에 로마 군대의 중핵을 이룬 300명(이후 600명으로 증가)의 기병 병력을 충원하는 역할을 했다.

기원전 6세기경 로마사회는 켄투리아^{Centuria}(백인대)로 개편되었다. 이는 순전히 전쟁을 목적으로 조직된 것이었으며 재산의 정도에 따라 차등적으로 편성되었다. 켄투리아는 기사 계급과 중장보병 계급, 경무장 계급, 무산자 계급 등 모두 6계급으로 구성되었다. 켄투리아는 기원전 5세기에 정치적으로 그 기능이 강화되어 집정관을 선출하고, 법을 제정하며, 공직자를 임명하는 등, 원로원과 함께 전반적인 통치를 담당하는 기구로 운용되었다.[1]

로마는 또한 평민회와 부족회를 보유하고 있었다. 평민회는 호민관을 선출하고 평민들의 의사를 전달할 수 있는 기관으로 모든 평민이 참여할 수 있었다. 부족회는 평민회가 확대 개편된 것이었으며 귀족과 평민이 함께 참여할 수 있었다. 부족회는 입법권을 보유하지는 않았으나 켄투리아나 원로원에서 인준된 법안을 거부하거나 승인할 수 있었다.

로마의 정치는 원로원을 중심으로 소수의 귀족과 평민이 부단히 권력을 분점하기 위해 대립하는 과정으로 점철되었다. 초기에는 귀족들이 우세를 점하였으나 로마가 전쟁을 거듭하면서 납세와 병역의 의무를 지니고 있는 평민들이 자신들의 권익을 점차 확대해 갔다. 원로원의 결의가 평민의 권익에 어긋날 때 이를 거부할 수 있는 호민관직 신설이 대표적인 예이다. 아울러 로마는 기원전 450년에 성문법인 12표 법을 제정하여 귀족들이 자의적으로 재판을 하지 못하게 하고 평민의 권익을 보호하려 했다. 이후에 집정관 중 한 명은 평민 중에서 선출되었고 집정관직을 마치면

---

1 차하순, 『서양사 총론』 1 (서울: 탐구당, 2008), pp.182-185.

자동적으로 원로원 의원이 될 수 있었다. 이는 원로원에 평민이 진출할 수 있는 길을 열어 놓는다는 의의를 지녔다.

2. 군사제도

(1) 고대 그리스

고대 그리스에서는 시민들이 전시에 전사로 참여하는 제도가 발달했다. '시민'은 연간 200~300부셸 이상의 곡식이나 포도주를 생산할 수 있는 농부 혹은 자영업자들로서 자비로 무구를 구입할 수 있는 자들이었다. 이들이 평소 생업에 종사하다가 전쟁이 발생하면 소집되어 자신의 무구를 지참하고 전쟁에 참여하는 것이다. 이때 시민들은 필요한 식량도 휴대하고 참여하였으며, 경제적 능력에 따라 노예로 하여금 자신의 무구나 다른 짐을 운반하게 하고 식사를 준비하도록 할 수도 있었다.

그리스인들은 전투를 위하여 중장보병으로 구성된 밀집방진(팔랑크스 Phalanx)을 편성했다. 우선 중장보병은 머리에 청동으로 된 투구를 착용하고, 가슴보호대로 상체를 보호하였으며 정강이 보호대를 사용했다. 그리고 긴 창과 단검으로 무장하고 둥근 방패를 들었다. 중장보병은 종심으로는 8개 오 이상, 정면으로는 병력이 허락하는 범위 내에서 방진을 구성했다. 방진에 일단 들어서면 구성원들은 서로 어깨를 맞닿을 정도로 간격을 좁혀서 섰다.[2]

중장보병으로 구성된 밀집방진은 여러 측면에서 유용한 선택이었다. 우선 방진은 그 안에 참여한 이들로 하여금 공포감을 잊게 한다. 밀집방진의 특성은 개인과 개인의 간격이 거의 없이 좌우측의 인원과 밀착하는 것이다. 이렇게 밀착하면서 중무장 보병들은 자신의 방패로 자신의 신체만 완전히 가리는 것이 아니라 자신의 좌측 반신과 좌측에 있는 동료의 우측

---

2 한스 델브뤽, 민경길 역, 『병법사』(서울: 화랑대연구소, 2006), pp.37-38.

반신을 가리도록 되어 있었다. 이렇게 밀착함으로 인해 구성원들은 상대적으로 안도감을 얻을 수 있었다.

그리스의 일반적인 군사제도와 다른 예외적인 제도가 스파르타에서 시행되었다. 스파르타는 여타의 도시국가에서 시민들이 평상시 생업에 종사하다가 전시에 소집되었던 것과 달리 평시부터 전쟁에 대비한 훈련을 수행했다. 스파르타의 시민은 '동등자homoioi'라고 불렸으며 이들은 어려서부터 공동체 생활을 하면서 전쟁에 필요한 연습에 전념했다. 이러한 형태의 제도가 가능하였던 것은 이 사회가 농업 생산을 전문으로 하는 별도의 노예 계층을 보유하였기 때문이다. 결과적으로 스파르타의 병사들이 고대 그리스 사회에서 가장 뛰어난 전력을 발휘하게 되었다.

밀집방진으로 전투를 수행하는 방식은 개별 전사의 전투에 의한 것이 아니라, 방진 전체가 하나의 거대한 무기로 통합되어 위력을 발휘하는 방식이다. 가장 선두에 배치된 전투원들은 특별히 용감한 자들로 편성이 되어 있었는데, 이들은 긴 창을 앞으로 곧추 세우고 후미에서부터 밀려오는 추력에 의하여 앞으로 전진했다. 교전하는 두 방진이 충돌하여 어느 한쪽의 대형이 무너질 때까지 접전이 계속되었으며 대개 전투는 추격전 없이 종료되었다. 밀집방진의 특징은 방호력과 충격력으로 요약할 수 있다. 이 두 요소는 오늘날 지상전에서 기갑부대가 지니고 있는 요소와 흡사하다. 중장보병들이 청동으로 된 투구와 가슴 가리개, 방패, 정강이 보호대를 착용하면 어지간한 투척무기로는 이들에게 해를 가할 수 없게 된다. 이러한 중장보병의 방호력과 충격력이 밀집방진을 다른 어떠한 수단보다도 강력한 전쟁의 도구로 자리 잡게 했다.

중장보병으로 구성된 밀집방진은 한 가지 재미있는 운동적 특징을 지니고 있다. 대부분의 방진이 정면으로 전진하기 보다는 약간 오른쪽으로 쏠리면서 전진하였는데, 이는 방진의 각 구성원이 자신의 오른쪽 반신을 보호받기 위하여 오른쪽에 있는 동료에게 좀 더 밀착하였기 때문이다. 결과적으로 이로 인해 방진 전체가 우편향하는 현상이 나타나게 되었고 자연히 방진의 오른쪽 전력이 왼쪽보다 강한 경우가 많았다.[3] 이러한 연유로 각각의 방진이 서로 충돌하여 오른쪽이 승리하는 경우가 나타나기도 했다.

고대 그리스 시대에 중장보병 이외에도 다른 병종이 존재했다. 이들은 기병과 기타 병종으로 분류할 수 있다. 기병은 말을 구입하고 유지하는 것이 많은 비용을 요구하였으므로 부유한 계층이 선호하였고 아직 등자가 등장하지 않아 본격적인 전투력은 발휘하지 못했다. 나머지 병종은 활을 쏘는 궁수, 단창을 던지는 투창수, 돌을 던지는 투석수들이었다. 이들은 당시 전쟁에서 투사무기로 밀집방진을 보조하는 수단으로 활용되었으며 평소 도시의 치안을 유지하기 위해 활용되는 경우도 있었다. 예를 들면 아테네의 경우 크레타 출신의 궁수들을 경찰로 활용했다.[4]

고대 그리스, 특히 아테네는 잘 정비된 해군을 보유하고 있었다. 함대를 운용하는 인원은 밀집방진을 구성하는 인원보다는 다양한 계층으로 구성되었다. 밀집방진이 무구를 자비로 구입할 수 있는 시민들로 구성된 것에 비해 함대는 이러한 시민들을 포함하여 노잡이 역할을 수행한 하층민들과 전문적인 항해기술자들로 구성되었다. 아테네의 삼단노선에는 배 한 척당 보통 200명의 선원이 승선했다. 170명의 노잡이, 10명의 수병(중장보병), 4명의 궁수, 16명의 노잡이장, 사무장, 2명의 키잡이, 뱃머리 망꾼, 선공, 돛 담당 선원 등이며 또한 함장이 승선했다.[5] 이는 선박이 동력, 항해, 유지보수 등 복합적인 노력에 의해 운용되는 특징에 기인한 것이다.

중장보병들이 삼단노선에 10명씩 승선하였지만 이들이 함대의 주 전투력은 아니었다. 이들의 역할은 선박을 보호하며 제한적으로 발생하는 선

---

3 F. E. Adcock, *The Greek And Macedonian War* (Berkeley: University of California Press, 1957), p.8; 손경호, "고전기 그리스에서 나타난 경보병의 발달과 그 한계", 『서양사론』 107집 (2010), p.49.

4 John Warry, *Warfare in the Classical World* (Norman: Oklahoma, 2006), p.42.

5 베리 스트라우스, 이순호 역, 『세계의 역사를 바꾼 전쟁 살라미스 해전』(갈라파고스, 2004), p.15.

상전투를 수행하는 것이었다. 해상전투에 있어서 주로 사용된 전술은 삼단노선의 앞부분에 돌출된 충각을 활용하여 상대의 선박에 타격을 가하여 상대가 침몰하도록 하는 방법이었다. 때로는 이것이 용이하지 않을 경우 먼저 선박의 건현乾舷을 이용하여 상대방 선박의 노를 부러뜨려 기동성을 떨어뜨린 후 충각으로 상대의 선박에 구멍을 내어 침몰시키기도 했다.[6]

충각衝角을 이용한 돌격전법에는 고도의 조타술이 필요했다. 충각은 보통 목재로 제작되며 선수보다 돌출되었는데, 충각을 보호하고 파괴 효과를 높이기 위해 다양한 형태의 단면을 지닌 청동제의 충각 보호대를 덧씌웠다. 일반적으로 생각해 볼 때 충격효과를 높이려면 돌격 시의 속도를 높이면 된다. 그러나 만일 지나치게 속도가 높으면 상대의 측면에 충격을 가한 후 빠져나올 수 없게 되며, 이 경우 적에게 좋은 표적이 될 수 있다. 이러한 이유로 삼단노선의 선장들은 돌격 직전에는 일부러 속도를 줄였다.[7]

당시 해상전투에서는 상대방 선박의 측면을 포착하고 어떠한 경우에도 상대에게 아측의 측면을 노출하지 않는 것이 중요한 과제였다. 이 때문에 해상전투에서는 여러 가지 진형을 구성하고 이를 자유자재로 바꾸어가며 운용할 줄 아는 능력이 요구되었다. 아테네 해군이 즐겨 활용하던 방법은 4척의 함선이 1개 팀이 되어 선두 함정이 상대 함정의 노를 부러뜨리거나 측면을 받아 공격하면 나머지 함정들이 이를 완전히 무력화하는 전술이었다.[8]

(2) 고대 로마

초기 로마의 군사력은 귀족에서 충원된 기병 중심으로 구성되었다. 처음에는 300명이었다가 이후에는 600명으로 구성된, 주로 귀족들에서 충원

---

6 기우셉 피오라반조, 조덕현 역, 『세계사 속의 해전』(신서원, 2006), p.90.

7 베리 스트라우스, 이순호 역, 『세계의 역사를 바꾼 전쟁 살라미스 해전』, p.276.

8 전윤재·서상규, 『전투함과 항해자의 해군사』(군사연구, 2009), p.33.

된 기병들이 군사력의 중핵을 이루었다. 그러나 로마에 점차 그리스 방진이 도입되면서 3,000명 군단Legion이 형성되었고 이를 충원하기 위하여 각 부족에서 1,000명씩의 병사들이 차출되었다. 이는 로마의 방어가 소수의 귀족 출신 기병에서 다수 중소 자영농을 비롯한 평민들의 손으로 넘어갔다는 것을 의미한다. 이러한 흐름을 반영하여 평민들, 특히 자산을 지닌 평민들의 정치적 권리가 신장했다.

세르비우스 왕의 인구조사는 이러한 로마 사회의 필요를 반영하여 평소 활용 가능한 자원을 파악해 두려는 의도로 시도된 것이었다. 그는 로마 시민들을 재산 등급에 따라 7개 등급 193개 백인대로 구분했다. 가장 재산이 많은 계층은 에퀴테스Equites로 18개 백인대로 구분하였고 이들은 기병을 구성할 수 있을 정도로 부유한 인원들이었다. 1등급은 청동 투구, 가슴받이, 창, 칼, 방패, 정강이 보호대를 구입할 수 있는 인원들로 82개 백인대이며, 그중 2개는 공병engineer 백인대였다. 2등급은 가슴받이를 뺀 나머지를 구입할 수 있는 인원들이며 20개 백인대로, 3등급은 가슴받이와 정강이보호대를 뺀 나머지를 구입할 수 있는 자들로 20개 백인대로 구성되었다. 4등급은 창과 방패를 구입할 수 있는 자들로 20개 백인대, 5등급은 물매를 구비할 수 있는 자들로 32개 백인대이며 그중 2개는 트럼펫 연주자들이었다. 그리고 마지막으로 머릿수로만 계수되는 무산자Capite Censi들로 전체를 1개 백인대로 편성했다.[9]

로마군은 그리스식의 방진에서 좀 더 융통성 있는 전술을 취하게 된다. 기원전 390년 켈트족과 벌인 전투에서 로마군은 티베르 계곡의 알리아Allia에서 그리스 방진을 형성해 대결하다가 켈트족의 자유로운 전술에 의해 크게 패했다. 중장보병에 의한 밀집방진은 몇 가지 치명적인 약점이 있었는데, 일단 전투가 시작되면 지휘나 통제가 불가능하고 자연히 전술적

---

9 Lawrence Keppie, *The Making of the Roman Army* (Norman, Oklahoma: University of Oklahoma Press, 1998), pp.16-17.

인 융통성이 부족했다. 뿐만 아니라 측방이나 후방에서의 공격에 대단히 취약했다. 이 전투의 실패로 로마군은 로마까지 심각하게 약탈을 당하는 국가적인 위기를 당했다. 이후 로마군은 자신들의 군대를 소단위로 구성된 느슨한 방진인 매니플Maniple(보병중대)로 바꾸어 나갔다.

매니플은 그리스 방진에서 여러 가지 면에서 개선된 형태의 전술이다. 우선 매니플은 그리스 방진보다 먼 거리에서 투사무기를 활용하여 전투를 시작함으로 전투 반경이 증가했다. 로마군은 주로 필룸Pilum이라는 단창을 던졌고 이를 통해 일차적으로 손상된 적을 상대할 수 있게 되었다. 또 매니플은 개인 간의 간격을 넓게 편성하여 그리스 방진보다 개인이 전기를 발휘할 수 있는 여건을 보장했다. 그리고 그리스 방진과 달리 중간 지휘관들을 활용하여 부분적인 자율행동이 가능한 지휘구조를 지니고 있어 다양한 상황과 지형에서 융통성을 발휘할 수 있었다.

매니플은 다양한 병종의 군사들로 구성되었다. 전열은 경보병인 벨리테스Velites로 투창과 검, 작은 방패를 지닌 120명 10개 매니플로 구성되었다. 이들이 본대를 차장하며 엄호하며 또 전투를 시작했다. 전투가 개시되면 이들은 10개의 120명 매니플로 구성된 하스타티Hastati 사이의 간격을 통해서 뒤로 물러나고, 하스타티는 대형을 확장하여 매니플 간 간격을 없앤 뒤 투창을 사용하여 적에게 피해를 주고, 칼Gladius과 긴 로마식 방패 Scutum을 사용하여 적과 근접전을 한다. 이들이 적을 격퇴하지 못하면 프린시페Principes가 투입된다. 프린시페는 기본적으로 하스타티와 동일한 무장과 전술을 사용했다. 프린시페 역시 10개의 120명 매니플로 구성되었다. 마지막으로 전투를 담당하는 인원들은 트리아리Triarii였다. 이들은 한쪽 무릎을 꿇고 대기하고 있다가 전투에 참여하며 10개의 60명 매니플로 구성되었다. 특이한 점으로 이들은 단창을 사용하지 않고 장창인 하스타Hasta를 사용했다. 각 매니플은 2개의 백인대로 구성되었다. 한편 군단에는 10개의 투르마에Turmae인 300기의 기병이 편성되었다. 기원전 362년에는 군단이 2개로 증가하였고 311년에는 4개로 증가하게 되었다.[10]

로마의 군사제도가 매니플로 정착되면서 중소 자영농의 입지가 크게 향상되었다. 로마 사회에는 '좋은 농부는 훌륭한 시민이자 군인'이라는 등식이 성립되었다. 정치적 욕구가 충족된 자발적인 전사들로 구성된 로마 군대가 초창기 로마 팽창의 주역이 되었다. 또 로마는 시민권에 대하여 개방적인 태도를 취하여 로마군의 자원이 증가하는 결과를 가져왔으며 종족 공동체들이 로마에 자발적으로 동화하는 효과를 가져왔다.

로마의 군사제도는 공화정 말기에 변화를 겪게 된다. 근본적인 문제는 로마가 전쟁을 통해 대외적인 팽창을 지속할수록 로마군의 중추를 형성한 자영농층이 축소되어 병력자원이 점차 줄어든 것이다. 로마인들은 징집자원의 부족을 해소하기 위하여 이전에는 군복무에서 소외되었던 계층, 즉 무산자에 눈을 돌렸다. 무산자들을 군에서 활용한 사례가 이전에 아예 없던 것은 아니었다. 칸나이에서 로마군이 대패한 다음 로마 원로원은 무산자들을 무장시켜 급격히 군대를 확충했다. 그 시기에는 수감자들까지 석방시켜 무장을 시킬 지경이었다. 한편 몇몇 호민관이 전쟁에 참가하는 병사들의 무구를 국가가 지급해야 한다는 주장을 했다.

무산자를 징집하는 관례를 정착시킨 이는 장기간 로마의 집정관을 역임한 마리우스^{Gaius Marius}였다. 그가 누미디아 왕국 원정 중 병력이 부족해지자, 무산자 가운데서 자원자들을 모집하여 병사를 충원한 것이다. 그런데 이렇게 모인 무산자들에게 장비를 지급해야 하는 문제가 발생했다.[11]

한편 무산자들을 군대에 충원하는 것은 심각한 사회적인 파장을 가져왔다. 이전의 중소농민들이 국가에 대한 애국심에서 복무를 받아들였다면 무산자들은 보다 높은 수당과 연금 혹은 보상을 제공하는 지휘관들을 선호했다. 즉 애국심보다는 개인적인 부富를 얻는 것이 보다 근본적인 동기로 작용하게 되었으며 충성의 대상이 국가가 아닌 지휘관 개인으로 바

---

10 한스 델브뤼크, 민경길 역, 『병법사』, pp.324-327.

11 Lawrence Keppie, *The Making of the Roman Army,* pp.57-62.

꾀게 된 것이다.

마리우스는 전술적 편제의 변화도 시도했다. 그는 매니플 대신에 그 이전부터 사용되기 시작하던 코호트Cohort 제도를 전면적으로 도입했다. 대략 기원전 104년부터 102년 사이에 발생한 코호트 제도로의 변천은 몇 가지 요소가 작용하여 이루어진 것으로 보인다. 우선 국가가 무구를 구입하여 무산자들에게 동일한 장비를 지급하면서 병종 간 구분이 사라졌다. 또한 코호트는 480명으로 구성되어 매니플이 수행하기 어려운 단독 임무를 수행할 수 있는 융통성을 지니게 되었다. 무엇보다도 동일한 병종으로 전투를 수행하는 것이 훨씬 수월한 것으로 평가되었을 것이다. 1개의 군단은 총 10개의 코호트로 구성되었다.[12]

그는 또한 필룸을 개선하여 고정 못을 나무로 바꾸어서 한 번 사용되면 형체가 훼손되어 적이 다시 사용하지 못하도록 했다. 또 그는 로마군의 군기를 독수리로 통일하기도 했다. 마지막으로 그는 군수지원체계를 단순화하는 방편의 일환으로 병사들로 하여금 식량과 축성 자재 및 캠프 도구 등을 직접 지고 다니도록 했다. 이 때문에 마리우스의 병사들이 많은 짐을 운반하는 광경을 연출하여 '마리우스의 노새'라는 별명을 얻기도 했다.

3. 무기체계

(1) 고대 그리스

앞서 설명한 대로 그리스 중장보병들은 특별한 무구를 활용했다. 이들은 청동으로 만든 투구를 착용하였으며 역시 청동으로 만든 가슴가리개와 정강이보호대를 착용했다. 또한 2.7m 길이의 창과 둥근 방패를 휴대하였고 보조무기로 단검을 활용했다. 무구는 상당한 값을 지불해야 했으므로 경우에 따라서는 국가가 무구를 구매하여 지급하기도 했다. 그러나 수공

---

12 Lawrence Keppie, *The Making of the Roman Army*, pp.63-66.

업의 발달로 인하여 점차 무구의 가격이 하락했다.

해군을 유지하는 비용 역시 만만치 않았다. 당시 주력함정인 삼단노선 Trireme의 경우 승무원이 200명이었다. 이러한 삼단노선을 200척 건조한다는 것은 4만 명 규모의 해군을 육성한다는 것을 의미했다. 삼단노선 한 척의 건조 비용은 약 1.6탈렌트였는데 이는 대략 은 41.28kg에 해당했다. 참고로 1탈렌트는 6,000드라크마로 평범한 시민의 32년치 수입에 해당하는 금액이었다. 그리고 한 척의 삼단노선을 운용하려면 연간 약 2탈렌트의 비용이 소요되었다.[13]

(2) 고대 로마

로마군의 기본적인 무장은 투구, 가슴가리개, 정강이보호대, 방패로 그리스 군대의 그것과 유사하다. 그러나 그리스인들이 창과 둥그런 방패를 사용한 것과 달리 로마군은 비교적 짧은 길이의 검Gladius을 기본적인 병기로 활용했다. 이 검은 이베리아인들이 활용하던 것으로 길이는 60~80cm이며 1kg 정도의 무게로 뭉툭한 손잡이를 가지고 있다. 이 검은 주로 찌르는 용도로 활용되었지만 베는 용도로도 사용할 수 있었고, 특히 근접전투에서 적을 신속하게 제압하는데 유용한 무기로 애용되었다.

로마인들은 그리스인들과 달리 직사각형의 큰 방패를 사용했다. 그리스 군대가 밀착된 방진을 구성하고 상호 방호를 제공하기 위해서 둥근 방패를 사용한 반면, 로마군은 개인적인 전투를 위하여 이왕이면 신체를 충분히 방호할 수 있는 큰 방패가 필요했다. 로마군은 이 방패를 대량으로 활용하여 거북의 등갑처럼 만들어Testudo 투사무기로부터의 방호책으로 이용했다.

로마군에 있어서도 기병은 아직 충분한 전력을 발휘하지 못했다. 다만

---

13 Thucydides, *The Peloponnesian War*, 2.13.2-4.

칸나이 전투나 자마 전투의 경우를 살펴보면 정찰이나 습격 위주의 임무에서 벗어나 전투 제대에 포함되어 활약하는 등, 그리스군에 비해 보다 적극적으로 운용되었음은 분명하다. 로마군은 또한 조직적으로 투사무기를 활용했다. 그리스군에서 전문 보조병종이 투사무기를 운용한 것에 반해, 로마군에서는 투창이 개인 무기로 보편적으로 활용되었으며 전술 자체가 투사무기를 먼저 사용하도록 정착되었다.

4. 전략·전쟁 양상

(1) 고대 그리스

고대 그리스인들은 전쟁을 수행하면서 결전Decisive Battles을 추구했다. 결전을 추구했다는 것은 결정적인 한 번의 전투로 승부를 확정지었다는 것을 의미한다. 결정적인 전투에는 통상 국가가 지닌 대부분의 전력이 투입되고 이를 위한 수행에 많은 정책적인 노력을 기울이게 된다. 핸슨Victor Hanson은 저서인 『살육과 문화Carnage And Culture』에서 서구인들이 자신들의 자유와 토지를 지키기 위해 결전을 치르는 경향이 있음을 주장했다. 특히 그는 그리스-페르시아 전쟁의 예를 들면서 노예적인 제도 하에서 강제로 동원되어 왕을 위하여 싸우는 페르시아인에 비하여 그리스인들은 자신의 가족과 농토를 지키고 나아가 자신의 자유를 지키기 위하여 결전을 치렀다고 지적했다.[14]

핸슨의 견해는 서구의 전쟁 명분과 동기를 일방적으로 미화하는 오류를 범하고 있다. 무엇보다 무산자들이 대거 합류하고 이방인 용병들로 구성된 로마 제국의 군대가 결전을 추구하는 이유는 설명할 수 없는 실질적인 한계를 지니고 있다. 고대 그리스인들의 결전을 추구하는 경향은 다른 면에서 분석해야 한다. 이는 먼저 밀집방진이 가지고 있는 물리적인 특성에서부터 설명할 수 있다. 밀집방진은 막강한 방호력과 충격력을 가지고

---

14 Victor Davis Hanson, *Carnage And Culture* (New York: Anchor Books, 2001), pp.46-51.

있는 반면 방진을 구성하고 있는 인원들로 하여금 많은 에너지를 소모하게 만든다. 청동 투구로부터 방패, 정강이보호대까지 이루어진 장구는 착용하는 이들을 극도로 피로하게 만든다. 이로 인해 방진에 속해 있는 중무장 보병들은 상대의 방진이 무너지고 나서 추격하는 경우도 드물었으며,[15] 연속적인 전투를 몇 번이고 치를 여력은 없었다.

방진이 가지고 있는 에너지가 쉽게 소모되는 특성이 교전국들로 하여금 단 한 번의 전투로 승부를 결정짓는 전투를 하게 했다. 이러한 특성으로 인하여 그리스 국가들 사이의 전쟁은 단기간에 끝났으며 반나절만의 전투로 승패가 결정되기도 했다. 때문에 고대 그리스 국가들의 원정 역시 장기간의 세월을 필요로 하지 않았다.

중장보병의 밀집방진이 주된 전쟁의 수단으로 활용된 고대 그리스 시대에 단기 결전이 추구된 것은 병력의 주된 구성원이 시민인 것과 관련이 있다. 시민들로 구성된 사회에서 시민 개개인의 생명은 소중하게 다루어져왔다. 오랫동안 지속되는 지연전을 통해 시민을 소진시키는 것은 곧 사회 그 자체를 소멸시키는 것과 같은 일이었다. 때문에 일단 승패가 정해지면 나머지 시민들은 다시 생업으로 돌아가서 사회를 유지해야 했다. 이러한 상황에서 그리스의 도시국가들은 결정적인 전투를 통해 전쟁의 승패를 빠른 시기에 결정짓고 싶어 했을 것이다.[16]

고대 그리스 도시국가들의 중장보병이 스파르타를 제외하고는 대부분 평상시 별도의 생업을 유지해야 하는 시민이었다는 것이 또한 단기 결전을 선호하게 만든 원인일 수 있다. 이들은 평상시 전투기량을 연마할 기회를 별로 갖지 못하였고 동원이 되어서야 비로소 장구를 착용하고 전투에 임하는 자들이었다. 특히 이들은 농번기가 돌아오면 다시 농사를 지어야

---

15 Thucydides, *The Peloponnesian War*, 5.73.3.

16 손경호, "펠로폰네소스 전쟁을 통해 본 고전기 그리스 군사전략", 『서양사학연구』 제26집 (2012), p.12.

하는 자들이라 근본적으로 동원에 한계를 지니고 있었다. 이러한 시민들이 오랜 시간 전쟁을 계속할 수는 없었을 것이다.

고대 그리스인들이 해군력을 운용하는 방식은 크게 두 가지로 이해할 수 있다. 첫째는 함대결전으로 그리스-페르시아 전쟁에서 그리스인들이 페르시아와 전쟁을 수행하며 구체적으로 구현되었다. 또 다른 한 가지는 해군력을 지상전과 연계하여 운용하는 것이다. 이에 대한 사례는 펠로폰네소스 전쟁 동안 페리클레스Pericles가 아테네의 방위를 위하여 방벽 안에 시민들을 수용하고 펠로폰네소스 동맹군의 공격에 대항하여 불규칙하게 펠로폰네소스 반도를 습격하였던 것에서 찾아볼 수 있다.

일반적으로 함대결전에는 대부분의 함대 세력들이 투입된다. 함대결전은 제해권을 획득하기 위하여 수행되는데, 제해권은 함대에게 해상에서 독점적인 행동의 자유를 보장한다. 역설적으로 함대결전에서 패하면 해상에서 행동의 자유는 상실한다. 이러한 함대결전에 대한 부담으로 인하여 추구하는 또 다른 전략으로 현존함대Fleet-in-Being 전략이 있다. 이는 함대가 존재하는 것만으로 상대에게 위협을 가하고 상대의 행동에 영향을 미치는 전략이다.

그리스인들은 그리스-페르시아 전쟁에서 페르시아군의 주력함대에 대하여 가용한 모든 자산을 투입하여 결전을 추구했다. 그리스인들은 페르시아의 두 번째 원정(기원전 480~479) 시에 내습한 대규모 페르시아군을 맞이하여 당시 페르시아군의 보급을 담당하던 해군을 차단해야 했다. 이를 달성하는 방법은 결전을 치러 페르시아 함대를 격파하는 방법 밖에 없었다. 이 때문에 그리스군은 살라미스에서 페르시아군에 대항하여 결전을 감행하였고 유명한 충각 돌격기법을 활용하여 승리를 달성할 수 있었다.

펠로폰네소스 전쟁의 마지막 단계인 스파르타와 아테네의 해전에서 또 한 번 함대결전의 양상이 드러났다. 스파르타인들은 아테네를 굴복시키기 위해서는 아테네의 함대를 격파하는 것이 중요함을 간파하고 아이고스포타미Aegospotami에서 결전을 시도했다. 아테네인들이 본래 해전에 능하였지만 스파르타 역시 함대를 보강하였고 유능한 지휘관 리산드로스 Lysandros의 활약으로 인해 아테네의 함대를 제압할 수 있었다.[17]

기원전 405년에 아이고스포타미에서의 결전은 스파르타인들 역시 함대결전의 가치를 분명하게 이해하고 있었음을 보여준다. 펠로폰네소스 전쟁 초반기 스파르타인들은 해양국가인 아테네를 지상전으로 상대하는 데 한계를 느꼈다. 아테네인들이 방벽 안에 웅거하고 그들에게 함대가 남아 있는 한 펠로폰네소스 동맹이 아티카Attica 지방을 유린하는 것이 별 효용이 없었기 때문이다. 뿐만 아니라 아테네인들은 수시로 함대를 이용하여 보복작전을 수행하였고 이를 통해 필로스에서 스파르타인들을 사로잡아 강화조약을 맺기도 했다. 또한 아테네인들은 1년 전에도 함대를 급속히 확충하여 아르기누사이Arginusae 해전에서 승리를 거두었다. 스파르타는 아테네를 상대해 오며 함대결전의 필요성을 인지하게 되었던 것이다.

아테네인들은 해양 전력을 지상전과 연계하여 사용하는 방식도 연구했다. 페리클레스는 펠로폰네소스 전쟁 초기에 중무장 보병에 의한 밀집방진으로는 스파르타를 주축으로 한 펠로폰네소스 동맹과 대결할 수 없다는 것을 자각하고 있었다. 전문적인 전사집단으로 구성된 스파르타를 당해낼 수 없었던 것이다.[18] 때문에 그는 아테네인들을 방벽 속으로 옮기고 농성을 하되 기회를 타서 함대를 이용하여 펠로폰네소스 반도를 습격하고자 했다.[19] 이 방식은 무리한 지상전으로 일순간에 전쟁에서 패하는 사태를 예방하며 상황에 따라 전기를 포착하여 유리한 상황을 조성하는 것을 목적으로 했다. 페리클레스는 이러한 방식으로 해군력을 단순한 함대 결전으로 사용하지 않고 전반적인 전쟁 수행전략 속에서 운용하고자 했다.

---

17 도널드 케이건, 허승일·박재욱 역, 『펠로폰네소스 전쟁사』(서울: 까치, 2007), pp.546-550.

18 Thucydides, *The Peloponnesian War*, 5.141-5.142.

19 페리클레스의 전략에 의한 해군력 운용은 손경호, "펠로폰네소스 전쟁기 페리클레스의 전략에 관한 고찰", 『서양사학연구』 21집 (2009) 참조.

페리클레스의 전략은 성과를 내었다. 그의 기대가 몇 년이 가지 않아서 현실로 이루어진 것이다. 펠로폰네소스 전쟁이 시작되면서 아테네인들은 자신들의 영토가 유린당할 때마다 함대를 사용하여 보복작전을 수행했는데, 데모스테네스가 스파르타에 인접한 중요한 지역인 필로스에 기습적으로 상륙하여 요새를 건설한 것이다. 스파르타는 이에 당황하게 되었고 대처하는 와중에 정예 전투원들이 포로가 되는 사태가 발생했다. 결국 이것이 계기가 되어 펠로폰네소스 전쟁 개시 후 처음으로 양측 간에 강화가 성립되었고 아테네가 유리한 위치를 점하게 되었다.[20]

(2) 고대 로마

로마는 제정 로마 시대이든 공화정 시대이든 대외적인 팽창으로 인해 광범위한 지역에서 전쟁을 수행했다. 로마는 때로 유럽과 아시아 혹은 아프리카에서 여러 개의 전역을 운용하며 전략적 관점에서 각 전역 간의 상관관계에 따라 전쟁을 수행했다. 로마군은 가장 효율적인 전쟁수행집단으로 명성을 누렸으며, 로마의 국가 이익을 구현하는 중요한 수단으로 활용되었다. 로마는 이탈리아 반도 남쪽으로 확장을 지속하다가 포에니전쟁에서 카르타고에 승리를 거두면서 지중해 지역을 확보하고 번영의 기반을 마련했다. 로마군은 포에니전쟁 기간 지상전과 해전에서 모두 승리와 패배를 경험하였지만 끊임없이 전술과 전력을 개선하고 전략적인 측면에서 전쟁에 접근하여 궁극적인 승리를 달성했다.

로마군은 기원전 261년 제1차 포에니전쟁의 초반부에 아그리겐툼 Agrigentum 전투에서 승리하였지만 카르타고에게 리파리Lipari 해전에서 패배했다. 그러나 로마인들은 좌절하지 않고 2개월 만에 100척 이상의 전함을 건조하면서 충각을 효과적으로 사용하는 카르타고인의 전술을 극복하

---

20 Thucydides, *The Peloponnesian War*, 4.17-4.31.

기 위해 강습용 교량을 배에 설치했다. 코르부스^{Corvus}라고 불리는 이 교량을 이용해 로마군이 카르타고 함선에 진입하여 해전을 지상전으로 바꾸어버린 것이다. 로마는 이와 같은 방법으로 카르타고의 해군을 시칠리아 북부에서 격파한 이후 아프리카로 진군했다. 하지만 아프리카에서의 전역은 순조롭게 진행되지 못했다. 로마는 카르타고 해군의 공격에 의해 또한 태풍으로 인해 수차례에 걸쳐서 해군을 다시 건설했다. 결국 기원전 241년 로마는 결정적으로 아에가테스^{Aegates} 해전에서 카르타고의 함대를 격파했다. 카르타고는 3,200탈렌트의 배상금을 물게 되었으며 시칠리아 섬을 로마에 할양하게 되었다.

로마는 기원전 219년 제2차 포에니전쟁을 시작했다. 한니발이 사군툼^{Saguntum}을 공격하자 로마는 그 책임을 물어 한니발을 인도할 것을 카르타고에 요구하였으나 카르타고 원로원은 이를 거절했다. 로마가 전쟁을 선포하자 한니발은 기원전 218년 주로 용병으로 구성된 그의 부대를 이끌고 과감하게 알프스를 넘어 이탈리아로 진격했다. 한니발은 알프스 산록에서부터 로마를 향해 진군하며 로마가 형성한 라틴동맹의 결속을 허물면서 병력을 충원했다.

기원전 215년 8월 로마군의 주력과 카르타고군은 칸나이에서 격돌하게 되었다. 로마군은 경보병들의 전초전과 뒤이은 양측 기병대의 접전에서부터 로마군은 패하기 시작했다. 본격적인 패배는 그 이후 로마군 보병이 카르타고군 대형에 쇄도하여 밀어낸 다음에 시작되었다. 로마군의 전진은 켈트군의 필사적인 노력과 후미에서의 카르타고 기병의 공격으로 저지되었다. 이어서 그때까지 후방에서 종심에 위치해 있던 아프리카군단의 두 제대가 반원을 그리며 회전하여 로마 보병의 양 측면을 포위했다. 또한 로마 기병대가 완전히 전장에서 도망침으로 인해 카르타고의 전 기병 전력이 로마군의 후방 공격에 합류하게 되었다. 이후의 전투는 일방적인 카르타고군에 의한 학살이었다. 로마군은 사면에서 포위되어 카르타고군이 던지는 각종 무기의 표적이 되었으며 지나치게 밀집되어 제대로 전투력을 발휘하지 못한 채 공포에 질린 거대한 군중으로 변했다. 결과적으로 로마군은 4만 8,000명이 전사하고 1만 명이 포로가 되었다.

로마는 칸나이의 패배에서 다시 일어났다. 많은 시민들이 자진하여 종군하였고 부유한 자들은 노예들을 병사로 제공했다. 로마는 심지어 부족한 병력을 메우기 위하여 죄수들을 석방시켜 군에 입대시키기도 했다. 그리고 로마의 동맹들이 예상과 달리 동요하지 않고 대부분 로마 진영에 남아 있었는데 로마는 이들을 통하여 또한 인적 자원을 확보할 수 있었다. 로마인들은 칸나이 전투 이후 약 10년 만에 반격을 개시했다. 한니발이 이탈리아 본토에 남아 있는 동안 젊은 푸블리우스 코르넬리우스 스키피오Publius Cornelius Scipio가 이베리아 반도로 진출하여 한니발의 동생 하스드루발이 지휘하던 카르타고군을 격멸하고 그 근거지를 파괴하여 한니발에 대한 지원을 차단했다. 전형적인 간접접근 전략을 취한 것이다.

스키피오는 정치공작을 펴서 카르타고로 하여금 한니발을 소환하게 하였고 기원전 202년 자마에서 한니발과 일전을 벌였다. 한니발이 사용하던 전술을 모방한 스키피오는 카르타고군을 격멸하고 제2차 포에니전쟁을 승리로 이끌었다. 스키피오는 이 전투에서 이전에 한니발이 사용하던 누미디아 기병을 고용하여 승리를 획득했다. 스키피오는 카르타고 정벌의 공을 인정받아 '아프리카누스Africanus'라는 칭호를 얻게 되었다. 한편 한니발은 시리아에 망명하였으나 음독자살로 생을 마감했다. 제3차 포에니전쟁은 카르타고가 완전히 멸망하는 계기가 된 전쟁으로 특별한 카르타고의 승리 없이 로마군의 철저한 파괴로 종식되었다.

포에니전쟁 기간 로마인들은 전쟁에 대한 놀라운 적응 능력을 보여 주었다. 제1차 전쟁에서 전통적인 육상 강국인 로마군은 해군력을 적극적으로 건설하였고 해양 강국인 카르타고 해군을 극복할 수 있는 방법을 강구했다. 또한 로마는 한니발에게 칸나이에서 괴멸적인 타격을 받은 이후 긴박한 상황 아래에서 신속히 군단들을 창설하는 기민성을 과시했다. 로마인들의 전쟁 동원 능력이 포에니전쟁을 로마의 승리로 장식하게 만들었

던 것이다. 로마는 이미 전쟁을 통해 세계를 경영할 수 있는 능력을 입증
한 셈이다.

II. 중세

1. 사회와 사상

중세는 봉건제로 흔히 특징 지워진다. 봉건제는 법제적, 군사적, 정치적
측면에서 지배 계급인 기사 계급 간의 상호 관계를 규정한 봉신^{Vassalage}과
이에 수반한 제도를 일컫는다. 봉건제도를 구성하는 요소는 봉토^{fief}를 매
개로 하는 주종관계이다. 봉신은 봉토를 받음으로써 생계를 유지할 수 있
게 되며 이에 대한 대가로 주군에게 군사적 충성을 제공한다. 한편 주군과
봉신 관계는 봉토가 가용한 범위 내에서 재생산될 수 있다. 서유럽에서 봉
건사회는 9세기쯤에 성립되었고 지역마다 다른 양상을 보였으며, 전반적
으로 12세기 이후에는 고전적 봉건사회체제가 변형되어 나타났다.

　서부유럽의 봉건사회는 대토지 소유제와 노예제에 경제적 기초를 둔
서로마 사회의 유산과 공동체적인 게르만족 사회의 전통이 중세 초기에
융합되어 형성되었다. 로마 제국 후기 농지는 라티푼디움^{Latifundium}이라는
대농장으로 통합되었고 주로 노예에 의하여 경작되었다. 그러나 1세기 이
후 로마는 팽창의 한계를 경험하고 전쟁에 의해서 외부로부터 노예를 획
득하는 일이 어렵게 되었다. 또한 소규모 자영농민들은 관리들의 수탈의
표적이 되어 농민들 스스로 자신의 토지를 대지주에게 투탁^{投託}하여 예속
농민, 즉 콜로누스^{Colonus}가 되었다. 이 콜로누스에 의한 경영은 생산성이
높아 일부 대지주들은 노예들을 콜로누스로 독립시키기도 했다. 이러한
현상은 점차 확대되었고 농지들은 경제적으로 자급자족적이고 정치적으
로 반독립적인 일종의 영지로 변화해갔다. 결과적으로 서부유럽은 점차

농촌화되고 지방분권적 경향을 띠게 되었다.[21]

게르만족의 이동과 문화적 특성 역시 봉건제 형성에 기여했다. 게르만족의 토지는 원래 대가족 단위로 분배되어 구성원들에 의해 경작되었다. 그런데 게르만족이 훈족의 압력에 의해 375년부터 6세기까지 로마로 이동함으로써 불평등한 로마 사회에 편입되었다. 새로이 정착한 로마 사회에서 게르만인들은 토지 경영의 성과에 따라 대지주가 되기도 하고 반대로 몰락하여 예속민으로 전락하기도 했다. 한편 게르만인들에게는 코미타투스Comitatus라는 유력한 자를 중심으로 하는 무장종사단이 있어 이들이 약탈 활동을 담당하였는데, 이 제도는 전사들이 수장에게 충성을 맹세하고 수장은 전사들에게 무기, 식량, 의복 등을 제공하는 쌍무적인 주종관계였다. 이 제도가 중세 봉신제의 원형이 되었다.

게르만족이 설립한 프랑크 왕국은 메로빙거Merovinger 왕조(481~751) 초기에 갈리아 지방 일원을 통일하고 카롤링거Carolinger 왕조(751-987)의 카롤루스 대제(샤를마뉴Charlemagne) 때는 더욱 팽창하여 서부유럽 일대에 걸친 대제국으로 성장했다. 그러나 프랑크 왕국은 로마 제국과 달리 정비된 통치체계를 갖추지 못했다. 또한 남쪽에서는 이슬람 세력, 북쪽에서는 노르만족, 동쪽으로부터는 마자르족이 항상 침입하였고 왕실 내부의 다툼으로 인하여 늘 사분오열된 상태였다. 군대 역시 무장종사단 이상의 성격을 지니지 못하고 있었다. 이러한 상황에서 지방의 영주들은 스스로 성을 건설하고 병력을 양성하여 자체 방어에 나섰다. 그러자 자신들의 보호를 위하여 더욱 많은 자영농민들이 토지를 투탁하는 현상이 일어났다. 대토지 소유주들은 카롤링거 왕조 말기 중앙정부의 붕괴를 이용하여 재판권을 비롯한 공권을 사점하였고, 소유지 내의 주민 지배권을 획득했으며, 지위를 세습하면서 소유지를 독립적인 영지로 발전시켰다.

한편 로마 제국의 동쪽 지역에서는 비잔틴 문화가 발달했다. 동로마 제

---

21 배영수 편, 『서양사 강의』(서울: 한울아카데미, 2000), pp.132-138.

국은 유스티니아누스 1세^{Justinianus I} 치세에 정치와 군사조직을 정비하고 경제적 기반을 확립하였으며 8세기 초부터 11세기 중반에 걸친 시기에는 유럽에서 최고의 경제력과 군사력, 문화를 보유하게 되었다. 그러나 이후로는 쇠락을 거듭하여 1453년 오스만 제국에 의해 콘스탄티노플이 함락되는 비운을 맞게 되었다.

원래 로마에서도 경제적 풍요를 누리고 있었고 문화적으로 발달된 이 지역에서는 게르만족이 세운 서유럽보다 훨씬 발달된 문명을 유지했다. 동로마의 농업은 자작농에서 점차 대농장 형태로 변해갔으며 결과적으로 자작농을 기반으로 하던 제국이 몰락하는 계기가 되었다. 동로마는 지리적 이점으로 인해 상업이 발달하였고 특히 모직물, 보석세공, 상아를 비롯한 사치품의 수요가 많아 상업이 주된 부의 원천으로 자리 잡았다. 그러나 국가가 상업에 개입하고 통제를 가하는 바람에 이탈리아 도시국가들에 비해 경쟁력을 잃게 되었다. 수도인 비잔티움의 이름을 따서 비잔틴 문화라고 불리는 이 지역의 문화는 로마의 바탕 위에 그리스 문화, 동양의 요소가 가미된 헬레니즘의 특성이 강한 색채를 띠고 있었다.

중세는 기독교가 보편 종교로서의 위치를 확고히 점유한 시기였다. 로마 제국의 조직과 문화가 기독교를 전파할 수 있는 기반을 제공하기도 했다. 기독교는 로마 시대 박해와 탄압의 시기를 거친 이후 제도화의 길을 걷기 시작했다. 교황을 정점으로 한 사제직과 교구제가 발달하기 시작하였으며 600년대에는 서부유럽에 교구가 확장되고 교황이 유럽에서 정신적 지도자로 확고부동한 위치를 차지하게 되었다. 한편 동로마 제국에서는 황제가 교권을 행사하는 새로운 관행이 성립되었다. 결국 서로마와 동로마의 교회는 성상 문제를 둘러싸고 1054년에 로마가톨릭교회와 동방정교회로 분리되었다.²²

---

22 차하순, 『서양사 총론』 1, pp.280-281.

2. 군사제도

프랑크 왕국이 지배하던 지역에서는 출발부터 기병들이 게르만족의 주된 무력수단으로 등장하고, 아울러 이 지역에 침입한 이민족 세력들이 기병을 활용한 빠른 기동성을 지닌 집단이었던 것으로 인해 기병 발달이 촉진되었다. 북쪽의 노르만Northman, 동쪽의 마자르Magyar, 남쪽의 이슬람 세력들이 끊임없이 유럽을 침략하였고 이들의 침략에 각 지방의 영주들이 중추적인 역할을 담당하였으며 결과적으로 이들이 반독립적인 주권을 행사하게 되었다. 이것이 계기가 되어 400년 동안 기사들이 유럽의 사회를 지배하게 되었다.

다만 중세 서부유럽에서 기사들이 어떠한 전술과 대형으로 전쟁을 하였는지는 분명하게 기록으로 남아 있지 않다. 그들은 장창Lance을 사용하여 속도를 충격력으로 전환하였으며 일반적으로는 체인 갑옷 이후에는 판금갑옷을 착용하여 보병들의 투척무기에 대한 방호력을 향상시켰다. 이들의 전술은 단순하였고 전장에 많은 기사들을 동원할 수 있는 자가 싸움을 좌지우지했다. 한편 기사들은 자신의 거처인 성을 요새화하여 지배권을 공고히하는 한편 방어력을 증가했다. 대포가 출현하기까지 웬만한 성들은 공성무기에 대항하여 충분히 버틸 수가 있었고 식량이 떨어지지 않는 한 저항할 수 있었다. 이러한 성에 대한 공격은 성벽 아래로 굴을 파는 것이 최선의 방법이었는데 이나마도 성이 해자로 둘러싸인 경우나 암반 위에 건설되었을 경우에는 크게 제한되었다.

서부유럽의 게르만족 사회에 비해 동로마는 훨씬 정교한 군사제도를 보유하고 있었다. 동로마 제국은 중장기병을 주축으로 한 군대를 보유하고 있었다. 중장기병은 표준적으로 긴 쇠미늘갑옷을 입고 원형의 방패를 휴대하였으며 짧은 검과 활로 무장했다. 동로마 제국에서 보병은 보조적인 역할을 수행하였는데 궁수나 투창수로 활용되거나 산악지대 및 요새 방어, 도시 방어를 주로 담당하는 것으로 그 범위가 한정되었다. 중장기병의 경우 동로마 제국의 주력군대로 체계적인 이론을 기반으로 하여 잘 훈련되었다.

동로마 황제인 레오[Leo]는 *Tactica*를 저술하여 당시의 전술을 상세하게 소개했다. 전투를 위한 기병 조직의 전형적인 예는 1개의 투르마[turma]로 3,500~4,000명으로 구성되었으며 그 아래에 9개의 반다[bands]가 있다. 이 대형은 전열에 3개의 반다를 배치하고 후열에 4개의 1/2반다를 배치하고 측면에 각각 3개씩의 1/2반다를 배치하여 적 기병의 돌격을 흡수하고 상대편 기병의 측면을 공격하는 전술을 취했다. 이 전술의 특징은 전열의 기병들이 대형을 유지하지 못할 경우 후열로 물러나 1/2반다 사이에 포진하여 다시 대형을 구성하는 것이었다.[23]

중세에는 용병이 중요한 전쟁의 행위자로 등장했다. 용병 제도는 이탈리아 반도에서 시작되어 차츰 나머지 유럽 지역으로 확산되었다. 이탈리아에서는 전통적인 봉건제도가 발달하지 않고 대신 상업과 수공업으로 번성한 도시국가들이 자리를 잡았다. 이들 도시국가는 자체 방어를 위하여 용병을 고용하였는데 시민들이 도시 방어를 담당하기보다는 생산에 집중하여 이윤을 창출하는 것이 훨씬 효율적이라는 판단이 작용한 것이다. 초기 용병은 대부분 알프스 산맥 아래 지역의 인원들로 충당이 되었다.[24]

용병은 '콘도티에로[Condottiero]'라 불리는 용병대장을 중심으로 다양한 병종에 종사하는 병사들로 구성되었고, 이들을 상대로 세탁이나 식사를 제공하며 생계를 잇는 부수 인력들을 포함하고 있었다. 이들은 도시국가와 계약을 맺고 군사서비스를 제공했다. 이탈리아의 도시국가들이 생산과 안보의 분업 구조 속에서 용병을 선택한 것에 비해 나머지 유럽 지역에서는 용병의 편리함 때문에 사용하기 시작했다. 특히 화폐 경제가 발달하면서 유럽의 군주들이 봉신들에게 추가적인 봉토를 지급하지 않아도 되고 경제력이 허락하는 범위에서 최대한의 전력을 동원할 수 있다는 점이 용

---

23 C. W. C. Oman, *The Art of War in the Middle Ages* (Ithaca: Cornell University, 1953), pp.52-56.

24 박상섭, 『근대국가와 전쟁』(서울: 나남, 1996), pp.58-64.

병이 확산된 계기가 되었다. 또한 유럽 곳곳에서 도시가 발달하면서 자유민이 증가한 것과 봉건제도 속에서 대를 이어 봉신이 될 수 있는 장남 이외의 인원이 점차 용병에 합류한 것도 용병이 확산된 이유가 되었다.

3. 무기체계

중세를 대표하는 기사는 막강한 보호장구를 착용했다. 보호장구 가운데 가장 중요한 투구는 13세기 초반부터 점차 원뿔형에서 원통형으로 변하여 갔으며 14세기 초에는 면갑이 첨가되었다. 13세기의 갑옷은 쇠미늘갑옷mail tunic이 주종을 이루었으나 점차 방호력이 높은 판금갑옷으로 교체되었다. 쇠미늘갑옷이 판금갑옷으로 발달해 가는 과정 중에 팔과 다리의 관절부위와 정강이를 보호하기 위해 부분적으로 판금을 사용한 갑옷이 등장하기도 했다. 기사들은 그 외에 방패를 사용하였으며 방패에는 소유주의 신원을 표시하고 지휘를 원활하게 하기 위하여 문장을 장식했다.

중세에는 기사들의 보호장구를 극복하기 위한 투사 무기도 발달되었다. 대표적인 것이 영국이 사용한 장궁Longbow이다. 장궁은 길이가 1.9m에 달하는 긴 활로 주목이나 느릅나무로 만들었다. 이 활은 230m의 유효사거리와 320m의 최대 사거리를 가지고 있었다. 숙달된 장궁수는 대략 10초에 한 발 정도를 발사할 수 있었다. 장궁은 관통력이 뛰어났으며 특이한 점으로 직사로도 발사할 수 있었으며 곡사로도 발사할 수 있었다. 다만 장궁은 사용하는데 오랜 숙련기간을 필요로 했다. 장궁수로 편성되는 영국의 농민들은 어려서부터 활쏘기를 연습하였는데 주일날 예배가 끝나면 교회의 종탑에 있는 파핀제이Popinjay를 맞추는 놀이를 할 정도였다.[25]

장궁과 견줄 수 있는 석궁도 이 시기에 활발하게 사용되었다. 석궁은 보다 기계적인 방식으로 화살을 발사할 수 있도록 고안되었으며 강력한 관통력과 높은 명중률을 지니고 있었다. 석궁은 장궁과 달리 숙달을 위한 오

---

25 버나드 로 몽고메리, 승영조 역, 『전쟁의 역사』(서울: 책세상, 2007), p.354.

랜 훈련이 필요하지 않았으며 성곽의 총안구에서 발사할 수 있었고 선박에서도 용이하게 사용할 수 있는 장점을 지니고 있었다. 다만 석궁은 장전하는데 시간이 걸려서 1분에 2~3발 사격할 수 있었으며 장전하는 동안 사수가 무방비상태가 되어 별도의 방패를 사용해야 하는 단점이 있었다. 이 시기 제노바의 용병들이 전문적인 석궁수로 활약하여 명성을 날리기도 했다.

스위스 창병들이 사용한 미늘창Halberd도 주목할 만한 무기이다. 미늘창은 스위스의 보병들에 의해 효과가 입증된 무기로 뾰족한 창날 아래에 도끼와 갈고리가 붙어 있는 창이다. 이 창의 길이는 대략 2.4m 정도였는데 스위스인들은 밀집대형으로 이 창을 사용하여 기사들의 돌격을 저지하고 말 위에 타고 있는 기사의 갑옷을 걸어 떨어뜨리기도 하며 위에서부터 내려치거나 다리를 베는데 사용했다. 미늘창은 점차 길이가 늘어나서 좀 더 먼 거리에서 기사들과 대결할 수 있도록 개량되었다.[26]

중세는 화약무기가 처음으로 등장하여 활용된 시기였다. 화약은 베이컨Roger Bacon에 의해 1267년 그 제조법이 소개되었다. 그는 화약이 가지고 있는 위험성과 이로 인한 당시 사회로부터의 비난을 피하기 위하여 제조 비법을 암호를 사용하여 기록했다. 화약을 이용하여 1326년부터는 대포Cannon가 사용되기 시작했다. 대포가 주로 사용된 용도는 공성전으로 1333년부터 사용되기 시작했다. 이 무기는 다른 공성무기보다 효과는 작았지만 큰 소리로 인해 심리적 효과를 달성할 수 있었다.

백년전쟁은 대포가 본격적으로 전투에 사용된 계기가 되었다. 영국 왕 헨리 5세는 아르플뢰르Harfleur를 공격하기 위하여 10문의 포를 동원하였으며 조직적으로 특정한 성벽에 포격을 가한 결과 27일 만에 균열이 발생했다. 이 틈으로 그는 자신의 병사들을 들여보내 승리를 달성할 수 있었

---

26 Michael Howard, *War in European History* (Oxford: Oxford University Press, 2001), p.15.

다. 이전까지 공성전은 성벽을 활용한 방자의 우위로 인해 장기간, 심지어는 1년 이상의 기간을 필요로 하는 전투였으나 대포가 사용되면서 전투기간을 크게 단축할 수 있게 된 것이다. 아울러 백년전쟁 후반부에 프랑스군은 야전에 다량의 대포를 동원하여 전세를 역전시키고 궁극적인 승리를 달성할 수 있었다.

4. 전략·전쟁 양상

중세에는 뚜렷한 전략적 진보가 이루어지지 않았다. 동로마 제국의 철인 황제인 레오가 전술에 관한 책을 저술한 정도인데 전략에 관한 논의는 포함하고 있지 않다. 근대가 시작되면서 마키아벨리Niccolo Machiavelli가 전쟁과 국가의 관계, 군사력 운용 및 전략사상 등에 관한 주장을 펼치면서 다양한 전략적 사고가 발달하기 시작했다. 중세는 군사 분야에서도 발전이 정체된 시기였던 것이다.

이 시기 전쟁의 양상은 기사들이 전장을 주도하면서 소규모 충돌이 주로 이루어졌으며 농성전이 흔히 전개되기도 했다. 이러한 시기 발생한 백년전쟁(1337~1453)은 영국과 프랑스 양 국가가 대규모 병력을 동원하여 대결했다는 점에서 특기할만하다. 이 전쟁에는 많은 수의 기사들과 농민으로 구성된 보병들이 참전하였고 용병들 역시 전쟁에 참여했다. 또 이 전쟁은 보기 드물게 100년을 넘는 장기간의 전쟁으로 치러졌다. 물론 전 기간 동안 치열하게 전쟁이 벌어졌던 것은 아니다.

백년전쟁은 프랑스 왕위에 대한 계승권을 영국 왕들이 주장하면서 초래되었다. 1328년 프랑스 왕 샤를 4세가 후계자 없이 사망하자 영국의 에드워드 3세가 자신의 모친이 샤를 4세의 누이이므로 왕위 계승권이 자신에게 있다고 주장했다. 한편 플랑드르 지방의 양모 가공업자들은 프랑스 왕의 지배를 벗어나고자 영국 왕을 부추기기도 했다. 전쟁의 서전은 1340년 슬로이스Sluys 해전으로 시작되었다. 190:147로 열세인 영국 해군이 이 해전에서 승리한 것이다.

이후 1346년 셰르부르Cherbourg에 상륙한 영국군은 플랑드르로 이동하다가 크레시Crecy에서 프랑스군과 격돌하게 되었다. 영국군의 병력은 약 1만 2,000명이고 약 2,700명의 기사들과 7,000명의 장궁수, 3,000명의 농민보병으로 구성되어 있었으며 프랑스의 경우 기사만 1만 2,000명 농민징집병 2만 명, 제노바 석궁수들이 6,000명으로 모두 3만 5,000에서 4만 명으로 구성되었다. 영국군은 경작을 위해 삼단 계단으로 된 언덕 위쪽에 자리했고 부대를 전방 좌·우익과 후방에 기사를 배치하고 그 사이에 장궁수들을 배치했다. 그리고 이들은 상대의 기동을 저지하기 위해 함정 등 많은 장애물을 설치하였고 병력 배치선 전방에는 끝을 뾰족하게 한 목책을 설치했다.

전투는 프랑스군의 선공으로 시작되었다. 프랑스군은 3개 제대를 구성하여 무려 15회에 걸쳐서 돌격하였으나 장궁수들의 사격으로 번번이 격퇴되었다. 프랑스군은 제노바 용병으로 구성된 석궁수들을 보유하고 있었으나 이들이 방패를 다른 마차로 운반하는 바람에 제대로 전투를 할 수 없었고 장궁에 의해 피해를 입어 방패를 가져오기 위해 후방으로 이동하는 도중 프랑스 기사들로부터 비겁자로 간주되어 죽임을 당했다. 프랑스 기사들은 장궁에 피해를 입는 한편 비로 인해 진흙탕으로 변한 전장에서 힘겹게 돌격하였고 후속하는 제대는 앞선 제대가 패퇴하여 무질서하게 도주하는 바람에 정상적으로 돌격을 감행할 수 없었다. 이 전투에서 1,500명의 프랑스 기사가 사망했다.[27]

1415년 프랑스와 영국은 아쟁쿠르Agincourt에서 70년 전에 벌어진 전투를 재현했다. 이번에 영국군의 지휘는 헨리 5세가 담당하였고 프랑스군 지휘관은 샤를 달브레Charles d'Albret였다. 영국군은 6,000명의 장궁수를 중심으로 한 1만 명이 채 되지 않은 인원이었고 프랑스의 경우 기사들이 중

---

27 버나드 로 몽고메리, 승영조 역, 『전쟁의 역사』, pp.360-369.

심이 된 2만 5,000명의 병력을 보유했다. 헨리 5세 역시 셰르부르에 상륙하여 플랑드르로 이동하다가 아쟁쿠르에서 프랑스군과 접전하게 되었다.

영국군은 아쟁쿠르 숲과 트라메쿠르 숲 사이에 병력을 배치하고 궁수들이 배치된 전방에 기사들의 돌격을 저지하기 위하여 목책을 설치했다. 프랑스의 기사들은 크레시에서와 달리 많은 인원이 판금갑옷을 착용했다. 이들은 250m 거리를 4초에 질주하여 영국군 진지로 쇄도했다. 그러나 이들은 장궁수들의 집속사로 인하여 심각한 위협을 받았고 더욱이 목책으로 인하여 목표지점에서 원활한 행동을 할 수 없었다. 또 도중에 진흙탕을 지나오느라 제대로 속도를 낼 수 없었다. 결국 수차례의 돌격이 무위로 돌아가고 제대 간 통제가 무너지면서 한데 뒤엉켜 버리는 사태가 발생하였고 이것이 곧 프랑스군의 패배로 이어졌다. 프랑스군은 1만 명 가까운 병력이 전사하고 1,500명이 포로가 되었다. 이에 반해 영국군의 전사자는 450명에 불과했다. 1420년 트루아^{Troyes}조약으로 헨리 5세는 프랑스 왕위를 인정받게 되었다.[28]

크레시 전투와 아쟁쿠르 전투에서 영국의 장궁수들은 프랑스의 기사들을 살육했다. 평소 영국의 통치자들은 장궁의 위력을 잘 알고 있었다. 영국의 농민들은 스코틀랜드 정벌에 끊임없이 참여하면서 장궁을 익혔고 이들의 활은 도보기사들과 결합하여 훌륭한 성과를 달성했다. 결과적으로 백년전쟁에서 영국 농민군이 프랑스 기사들을 제압하는 기념비적인 승리를 거머쥐었다. 기사가 자신보다 전투 효율성이 낮은 존재에게 참패를 당한 것이다.

장궁수들은 자신들의 역할에 대하여 정치적으로 충분한 보상을 받았다. 그들의 반대에 의하여 1340년 에드워드 3세가 전쟁 수행에 필요한 재원을 마련하기 위한 추가적인 세금 징수 노력이 좌절되었다. 1381년

---

[28] 자세한 전투 경과는 John Keegan, *The Face of Battle* (New York: The Viking Press, 1976), pp.79-116 참조.

영국의 농민반란에 참여한 사람들은 장궁을 소지하고 있었고 이를 지휘하던 와트 타일러^{Wat Tyler}는 백년전쟁에 참여한 자였다. 프랑스의 샤를 6세는 이러한 위험성을 인지하고 평민들에 대한 궁술교육을 포기했다. 또한 영국에 보통선거제가 시행되었을 때 그 최소 기준은 40실링, 즉 장궁을 마련할 수 있는 금액이었다. 그러나 후에 영국의 장궁수와 스위스 창병은 동일한 운명을 맞게 되었다. 대륙에서 화승총이 발달하면서 장궁은 사라지게 되고 역시 포병화기의 발달로 창병 역시 쇠퇴하게 된 것이다.

또 다른 전쟁 양상으로 스위스인들이 수행한 몇몇 전투도 고려해야 한다. 스위스인들은 자신들의 정치체제에 부합하는 독특한 행태의 군사제도를 유지하고 있었다. 스위스인들은 당시 주^{Canton}에 소속되어 높은 평등성이 구현된 정치질서를 유지했다. 이들은 같은 주에 속한 인원들끼리 마케도니아의 방진과 유사한 밀집 대형을 형성했다. 이 대형에는 단 한 명의 지휘관이 존재하였고 그만이 갑옷을 입고 말을 타고 이동하였으며 나머지 인원들은 갑옷을 입지 않았으며 미늘창을 휴대했다.

스위스인들은 기사가 주축이 된 당시 유럽의 군대를 상대하면서 밀집된 방진을 구성하고 장창으로 자신들을 보호했다. 특히 최전방에 배치된 인원들은 창을 앞으로 겨누어 기사들이 근접해 오지 못하도록 했다. 이들이 휴대한 미늘창은 기사들이 접근할 수 없는 범위에서 기사들을 찍어 내릴 수 있었다. 이러한 전술로 그들은 1315년에 모르가르텐^{Moggarten} 전투, 1339년 라우펜^{Laupen} 전투, 1386년 젬파흐^{Sempach} 전투에서 오스트리아 기사들을 제압하고 승리를 쟁취했다. 일련의 승리로 인하여 스위스 창병들의 명성은 한껏 높아졌으며 많은 이들이 전 유럽지역에서 용병으로 활약하게 되었다.

영국의 장궁수들과 스위스 창병들은 새로운 무기체계로 기사들을 극복한 것이 아니라 사회·문화적 제도와 자신들의 독특한 무기체계를 활용하여 기사들을 제압한 것이다. 영국의 평민들은 활 쏘는 것이 항상 요구되었고 스위스의 창병들은 동일한 주에 거하는 인원들로 편성되었다. 주거 공동체의 체계가 그대로 전투체계로 형성되었다. 장궁수와 스위스 방진은 중세의 전쟁 양상에 큰 변화를 가져왔다. 중세의 전쟁은 기사들의 제한된 전투라는 근본적인 성격으로 인해 그다지 많은 사상자를 요구하지 않았다. 게다가 기독교 정신과 몸값에 대한 욕심으로 인해 상대를 죽이기보다는 포로로 잡기를 선호했다. 그러나 장궁과 미늘창으로 구성된 스위스 방진은 상대에게 개인적으로 항복을 제안할 수 있는 기회를 박탈했다. 전투는 유혈이 낭자한 높은 살상률을 가진 전투로 변화했다.

ON WAR

CHAPTER 6
근대 및 현대의 전쟁

김재철 / 조선대학교 군사학과 교수

육군사관학교를 졸업하고 조선대학교에서 정치학 박사학위를 받았다. 2005년부터 조선대학교 군사학과 교수로 재직하고 있으며, 통일교육위원과 한국동북아학회 부회장을 맡고 있다. 통일안보, 군사전략, 전쟁론, 군사제도 분야를 연구하고 있으며, 저서로는 『무기체계의 이해』, 『군사학개론』 등이 있다.

서양사에서 시대구분은 역사학계의 성과가 축적되는 과정에서 다양하게 적용하고 있다. 전쟁사적 측면에서 구분해 볼 때, 근대는 베스트팔렌조약 이후 근대국가가 등장한 때부터 핵무기가 출현하기 이전인 제2차 세계대전까지로, 현대는 핵무기 출현 이후로 구분할 수 있다. 또한 근대는 르네상스 이후부터 절대주의와 중상주의가 전개되었던 17~18세기를 근세로, 민족주의와 주권재민사상이 태동하기 시작했던 프랑스대혁명 이후를 근대로 세분하기도 한다. 따라서 근대전쟁은 전쟁 양상의 변화에 따라 근세의 절대왕정전쟁시대, 국민전쟁시대, 세계전쟁시대로 구분할 수 있다. 제6장에서는 근대전쟁과 현대전쟁의 진화과정을 당시의 사회와 사상, 군사제도, 무기체계, 전략과 전쟁 양상으로 구분하여 살펴본다.

I. 근대의 전쟁

1. 사회와 사상

(1) 근대국가 등장과 절대주의

중세의 유럽은 영국, 프랑스, 폴란드 등 몇 개의 왕국과 자율성을 지닌 봉건체제가 가톨릭 질서 아래 유지되고 있었다. 그러나 15세기부터 활발한 무역과 문예부흥Renaissance이 꽃을 피우게 되자 가톨릭 질서에 대한 도전으로 정치공동체와 종교 간에 갈등이 발생하기 시작하였으며, 종교개혁으로 인해 신교(프로테스탄트)와 구교(가톨릭) 간 반목이 심화되었다. 결국 종교적 신념 및 통치제도, 그리고 정치적 이데올로기가 서로 충돌하면서 1618년부터 1648년까지 30년 동안 독일을 무대로 신·구교 간 종교전쟁이 지속되었다. 30년전쟁은 유럽의 종교적 신념, 통치제도, 정치이념 등이 서로 충돌했던 중세 황혼기에 무예부흥과 종교개혁에 의해 점화된 장기적 산물이었다.[1]

30년전쟁으로 유럽 인구의 4분의 1에 달하는 인명피해를 비롯하여 수많은 경제적·물리적 손실이 발생하게 되자, 유럽의 135개 공국公國들은 1648년에 베스트팔렌조약을 체결하여 주권의 원칙을 수립함으로써 근대국가의 기초를 마련했다. 근대국가의 등장으로 국가의 주권이 존중되고 국가와 종교가 분리되면서 영국과 네덜란드 등을 제외한 대부분의 국가는 절대왕정체제를 수립하여 '주권국가'와 '영토국가'로서 위상이 확립된 국가체제를 유지하기 시작했다.[2]

그러나 전제적 정치형태였던 왕정체제의 절대주의absolutism는 주권국가로서의 위상은 향상되었지만, 신분적 계층제를 유지함으로써 국민의 권리는 무시되었다. 절대군주인 국왕은 봉건귀족이나 부르주아 계급 등 어느 누구에게도 제약을 받지 않는 절대적 권력을 지녔고, 절대왕정체제에서 전쟁은 국민들에 의해서가 아니라, 국민으로부터 유리된 직업군인들이나 용병傭兵들을 동원한 군주에 의해 수행되었다. 따라서 전쟁은 국왕의 관심사였을 뿐, 일반 국민들은 전쟁에 대해서 대부분 무관심한 태도를 취했다.

근세 초기에는 세력이 강한 군주 간의 전쟁은 간헐적으로 있었으나 상당기간 전쟁 양상에는 특별한 변화가 없었다. 그러나 18세기를 주도했던 프랑스의 루이 14세, 프로이센의 프리드리히 대왕, 러시아의 표트르 대제 같은 군주들은 절대왕정의 절정기를 누리면서 부국강병을 위해 전쟁을 마다하지 않았으며, 유럽의 주도권을 잡기 위해 서로 투쟁했다.[3] 유럽은 강대국 간의 치열한 경쟁으로 프랑스, 오스트리아, 프로이센, 영국, 러시아

1 Charles W. Kegle, Jr and Gregory A. Raymond, *From War to Peace: Fateful Decisions in International Politics* (New York: St. Martin's 2002), p.47. 김열수, 『국가안보: 위협과 취약성의 딜레마』 제2판 (파주: 법문사, 2011), p.73에서 재인용.

2 김열수, 『국가안보: 위협과 취약성의 딜레마』, pp.72-73.

3 정명복, 『무기와 전쟁 이야기』(파주: 집문당, 2012), p.126.

등 5개국에 의한 다극체제가 나폴레옹전쟁시대 이전까지 지속되었다.[4]

(2) 프랑스대혁명과 자유민주주의

프랑스대혁명(1789. 7. 14~1794. 7. 27)은 정치제도뿐만 아니라 사회적, 사상적, 군사적으로 혁명적 변화를 초래한 사건이었다. 이와 같은 개혁의 출발은 '군주국가'에서 '국민국가'로, '주권국가'에서 '주권국민'으로 변화하는 혁명적 열기에서 비롯되었다. 프랑스는 시민혁명을 통해 절대왕정이 지배하던 구제도(앙시앵 레짐$^{ancien\ regime}$)를 무너뜨림으로써 과거 봉건제도의 전제를 타파하고 인간의 자유와 평등을 이념으로 하는 근대사회를 확립했으며, 현대사회의 지도적 원리인 자유민주주의를 정착시켰다. 또한 1648년 베스트팔렌조약 이후 등장한 '영토국가' 개념을 '민족국가' 개념이 대체하기 시작했다.[5]

프랑스대혁명을 계기로 절대왕정이 무너지고 공화국이 수립되자, 유럽 열강들은 프랑스혁명이 자국에 미칠 파급을 우려하여 대불동맹을 체결하여 프랑스에 대항했다. 이로써 20여 년 동안 전 유럽을 휩쓸었던 소위 '나폴레옹전쟁'시대가 개막되었다.

1792년 영국, 오스트리아, 프로이센의 동맹군이 프랑스 국왕(루이 16세)을 옹호하고 나서자 프랑스혁명정부는 집단징집령集團徵集令을 선포하여 모든 국민은 군인이 되어야 하고 국가를 위해 군에 복무하는 것은 모든 프랑스 국민의 의무라고 강조했다.[6] 즉, 국민은 권리에 상응한 의무를 가져야 한다는 논리가 적용된 것이다. 이것이 소위 프랑스의 국민군이다. 이제 전쟁은 국왕만의 관심사가 아니라 국민 각자의 일이 되었다. 당시 프랑스를 침공해 오는 적으로부터 혁명을 수호하고 자신의 생명과 재산을 보호

---

4 김열수, 『국가안보: 위협과 취약성의 딜레마』, p.247.

5 박창희, 『군사전략론』(서울: 플래닛미디어, 2013), p.47.

6 육군교육사령부, 『군사이론연구』(육군인쇄공창, 1987), pp.79-80.

해 줄 수 있는 것은 오직 국민 자신 이외는 아무도 없었기 때문이다. 그러므로 당시 프랑스 국민들에게 전쟁이란 국가를 보위하고 민족의 생존을 보장받기 위한 그들 자신의 투쟁이었다.

절대왕정시대 유럽에서 약 150년 동안 유지된 프랑스, 오스트리아, 프로이센, 영국, 러시아 등 5개 강대국에 의한 세력균형은 나폴레옹전쟁시대를 맞이하여 와해되기 시작했다. 나폴레옹 원정군은 가는 곳마다 프랑스혁명정신인 자유·평등·박애사상을 전파하여 자유주의를 확산시켰고, 나폴레옹군과 전쟁을 하는 교전국 내부에서는 민족의식이 형성되었다. 이후 유럽에서는 다수의 나라들이 통일·독립운동을 전개하였으며, 군사사상과 군사제도 및 전쟁 수행방법 등 군사적인 측면에서도 적지 않은 변화를 가져 왔다.

1812년 러시아 원정에서 50만 대군을 잃고 천신만고 끝에 파리로 귀환한 나폴레옹은 국민의 협조를 얻어 대병력을 편성하여 연합군에 대비하였으나, 1813년 10월 라이프치히Leipzig 전역에 이어 1814년 초 라인 강 서부방면에서 프랑스 방어전에 실패함으로써 엘바Elba 섬으로 유배당하고 말았다. 1814년 3월 오스트리아, 프로이센, 영국, 러시아 등 4개 강대국은 쇼몽Chaumont조약을 체결하여 나폴레옹군을 결정적으로 패배시키고 그 이후에도 동맹을 유지하기로 동의했으며, 같은 해 9월에 빈에서 다시 모여 나폴레옹전쟁 이후 유럽 정치질서를 재건하기 위한 회의를 시작했다. 빈 회의에서 4대 강국의 대표자들은 영토적 안정, 다양한 유럽 공국들의 재건, 전후 여러 가지 쟁점 등을 논의했다. 이러한 와중에 1815년 2월 25일 나폴레옹이 엘바 섬을 탈출했다는 소식이 전해지자, 이들 국가들은 연합군을 형성하여 그해 6월 워털루에서 나폴레옹군을 대패시켰다. 나폴레옹전쟁이 막을 내린 이후 5대 강국과 에스파냐, 포르투갈, 스웨덴, 네덜란드 등 4개의 제2진 국가군secondary powers, 그리고 40개의 공국과 4개의 자유도시로 이루어진 빈 협조체제는 제1차 세계대전 발발 직전까지 100년간 존속했다. 빈 체제가 작동하던 기간에도 국가 간의 전쟁은 있었다. 프로이센은 보오전쟁(프로이센-오스트리아 전쟁)과 보불전쟁(프로이센-프랑스 전쟁)을 통해서 독일의 통일을 달성했다. 또한 19세기 말 유럽을 휩쓴 민족주의 열병에 더불어, 1848년 마르크스와 엥겔스가 '공산당 선언'을 발표하면서 새로운 이데올로기가 세계정치에서 힘을 얻기 시작했다.[7]

(3) 산업혁명과 제국주의

18세기에 영국에서 일어난 산업혁명의 물결은 100여 년에 걸쳐 유럽 제국과 미국 및 러시아 등으로 파급되었다. 산업혁명은 1782년 와트의 증기기관 발명으로 더욱 가속화되었으며, 기계공업의 기술적 개혁을 낳게 하여 18세기 말부터 19세기 초에 걸쳐 여러 가지 공작기계의 발명을 촉진했다.[8] 산업혁명을 계기로 철과 같은 새로운 소재를 사용하기 시작하였고, 석탄·증기·전기 및 내연기관 같은 새로운 에너지원을 이용할 수 있게 되었다. 새로운 기계의 발명과 교통과 통신의 발전은 과학의 산업적 응용 측면에서도 획기적인 변화를 가져 왔다. 뿐만 아니라 사회의 구조적 측면에서도 산업 부르주아지와 임금 노동자라는 새로운 계급을 만들어 냈다.

산업혁명은 프랑스대혁명과 더불어 근대유럽의 전쟁 양상을 바꾼 또 다른 원동력으로 작용했다. 특히 근대의 절정기라 할 수 있는 19세기에 이르러서는 과학기술의 급격한 진보로 군사 분야에도 커다란 변혁을 가져왔다. 물류 효율을 높이기 위해 설치된 철도는 수많은 병력과 무기를 신속하게 이동시킬 수 있게 하였으며, 원거리에 이격된 부대들에 대한 보급도 가능케했다. 뿐만 아니라 산업혁명의 산물로 신형 소총, 기관총, 철갑증기선 및 화포 등의 성능이 획기적으로 향상되었으며, 대량생산이 가능해짐에 따라 대량파괴와 대량살상 양상이 나타났다.

---

7 김열수, 『국가안보: 위협과 취약성의 딜레마』, pp.247-248.

8 김철환·육춘택, 『전쟁 그리고 무기의 발달』(서울: 양서각, 1997), pp.87-88.

유럽 열강들은 산업혁명으로 대량으로 생산된 제품을 신속히 판매할 수 있는 경제구조의 변혁이 필요했다. 또한 자본가와 기업가는 생산수단의 사유제私有制에 의해 개인의 이윤을 최대화하는데 모든 수단을 동원하게 되고, 국가는 무역에 의해 국부를 축적하는 중상주의를 주요 경제정책으로 채택함으로써 자본주의 체제를 구축했다. 자본주의가 고도로 발전하여 자유경쟁의 파탄, 기업 활동에 의한 독점 강화, 원료확보 및 상품수출 이외에도 국내 과잉자본의 투자 대상으로서 식민지의 필요성이 절실하게 되었다. 이로써 식민지 개척을 위한 유럽 강대국 간 충돌은 피할 수 없는 운명이 되고 말았다.[9]

결국, 서구 열강들의 식민지 쟁탈전은 제국주의전쟁으로 확대되었다. 19세기 후반 들어 유럽 전역에는 주권재민의 통치체제가 확립되고, 대부분의 국가가 독립국가로서 대우를 받게 되자 열강들의 식민지 확보 경쟁은 아프리카, 아시아 및 대양주를 중심으로 전개되었다. 유럽 열강들은 이러한 경쟁과정에서 3국동맹(독일, 오스트리아-헝가리, 이탈리아)과 3국협상(영국, 프랑스, 러시아) 두 진영으로 나뉘어 첨예하게 대립하였고, 이는 결국 제1차 세계대전으로 이어졌다.

제1차 세계대전이 막을 내린 후 제2차 세계대전이 발발하기 전까지 약 20년간, 여러 사상과 민족주의가 대두하여 미묘한 국제관계를 형성하고 각국마다 내부적으로 집권세력과 이상주의자들 간에 이념과 정책상 대립이 고조되었다. 제1차 세계대전 중에 제정 러시아가 무너지고 볼셰비키 정권이 들어섰으며, 3국동맹 측이 패전함으로써 오스트리아와 헝가리가 분리되었고 폴란드, 루마니아, 핀란드 등이 독립했다. 그동안 지도상에서 볼 수 없었던 새로운 국가들이 탄생함으로써 이들 간 충돌이 잦아지게 되었다. 뿐만 아니라 유럽 전역에 혁명을 교사하려 한 공산주의의 부단한 침투는 결과적으로 나치즘과 파시즘의 성장에 거름 역할을 하였고, 사상 갈

---

9 육군교육사령부, 『군사이론연구』, pp.81-82.

등이 고조되어 갔다. 이러한 혼란이 유럽을 휩쓸고 있는 가운데 유럽정세에 암영을 던지던 존재는 독일이었다. 1919년 6월 28일 발효된 베르사유조약에 의해 독일은 알자스로렌Alsace-Lorraine 지방이 프랑스에 귀속되는 등영토 일부의 변경과 배상금 지불 및 군비제한을 강요받게 되었다. 이 가운데 군비제한 조항은 독일군에게 치명적인 타격을 주었다.[10] 한스 폰 제크트Hans von Seeckt는 제1차 세계대전 결과 완전히 붕괴되어 버린 독일군을 재건하기 위하여 비밀리에 재군비를 추진했다. 제크트의 비밀 재군비 작업은 1926년 그가 사임한 이후에도 후임자인 빌헬름 하이에Wilhelm Heye와 하머슈타인Kurt von Hammerstein에 의해 계속 추진됨으로써 후일 히틀러가 대규모 재군비를 할 수 있는 기초를 마련해 주었다. 1932년 선거에서 국가사회주의독일노동당, 일명 나치스Nazis가 제1당이 됨으로써 1933년 1월 30일 총리가 된 히틀러는 베르사유조약의 군축조항은 부당하다는 이유를들어 폐기를 주장하고 국제연맹에서 탈퇴했다. 히틀러는 정감적·심리적동원으로 독일민족을 결속시키면서 1935년 3월 16일 정식으로 베르사유조약의 군축조항의 폐기와 재군비를 천명했다.

2. 군사제도

(1) 절대왕정의 상비군 조직

중세부터 근세 초기까지 유럽에는 전투가 있을 때만 동원되어 돈을 받고용병대장에게만 충성하면 되었던 용병집단이 존재했다. 왕은 필요시 용병대장과 계약을 체결하여 전쟁목적을 달성하고 그 대가를 지급했다. 당시의 용병집단은 국가 또는 국왕에게 충성하는 군대가 아니었으며, 그들에게 싸움이란 함성만 드높았을 뿐 뚜렷한 승패가 없는 '무피해 장기 무

---

10 베르사유조약으로 인한 독일의 군비제한은 육군 총병력을 10만으로 제한하고, 그중 장교는 4,000명을 초과할 수 없었다. 10만의 병력은 7개 사단, 기병 3개 사단 이하로 구성해야 했다. 또한 해군은 1만 5,000명과 전함 6척, 구축함 12척, 어뢰정 2척으로 제한하고 잠수함은 일체 보유하지 못하도록 하며, 군용기나 비행선의 제조 및 보유를 금했다.

승부 전투'로 일관되었다. 경우에 따라서는 자신들에게 더 많은 대가를 지급하는 국왕에게 이동하기도 했다.

해외시장의 개척과 값싼 원료 공급지 확대를 뒷받침할 수 있는 군사력이 필요함에 따라, 17세기 이후 절대군주들은 상공업자들의 재정적 지원으로 상비군을 보유하기 시작했다. 최초에는 청부적인 용병대장에 속하는 상비용병이었으나 18세기에 접어들어 루이 14세 시대에는 군주에 직속되어 전·평시 국가로부터 급료를 받는 소위 '상비군'으로 그 성격이 변했다. 즉, 절대왕정의 군대는 용병대장의 부하가 아니라 국왕에게 직접 충성하는 상비적 용병부대 성격의 왕군王軍이었다. 이러한 왕의 군대는 마키아벨리가 생각했던 시민군[11]보다는 못하였지만 나라를 책임지고 있는 국왕에게 충성하는 상비군이라는 점에서 용병집단과는 근본적인 차이가 있었다. 이러한 상비군으로 절대왕정들은 부국강병을 위해 전쟁을 마다하지 않았으며, 유럽의 주도권을 잡기 위해 투쟁을 계속했다.

30년전쟁에서 스웨덴 왕 구스타브 아돌프Gustav Adolf는 군대의 편제와 훈련 및 장비개혁을 이룩하여 군사제도를 획기적으로 발전시켰다. 그는 국민 개병제皆兵制에 의한 상비군을 조직했다. 특히 신병을 모집함에 있어서 엄격한 기준을 적용함으로써 군대의 질적 향상을 이루었고, 무기 및 장비의 개선과 기동력을 향상시킴은 물론 보병과 포병, 기병을 통합한 단일 전투부대를 조직했다.[12] 이는 오늘날 제병협동작전의 기원이라 할 수 있다.

프랑스 및 프로이센 군대의 고급장교는 귀족으로 충원되었다. 17세기에는 일반 평민들도 장교로 복무하였으나, 18세기 들어서는 포병과 공병

---

11 이탈리아의 니콜로 마키아벨리(Niccolo Machiavelli, 1469-1527)는 종교적 전쟁관념을 깨뜨리고 혁명적 전쟁관을 제시함으로써 최초의 근대적 군사사상을 정립한 사람이다. 당시 이탈리아는 도시국가 상호 간의 분쟁에 돈으로 사들인 용병을 운용하고 있었다. 마키아벨리는 1494년 프랑스 샤를 8세가 이끄는 약 3만 명의 상비군에 의해 이탈리아 용병이 쉽게 무너지는 모습을 보고 큰 자극을 받았다. 이에 마키아벨리는 징집제도에 의한 시민군 창설을 주장했다. 김희상,『생동하는 군을 위하여』4판 (서울: 전광, 1996), pp.245-246.

12 육군사관학교,『세계전쟁사』(서울: 황금알, 2004), p.79.

을 제외한 모든 장교를 귀족출신으로 선발했다. 프로이센의 프리드리히 2세는 귀족만이 명예심, 충성심, 용기를 보유했다고 생각하여 부르주아 출신을 장교단에서 철저히 배척했다. 또한 프랑스혁명 당시 프랑스 장교단을 보면 총 9,578명 가운데 귀족 출신은 6,333명(66%), 평민 출신 1,845명(19%), 그리고 사병 출신 중 선발된 인원 1,100명(11%)로 구성되었다.[13]

(2) 프랑스의 국민군 탄생

프랑스대혁명의 영향으로 프랑스 공화국이 창설되자 군사 전반에 걸쳐 커다란 변화가 일어났다. 근대 국민국가를 형성하는데 전환기가 되었던 프랑스대혁명은 군대도 왕의 개인적 사병이 아니라 국민전체가 참가하는 집단이어야 한다는 사상을 고조시켰다. 1792년 제1차 대불동맹군의 침입을 격퇴한 발미Valmy 전투는 새로운 전쟁 양상을 예고하는 전투였다. 발미 전투에서 훈련도 제대로 받지 못한 프랑스의 애국적 민병대가 전통적 밀집대형을 갖추고 질서정연하게 접근해 오는 프로이센군을 정확한 포격과 집중사격을 퍼부어 격퇴시켰다. 국민군대에 의한 이 작은 성과는 프랑스 국민의 애국심에 불을 질렀고, 혁명정부는 1793년 8월 23일 국가강제 동원제 법령을 선포했다.[14] 혁명정부는 "앞으로 적을 공화국 영토에서 축출할 때까지 모든 프랑스인은 군에 복무하기 위하여 강제 동원한다. 청년들은 전장에 나갈 것이며, 기혼자들은 무기를 만들고 식량을 운반할 것이며, 부녀자들은 천막과 옷을 만들며 병원에서 일할 것이다. 어린애들은 낡은 마포를 풀어 군수품 제조를 도울 것이며, 노인들은 공공장소에 나아가 전사들의 용기를 고무하고 군주에 대한 증오심을 선동해서 공화국의 통일을 권고할 것이다"라고 선언했다. 이 선언은 병역의무 차원을 넘어선 국

---

13 Samuel P. Huntington, *The Soldier and the State* (Cambridge: Harvard University Press, 1957), p.22. 온만금, 『군대와 사회』(서울: 황금알, 2014), p.33에서 재인용.

14 김희상, 『생동하는 군을 위하여』, pp.249-250.

민의 총동원령을 의미하는 것이다. 이로써 프랑스는 '국민개병제도'라는 징병제를 시행하였으며, 이는 프랑스대혁명이 낳은 중요한 군사적 산물이다. 혁명 초기에는 시민의 정열과 애국심이 국민군대를 조직할 수 있었으나, 전쟁이 장기화됨에 따라 애국심만으로 충분하지 못해 1798년부터 프랑스는 시민 중 20~25세에 달하는 청년들에게 병역의무를 부여했다. 1814년에 이르러서 나폴레옹은 약 260만 명을 징병제에 의해 동원할 수 있었다.[15]

이러한 국민군대는 귀족장교나 지원병 또는 용병으로 구성되는 왕군이 아니라 같은 민족이 동등한 권리와 의무를 참여하는 군대였다. 민족적 이데올로기를 기반으로 국민과 국민 간의 투쟁 양상을 띠기 시작한 근대국가는 군사국가의 성격을 갖게 되었으며, 국민군대는 엄격한 훈련 및 규율보다는 이데올로기적이고 애국적인 정열을 중시했다. 또한 나폴레옹은 군단 및 사단을 창설함으로써 대규모작전이 가능토록 군의 편제를 발전시켰으며, 군의 규모가 방대해짐에 따라 장교충원제도, 참모제도, 교육제도, 군조직의 관리제도 면에서 획기적인 변화를 가져왔다.

(3) 프로이센의 군제개혁

이데올로기로 무장한 프랑스 국민군의 강력한 세력에 놀란 유럽 제국은 대응책 마련에 부심하였으나 어떤 나라도 국민개병제도를 선뜻 시행하지 못했다. 영국의 경우는 막강한 경제력에 의존하려 하였고, 러시아는 종교에 대한 대중의 헌신을 이용하려 했다. 그러나 1806년 예나 전투에서 나폴레옹군에 패배하고 체결한 굴욕적인 틸지트조약Treaty of Tilsit 의 충격으로 프로이센은 1807년부터 게르하르트 폰 샤른호르스트Gerhard von Scharnhorst 와 아우구스트 폰 그나이제나우August von Gneisenau 등이 중심이 되어 강력한 군제개혁을 추진하게 되었다.[16]

---

15 조영갑, 『민군관계와 국가안보』(서울: 북코리아, 2005), pp.135-136.

프로이센 군제개혁의 첫 번째 목표는 국민군의 창설이었다. 병사들이 애국심이 없는 한 전쟁에 승리할 수는 없으며, 복종만을 강요당하는 시민계급에게 애국심을 바랄 수 없다는 것이 공통된 지적이었다. 군제개혁자들은 시민의 자발적 애국심을 고취하기 위해서는 국가와 개인의 힘이 결합할 수 있도록 시민의 정치참여와 군대의 시민화가 필요하다고 주장했다. 개혁파의 군제개혁은 정규군과 예비군으로 나누어 전 국민을 무장화하는 것이었다. 이러한 국민군 창설에 대해 국왕은 기존의 상비군의 권위를 국민군이 위협할지도 모른다는 생각에서 냉담하였으나 개혁파들의 강력한 요구로 실현되었다.

그 다음 개혁의 대상은 군대 내 비인도적 요소의 척결을 통해 병영생활과 시민계급 간의 거리감을 좁혀 시민계급들이 군대에 자발적으로 참여할 수 있도록 하는 데 있었다. 1808년 8월 군형법을 통해 프로이센 군대의 고질적 병폐는 사라졌다. 이는 정치제도의 이념인 민주주의를 군사제도에 반영하는 것이다.

또한 프로이센은 우수한 장교들의 선발과 자질 향상을 통해 직업군인제도를 정착시켰다. 장교를 선발함에 있어 귀족계급의 모든 특권을 폐지하고 모든 시민에게 장교직을 개방함으로써 신분이나 가문보다는 개인의 능력에 따라 지위와 역할을 결정하게 되었다. 특히 질적으로 우수한 장교를 양성하기 위하여 1810년에 사관학교를 창설하여, 보병 및 기병은 3년, 포병 및 공병은 4~5년간 전문교육을 받도록 하였으며, 모든 장교는 일반소양교육과 특수교육을 받도록 했다. 특히 프로이센 군대는 육군참모본부를 설치하여 체계적인 참모제도를 발전시킴으로써 제1·2차 세계대전까지 그 용명을 날렸다.

---

16 앞의 책, p.137.

(4) 20세기 초 유럽 열강의 군사제도

20세기 초 유럽 열강들은 제국주의적 팽창 및 민족문제 등으로 언제 어디서 전쟁이 터질지 모르는 상황에서 전쟁준비에 여념이 없었다. 이 시기에 유럽대륙의 주요 국가들의 군사제도는 대부분 징병제에 기초를 두었다.

독일군의 군사제도는 현역, 예비역, 후비역 및 보충역으로 구성되었다. 20세에 달하면 모든 청년은 징병검사를 받게 되었고, 징병검사에서 합격한 자들은 현역으로 입대하여 2년간 훈련을 받은 후 5년 6개월간 예비역으로 편입되었다. 그 후 39세까지는 후비역後備役에 편입되었다. 이렇게 구성된 독일군은 제1차 세계대전이 발발하자 예비역 및 후비역의 동원으로 8개 야전군에 총병력 200만 명으로 확장할 수 있었다. 독일군은 제2차 세계대전 시에도 한스 폰 제크트의 비밀 재군비 계획에 의해 베르사유조약으로 금지되었던 의무병제도를 환원하여 육군 병력 10만의 구성원을 간부로 전환시킴으로써 병력 55만 명, 36개 사단으로 확장하여 제2차 세계대전을 일으키게 되었다.[17] 제1차 세계대전 당시 독일군의 1개 군단은 약 4만 2,500명으로 통상 2개 사단과 직할대로 편성되었다. 1개 사단은 1만 8,000명으로 2개 보병여단과 1개 포병여단으로 구성되었고, 지원부대로는 공병, 통신, 의무, 보급 등이 파견되었다. 또한 보병여단은 3개 대대를 가진 2개 연대와 77mm 직사포 54문과 105mm 곡사포 18문을 보유한 1개 포병연대로 편성되었다.[18] 이러한 독일군의 편성은 오늘날 편제와는 다소 다르지만 병과별 제병협동작전을 위한 현대적 편성을 갖추기 시작한 것이라 할 수 있다.

독일보다 적은 인구를 보유하고 있었던 프랑스는 매년 20세에 달한 장정 80%를 징집했다. 프랑스군 역시 현역, 예비역, 후비역의 3종으로 구분되었지만 독일에 비해 노년층과 중년층이 다수 포함되어 있었다. 편성 및

---

17 육군대학,『세계전쟁사』, 교육참고(육대) 4-2-12(2002), p.163.

18 육군사관학교,『세계전쟁사』, p.193.

장비 면에서 프랑스군의 독일군보다 열세했으며, 프랑스군 장교단은 정치가로부터 냉대를 받기도 했다. 그러나 상당수의 장교들이 식민지 전쟁에서 전투경험을 쌓았으며, 병사들의 훈련수준 역시 우수했다. 제1차 세계대전이 개시되자 프랑스군의 병력은 165만으로 편성되었다. 1904년 대일전쟁에서 패배한 러시아군은 광범위한 개혁을 단행하였으나, 독일군 및 프랑스군에 비해 지극히 열세했다. 서방연합군은 러시아의 풍부한 인적자원에 크게 기대하고 있었지만 1914년 당시 러시아군은 아직 편성 중에 있었고 화력 면에서 빈약했다. 또한 병력의 3분의 2 이상이 무학無學이 였고, 하사관들도 대부분 단기간 훈련을 받았을 뿐이었다.[19]

영국군은 전통적으로 해군 위주로 편성되었다. 육군은 외침을 방어할 수 있을 정도로만 편성되었기 때문에 전쟁 발발 당시 7개 사단에 불과했다. 사단에는 3개 여단으로, 각 여단은 4개 대대로 편성되었다. 전쟁에 참가한 영국군은 약 12만 5,000명에 불과했지만 지원제도에 의해 선발된 정예자원으로 구성되었고, 고도의 훈련을 통해 질적으로 우수한 부대를 보유했다.[20]

3. 무기체계

(1) 근대 전기: 화약의 시대

근대의 군사적 면모는 화약의 발명 이후 대포 및 소총 등 총포류의 발달로 인해 중세와 다르게 전개되었다. 로저 베이컨Roger Bacon이 1249년 흑색화약을 발명한 이래 유럽에서는 백년전쟁(1339~1453) 기간 중 영국과 프랑스 간에 치러진 크레시 전투Battle of Crecy에서 최초로 대포가 사용되었다. 이 전쟁에서 영국의 에드워드 3세는 대포를 실용화하고 당시 가장 강력한 무기로 평가되던 석궁보다 더욱 치명적인 장궁을 개발하여 사용함으

---

19 앞의 책, p.194.

20 앞의 책, p.195.

로써 수적인 열세를 극복하고 프랑스의 기병을 격파하여 승리를 쟁취했다. 이는 유럽에서 1,000년간 전장을 지배해온 기병의 시대를 마감하고, 보병이 다시 전장의 주역으로 등장함으로써 전쟁의 역사에서 근대라는 새로운 시대를 여는 사건이었다.[21]

전투에서 사용되기 시작한 14세기의 대포는 매우 무거웠고 전장식前裝式이었으며, 사거리도 짧았다. 또한 당시 유럽의 대포는 파열탄이 아닌 석환石丸이나 금속환金屬丸 또는 작은 탄환을 산탄형태로 쏘았기 때문에 직접 맞지 않는 한 피해를 주지 못했다. 그럼에도 불구하고 19세기까지 대부분 유럽의 군대는 밀집대형을 사용하는 경향이 많았기 때문에 석환이나 금속환도 나름대로 위력을 발휘할 수 있었다.[22] 공성포는 봉건기사의 근거지인 중세 성곽의 전술적 가치를 무의미하게 만들었다.

대포에 이어 소총이 전장에 등장함으로써 중세의 말을 탄 기사들은 더 이상 탄환을 방어할 수 없게 되었다. 소총의 성능이 꾸준히 향상되면서 1704년 영국에서 창병이 사라졌고, 총검을 결합한 머스킷 소총을 든 보병이 창병을 대신했다. 이후 다른 유럽 국가들도 영국을 따라 창병을 없애기 시작했다.[23] 그러나 당시의 소총은 명중률이 극히 낮고 무거웠으며, 총과 화약 및 탄환을 각각 따로 갖고 다니다가 총을 쏘기 직전에 화약을 총에 주입하고 탄환을 장전한 후 심지에 불을 붙여 화약을 폭발시켜야 했다. 이것이 바로 화승총火繩銃, harquebus이다. 화승총은 탄환을 장전하여 발사하기까지의 시간이 길기 때문에 소총병을 보호하기 위하여 추가적으로 창병이 함께 운용되었다. 이러한 화승총은 17세기 초에 이르러서 머스킷Musket 소총으로 대치되었다. 격발에 의한 점화장치를 발명함으로써 머스킷 소총의 발사시간은 크게 단축되었으며, 100야드(91m)를 초과한 목표

---

21 육군사관학교, 『세계전쟁사』, p.77.

22 이강언 외, 『신편군사학개론』(서울: 양서각, 2007), p.266.

23 정명복, 『무기와 전쟁 이야기』, p.127.

물에 대해서는 명중률이 떨어져 유사시 근접전투에서 창병을 겸할 수 있는 착검이 가능토록 제작했다.

그러나 절대왕정시대에 사용된 화승총과 대포 등은 사정거리 및 발사 속도, 정확도 면에서 결정적인 위협을 주지는 못했다. 프랑스와 스웨덴이 연합하여 신성로마제국에 대항하여 싸운 30년전쟁의 초기 전투에서 사용된 화승총은 정오부터 일몰까지 7발밖에 발사하지 못할 정도였다. 이러한 문제점을 개선하기 위한 노력은 있었으나 무기의 성능이 획기적으로 개선된 것은 아니었다.[24]

(2) 근대 후기 : 19세기 중·후반

19세기 중반 이후 산업혁명을 계기로 과학기술이 급격히 진보하면서 군의 무기체계에도 커다란 변혁을 가져왔다. 가장 주목할 만한 것은 철도의 등장이었다. 프랑스대혁명 이후 징병제로 인해 동원된 대규모의 병력을 신속하게 전선으로 투입할 수 있는 능력이 매우 중요해 졌다. 철도의 발명으로 전선까지 걸어서 이동한 것과는 달리 대규모의 병력과 군수물자를 신속하게 옮길 능력을 갖추게 되었다. 민수용으로 제작된 철도를 최초로 군사 분야에 도입한 것은 프랑스였다. 프랑스는 크림전쟁Crimean War(1853-1856)에서 세바스토폴 요새 앞까지 철도를 이용하여 군수물자를 조달했으며, 이탈리아-오스트리아 전쟁에서는 총 병력 100만 명 가운데 4분의 1을 철도로 수송했다. 그 후 철도는 보오전쟁과 보불전쟁, 미국의 남북전쟁에서도 긴요하게 사용되었다.[25]

철도의 등장과 더불어 전신기의 발명도 전투수행에 혁신을 가져왔다.

---

24 예를 들면 스웨덴의 국왕 구스타브 아돌프(1594~1632)는 총포의 개량을 추진하여 화승총을 안전하고 편리한 수발총으로 개량했다. 개량형 화승총으로 쇠에다 부싯돌을 비벼 스파크를 만들어 내는 스냅핸스(snaphance) 발사장치를 부착한 것이다. 김철환·육춘택, 『전쟁 그리고 무기의 발달』, p.62.

25 정명복, 『무기와 전쟁 이야기』, pp.200-201.

지상군의 지휘통제수단을 전령에 의존했던 시대에는 병력의 전개범위가 5~6km로 제한되었으나, 전신기의 발명으로 지휘통제가 용이해짐으로써 광범위한 병력배치와 작전운용의 융통성과 협조된 작전이 가능해졌다.

또한 소총과 대포도 비약적인 발전을 거듭했다. 19세기에 이른바 3대 발명인 뇌관雷管과 강선鋼線, 후장後裝 기술이 실용화되면서 소총은 획기적으로 발전했다. 뇌관은 뇌홍雷汞과 염소산칼륨을 혼합하여 만든 물질로서 약간의 충격만으로 쉽게 폭발한다. 이러한 뇌관을 탄환 뒷부분 장약 내에 내장함으로써 공이의 충격을 통해 뇌관이 폭발하면 그 영향으로 장약의 점화 및 폭발이 일어나며, 탄환을 전방으로 추진케했다. 다음으로 소총의 기능을 획기적으로 향상시킨 기술은 강선이다. 총구에 강선을 설치함으로써 빠르게 회전한 탄환이 총구를 벗어나 목표물까지 안정된 비행이 가능하며, 명중률 향상 및 회전에 의한 살상율과 파괴율을 향상시켜 주었다. 또 다른 혁신기술로는 총신 뒷부분에 약실을 설치함으로써 가능해진 탄환의 후장기술이다. 이러한 후장총後裝銃은 무엇보다도 과거 전장총前裝銃에 비해 탄환 장전이 용이하고 신속한 탄환 장전이 가능하여 전투 중에도 전방관측 및 전술적 행동이 용이했다. 1866년 보오전쟁에서 막강했던 오스트리아군이 프로이센군에 패배한 원인 중 하나는 오스트리아 군대는 전장총으로 무장한 반면 프로이센 군대는 후장총으로 무장했기 때문이었다.[26] 소총이 현대식 화기로 발전한 것은 산업혁명 이후 제조공업의 발달로 1874년 이전의 종이탄피가 놋쇠탄피로 바뀌고 흑연화약이 무연화약으로 대치되면서부터이다. 이로 인해 소총의 사거리는 최대 3,000m까지 신장되었으며, 발사속도도 1분에 약 12발로 향상되었다. 또한 19세기 후반과 20세기 전반에 걸쳐 기계학적 발전에 힘입어 자동발사원리를 이용하여 연발사격이 가능해졌으며, 사거리와 명중률, 살상률이 지속적으로 향상되었다.

---

26 김재철·김재홍, 『무기체계의 이해』(조선대학교 출판부, 2012), pp.76-78.

나폴레옹은 적 방어선을 돌파하는데 대포를 가장 효율적인 무기로 사용했다. 대포의 위력은 나폴레옹전쟁 이후 19세기 야금술의 발전과 공작기계의 진보, 그리고 화포제조에 탄도학을 적용함으로써 크게 향상되기 시작했다. 1820년 파열탄破裂彈을 개발함으로써 원추형 포탄의 파편과 폭풍에 의한 인마살상 효과를 향상시킬 수 있게 되었으며, 1855년 영국의 윌리엄 암스트롱William Armstrong이 강선을 넣은 후장식 대포를 개발함으로써 사격속도, 사거리, 파괴력 등 포의 성능에 일대 혁신이 일어났다.[27] 또한 프랑스에서는 1897년 강선포와 주퇴복좌기駐退復座機[28]를 개발함으로써 곡사포의 명중률을 크게 향상시켰으며, 가시거리 밖에 위치한 목표물을 타격할 수 있는 간접사격 포술이 발전되었다.[29] 이러한 대포의 발전으로 전장에서 기병은 더 이상 쓸모가 없게 되었다. 기병대가 접근하기 전에 원거리에서 대포의 집중포화로 기병대는 무력화할 수밖에 없었다. 또한 대포는 지상작전 시 최전방에서 가시권 밖에 위치한 적 기동부대가 공격을 해오기 전에 원거리에서 화력으로 제압함으로써 적의 공격을 무력화할 수 있었다.

해군 함정의 경우, 나폴레옹시대까지는 범선이 운용되어 내구성의 한계 및 함포공격에 취약했다. 그러나 해군 군함은 산업혁명으로 기계화가 이루어지면서 혁명적인 변화를 가져왔다. 산업혁명시대에 증기기관이 발명되고 스크루 프로펠러screw propeller가 개발됨에 따라 대구경 함포를 탑재한 철갑선 군함이 출현하게 되었다.[30]

---

27 이강언 외, 『신편군사학개론』, p.268.

28 주퇴기와 복좌기를 함께 붙인 장치로 포탄 발사 시 포신(砲身)의 후퇴를 작게 하면서 반동에 의한 충격을 흡수하고 포신을 신속하게 원래의 위치로 복귀시켜주는 기능을 수행한다.

29 김재철·김재홍, 『무기체계의 이해』, p.110.

30 최초의 철갑선은 1859년 프랑스의 라 글루아르(La Gloire)였으며, 최초로 대구경 함포를 탑재한 함정은 1873년 이탈리아의 카이오 둘리오(Caio Duilio)로 17.7인치 함포를 갖추었다. James L. George, 허흥범 역, 『군함의 역사』(서울: 한국해양전략연구소, 2003), p.164. 박창희, 『군사전략론』, p.501에서 재인용.

철제 군함의 출현과 함께 함포에도 변화가 일어났다. 철판을 뚫고 들어가서 폭발하는 포탄이 개발되었고 회전식 포탑이 출현했다. 또한 건조술의 발전으로 유럽 강대국들은 대형 군함을 만드는 군비경쟁에 나섰다. 한편 1866년에는 오스트리아 해군에서 어뢰를 개발하여 철제 대형군함을 위협했다. 이에 대형군함은 사격속도가 빠른 소구경 함포로 무장하는 한편 대형군함을 방어할 수 있는 구축함을 건조하여 주변에 배치했다. 대형군함의 방어력 강화로 어뢰정이 효과를 발휘하지 못하자 1890년대 처음으로 잠수함을 만드는데 성공했다.[31]

(3) 제1차 세계대전

제1차 세계대전에서 가장 눈에 띄는 것은 기관총이었다.[32] 탄피제거-장전-재발사 매커니즘을 적용하여 탄약벨트 전체를 소모할 때까지 연속사격을 할 수 있는 맥심 기관총은 제1차 세계대전 시 참호전에서 그 위력을 발휘했다. 그 후 1916년 보다 가벼운 경기관총이 개발됨으로써 진지 방어는 물론 최전방에서 공격군과 함께 행동할 수 있는 공격무기로도 활용되었다.

제1차 세계대전을 통하여 가장 획기적으로 등장한 무기는 전차와 항공기이다. 전차는 영국과 프랑스에서 거의 동시에 개발되었다. 전차를 개발하기 시작한 동기는 보병부대의 강선 소화기와 참호전에 사용되는 기관총을 제압하기 위해서였다. 영국의 스윈턴Swinton 장군은 당시 해군장관

---

31 박창희, 『군사전략론』, p.501.

32 현대적 기관총이 도입된 것은 19세기 후반부터였다. 1862년 미국의 리처드 개틀링(Richard Gatling)이 그의 이름을 딴 개틀링 기관총을 개발하여 남북전쟁 시 사용되었다. 1884년 영국의 하이럼 스티븐 맥심(Hiram Stevens Maxim)이 개발한 맥심 기관총이 1890년대 이르러 영국은 물론 독일, 오스트리아, 이탈리아, 스위스, 러시아까지 보급되어 새로운 전쟁 양상을 체험하기 시작했다. 당시 유럽지역에서 맥심 기관총은 그 위력을 별로 인정받지 못했으나 러일전쟁(1904-1905) 시 러시아군이 이 기관총으로 일본군에게 치명적인 피해를 입힘으로써 그 성능의 우수성이 널리 알려지게 되었다. 이강언 외, 『신편군사학개론』, pp.283-284.

이었던 윈스턴 처칠^{Winston Churchill}의 지원에 힘입어 '상륙함 건조위원회'를 편성하여 비밀리에 무한궤도를 장착한 전차 제작사업을 추진하여 1915년 '리틀윌리^{Little Willie}'라고 명명된 최초의 탱크가 완성되었다. 이어 리틀윌리의 문제점을 보완하여 '빅윌리^{Big Willie}'가 1916년 1월에 완성되어 동년 9월 솜^{Somme} 전투에 투입되었다. 그러나 진흙탕 속에서 여러 가지 결함을 보이면서 기대만큼 큰 효과를 거두지 못했다. 반면, 1917년 11월 캉브레^{Cambrai} 전투에서 영국군은 324대의 전차를 집중 운용해 독일군 전선을 하루 만에 6km 가량 돌파하는데 성공했다. 이후 각국은 경쟁적으로 전차를 만들어 전선에 투입했다. 영국군은 3,000대 이상의 각종 전차를 생산하였고, 프랑스군은 '르노' 전차를 개발한 후 1918년에는 매주 50대의 경전차를 생산했다. 반면에 물자가 부족했던 독일군은 제1차 세계대전이 끝날 때까지 모두 45대의 'A7V'라는 전차를 제작하는데 그쳤다.[33] 결국, 제1차 세계대전 시 등장한 전차는 느린 속도(6~13km/h)와 제한된 기동거리 (19~40km), 기계적 결함 등으로 전쟁을 종결지을 만큼 위력을 떨치지는 못했으며, 전술의 변화에도 별다른 영향을 주지는 못했다.

최초의 군용항공기는 통신임무와 정찰을 목적으로 만들어졌으나, 제1차 세계대전 시 기관총이 부착되면서 전투기로서 제공권 장악에 중요한 역할을 수행했다. 또한 1917년 영국에서 폭탄을 4개까지 탑재할 수 있는 연합전투폭격기가 개발됨으로써 지상작전을 지원할 수 있는 능력까지 갖추게 되었다. 1920년대 이후 미래전투에서 공군의 역할에 대한 중요성을 부각하는 주장이 대두되었다. 이탈리아 비행사였던 줄리오 두에^{Guilio Douhet}는 장차전에서 공군의 중요성을 강조하면서 지상전이나 후방지역에 대한 공중공격을 통해서 적의 전투력을 파괴함은 물론 적을 공포에 몰아넣음으로써 전투의지를 상실시킬 수 있다고 주장했다.[34]

---

33 이강언 외, 『신편군사학개론』, pp.285-286.

34 박창희, 『군사전략론』, pp.308-309.

⑷ 제2차 세계대전

참혹한 전쟁이었던 제1차 세계대전이 막을 내리자 참호전과 전선의 교착상태를 타개할 수 있는 방안을 모색하기 시작했다. 공격력을 강화하려는 노력은 소화기로부터 이루어졌다. 소총은 노리쇠 격발방식이 자동장전식으로 발전되었고, 기관총은 공격에 용이하도록 경량화되었다.

1930년대에 전차는 속도, 기동거리, 기계적 강도, 방호력, 무선통신체계 등이 획기적으로 개선되었다. 영국의 풀러와 리델하트는 전차의 기동력을 살려 보다 공격적으로 운용할 것을 주장했다. 이러한 풀러와 리델하트가 발전시킨 마비이론 및 간접접근전략은 영국이나 프랑스보다는 독일에서 전향적으로 받아들여졌다. 독일군은 1930년대 초부터 비밀리에 37mm 포를 장비한 경전차와 75mm 포를 장비한 중전차를 제작하여 1935년 10월에 3개의 기갑사단을 창설했다. 히틀러의 전폭적인 지원 하에서 구데리안은 전차를 중심으로 기계화 보병과 포병, 급강하 폭격기를 결합한 기갑부대를 이용하여 적진 깊숙이 돌진해 들어가 속전속결할 수 있는 전격전 이론을 정립하여 제2차 세계대전 초기 폴란드와 프랑스 전역에서 시험한 결과 눈부신 승리를 거두었다.

군용항공기는 제1·2차 세계대전을 거치면서 비약적으로 발전했다. 이 기간에 추진장치와 속도, 항속거리, 기관총 장착, 폭탄탑재 면에서 크게 개선되었고, 고속전투기와 단거리 및 중거리 폭격기가 출현했다. 또한 1935년에는 미국에서 전략폭격기가 개발되었다. 제2차 세계대전 말기에 주변기술의 발전에 힘입어 군용기는 더욱 놀라운 발전을 했다. 특히 독일은 최초로 현대적인 전술공군을 창설하였고, 기갑 및 보병과 함께 전투기, 급강하폭격기 등을 결합하는 전격전에서 군용기는 중요한 무기체계로서 역할을 수행했다.[35]

또한 1921년 영국 해군은 항공기를 이용해 함정을 격침하기 위해 순양

---

35 김용현,『군사학개론』(서울: 백산출판사, 2005), pp.333~334.

함을 개조하여 최초로 항공모함을 만들었다. 그러나 1922년 워싱턴 회의에서 항공모함의 건조에 제약이 가해졌다. 1930년 런던 회의에서 이러한 제약이 풀리자 강대국들은 항공모함을 건조하기 시작하였으며, 이는 곧 해양전 양상을 바꿔놓았다.[36]

4. 전략·전쟁 양상

(1) 절대왕정시대

근대전략의 서막은 중세에 영국과 프랑스 간에 치러진 백년전쟁(1339~1453) 중 크레시 전투^{Battle of Crecy}에서 열세한 영국군의 장궁^{長弓} 보병이 수적 열세를 극복하고 프랑스 기병을 격파하여 승리를 쟁취함으로써 기병의 시대를 마감하고 보병이 다시 전장의 주역으로 등장한 이후 열리기 시작했다. 기사들의 전투기술이 전쟁의 승패를 결정짓던 중세와는 달리 근대는 병력의 절약과 집중에 근거한 전략의 실천적 효율성이 전쟁의 승패를 가늠하는 기준이 되었다.[37]

장궁 보병이 근대의 서막을 열었다면 근대의 전략을 중세와 다르게 전개시킨 요인은 소총 및 화포의 등장과 상비군의 출현이라고 볼 수 있다. 그러나 근세 초기 절대왕정시대는 소총 및 화포의 성능과 위력이 미약하였고, 값비싼 자산인 상비군을 희생시키는 대규모 전쟁을 치를 수 없었기 때문에 전략의 묘를 살려 결정적 승리를 쟁취하는 전략다운 전략은 찾아보기 힘들었다. 절대왕정은 일반적으로 자원이 제한되고 국가재정이 취약하여 상비군을 유지하는데 많은 어려움이 있었다. 병사 개개인이 돈의 투자를 의미하기 때문에 피아 공히 사상자를 최대한 줄이기 위해 적 주력부대를 섬멸하기보다는 교묘하게 군대를 기동시켜 적의 병참선을 위협하거나 유리한 지형을 확보하여 적의 패전이나 후퇴를 강요하는 게 고작이

---

36 박창희, 『군사전략론』, p.502.

37 온창일, 『전략론』(파주: 집문당, 2004), p.129.

었으며, 누적된 승리를 통한 강화조약을 맺는 게 상례였다. 전쟁의 목적도 군주의 야심을 충족시키려는 경향이 있었기 때문에 제한된 수단과 방법으로 싸우는 제한전쟁 양상을 보였다.[38]

이러한 분위기 속에서도 스웨텐 국왕 구스타브 아돌프와 프로이센의 프리드리히 2세는 중세에서 근대로 이행하는 과정에서 전략의 혁신을 주도했다. 1611년 군주가 된 구스타브 아돌프는 덴마크(1613년), 러시아(1617년), 폴란드(1621~1629년), 프로이센(1630년)과 벌인 전쟁에서 용병술로 정의되는 전략의 중요성을 입증한 근대 전법의 창시자였다. 그는 보병·포병·기병을 통합 운용함으로써 오늘날 제병협동 차원의 작전을 구사했으며, 기병으로 하여금 정찰 및 반정찰활동을 실시하도록 하는가 하면, 2개 부대 전방배치와 1개 부대 예비대 운용을 통해서 적의 돌파를 저지하거나 역습 및 추격에 예비대를 투입하는 융통성 있는 작전을 구사했다. 1740년 프로이센 군주가 된 프리드리히 2세는 구스타브 아돌프가 보여준 전략·전술을 발전시켰다. 1757년 오스트리아군을 상대로 싸웠던 로이텐 전투Battle of Leuthen는 프리드리히 2세가 탁월한 군사적 재능을 발휘함으로써 명성을 알리는 계기가 되었다. 그는 전투가 개시되면 최초 취했던 종대대형을 신속히 사선대형으로 바꾸어 상대의 약점을 공격하는 전법을 구사했다. 또한 로이텐 전투에서 병력을 우익에 집중하여 공격하고, 중앙과 좌익은 상대적으로 적은 병력으로 고착·견제함으로써 프로이센군은 4만 3,000명 병력으로 7만 2,000명의 오스트리아군을 격파하여 대승리를 거두었다. 이는 적을 공격 시 주공과 조공을 구분하여, 조공의 병력을 절약한 대신 주공에 전투력을 집중하여 결정적 임무를 수행토록 하는 현대 전술개념에 의한 전투편성의 시효라고 할 수 있다. 또한 프리드리히 2세는 계략, 첩보, 보안조치, 부대배치 등 다양한 작전유형을 구사하기

---

38 육군본부, 『한국군사사상』(육군인쇄공창, 1992), pp.42-43.

도 했다.[39]

(2) 국민전쟁시대

프랑스혁명과 더불어 등장한 나폴레옹은 자유·평등·박애라고 요약된 프랑스혁명사상으로 무장된 국민군을 이끌고 연합전선을 구축한 유럽의 왕조국가들과 싸우기 위하여 전 유럽대륙을 누비면서 전투를 수행했다. 나폴레옹은 초기의 이탈리아 전역(1796~1797)과 통령統領 신분으로 수행한 마렝고 전역(1980), 황제 신분으로 수행한 울름 전역(1805)과 아우스터리츠 전투(1805) 및 예나 전투(1806) 등을 통해서 대프랑스 동맹을 와해시켰다. 나폴레옹전쟁의 전성기에 나타난 전략적 특성을 요약하면 다음과 같다.

첫째, 열세한 병력이었지만 신속한 기동으로 자신이 원하는 시간과 장소에 병력을 집중함으로써 항상 국지적 우세를 확보한 후, 자신이 원하는 방식으로 전투를 수행하여 이를 승리로 마감했다. 이러한 병력의 집중을 위해 나폴레옹은 내선內線의 이점을 최대로 활용하였으며, 신속한 기동성을 유지했다.

둘째, 그는 전쟁기술의 가장 큰 비결은 적의 병참선을 장악할 수 있는 능력으로 보고, 자신의 병참선은 보호하면서 신속한 기동을 통해서 적의 병참선을 차단하거나 보급창고가 있는 후방기지를 공격하는데 진력했다.

셋째, 나폴레옹은 전쟁의 목적을 적 주력을 섬멸하는데 두고, 수세를 취하다가 신속히 공세로 전환하면서 후퇴하는 적을 과감히 추격하여 결판을 내는 방식으로 전투를 수행했다.

넷째, 나폴레옹은 포병장교 출신답게 화력의 중요성을 인식하고 적의 방어선을 돌파하는데 포병화력을 효율적으로 운용했다. 만일 대포가 없었다면 나폴레옹은 군사적 천재로서 명성을 얻지 못했을지도 모른다.

---

39 박창희, 『군사전략론』, p.72-75.

다섯째, 울름 전역에서 볼 수 있듯이 소수의 병력으로 적을 고착하고 주력을 우회시켜 퇴로를 차단하여 항복을 받기도 하고, 아우스터리츠^{Austerlitz} 전투와 같이 자신의 병참선을 의도적으로 노출시켜 상대를 유인함으로써 이를 포위·섬멸하는 작전을 구사하기도 했다.[40]

나폴레옹의 눈부신 전략도 한계를 드러내기 시작했는데, 그 대표적인 사례가 '에스파냐 국민들의 게릴라식 저항'과 '러시아의 회피 및 초토화 전략'이었다. 1807년 트라팔가르 해전^{Battle of Trafalgar}에서 승리한 영국이 나폴레옹 지배하에 있는 유럽 대륙에 해안봉쇄를 단행하자 나폴레옹은 오히려 대륙봉쇄를 통해 영국 상품의 유입을 막으려 했다. 에스파냐가 대륙봉쇄령에 응하지 않고 영국과 밀무역을 계속하자 나폴레옹은 에스파냐 국왕을 폐위하고 자신의 형을 그 자리에 앉힌 후, 1808년 10만 명의 병력을 파견하여 에스파냐를 장악하려 했다. 프랑스군과 정면대결에서 격파당한 에스파냐군은 게릴라가 되어 프랑스군에 저항하였으며, 부녀자를 포함한 국민들까지 게릴라전에 참여했다. 결국, 에스파냐 국민들의 응집력이 나폴레옹의 전략을 압도한 것이다. 또한 나폴레옹은 1812년 45만 명의 대병력을 이끌고 러시아 원정에 나섰으나 러시아군은 정면대결을 회피하고 광활한 지형과 혹한을 이용한 '회피 및 초토화 전략'으로 45만 대군은 완전하게 소멸된 채 나폴레옹 자신도 거지 모습으로 파리로 귀환했다. 나폴레옹의 작전적 차원의 전략이 러시아의 군수적 차원의 전략에 무릎을 꿇은 것이다.[41]

러시아 원정에서 실패한 나폴레옹은 불과 몇 개월만에 국민의 협조를 얻어 대병력을 편성하여 연합군에 대항하였으나 1813년 10월 라이프치히 전투^{Battle of Leipzig}에서 패배하였고, 1814년 3월 30일 파리가 점령당함에 따라 동년 4월 11일에 퇴위하여 연합군의 결의로 영국 군함 언돈티드

---

40 온창일, 『전략론』, pp.135-136.

41 박창희, 『군사전략론』, pp.80-82.

Undaunted 호에 몸을 싣고 엘바 섬으로 향했다. 그러나 나폴레옹은 1815년 2월 26일 1,000여 명의 충실한 부하를 이끌고 엘바 섬을 탈출, 파리에 무혈입성하여 황제로 복귀한 다음 동년 6월 18일 웰링턴과 블뤼허Blücher가 이끄는 영국, 네델란드 및 프로이센 연합군에 패배함으로써 7월 15일 영국 군함 벨레로폰Bellerophon 호로 세인트헬레나St. Helena 섬에 유배되었고, 이후 1821년 5월 5일에 사망했다.

나폴레옹전쟁사를 분석하여 전쟁의 본질과 수행을 위한 이론을 제시한 대표적인 군사이론가는 프로이센의 클라우제비츠Carl von Clausewitz와 스위스 태생인 조미니Antoine Henri Jomini였다. 클라우제비츠는 전쟁을 수단을 달리하는 정치행위로 보았다. 수많은 전쟁을 정치의 수단으로 활용하여 승리로 마감했음에도 불구하고 결국 유배의 신세를 겪어야 했던 나폴레옹의 전쟁 결과를 지켜본 그는, 전쟁은 상대의 의지를 완전히 박탈할 수 있어야 정치적 목적을 달성할 수 있다는 절대전쟁을 개념화하기도 했으나, 현실세계의 개연성이 절대전쟁 개념의 극단성과 절대성을 대신한다고 봄으로써 전쟁의 이중성을 고찰했다.[42] 이와는 대조적으로 조미니는 전쟁과 전투에서 승리할 수 있는 전략과 전술을 제시함으로서 전쟁원칙과 전투수행원리를 일깨워 주었다.

국민전쟁시대 전쟁의 대표적인 특성은 섬멸전 사상이 태동하기 시작했다는 점이다. 즉, 전쟁은 군주들 간의 이해다툼이 아니라 국민군의 혁명적 열정과 애국심을 바탕으로 생사를 건 투쟁으로 오직 유혈투쟁으로 적 전투력을 철저히 격멸하여 승리를 쟁취해야 했다. 이러한 섬멸전은 징병제에 의해 대규모의 부대를 조직할 수 있게 됨으로써 가능했으며, 부대 운용 면에 있어서 과거의 제약성에서 벗어나 과감하고 적극적 작전을 전개할 수 있게 되었다. 나폴레옹전쟁 이후 이러한 국민군에 의한 섬멸전 사상은

---

42 클라우제비츠 저, 김만수 역, 『전쟁론』(서울: 갈무리, 2006), pp.60-61.

유럽 전 지역에 보편화되었고, 그 이후 제1·2차 세계대전 시대는 물론 현대에 이르기까지 기저를 형성하고 있다.

나폴레옹시대를 경험하면서 '장수의 용병술'로 정의되었던 협의의 전략개념은 전략과 전술로 이분화되었다. 전쟁의 범위가 확대되면서 하나의 전쟁은 수개의 전투로 나뉘어졌고, 이에 따라 전략은 전쟁이라는 큰 틀에서 정의되었으며, 전술은 개별 전투에서 승리하기 위한 술로 정의되었다. 이러한 전략개념은 클라우제비츠에 의해 세분화되었다. 그는 전략이란 "전쟁목적을 달성하기 위해 '전투'를 사용하는 것"이며, 전술이란 "전투에서 군사력을 사용하는 것"으로 정의했다.

(3) 제1차 세계대전

제1차 세계대전 초기는 독일의 섬멸전 개념과 프랑스의 공세사상 간의 충돌이었다. 독일의 섬멸전 사상은 슐리펜Alfred Graf von Schlieffen에 의해 집대성되었다. 1891년 독일군 참모총장에 취임한 슐리펜은 전쟁이 임박했음을 예견하고 내선에 위치한 독일의 이점을 활용할 수 있도록 동부(러시아)에서는 방어를, 서부(프랑스)에서는 공격을 택하여 군사력 8분의 7은 서부에서, 8분의 1은 동부에서 운용하는 슐리펜 계획을 완성했다. 그는 수적 열세는 결정적 시간과 장소에 전투력을 집중할 수 있는 적절한 배치로 극복할 수 있다고 보았다.

그러나 슐리펜이 은퇴한 후 1906년 참모총장으로 취임한 소小몰트케는 동부에서 방어, 서부에서 공격이라는 점에서는 슐리펜 계획을 따랐으나, 우익 대 좌익 비를 7:1에서 3:1로 수정함으로써 집중을 통해서 얻을 수 있는 이점을 약화시키고 말았다.

수정된 슐리펜 계획에 의해 서부전선에서 독일군이 물밀듯한 공세로 마른 강을 향해 진출하고 있을 때, 동부전선에서는 현대판 칸나이 전투라고 할 수 있는 타넨베르크 전투Battle of Tannenberg에서 독일군이 러시아군 4개 반 이상의 군단을 섬멸하는 경이적인 대승리를 거두었다. 타넨베르크에서 독일의 승리는 개전 초기 독일군 8군 사령관이었던 프리트비츠 Maximilian von Prittwitz를 해임하고, 그 후임으로 임명된 67세의 노장 힌덴부르크 Paul von Hindenburg와 참모장 루덴도르프 Erich Friedrick Wilhelm Ludendorff, 그리고 작전참모 호프만 Hoffmann 중령과 같은 우수한 장교들 때문이었다. 이러한 독일군 지휘관 및 참모의 전략적 식견은 1806년 예나 전투에서 나폴레옹 군에게 패배한 이후 추진했던 군제개혁의 결실이었다. 이후 독일의 전략은 클라우제비츠, 몰트케, 슐리펜으로 계승되어 온 내선의 이점을 이용한 '견제와 집중' 및 '방어와 공격'을 병용하는 전략이었다.

독일의 섬멸전 사상과 프랑스의 공세사상이 충돌하여 시작된 제1차 세계대전은 단기 속전속결로 끝날 것으로 예견하였으나, 1915~1917년 전선이 교착상태에 빠지게 됨으로써 당시 독일군과 영국·프랑스 연합군이 상호대치하고 있던 서부전선은 스위스에서 북해까지 긴 참호선으로 연결되어 강력한 요새지대를 형성했다. 특히 기관총과 화포의 위력이 증대함에 따라 기동력에 비해 방어진지상 타격력이 월등히 우세하게 되어 진지전 양상을 띠게 되었다. 이로 인해 전쟁이 장기화·광역화됨에 따라 물자의 대량소모가 이루어졌고, 전쟁으로 소모한 물자를 보충하기 위해 국가의 생산력을 총동원하는 총력전 개념이 실체화되기 시작했다. 그러나 제1차 세계대전은 전쟁 수행을 위해 국민의 자발적 총력을 집중시킬 만큼 내면적 기초가 견고하지는 못했다.[43]

이러한 진지전 양상을 타파하기 위해 독일군 제18군 사령관 후티어 Hutier 장군은 '돌파전술'을 창안하여 1917년 9월 러시아의 리가 Riga 공격 시 빛나는 성공을 거둘 수 있었다.[44] 1918년 초기의 전반적인 상황은 오

---

43 군사학연구회, 『군사학개론』(서울: 플래닛미디어, 2014), pp.144-145.

44 후티어의 돌파전술은 다음과 같다. 첫째, 종전 수일에 걸쳐 실시하던 공격준비포격 대신에 단기간 강력한 공격준비사격으로 적의 각종 화기 및 산병호, 지휘소, 관측소 등의 기능을 마비시키고, 약 5분 후에 보병이 공격을 개시한다. 둘째, 보병은 보병부대 바로 앞에 탄막사격을 실시하며, 포병진지를 추진하면서 탄막을 연신하여 보병부대 전진을 계속 지원한다. 셋째, 경기관총을 주 무기로 하는 소규모의 보병전투단이 취약지점에 침투하며, 견고한 진지는 우회하고 이를 후속지원

히려 연합군에게 상당히 불리한 상태였다. 러시아는 전선에서 이탈하였고, 미국이 참전한 지 거의 1년이 되었으나 프랑스에 6개 사단밖에 파견하지 못했다. 독일은 미국의 대병력이 전선에 투입되기 전에 기선을 제압하기 위해 1918년 3월을 공격시기로 결정하여 5대 공세를 시작했다.[45] 독일군은 5대 공세에서 후티어의 '돌파전술'에 의해 연합군보다 수적으로 별로 우세하지 못한 병력으로 대부분 전투에서 전술적 승리를 획득했다. 그러나 독일군은 전술적 승리를 전략적 전쟁의 승리로 연결하지 못했다. 그 결정적 이유는 후티어 전술을 뒷받침할 '돌파구를 형성한 다음 이를 확대시킬 예비병력'과 '기동력', '보급지원에 필요한 수송능력' 등이 부족했기 때문이다. 프랑스는 제4군 사령관 구로Gouraud 장군에 의해 새로운 종심방어전술을 창안하여 후티어 전술의 기습에 효과적으로 대비했다.[46] 특히 독일군 제4차 공세 시에는 독일군의 기밀누설로 공격시간과 장소를 정확히 파악한 프랑스군이 독일의 공세능력을 사전에 약화시켰다.

(4) 제2차 세계대전

제2차 세계대전은 2개의 분리된 전쟁으로 하나는 1939년 9월 1일 독일

부대로 하여금 소탕토록 함으로써 전진속도를 유지한다. 넷째, 최초 공격단계에서는 집권화 통제하다가 중포병의 사거리 한계에 도달하면 분권화 통제하여 연대 및 대대단위로 전진토록 한다. 다섯째, 공격부대에 최대한 화력을 지원하기 위하여 자체에 박격포를 장비하고, 경포병은 보병부대를 후속하면서 직접지원하며, 기총소사용 항공기를 운용한다. 육군사관학교, 『세계전쟁사』, pp.283-284.

45 독일군의 5대 공세는 1918년 3월 21일부터 7월 17일까지 서부전선 지역에서 실시되었으며, 1차 공세(3.21~4.4)는 솜(Somme) 지역, 2차 공세(4.9~29)는 리스(Lys) 지역, 3차 공세(5.27~6.4)는 엔(Aisne) 지역, 4차 공세(6.8~12)는 누아용-몽디디에(Noyon-Montdidier) 지역, 5차 공세(7.15~17)는 샹파뉴-마른(Champagne-Marne) 지역에서 실시되었다. 앞의 책, p.267.

46 구로의 종심방어전술은 다음과 같다. 첫째, 전선의 최전방을 전초선으로 변경시켜 관측임무를 수행하면서 적의 습격만을 물리칠 수 있을 정도의 소수병력만 잔류시킨다. 둘째, 전초선에서 1.8~2.7km 후방에 주방어진지를 설치한다. 셋째, 전초선과 주방어진지 중간지대에는 능력범위 내에서 적의 공격을 지연·방해·약화 또는 격퇴할 수 있는 요새진지를 둔다. 넷째, 포병은 종심으로 배치하여 전초선과 주방어진지를 모두 지원한다. 다섯째, 예비대는 주방어진지가 돌파당할 경우 즉시 역습할 수 있도록 주방어진지 후방에 둔다. 앞의 책, p.270.

의 폴란드 침공으로 시작되어 1945년 5월 8일 막을 내렸고, 또 하나의 전쟁은 1941년 12월 7일 일본의 진주만 기습으로 시작되어 1945년 8월 15일 일본의 무조건 항복으로 끝났다. 이 두 전쟁 가운데 전자는 유럽에서 주도권을 쟁취하고, 나아가서 전 세계의 절대적 강국으로 군림하고자 한 독일의 국가목표가 작용했다는 점에서 성격상으로 제1차 세계대전의 연속이라 할 수 있다.

제1차 세계대전이 끝난 이후 영국에서는 기계화부대 운용에 대해서 새로운 전략연구가 활발하게 이루어졌다. 풀러Fuller 장군은 전쟁을 소모전과 마비전으로 구분하여 소모전의 무모함과 마비전의 당위성을 강조했다. 그는 마비전의 성공요소는 기동과 속도이며, 마비의 핵심인 적의 지휘부와 같은 중추기관을 마비시키기 위해서는 전차부대의 독립운용과 공지합동작전의 필요성을 강조했다. 또한 리델하트Liddell Hart는 공군은 적의 공군력, 지휘기구, 병참선 등 전술적 목표를 공격하며, 지상부대는 적의 약한 부분을 기습돌파하고, 돌파지점에 기갑부대를 운용하여 적의 최소저항선 및 최소예상선을 따라 공격기세를 유지하면서 적 후방 깊숙이 진격하여 적의 병참선과 퇴로를 차단하는 간접접근전략을 주장했다. 그러나 당시의 영국군 수뇌부는 전차는 오직 방어를 위한 보병 지원임무에 투입해야 한다고 고집하고 있었다.

영국의 풀러와 리델하트의 이론이 그들의 상관에 의해서 조소를 받고 있을 때, 독일의 구데리안Guderian은 전격전 이론을 발전시킴으로써 제2차 세계대전 초기에 무적 독일국방군의 신화를 창조할 수 있었다. 구데리안은 교착된 전선 돌파를 위한 독일 후티어 전술의 실패요인인 기동력과 화력 및 수송력을 보강하고, 풀러와 리델하트가 주장한 기계화부대 운용이론과 두에와 미첼의 항공이론을 종합하여 섬멸이 아닌 마비를 통하여 승리를 쟁취하는 전격전 개념을 발전시켰다.[47]

제2차 세계대전에 대비한 독일은 이러한 전격전 개념에 입각한 전쟁계획을 수립해 놓고 있었다. 내선에 위치한 독일의 전략은 제1차 세계대전과 동일하게 동·서 양면전쟁을 거부하면서 전투력을 한 전선에 집중하여 승리를 쟁취하는 것이었다. 프랑스는 독일과 전면전을 수행하기보다는 보불전쟁 시 독일에게 빼앗긴 알자스로렌 지역의 탈환에 중점을 둔 공격계획을 수립해 놓고 마지노선에 의지한 방어전략에 집착하고 있었다. 러시아는 적군파를 강화하면서 독일군을 서부로 전환시키기 위해 독일과 불가침조약을 체결하기도 했다.[48]

독일은 프랑스에 앞서 1939년 9월 1일부터 28일까지 실시된 폴란드 전역에서 전격전 이론을 시험했다. 폴란드 전역에서 폴란드군은 오열에 의한 후방침투와 항공기의 지원을 받는 기갑부대에 의한 충격으로 공황상태가 되었다. 이후 독일군은 여세를 몰아 프랑스를 굴복시키고, 유럽러시아 지역의 상당부분을 점령하였으나, 영국의 전의를 박탈하거나 소련의 전력을 고갈시키지 못한 채 1945년 5월 8일 항복하고 말았다. 또한 동·남·북아시아 전역을 장악할 목적으로 태평양전쟁을 일으킨 일본은 전투력의 우세를 확보하고 있다는 판단하에 1941년 12월 7일 진주만 기습을 시작으로 초기 전역에서 미얀마에서 자바, 수마트라, 마셜 군도와 알류산 열도에 이르는 지역을 장악하였고, 미국은 호주, 미드웨이까지 밀려나게 되었다. 그러나 일본은 미드웨이 해전에서 패전하고 과달카날 육전에서 소모전을 강요당함으로써 작전수행의 주도권을 미군에게 넘겨준 채 방위권을 축소하지 않을 수 없었으며, 미국이 사용한 원자폭탄에 의해 1945년 8월 15일 항복하게 되었다.

---

47 구데리안의 전격전 수행과정은 다음과 같다. 첫째, 적 후방 지역에서 오열활동을 전개하여 정보를 수집하고 민심을 교란시켜 적 국민의 전의를 약화시킨다. 둘째, 공군은 적 공군력 분쇄와 제공권 장악 그리고 적 후방지역 주요시설을 폭격하여 지휘조직과 동원체제를 마비시킨다. 셋째, 전차, 자주포, 차량화 보병, 공병 등 제병협동부대를 편성하여 적의 방어력이 약한 곳에 전투력을 집중시켜 돌파구를 형성한다. 넷째, 형성된 돌파구에 기갑부대를 투입시켜 적 후방 깊숙이 침투하여 적의 주력을 차단하고 포위한다. 이때 급강하폭격기가 화력지원을 담당한다. 다섯째, 포병지원을 받은 차량화 보병이 기갑부대를 후속 전진하여 차단·포위된 적을 소탕한다. 육군사관학교, 『세계전쟁사』, pp.306~307.

48 온창일, 『전략론』, 148.

개전 초기 승리를 확보한 독일과 일본이 패전하게 된 사실은 전략과 전술의 이론적 타당성이나 실천적 효용성보다 전투를 지속할 수 있는 인적·물적 동원능력이 전쟁의 결과를 결정짓는 중요한 요인임을 입증했다. 특히 제2차 세계대전의 전쟁 양상은 전쟁의 목적을 '국가와 국민의 생존'에 둠으로써 전 국민의 내면에서 우러나오는 힘의 뒷받침을 받게 되었고, 자기가 보유한 국력을 무제한으로 동원하는 진정한 총력전 양상을 보였다. 이러한 총력전 양상으로 제2차 세계대전은 무기체계가 더욱 발전된 가운데 전장이 광역화되었으며, 군대규모가 거대화됨에 따라 공격수단의 치명성이 증대하고 기동성도 향상되었다.[49] 또한 태평양전쟁을 조속히 마감하기 위하여 사용된 핵무기는 전력과 전술에 대한 전통적 견해와 의미의 한계를 보여주었으며, 정치적 수단으로서 간주된 전쟁의 본질에 의문을 제기하게 되었다.

두 차례에 걸친 세계대전을 경험하면서 전략은 보다 광범위하게 정의되기 시작했다. 영국의 리델하트는 전략을 "정치적 목적 달성을 위해 군사적 수단을 분배하고 운용하는 술"로 정의하면서 기존의 전략을 대전략-전략-전술로 3분화했다. 특히 그가 전략의 상위개념으로 제시한 '대전략 grand strategy'은 "국가차원의 전략으로 한 국가가 전쟁을 수행함에 있어서 정치적 목적을 달성하기 위해 그 국가가 가진 모든 자원을 분배하고 조정하는 역할을 수행하는 것"이라고 정의했다.[50] 한편, 1927년 소련의 알렉산드르 스베친Aleksandr A. Svechin은 기존의 전략과 전술 사이에 작전술이라는 개념을 제시했다. 스베친은 '전략'이란 "군이 전쟁을 위한 준비를 취합하고 전쟁목표를 달성하기 위해 작전들을 조합하는 기술"이라고 정의했다. 따라서 리델하트가 주장한 대전략 차원에서 이루어지는 국가자원의 분배, 전시작전 형태·규모 등은 전략의 범주에 해당하며, 실제로 작전을 계

---

49 군사학연구회, 『군사학개론』, p.147.

50 B. H. Liddle Hart, *Strategy* (New York: Praerer, 1967), pp.321-322.

획·준비·수행하는 것은 작전술에 해당한다. 이러한 스베친의 전략개념은 전략을 보다 정치적 차원에 접근시킨 것으로 소련의 전쟁관을 반영한 것으로 볼 수 있다.[51]

II. 현대의 전쟁

1. 사회와 사상

(1) 제2차 세계대전 종식과 냉전체제의 성립

제2차 세계대전이 끝난 1945년부터 소련이 붕괴한 1990년까지 45년간은 미국을 중심으로 하는 자유진영과 소련을 중심으로 하는 공산진영 간의 갈등으로 세계는 2개의 블록이 대립하는 냉전체제가 성립되었다. 냉전체제는 제2차 세계대전 종반에 미·영·소의 수뇌부들이 모여 독일의 패전과 그 관리에 대해 논의한 얄타 회담에서 소련의 팽창정책을 인식한 이후 1945년 9월에 개최된 런던 외상회의에서 독일에 대한 연합국의 배상문제를 놓고 의견이 대립되면서 싹트기 시작했다. 미국 트루먼Harry S. Truman 대통령은 소련의 팽창을 더 이상 방관한다는 것은 미국은 물론 자유진영 국가들에 큰 정치·군사적 손실을 가져다줄 것으로 판단하고 1947년 3월 12일 '트루먼 독트린Truman Doctrine'을 발표했다. 이는 미국이 대소협조정책을 버리고 봉쇄정책을 기본 정책으로 채택하여 소련의 팽창정책을 저지하겠다는 확고한 결의를 표명한 것이다. 트루먼 독트린은 전쟁으로 피폐해진 유럽의 경제를 부흥시키지 않고서는 공산주의 침략으로부터 유럽을 방위할 수 없다는 '마셜 플랜Marshall Plan'과 함께 전후 유럽을 소련 공산주의의 침략으로부터 막아낸 두 가지 근거가 되었다. 이처럼 유럽을 중심으

---

51 온창일, 『전략론』, pp.32-33.

로 미·소 간의 관계가 급속히 냉각되고 있을 때 동아시아에서는 중국의 국공내전에서 마오쩌뚱毛澤東의 공산당이 장제스蔣介石 총통의 국민당 정부를 물리치고 대륙을 장악했으며, 한반도에서는 통일정부를 수립하지 못한 채 남북한이 각자 단독정부를 수립했다. 1950년 6·25전쟁은 미국으로 하여금 그동안 불투명했던 대공산권정책과 대동아시아정책을 확고하게 정립시키는 계기가 되었다.[52]

냉전체제의 국제질서는 미국과 소련을 정점으로 실리보다는 자본주의와 공산주의 간에 첨예한 이념대립이 전개되었다. 아시아에서는 6·25전쟁과 베트남전쟁을 치르게 되었고, 유럽지역에서는 북대서양조약기구(NATO)와 바르샤바조약기구(WTO) 간의 군사적 대결양상이 심화되었다. 이러한 냉전체제 하에서 1950년대 중반부터 중소분쟁이 야기되어 중국이 소련으로부터 독자노선을 선언했다.

1960년대 말부터 미·소 간 냉전은 조금씩 완화되는 조짐을 보이기 시작했다. 이른바 데탕트detente 시대가 도래한 것이다. 데탕트 시대의 서막은 소련과 결별한 중국과 미국의 화해로부터 시작되었다. 1970년대 초 베트남전쟁으로 궁지에 몰려있던 미국 닉슨 대통령은 이러한 어려움이 냉전체제에서 비롯된 것으로 보고, 이를 타개할 돌파구를 마련하기 위하여 중국을 대상으로 화해를 모색하기 시작했다.[53] 당시의 상황으로는 소련과 전면적인 관계개선을 추진하기란 현실적으로 어려움이 있었다. 미국과 중국의 화해가 급물살을 타게 되자 소련도 대화에 적극적 반응을 보이기 시작하였으며, 1972년 5월에 양국 간 전략무기제한협정(SALT-1)이 체결되었다. 이러한 분위기 속에서 1973년에는 유럽지역에서는 유럽안보협력회의CSCE: Conference on Security and Cooperation in Europe와 상호균형감군회담MBFR:

---

52 오수열, 『미중시대와 한반도』(부산: 신지서원, 2002), pp.16-17.

53 미국과 중국은 탁구를 통한 스포츠 교류, 이른바 핑퐁외교로 화해 분위기가 형성되자 닉슨 대통령과 키신저 국무장관이 1972년 2월 중국을 방문하여 양국 간 국교를 수립했다. 아울러 양국 상호 간 경제·문화적 교류협력을 추진하게 되었고, 중국이 유엔에 가입하고 대만이 축출되었다.

Mutual and Balanced Force Reduction Talks이 진행되었고, 아시아에서는 베트남전쟁이 막을 내렸다.

그러나 이러한 데탕트는 미·소 간 전면적 화해나 양측 블록 간의 이념적 대립을 종식시키지는 못했다. 특히 1979년 12월 소련의 아프가니스탄 침공으로 데탕트 시대는 막을 내리고 신냉전체제가 도래했다. 이러한 신냉전체제는 1980년대 후반 고르바초프의 소련 개혁정책으로 완화되기 시작하였고, 1991년 구소련의 붕괴로 탈냉전시대가 개막되었다.

(2) 소련의 붕괴와 탈냉전시대 개막

1991년 8월 23일 옐친 당시 러시아공화국 대통령이 공화국 내의 공산당 활동을 중지시켰으며, 다음 날인 8월 24일에는 고르바초프 당시 소비에트연방 대통령도 소련공산당 서기장직을 사임하고 소련공산당 중앙위원회에 공산당을 해체할 것을 촉구했다. 8월 29일에는 소련의 최고 입법기구인 연방최고회의가 소련 전역에서 공산당 활동을 전면적으로 중지시킴으로써 소련은 붕괴하고, 탈냉전시대가 개막되었다.[54]

탈냉전시대의 개막과 함께 세계는 미국의 단극체제unipolar system를 경험하게 되었다. 미국 중심 단극구조의 국제체제는 세계화가 국제사회를 운영하는 원리로 작동했다. 냉전시대의 블록이 무너지고 세계화가 가속화됨에 따라 대부분의 국가는 자국의 이익을 위해 자유로운 교류가 가능해졌으며, 국가라는 경계선을 넘어 다국적기업이나 국제기구 같은 비정부 행위자의 활동이 활발해졌다. 또한 세계는 이제 전쟁과 분쟁의 공포로부터 벗어날 수 있을 것으로 기대하면서 협력안보Cooperative Security가 관심의 대상이 되었다. 냉전체제 종식 이후 대규모 전쟁 발발 가능성은 감소하였으나 새로운 형태의 안보위협과 전쟁요인이 나타나기 시작했다. 종교, 인종, 문화, 영토, 자원 등을 둘러싼 국가 간 또는 민족 간 분쟁이 표면화되

---

54 오수열, 『미중시대와 한반도』, p.39.

는 한편 테러 확산, 국제적 범죄 증가, 난민 발생, 환경문제, 대량살상무기 확산 같은 초국가적·비군사적 위협이 등장했다.

21세기에 들어서면서 세계정치의 주 무대는 유럽에서 동아시아로 급속히 이동했다. 소련의 붕괴는 유럽의 전략적 중요성을 약화시켰으며 대신 정치·군사·경제적 측면에서 역동적으로 변화하는 동아시아 지역이 새로운 관심지역으로 등장했다. 유럽과는 달리 동아시아에서는 미국 중심의 국제질서에 도전하는 행태가 발생하고 있다. 무엇보다도 중국의 부상은 주변국은 물론 초강대국인 미국에 위협으로 부각하면서 '중국 위협론'의 확산을 가져 왔다.[55] 오바마 행정부는 중국의 도전에 대응하여 아시아에서 재균형re-balancing 정책을 추진하고 있으며, 시진핑 지도부는 신형대국관계新型大國關係를 내세우고 있어 동북아에서 미·중의 경쟁은 갈수록 심화하고 있다. 동북아시아 지역에서는 국가들 간에 역사인식 문제, 영토분쟁, 해양경계선 획정 문제 등 갈등요인이 상존하는 가운데 역내 주도권 경쟁이 지속되고 있다. 세계의 화약고로 간주되어 왔던 중동지역은 여전히 다양한 갈등요인이 해결되지 않은 채 테러 및 분쟁이 지속되고 있다. 또한 북한을 비롯한 일부 국가들이 핵 및 장거리미사일을 개발하면서 세계평화를 위협하고 있으며, 정보·통신기술의 발전에 따라 사이버공격 형태가 급증하고 있다.

탈냉전시대의 세계안보환경은 전통적 군사위협이 상존한 가운데 초국가적·비군사적 위협이 지속적으로 증가하고, 세계경제 위기가 장기화되면서 매우 유동적이며 복잡하게 전개되고 있다. 이러한 가운데 각국은 세계평화와 안전을 위한 국제사회의 노력에 동참하면서 자국의 이익을 수호하기 위해 자체 안보역량을 강화하는 등 협력과 견제를 병행하고 있다.

---

55 김관옥, 『갈등과 협력의 동아시아와 양면게임이론』(서울: 리북, 2010), pp.17-18.

2. 군사제도

군사 분야에 치중하던 전통적 안보의 범주를 벗어나 포괄적 안보를 지향하는 현대적 개념의 국가안보는 제2차 세계대전 이후 정립되었다. 1947년 미국에서 국가보안법National Security Act이 제정·시행됨과 동시에 국가의 대내·외정책과 군사정책을 국가안보적 차원에서 통합·조정하는 대통령 주제의 정책자문기관인 국가안보회의(NSC)와 국가자원을 관리·동원하는 국가안보자원위원회를 설치했다. 이로써 미국은 국가안보정책이 합리적으로 제도화되고, 전략과 전력의 통합과 조화를 이루는 현대적 군사제도가 이룰 수 있게 되었다.[56]

대부분의 현대국가들은 자국의 이익 수호를 위해 적정 군사력을 건설하고, 유사시 효율적으로 사용할 수 있는 국방조직과 군사제도를 발전시키고 있다. 이러한 현대적 군사제도에는 군구성원의 복무형태를 규정하는 병역제도를 비롯하여 군사력을 건설·유지·관리하고 운용절차와 기능을 유기적으로 통합하는 국방체계와 군사기획제도, 전시에 인원과 물자를 충당하기 위한 군사동원제도, 군의 편성과 장비를 조직하는 군대편제, 그리고 방대한 조직인 군대를 체계적이고 효율적으로 양성하고 관리·유지·운용하기 위한 참모제도, 인사관리제도, 군사교육제도, 군수지원제도, 군사법제도, 연구발전제도 등이 있다.

병역제도의 경우는 자국의 지정학적 위치와 안보상황, 적국의 동향, 경제적 여건, 국민적 요구 등을 고려하여 징병제 또는 모병제를 선택하고 있다.[57] 현대전쟁의 특성을 고려할 때 육·해·공군의 합동성을 보장하기 위한 지휘체제가 중요시되고 있다. 현대국가의 국방조직의 유형은 육·해·

---

56 김용현, 『군사학개론』, p.47.

57 현대 병역제도 유형은 의무병 제도, 지원병 제도, 혼합형 제도로 분류하고 있다. 의무병 제도는 징병제와 민병제가 있으나 의무병 제도를 선택하고 있는 국가의 대부분은 징병제를 선택하고 있다. 지원병 제도는 직업군인제, 모병제, 용병제로 세분할 수 있으나 가장 대표적인 유형은 모병제이다. 대부분 국가는 혼합형 제도를 선택하고 있으나, 어느 제도에 비중을 두느냐에 따라 징병제와 모병제로 구분하는 경향이 있다.

공군 참모총장이 해당 군의 군정과 군령을 통합하여 수행하는 3군 병립제, 군정은 각 군 참모총장이 수행하고 군령은 단일지휘관이 육·해·공군을 통합하여 수행하는 합동군제, 육·해·공군은 존재하나 각 군 본부 및 참모총장이 없고 통합군사령관이 각 군의 작전부대를 통합하여 지휘하는 통합군 제도, 육·해·공군을 구분하지 않고 임무에 따라 부대를 구분하며 단일 지휘관이 모든 작전부대를 지휘하는 단일군제가 있다. 오늘날 선진국가들 대부분은 권력집중 방지와 문민통제를 위해 합동군제를 선택하고 있으나 이스라엘, 중국, 대만, 북한 등은 전·평시 작전지휘의 일원화로 군사력 통합운용과 신속한 의사결정이 가능한 통합군제를 선택하고 있다.

현대는 반전여론이 강하고 기능적 전문화 사회로 이행됨에 따라 군대의 규모가 축소되고 직업화되어 가고 있으며, 편성 면에서도 기능화·전문화가 촉진되어 무기를 중심으로 편성된 소규모 조직을 활용하여 효과에 기반을 두고 싸울 수 있는 기능적 조직을 구축하고 있다.[58]

전투조직 측면에서 현대전쟁은 기존의 군사력을 포함하여 다국적·범정부적 제요소를 통합하여 운영함으로써 승수효과(乘數效果)를 배가할 수 있도록 하며, 각 군의 개별적 작전이나 전력운영보다는 상호 협력에 의한 연합 및 합동작전이 가능하도록 군사조직을 발전시키고 있다. 특히, 세계 주요지역에 전진기지를 운용하고 있는 미국은 동맹군과 연합작전을 위해 안보상황과 여건에 부합된 지휘체제를 구축하고 있다. 한미동맹의 경우 한미연합작전 체제를 수행하기 위해 한미안보협의회의(SCM)와 한미군사위원회회의(MCM)을 운용하고 있으며, 1978년 한미연합사를 창설하여 전·평시 작전통제권을 연합사령관이 수행해 오다가 1994년에 평시작전통제권이 한국군 합참의장에 이양되었고, 전시작전통제권 전환을 추진하고 있다.[59]

---

58 이재평 외, 『군사이론』(파주: 글로벌, 2012), p.204.

59 전시작전통제권 전환 추진은 노무현 정부에서 시작되어 2012년 4월 7일로 전환일정을 결정

오늘날 민주헌정체제 국가들에서는 민주주의 가치를 실현해야 하는 사
회적 요청과 국가안전보장의 기능을 수행하기 위한 강력한 군사력 건설
이라는 이율배반적 갈등요인이 상존하고 있다. 이러한 상반된 갈등요인
을 해소하고 상호 조화를 이루기 위해 각국은 군사동맹을 강화하여 외부
위협에 대응함과 동시 저비용·고효율의 국방개혁에 매진하고 있다.

3. 무기체계

(1) 핵무기의 등장

핵무기의 등장은 전쟁의 역사에서 근대와 현대를 구분하는 기준이 되었
다. 미국이 태평양전쟁 종식을 위해 맨해튼 프로젝트$^{Manhattan Project}$를 추
진하여 핵무기를 개발한 이후 소련(1949년), 영국(1952년), 프랑스(1960
년), 중국(1964년), 인도(1974년), 이스라엘(1979년), 파키스탄(1998년), 북한
(2006년)이 핵을 보유하게 되었다.

　핵무기는 1945년 8월 6일과 9일에 히로시마와 나가사키에 원자폭탄
을 투하한 이후 과학기술 측면에서 혁신적 발전을 이루었다.[60] 핵보유국
들은 원자핵의 분열에 이어 융합실험에 성공함으로써 파괴력이 크게 증
가한 메가톤급 핵무기를 보유할 수 있게 되었다.[61] 오늘날 1MT(메가톤:
1x103KT)급 핵탄두 하나는 일본에 투하된 원자폭탄의 66배에 해당되는
파괴력을 지니고 있으며, 핵강국인 미국과 러시아의 경우 이러한 수준
의 핵탄두를 각각 6,000여 개씩 보유하고 있다. 또한 미국과 러시아를 포
함한 핵보유국들은 대륙간탄도미사일(ICBM), 핵잠수함발사탄도미사일
(SLBM), 장거리폭격기탑재 혹은 전함발사탄도미사일(BLBM, SLCM) 등 다

하였으나, 북한의 비대칭위협이 심각함에 따라 이명박 정부에서 2015년 12월 1일로 연기했다. 박
근혜 정부 출범 전후로 북한에서 은하3호 발사와 제3차 핵실험에 따라 시기보다는 '조건에 기초한
전시작전권 전환'을 추진하고 있다.

60 일본의 두 도시에 투하된 원자폭탄은 15KT 정도로 이는 TNT 15x10³ 톤에 해당한다. 원자폭
탄 투하로 인해 히로시마에서는 9~16만 명, 나가사키에서는 6~8만 명의 인명피해가 있었다.

양한 투발수단을 보유하고 있다.

미국은 핵·미사일 공격 위협에 대비하기 위해 적의 핵탄도미사일 비행 과정의 각 단계별로 고성능 요격미사일을 발사해 요격하는 미사일방어 (MD) 체계를 구축하고 있다.[62] 적 미사일 요격무기로는 이지스 순양함이나 구축함에서 발사하는 SM-3 미사일과 패트리어트 그리고 고고도 지역 방어 미사일인 THAAD[Terminal High Altitude Area Defense]가 있으며, 미 본토에는 특별히 개발된 지상발사요격미사일인 GBI[Ground-Based Interceptor]가 있다.

또한 핵국가들은 핵무기의 위력을 줄여 전술적으로 사용할 수 있는 전술핵무기[TNW: Tactical Neclear Weapon]를 만들었다. 전술핵무기는 통상 3~5kt의 파괴력을 갖는 핵무기로 항공기, 미사일, 야포, 핵배낭 등 다양한 형태로 투발하여 사용할 수 있다.

이와 같이 현대에는 엄청난 파괴력과 정확한 운반수단을 갖춘 핵무기 체계로 세계 어느 목표든지 타격할 수 있게 되어 핵전쟁 시 공멸할 위협에 놓였다.

(2) 군사혁신과 현대무기체계의 발전

1980년대 들어서 정보, 전자, 재료, 광, 생물공학 등 여러 분야에서 충격적인 기술변혁이 일어나기 시작했다. 특히 컴퓨터와 정보통신기술의 발달에 따라 선진국의 대부분 국가들은 군사혁신[RMA: Revolution in Military Affairs]

---

61 핵융합방식은 핵분열방식보다 훨씬 강력하다. 핵융합무기는 기존 원자폭탄이 폭발할 때 발생하는 핵분열 에너지를 융합시켜 핵분열무기의 수백 내지 천 배 정도의 폭발력을 일으킨다. 황진환 외, 『군사학개론』(서울: 양서각, 2011), p.276.

62 걸프전 이후 미국은 핵·미사일이 새로운 위협으로 부상하자, 적의 탄도미사일 공격으로부터 해외 주둔 미군과 미국 본토를 방위하는 새로운 미사일방어체계가 개발했다. 이렇게 개발된 것이 전구미사일방어체계(Theater Missile Defense)인 TMD와 국가미사일방어체계(National missile defense)인 NMD였다. NMD는 고성능 요격미사일로 미국 본토를 방어하는 계획이고, TMD는 단거리 및 중거리 탄도미사일로 해외주둔 미군이나 미국의 동맹국을 보호한다는 계획이었다. 이러한 두 미사일방어체계는 2001년 5월 부시(George W. Bush) 미 대통령에 의하여 미사일방어체계(MD: Missile Defense)로 통합되었다. "미사일로 미사일 요격", 『유용원의 군사세계』, http://bemil.chosun.com/site/data/html_dir/2014/07/16/2014071602498.html (검색일: 2014. 10.19)

을 추진하여 국방력의 질적 향상에 박차를 가하고 있다.[63] 군사과학기술의 발전에 따라 기존 무기체계의 성능이 비약적으로 향상하고 새로운 무기체계가 개발됨으로써 군사혁신은 더욱 가속화되고 있다. 특히 현대 무기체계는 합동성 발휘를 위해 화력과 기동성, 생존성, 지휘통신능력이 균형 있게 통합되어야 한다.[64] 화력과 기동성은 무기의 가장 기본적인 효과요소로서 현대전에서 중요시되고 있는 집중과 분산의 기본수단이다. 또한 현대의 모든 무기는 성능과 함께 생존성을 고려하여 개발되고 있다. 또한 지·해·공 합동작전인 입체전을 수행하기 위해서는 C4ISR[65] 체계를 구축해야 한다.

첫째, 지상무기체계의 경우 소화기, 전차, 대포 등의 화력과 기동력, 생존성, 유도기술이 크게 향상되었다. 특히 대포는 과거의 견인포가 자주포로 개선되었으며, 수십 발의 로켓탄를 동시에 다발적으로 사격할 수 있는 다련장 로켓포를 개발했다. 또한 최대사거리와 포탄의 위력을 대폭 증가시킴은 물론 표적을 정밀타격하는 정밀유도탄PGM: Precision Guided Munition과 지능화 탄약SMART Munition 체계로 발전되고 있다. 정밀유도탄은 비가시지역에 대한 표적을 선별·타격할 수 있는 능력을 보유함으로써 군사표적이 아닌 곳에 대한 피해를 최소화시키고 있다. 또한 지능화탄약은 원거리에 있는 전차를 파괴할 수 있는 감지파괴식 대전차탄(SADARM)과 같은 감응기폭탄과 탄이 센서에 의해 목표에 명중시키는 유도폭탄이 개발되었다.

둘째, 전쟁 양상이 다원화·광역화되면서 해상무기체계 기능도 다양화 및 전문화됨으로써 분야별로 여러 가지 임무를 수행하는 함정이 등장하

---

63 군사혁신(RMA)이란 새롭게 발전하고 있는 군사과학기술을 이용하여 새로운 군사체계를 개발하고 그에 사용되는 작전운용개념의 혁신과 조직편성 혁신을 조화롭게 추구함으로써 전투효과를 극적으로 증가시키는 노력을 의미한다. 오늘날 군사혁신의 주도국은 미국이며, 대부분의 나라들에서도 각국의 실정에 적합한 군사혁신을 추구하고 있다. 이강언 외, 『신편군사학개론』, p.306.

64 이진호 외, 『합동성 강화를 위한 무기체계』(성남: 북코리아, 2013), p.24.

65 지휘(Command), 통제(Control), 통신(Communications), 컴퓨터(Computers), 정보(Intelligence), 감시(Surveillance), 정찰(Reconnaissance).

게 되었다. 오늘날 해상무기체계는 경비정, 초계함, 호위함, 구축함, 순양함, 항공모함 등 수상전투함과 잠수함, 그리고 상륙함정, 기뢰함정, 지원함정 등이 운용되고 있다. 수상전투함은 선체 자체뿐만 아니라 탑재무장이 획기적으로 발전되었다. 특히 함공모함전단은 이동하는 공군기지이며, 각 함정 무기체계의 공격력과 방어력을 유기적으로 통합하는 바다의 요새이다.[66]

셋째, 전후방 동시통합전투를 수행하기 위해 가장 중요한 수단으로 간주되고 있는 항공무기체계는 공중전투공간에서 공중우세를 달성하는 것뿐만 아니라 다양한 작전지원을 위해 전투기, 공격기, 폭격기 등 일반목적기와 수송기, 정찰기, 공중조기경보통제기, 공중급유기 등 특수목적기, 헬리콥터 및 무인항공기 등을 운용하고 있다. 항공기의 발전은 초음속 순항기능과 적의 레이더망에 포착되지 않는 스텔스stealth 기능 등 기체 자체의 발전은 물론 기체에 탑재하는 무장능력을 크게 향상시키고 있다. 특히 '하늘의 관제탑'이라 할 수 있는 조기경보통제기[67]와 공중에서 항공기의 연료를 재보급할 수 있는 공중급유기, 그리고 조종사를 탑승시키지 않고 정보수집, 공격, 대공 요격 및 기만 등 다양한 임무수행이 가능한 무인항공기가 개발되었다.

넷째, 현대전 수행을 위해 중요한 전략무기는 탄도·순항미사일이다. 탄도미사일은 로켓 형태의 추진기관을 사용하여 음속 이상의 비행이 가능하므로 적으로부터 요격확률이 낮으며, 대량살상무기의 투발수단으로 사용될 수 있다. 특히 대부분의 핵보유국들은 사거리 5,500km의 대륙간탄

---

66 10만 톤 이상의 대형항공모함(함재기 80대 이상)은 미국에서만 운용하고 있으며, 2만 톤 이하의 경항공무함(함재기 20대 이하) 및 3~5만 톤 수준의 중형항공모함(함재기 30-40대)은 영국, 러시아, 에스파냐, 프랑스, 이탈리아, 인도, 브라질 등 8개국에서 운용하고 있다. 최근 중국에서 항공모함 랴오닝호를 실전배치했다.

67 조기경보통제기는 기체 내부에 지휘통제시설과 관련 요원들을 탑승시켜서 독자적으로 1개 비행대대급 아군 항공기들의 임무까지 하달하여 관장한다. 대표적인 기종으로는 미국의 E-3 센트리와 러시아의 A-50 메인스테이가 있다.

도미사일(ICBM)을 핵무기 투발수단으로 준비하고 있다. 이러한 탄도미사일은 대부분 지상발사형이지만 1960년대 이르러 잠수함발사형탄도미사일(SLBM)이 개발되었다. 제트엔진을 사용하는 순항미사일은 음속 이하의 이동속도를 유지하므로 적의 요격에는 취약하지만 비행과정에서 고도와 방향을 조정하여 비행할 수 있어 높은 명중률을 자랑한다. 걸프전과 이라크전 등에서 사용된 BGM-109 토마호크가 대표적인 예이다.

다섯째, 방향과 고도, 거리까지 탐지해 내는 레이더와 전자광학장비, 적외선 촬영장비, 합성개구레이더 같은 영상정보 수집체계, 정보를 분석·융합·분배·전달하는데 필요한 고성능의 지휘통제체계, 그리고 전자전 및 사이버전을 수행할 수 있는 정보전 무기체계 등이 획기적으로 발전했다.

이와 같이 현대 무기체계는 급속도로 발전하고 있는 과학기술에 힘입어 지상군의 정밀유도무기, 해군의 이지스함과 핵잠수함 및 항공모함, 공군의 스텔스 기능을 갖춘 전투기 및 폭격기를 비롯한 군사인공위성, 전자통신장비, 첨단 무인기 등 혁명적으로 발전을 거듭했다.

4. 전략·전쟁 양상

핵무기 등장 이후 현대전쟁은 다양한 양상을 보이고 있다. 핵무기 등장으로 파괴력이 극대화됨으로써 전쟁 억제가 중요시되었지만 핵전쟁 확산 방지를 위해 목적과 수단, 지역 등을 제한한 가운데 재래식전쟁은 계속되었다.[68] 아울러 현대전은 첨단과학기술의 발달에 부응하여 군사혁신이 가속화됨에 따라 전쟁 양상과 전략·전술 면에서도 적지 않은 변화를 가져왔다.

---

68 핵무기가 등장한 이후 핵무기를 제외한 모든 무기는 재래식무기로 분류하고 있다. 따라서 현대의 첨단무기를 사용하는 전쟁도 핵무기를 사용하지 않을 경우 재래식전쟁이다.

(1) 냉전시대의 제한전쟁과 핵전략

핵무기 등장은 전쟁 양상과 전략개념에 또 하나의 커다란 변화를 가져왔다. 미국의 군사전략가 버나드 브로디[Bernard Brodie]는 무차별적 대규모 파괴력 때문에 방어가 실질적으로 불가능한 핵시대의 전략은 전쟁에서 이기는 것이 아니라 인류 종말이라는 재앙을 막기 위해 전쟁을 회피하는 것이고, 이를 위해 국가의 전쟁계획과 조직은 억제력 발휘를 위한 보복공격 능력을 확보하는 데 유리한 방향으로 재편된다고 주장했다.[69] 이제 전면전이 발발하면 최종적으로는 핵전쟁으로 비화할 것이며, 결국 인류는 공멸할 것이라는 논리가 대두함에 따라 억제전략이 중요한 관심사가 되었다. 따라서 강대국들은 전면전을 피하기 위해서 노력하지 않을 수 없었으며, 소규모 전쟁이 대규모 대결로 확대되지 않도록 해야 했다. 결국 미·소 양 대진영이 첨예하게 대립한 가운데 전개된 냉전시대의 전쟁은 총력전이 아니라 전쟁의 목적·수단·지역을 한정하는 제한전쟁 양상을 띠게 되었다. 냉전시대에 발발한 6·25전쟁과 베트남전쟁, 네 차례의 중동전쟁은 모두 제한전쟁이었다.

6·25전쟁의 경우 미군은 중국군이 개입한 이후 핵무기 사용을 제한하였으며, 전쟁의 목표를 38선을 기준으로 제한함으로써 상당기간 고지쟁탈전 양상을 보였다. 이에 따라 상대적으로 무장이 빈약한 중국군은 세계 최강의 전력을 보유한 미군을 상대로 교착상태를 유지할 수 있었다. 베트남전쟁의 경우도 미국은 작전지역을 남베트남지역으로 제한했다. 이로써 북베트남은 미군을 상대로 끈질긴 유격전을 추구한 끝에 공산화 통일을 이룩했다. 중국과 베트남이 강대국 미국을 상대로 승리할 수 있었던 것은 이들의 전략·전술의 영향도 있지만 기본적으로 미국이 제한전쟁을 수행했기 때문이었다. 또한 1973년 제4차 중동전쟁에서 미국은 이집트와 이

---

69 Bernard Brodie(ed), *The Absolute Weapon: Atomic Power and World Order* (New York: Harcourt, Brace and Company, 1946). 군사학연구회, 『군사사상론』(서울: 플래닛미디어, 2014), p.459에서 재인용.

스라엘의 전쟁을 중지하고 평화조약을 체결할 수 있도록 중재역할을 수행했다. 이는 전쟁이 확대될 경우 자칫 핵무기를 사용할 수 있다고 판단했기 때문이다.[70] 결국, 핵전쟁으로 확산을 방지하기 위해서는 모든 전쟁을 근본적으로 억제해야 함에도 불구하고 여전히 정치적 목적 달성을 위한 전쟁은 목적과 수단, 지역 등을 적절히 제한하면서 계속되었다. 핵무기 등장 이후 제한전쟁 양상이 보편화됨으로써 현대전쟁은 핵전쟁과 재래식전쟁으로 이분화되고, 핵전쟁은 탁상전쟁 또는 관념전쟁으로 간주되었다.

1950년 6·25전쟁이 발발하자, 미국은 재래식전력 증강에 치중한 가운데 1954년에 아이젠하워Dwight Eisenhower 행정부의 덜레스John Foster Dulles 국무장관에 의해 대량보복전략massive retaliation strategy[71]이 발표되었다. 이러한 미국의 전략은 핵전쟁은 물론 대소우위의 핵전력을 이용하여 재래식전쟁을 사전에 차단하려는 억제전략이라 할 수 있다. 그러나 소련의 핵전력이 증강됨에 따라, 1961년 케네디John F. Kennedy 행정부가 등장하면서 대량보복전략은 유연반응전략Flexble Response Strategy[72]으로 전환되었다. 유연반응전략은 전면핵전쟁을 하지 않고서도 전쟁목적을 최대한 달성하고자 하는데 목적이 있는 전략으로, 핵전쟁뿐만 아니라 재래식전쟁을 포함한 어떠

---

70 박창희, 『군사전략론』, pp.52-53.

71 대량보복전략은 미국은 공산주의자들의 다양한 군사적 모험에 대해 더 이상 그 지역에 한정된 재래식 반격에 그치지 않고 그에 대한 책임이 있는 공산주의 강대국에 대량의 핵무기로 즉각 보복하겠다는 내용을 담고 있었다. 즉, 한반도, 인도차이나, 이란 등 어느 지역에서든 대리전쟁이 발발한다면, 미국은 소련이나 중국에 대해 핵을 사용해 즉각 보복하겠다는 것이었다. 이는 당시 미국이 핵전략과 기술 분야에서 소련에 대해 압도적으로 우위인 점을 이용하여 병력에 대한 의존도를 줄임으로써 국방비를 감축함과 동시에 핵무기로 대응하고자 하는 전략이었다. 박창희, 『군사전략론』, pp.362-363; 고봉준, "미국 안보정책의 결정요인: 국제환경과 정책합의", 『국제정치논총』 제50집 1호 (한국국제정치학회, 2010), p.463.

72 유연반응전략은 M. D. 테일러 대장이 제창하고, 1962년 당시의 맥나마라 국방장관에 의해 체계화되었다. 핵심 내용은 게릴라전에서 핵전쟁에 이르기까지의 모든 형태의 전쟁에서 효과적인 공격과 방어체제를 갖춤으로써 적의 침략 의도를 억제하고, 전쟁이 발발했을 때는 적의 태도에 따라 유연한 방법(수단·무기)으로 대처하며, 전쟁의 확대를 피하면서 이의 해결을 위한 제반 조처를 강구하려는 정치적·군사적 방책이다. "유연반응전략", 『두산백과』, http://terms.naver.com/entry.nhn?docId=1132644&cid=40942&categoryId=31738 (검색일: 2014. 10. 26).

한 유형의 위협에 대해서도 다양한 옵션을 가지고 융통성을 발휘하여 대
응하는데 주안을 두고 있었다. 소련의 핵 능력이 급격히 신장함에 따라 미
소 양국은 모두 선제공격을 하더라도 상대의 핵전력을 제압할 수 없는 상
황에 봉착하게 되었다. 특히 로버트 맥나마라Robert McNamara는 피해를 줄이
는 것보다 억제가 중요하다는 점을 강조하면서 상호확증파괴MAD: Mutual
Assured Destruction[73] 개념을 제시했다. 그러나 1970년대 이후 상호확증파괴
전략의 실효성에 대한 의문이 끊임없이 제기되었다. 대규모 분쟁이 발발
할 경우 무조건 상호확증파괴를 추구하기보다는 핵무기를 보다 효율적
으로 사용하여 적의 진격을 저지하고 적의 침공행위를 계속하지 못하도
록 경고하는 것이 낫다고 보았다.[74] 이러한 기조 하에서 1980년 카터Jimmy
Carter 행정부 브라운Harold Brown 국방장관은 대통령지침 제59호로 상쇄전략
Countervailing Strategy을 내놓았다. 만일 소련이 핵위기를 고조시키면 미국은 각
위기수준별로 효과적인 대응방안을 강구한다는 전략이었다. 이는 더 많
은 대응 옵션을 개발하는 것으로, 여기에는 핵 지연전의 가능성을 검토하
거나 소련의 주요 정치적·경제적 자산을 타격하는 방안이 포함되었다.[75]
1983년 레이건Ronald Reagan 대통령은 적 미사일을 요격하는 전략방위구상
Strategy Defense Initiative을 추진하였으나, 고르바초프Mikhail Gorbachev의 개혁개방
을 추진으로 미·소 간 화해가 이루어짐에 따라 그 추진동력을 잃게 되었
으며, 1990년 소련의 붕괴로 양국 간 팽팽했던 냉전기의 핵무기 경쟁은
막을 내리게 되었다.

---

73 상호확증파괴(MAD)는 적의 기습적인 1격을 흡수한 후에라도 핵공격을 한 침략자에 대해서는
감당할 수 없을 정도의 피해를 가하는 것으로, 이를 위해서는 적의 1격 이후에도 보복능력(제2타격
력)을 보유해야 한다. 박창희, 『군사전략론』, p.367.

74 앞의 책, p.372.

75 앞의 책, p.373.

(2) 탈냉전시대 다양한 유형의 전쟁과 핵전략

이념과 진영 간의 대립으로 얼룩졌던 냉전체제 종식에 따라 많은 사람들이 전쟁의 공포로부터 벗어날 수 있을 것으로 기대했지만 탈냉전시대에도 전쟁은 계속되었다. 제1·2차 세계대전과 같은 대규모 전쟁은 없었지만 동유럽과 아프리카, 중동에서는 종교, 인종, 문화, 영토, 자원 등을 둘러싼 국가 또는 민족, 종파 간의 분쟁이 표면화되는 한편, 테러 및 대량살상무기 확산, 국제적 범죄 증가, 난민 발생 같은 초국가적 위협들이 등장했다. 이러한 새로운 위협의 등장으로 현대전쟁은 비정규전(테러리즘, 게릴라전, 심리전, 평화유지작전 등) 양상을 보이는 한편, 21세기 정보혁명에 힘입어 네트워크중심전(NCW)를 비롯해 정보전, 사이버전, 효과중심정밀타격전(EBO), 비선형전, 비살상전, 비대칭전, 동시통합전 등 다양한 형태로 발전하고 있다.[76]

탈냉전 이후 새로운 형태로 등장한 비정규전은 냉전시대와는 달리 전쟁을 수행하는 주체가 정부가 아닌 게릴라, 범죄조직, 외국용병, 혈연, 종교집단 등으로 구성된 비정부 행위자로서 첨단기술시대에도 불구하고 소총과 RPG-7 대전차화기, 급조폭발물 등 저기술 무기를 동원하여 전쟁을 수행하고 있다. 이들은 인종청소, 테러리즘, 성전을 표방하면서 의도적으로 시민과 국민을 구별하지 않고 무차별 공격을 가하고 있다. 이러한 비정규전을 수행하는 집단들도 정치적 목적이 있다는 점에서 전쟁의 영역에 포함시킬 수 있으며[77] 이를 소위 '4세대 전쟁'으로 분류하기도 한다.

이러한 비정규전에 대응해서 미국은 다국적군을 편성하여 걸프전과 코소보전쟁, 아프가니스탄전쟁, 이라크 전쟁을 수행했으며, 이들 전쟁에서 첨단 정보·기술력의 위력을 유감없이 발휘함으로써 최단기간에 최소의

---

76 황진환 외, 『군사학개론』, p.74 ; 박창희, 『군사전략론』, p.509.

77 James D. Kiras, "Irregular Warfare: Terrorism and Insurgency", John Baylis et al., *Strategy in the Contemporary World*, p.164. 박창희, 『군사전략론』, pp.54-55에서 재인용.

희생으로 일방적 승리를 거두었다. 특히 공중타격과 미사일 공격으로 적 지휘통신시설을 마비시킴으로써 전장의 주도권을 확보할 수 있었으며, 결정적 승리를 위해 지상군의 역할이 중요하다는 점을 일깨워주었다. 이는 공중타격에도 불구하고 참호 및 장애물을 효과적으로 운용할 경우 상당 수준의 전투력을 보존할 수 있기 때문이다. 따라서 잔존해 있는 적을 무력화하고 안정화작전을 성공적으로 실시할 때 전쟁을 종결할 수 있다는 점에서 지상군의 역할이 더욱 중시되었다. 또한 미국은 걸프전 이후 군사혁신을 적극 추진함으로써 네트워크중심전을 구현하기 위한 정보·감시·정찰능력과 정보처리 및 융합능력을 획기적으로 발전시켰으며, 지상·해상·공중·우주전력을 네트워크에 의해 통합시킴으로써 전력의 합동성을 획기적으로 증진시켰다.

탈냉전시대 미국의 핵전략을 살펴보면, 냉전 종식으로 전면 핵공격의 위협이 사라지고 국제안보환경이 크게 변했지만, 미국은 대량살상무기를 획득하여 사용할 가능성이 있는 테러집단과 불량국가들을 지금까지의 적과는 달리 생소하고 예측하기 어려운 새로운 위협으로 간주했다. 9·11테러는 극단적 국제테러조직이 미국의 본토를 공격할 수 있음을 보여주는 충격적 사건이었다. 부시 행정부는 가상 적국 또는 불량국가 및 초국가행위자로부터의 핵공격 위협에 대처하기 위해 미사일방어(MD)를 추진하기 시작하였으며, 아울러 기존의 전략핵무기에 대한 정확도와 파괴력을 향상시켰다. 이후 오바마 행정부는 동유럽에 배치할 예정이던 미사일방어체제 추진을 폐지하고 관계국들과 조율을 통해 변화된 형태의 미사일방어를 구축할 것임을 밝혔다. 그러나 세계 유일의 초강대국으로서 미국의 위치가 변하지 않는 한 미사일방어체제는 지속될 것이다.[78] 또한 오바마 행정부의 핵전략은 핵확산과 핵테러리즘에 대처하는 데 역점을 두면서

---

78 고봉준, "미국 안보정책의 결정요인: 국제환경과 정책합의", p.81.

궁극적으로는 '핵무기 없는 세상'이라는 이상적 신자유주의적 성향의 핵
정책을 내세우고 있다.

　지금까지 살펴본 바와 같이, 탈냉전시대에는 초강대국으로서 위상을
지켜온 미국이 중국의 도전을 받고 있는 가운데, 대부분 국가들은 자국의
안보를 위해 정밀성·치명성·기동성이 크게 향상된 첨단무기를 갖추는데
소홀히하지 않고 있으며, 군대의 규모도 거대화되었다. 따라서 전쟁의 목
적 면에서 볼 때, 일부 정치집단의 이익보호를 위한 제한된 목적으로 수행
된 과거의 전쟁과는 달리, 국민 전체의 생존과 국가의 번영을 위한 무제한
목적으로 변화되면서 총력전 양상이 더욱 뚜렷해졌다. 전쟁수단 면에서
도 현존전력뿐만 아니라 정치, 경제, 사상, 심리 등 비군사 분야까지 총체
적으로 동원하고 있다. 따라서 전쟁은 군대나 군인만이 하는 것이 아니라,
전 국민이 전쟁에 참여하여 군대와 함께 공동전선을 펴지 않고서는 그 임
무를 성공적으로 수행할 수 없게 된 것이다.

　전쟁 양상이 총력전으로 발전함에 따라 전략의 주체가 군의 수준으로
부터 국가수준으로 격상되었다. 이러한 총력전하에서 전쟁의 수단은 앙
드레 보프르^{André Baufre}가 제시한 간접전략을 위해 동원할 수 있는 정치, 외
교, 경제와 같은 비군사적 수단과 직접전략에 동원되는 군사적 수단을 모
두 망라하고 있다. 또한 시기 면에서는 전시 위주로 수행되었던 전략이 평
시 전쟁 억제와 대비의 중요성이 부각함에 따라 전·평시로 확대되었다.
이러한 전략개념의 외연 확대에 따라 현대국가들의 전략체계는 국가이익
으로부터 출발하여 국가목표 달성을 위한 국가전략이 위치하고 있고, 그
하위전략으로 정치·외교·경제·군사 등 부분별 전략이 있으며, 그중 전쟁
문제와 관련된 군사전략은 작전술 및 전술에 이르는 체계를 이루고 있다.

III. 맺음말

한 시대의 사회구조와 국민의식은 군사제도를 형성하는 데 지대한 영향을 미쳐왔다. 또한 무기체계의 발전은 전략·전술을 변화시키는 요인으로 작용해 왔으며, 경우에 따라서는 새로운 전략·전술이 무기체계를 선도하기도 했다. 결국 전쟁 양상은 당대의 사회와 사상, 군사제도, 무기체계, 그리고 전략·전술에 의해 만들어진 전쟁의 모습이라고 할 수 있다.

근·현대의 전쟁사를 통해서 나폴레옹시대의 전쟁은 커다란 의미가 있다. 프랑스대혁명은 당시 유럽의 사회구조와 국민의식을 크게 변화시킴으로써 징병제에 의한 국민군을 탄생시켰으며, 전쟁을 위해서 국가의 자원을 동원할 수 있는 총력전 양상이 태동하기 시작했다. 또한 용병적 차원에서 나폴레옹은 섬멸전 수행을 위한 전략의 유용성이 입증시켰다.

산업혁명은 화약의 발명과 결합하여 기계화된 무기체계를 발전시킴으로써 기술적 차원에서 전략의 중요성을 입증시켰다. 제1·2차 세계대전 기간 중 후티어의 돌파전술이라든가 구로의 종심방어전술, 리델하트의 간접접근전략, 구데리안의 전격전 이론은 기관총, 전차, 항공기 등 무기체계의 발전에 힘입은 것이다.

제1·2차 세계대전 초기 전투에서 대부분 승리를 쟁취한 독일이 패배한 이유는 연합군에 비해 전쟁 수행을 위한 자원이 부족했기 때문이었다. 즉, 군수적 차원의 국가전략이 연합군이 승리하게 된 중요한 요인 중 하나임을 부인할 수 없을 것이다.

제2차 세계대전 이후 핵시대가 개막하면서 강대국들은 상호 공멸을 가져올 핵전쟁을 막기 위해 스스로 전쟁을 제한하였을 뿐만 아니라 전쟁의 확대 방지를 위해 주의를 기울였다. 그 결과 현대전은 제한전쟁 양상을 보이게 되었다. 또한 탈냉전시대의 전쟁은 새로운 형태의 위협과 함께 게릴라전, 테러리즘, 민사작전, 심리전 같은 비정규전 양상과 정보혁명에 의하여 등장한 NCW, EBO, 사이버전, 비선형전, 마비전, 동시·병렬적 통합작전 같은 '정보전' 양상으로 대별되었다. 근·현대의 전쟁에서 약소국이 첨단무기체계로 무장한 강대국과의 전쟁에서 승산이 없다고 판단할 경우 비정규전으로 대응했으며, 이 경우 사회적 차원의 전략이 무엇보다 중요하다는 점이 입증되었다. 나폴레옹 군대에 대항한 에스파냐의 게릴라전과 러시아 초토화전략, 장제스의 군대와 대항한 마오쩌둥의 인민전쟁전략, 미국을 상대로 싸운 북베트남의 항불투쟁降不鬪爭 등이 그 예이다. 또한 정보화시대에도 전략·전술의 본질은 변하지 않았고, 다만 정보기술을 빌려 전략을 보다 효율적으로 수행하게 되었다. 따라서 현대전을 수행함에 있어서도 정보화된 시스템을 발전시키는 노력과 더불어 그것을 어떻게 운용할 것인가를 더욱 고민해야 할 것이다.

ON WAR

CHAPTER 7
미래의 전쟁

김정기 / 대전대학교 군사학과 교수

육군사관학교를 졸업하고, 미국 조지아주립대학교에서 정치학 박사학위를 받았으며, 러시아 총참모대학원 2년 과정을 수료했다. 육군사관학교 교수부, 국방부 정책실, 주러시아 한국대사관 등에서 근무했다. 2006년 3월부터 대전대학교 군사학과 교수로 재직하고 있으며, 국방정책론, 국방조직론, 미래전쟁, 국가위기관리론, 군비통제론 등을 강의하고 있다.

미래전은 미래에 전개될 것으로 예상되는 전쟁 양상이나 형태를 의미한다. 전쟁 양상은 미래에 어떻게 싸울 것인가를 결정해주는 작전개념의 기초가 되고, 작전개념은 무기체계의 소요를 제시하기 때문에, 전쟁 양상에 대한 예측이 잘못되었을 경우에는 군사력 건설이 엉뚱한 방향으로 이루어지는 결과를 초래하게 된다.

그러나 미래전의 모습을 정확히 예측하는 것은 쉽지 않다. 왜냐하면 전쟁에 많은 영향을 미치는 과학기술이 급속히 발전하고 혁신적인 아이디어도 자주 나타나기 때문이다. 미래학자 앨빈 토플러Alvin Toffler는 미래전이 정보지식 중심전, 정보지식 기반전, 네트워크 중심전, 네트워크 기반전, 네트워크 환경전 양상을 띨 것으로 예측했다. 김종하는 미래전의 이미지로 첨단기술전쟁, 사이버전쟁, 평화유지전쟁, 더러운 전쟁을 들면서 미래전이 다차원적인 방향으로 동시에 진행될 것이라고 주장한다.[1] 이진호는 21세기 전쟁 양상은 비대칭전쟁, 사이버전쟁, 로봇전쟁으로 나타날 것이라고 예상한다.[2] 그러나 미래전의 내용을 좀 더 깊이 파고들어가면 한가지 용어로 표현하기 어려운 다양한 특징이 복합되어 있음을 알 수 있다. 본장에서는 먼저 미래전 양상을 달라지게 하는 요인들을 알아보고, 미래전 이론이 어떻게 발전하고 있으며 미래전 양상의 주요한 특징은 무엇인지 살펴본다. 그리고 마지막으로 미래전 양상 변화의 함의를 간략히 제시하고자 한다.

---

1 김종하, 『미래전, 국방개혁 그리고 획득전략』(서울: 북코리아, 2008), pp.14-27.
2 이진호, 『미래전쟁: 첨단무기와 미래의 전장환경』(서울: 북코리아, 2011), p.369.

I. 미래전 양상의 변화 요인

미래전 양상을 달라지게 하는 요인은 과학기술의 발전, 전쟁 경험, 문명의 전환, 정치·사회적 가치관의 변화 등 다양하다. 전쟁의 경험은 결과가 승리이든 패배이든 관계없이 전쟁에 대해 적극적으로 대응하려는 심리적 변화를 가져오며, 새로운 형태의 위협과 기존 전쟁수행개념의 장단점을 인식하는 계기가 되고, 이는 새로운 무기체계의 개발과 독창적인 형태의 전쟁 수행방법으로 발전한다. 그러나 전쟁의 양상 변화를 가장 극명하게 초래하는 것은 문명 전환과 과학기술의 발전이다. 문명의 전환은 장기간에 걸쳐 전쟁의 양상에 근본적인 변화를 초래하는 요인인 반면, 과학기술의 발전에 따른 새로운 무기체계의 등장은 중단기적으로 변화를 초래하는 요인이라 할 수 있다.

1. 정보화사회 도래: 전쟁 패러다임의 변화

문명의 전환은 전쟁 패러다임의 변화를 초래하여 새로운 전쟁 양상을 출현시킨다.[3] 미래학자들에 의하면 미래사회는 '정보·지식'이 중심이 되는 문명사회가 될 것이다. 이러한 정보·지식사회에서는 산업사회와는 달리 탈대량화, 탈이데올로기화, 다원화, 분권화, 세계화 등의 현상이 표출할 것으로 예상한다.

  이처럼 산업사회에서 정보·지식사회로 전환하면 전쟁 패러다임도 바뀌게 된다. 미래학자 앨빈 토플러는 『전쟁과 반전쟁War and Anti-War』에서 문명과 전쟁 양상의 상호관계를 설득력 있게 제시하고 있다. 토플러에 의하면 새로운 문명이 기존의 문명에 도전할 때 온전한 의미의 군사혁명military

---

[3] 전쟁에 있어서 '패러다임'은 지금까지 보편적으로 생각해왔던 전쟁 수행방식의 일반적인 수준과 사고방식을 의미한다.

revolution이 발생한다.

토플러는 사회발전을 농경시대, 산업시대, 정보시대로 구분하고, 전쟁의 양상도 이러한 사회발전의 형태와 함께 변화해왔다고 주장한다. 농경시대의 전쟁은 농번기를 피해 주로 겨울철에 수행되었으며, 군인들은 전쟁을 위해 일시적으로 소집되었다. 무기는 표준화되지 않아서 농기구 등을 사용하였고, 군인들이 주로 수행하는 전쟁방식은 백병전이었다.

산업혁명과 근대국가의 발전은 산업화시대 전쟁방식을 발전시켰다. 산업화시대의 전쟁은 징집제도에 의해 소집된 대규모 군대가 대량생산방식으로 제작된 표준화된 무기를 사용하는 방식으로 대량의 파괴를 수반했다. 산업화시대의 대표적 전쟁이론인 '총력전'은 사회 전체를 하나의 전쟁기구로 전환시켜 전쟁을 수행하는 대량파괴방식이었다.

정보시대의 전쟁 양상은 정보시대의 경제적 특성과 매우 유사하다. 첫째, 정보사회에서 부를 창출하는데 있어서 지식과 정보가 가장 중요한 역할과 기능을 수행하는 것처럼, 전쟁에서도 지식·정보의 지배성이 전쟁을 승리로 이끄는 비결이 된다. 즉, 전쟁을 위한 생산과 파괴의 모든 영역에서 지식이 매우 중요한 부분을 차지한다.

둘째, 정보사회에서는 지식·지능의 역량이 증대함에 따라 생산의 탈대량화가 이루어진다. 마찬가지로 전쟁에서도 센서와 정밀유도무기의 네트워크화에 의해 선택한 표적을 정밀파괴하는 파괴의 탈대량화가 이루어진다.

셋째, 정보·지식사회에서는 수없이 많은 인공위성이 지구를 돌면서 전 세계를 연결, 하나의 커다란 통신네트워크시스템을 구성하고 있다. 따라서 한 국가 또는 기업이 상업적 전장에서 승리하려면 우주를 효과적으로 이용할 수 있어야 한다. 항공·우주공간을 지배하지 못할 경우 전장정보를 실시간으로 제공할 수 없고, 우주에 기반을 둔 상업적 용도의 정보통신시스템이 적에게 파괴될 경우 이 시스템을 이용하고 있는 국가 전체가 일시에 마비될 수 있다.

넷째, 정보사회에서 로봇이 공장과 사무실 작업을 대부분 담당하는 것처럼, 전장에서도 로봇이 정찰헬기 조종사와 전차 운전병을 대신하는 '전장의 무인화'가 이루어질 수 있다. 로봇은 정보 수집 및 표적 발견, 적의 레이더 교란, 불발탄 뇌관 제거, 지뢰 제거, 유독환경 청소 등은 물론 적의 표적을 공격하는데도 이용된다.

다섯째, 정보사회에서는 시시각각으로 변하는 상황에 기민하게 대처하는 것이 중요하기 때문에 상황 변화에 신속하게 대처할 수 있는 메트릭스Metrics 조직이나 특정 과업을 완수하기 위하여 형성된 임시사업팀task force 같은 조직이 발전한다. 마찬가지로 군사조직도 네트워크형의 소규모·비계층적·유연조직으로 변화한다.

여섯째, 정보사회에서는 고지식·고기능·고기술의 스마트한 노동자가 필요하다. 마찬가지로 전장에서 하이테크 체계들을 효과적으로 취급하기 위해서는 고도의 지식 및 정보로 무장한 양질의 군인이 긴요하다.

일곱째, 정보사회에서는 인간의 가치를 더욱 중시한다. 인명이 희생되는 전쟁은 그 사회의 시민들이 부정하고, 정치지도자들이 기피하게 된다. 따라서 미래 전장은 이러한 사회적 요구를 받아들여 최소 희생으로, 최단 시간 내에, 깔끔하게 승리하는 전쟁 수행방식을 추구하게 된다.

2. 과학기술 발전: 전쟁수단 및 방식의 변화

미래전 양상에 영향을 미치는 또 하나의 중요한 요소는 과학기술의 발전에 따른 새로운 무기체계의 등장과 군사전략(혹은 전쟁수행개념)의 변화다. 고대 전쟁으로부터 최근 이라크전쟁에 이르기까지 무기체계의 발전은 전략 및 전술을 변화시켰고, 전략 및 전술의 변화는 새로운 무기체계를 발전시켜 왔다. 예를 들면 증기기관차의 발명은 군수지원 거리의 연장을 가능케 하였으며, 이로 인해 대규모의 부대를 원거리까지 보내는 전력 운용형태가 일반화되었다. 전차의 등장은 전격전電擊戰, Blitzkrieg을 가능하게 하였으며, 항공기는 성능이 발전하면서 독자적인 전략타격이 가능한 무기체계로 운용되었다. 핵무기와 핵을 탑재할 수 있는 장거리 무기체계의 개발은 총력전의 시대를 끝내고 제한전 형태의 전쟁을 초래했다.

최근 들어 전자·통신기술 및 생명공학, 나노 기술, 항공·우주, 신소재, 인공지능 기술 등의 눈부신 발전은 새로운 유형의 첨단기술을 재창출하며 급속히 진화하고 있다. 이러한 과학기술의 발전은 전력체계의 발전에도 큰 영향을 미치고 있다. 미래 전력체계의 발전방향을 정리해 보면, 산업시대의 근거리·전술적·양적 차원의 전력체계는 장거리·전략적·질적 차원으로 발전하고, 지금까지 유지되어온 개별적 정찰·타격시스템의 개념이 네트워크화된 정찰·타격 복합시스템의 개념으로 변하고 있다. 미래 전력시스템의 기본 축이 대량파괴·대량살상 위주에서 정밀파괴·정밀살상으로 바뀌고, 플랫폼 중심에서 네트워크 및 정밀무기 중심으로 급속히 전환되고 있으며, 무인시스템과 비살상무기의 비중이 획기적으로 증대하는 추세이다. 전쟁수단의 발전으로 인해 미래전 수행개념이 변화하고 있으며 이는 다시 전장 공간, 전투수단, 전투형태 등에 걸쳐 커다란 변화를 가져올 것으로 보인다.

미래 과학기술의 발전에 따른 전장 상황의 변화는 다음과 같이 요약할 수 있다. 첫째, 전장의 가시화와 정보의 공유화이다. 군사정찰위성, 조기경보기, 무인항공기 같은 정보감시정찰체계의 발달로 인해 전장 상황을 정밀하게 파악할 수 있고, 정보기술의 발달로 인해 이와 같은 정보를 예하부대에 실시간으로 전파하는 것이 가능하게 되어 정보의 공유화가 이루어진다.

둘째, 장거리 정밀교전의 보편화이다. 오늘날에는 전장의 가시화 및 정보의 공유화, 무기체계의 사거리 증가 및 정확도 향상으로 인하여 장거리 정밀교전이 보편화되는 추세이다. 통계에 의하면 미 공군이 제2차 세계대전 시에는 1개 표적을 파괴하는 데 9,000여 발의 포탄을 사용했으나, 1991년 걸프전에서는 동일한 효과를 얻는 데 단 1발의 정밀유도무기로 충분했다고 한다.[4]

셋째, 전장의 광역화 및 통합화 현상이 심화할 것이다. 정보감시수단의 발전에 의한 정보획득범위 확대, 정밀교전능력 향상, 인공위성과 정보통신의 발전으로 인해 광범위한 지역에 분산되어 있는 부대와 장병들을 지휘·통제할 수 있게 됨으로써 전장 공간이 크게 확대될 것이다. C4I의 획기적인 발전은 정보의 실시간 전달을 가능하게 할 것이며, 모든 전투원이 전장정보를 공유하게 됨으로써 작전 수행의 신속성과 통합성이 크게 증대할 것이다.

넷째, 전쟁 수행수준의 중첩이다. 전통적으로 전쟁은 전략·작전·전술 수준에서 수행되어 왔다. 그러나 미래의 전쟁에서는 이러한 구분이 없어질 것으로 예상하고 있다. 광역·장거리 정찰체계와 장거리 정밀타격수단의 발전으로 전략, 작전, 전술 간의 상호 연관관계가 증대하고 있기 때문이다.

다섯째, 소프트킬Soft Kill[5] 위력이 증대할 것이다. 미래의 전쟁에서는 화력과 기동력 등의 하드킬Hard Kill보다 정보력 등 상대방의 지휘통제능력을 파괴하는 소프트킬의 위력을 더욱 중시할 것으로 분석하고 있다.

여섯째, 전투 시 의사결정이 매우 신속하게 이루어질 것이다. 자동화된 지휘통제체계에 의해 감시·정찰체계와 타격체계가 긴밀히 연결되기 때문에 표적 발견으로부터 타격에 이르는 모든 전투 수행과정이 고속으로 진행될 것이다.

이를 종합해 보면 미래전은 기존 전쟁의 패러다임과는 완전히 상이한 패러다임이 지배할 것으로 전망할 수 있다. 이러한 미래전의 모습은 이미 걸프전, 아프가니스탄전쟁, 이라크전쟁에서 상당히 근사한 모습으로 시현되었다.

한편, 미래전력의 핵심인 우주나 무인전력의 국가 간 격차는 해당 무기체계의 고비용성으로 인해 더욱 심화할 것이고, 첨단전력을 갖추지 못한 약소국들은 강대국 첨단전력의 효과를 최소화할 수 있는 비대칭전을 추구할 것이다. 저명한 군사이론가인 반 크레펠트는 1990년대 초, 앞으로

---

4 노훈 외, 『미래전장』(서울: 한국국방연구원, 2011), p.23.
5 소프트킬이란 컴퓨터 바이러스 침입, 해킹, 전자적 교란/기만 등의 방법을 통해 임의의 체계에 대한 전체 또는 부분적인 기능장애를 가져옴으로써 물리적 파괴에 버금가는 피해를 유발하는 제반 공격 형태를 말한다.

의 전쟁은 첨단무기에 의한 전쟁이 아니라 오히려 더욱 원시적인 무기로 싸우는 전쟁이 될 것으로 예측했다.[6] 그런데 미국 이외의 국가들이 미국에서 사용하는 것 같은 첨단무기를 모두 갖출 수 없기 때문에, 이들 국가가 택할 수 있는 최상의 대안은 미국의 첨단무기 사용을 무용화하는 것이다. 따라서 미래의 전쟁에서는 과학기술과 경제적 차이의 심화로 첨단 무기체계 간의 교전만 발생하는 것이 아니고, 지극히 원시적인 무기인 급조폭발물로부터 최첨단 위성무기에 이르기까지 다양한 형태의 무기체계 간 교전이 발생할 수 있다.

II. 미래전 이론의 발전 동향

1. 공지전투

공지전투AirLand Battle는 육군과 공군의 긴밀한 합동작전을 통해 적의 선두제대와 후속제대를 동시에 타격함으로써 조기에 주도권을 장악, 승전의 가능성을 증대하는 공세적 기동전을 뜻한다. 이러한 공지전투의 핵심개념은 전·후방의 통합과 종심공격에 의한 전장의 확대이다.

　공지전투는 냉전 당시 나토군(미군)보다 압도적으로 우세한 바르샤바동맹군(구소련군)의 위협에 대응하기 위해서 미국이 개발한 작전방식이다. 냉전 당시 구소련군은 대규모 부대 운용 시 돌파를 달성한 방향에 충격력을 집중하고 전투력을 지속적으로 유지한다는 운용개념을 실현하기 위해 2단계의 제대운용을 생각하고 있었다. 연대, 사단, 군단의 각급 부대병력을 제1·2제대로 나누어 종심으로 배치하고, 전방의 제1제대가 서방측 방어부대와 전투를 개시하여 돌파에 성공하면 그 방향에 제2제대 병력을

---

6 Martin van Creveld, *The Transformation of War* (New York: Free Press, 1991), p.199.

집중시켜 종심 깊이 공격한다는 것이었다.

이와 같은 상황에서 미국은 구소련의 강력한 후속제대를 무력화하지 못하는 한 주도권 장악이 불가능할 것으로 판단하고, 종심전투를 주도권 장악을 위한 최적의 작전운용개념으로 판단하게 되었다. 종심전투는 구소련군의 후속전력을 원거리에서 감시하고 통제하며 타격하는 것인데, 이와 같은 원거리 감시·통제·타격능력을 갖추기 위해서는 기술적인 뒷받침이 필요하다. 결국 당시 미국의 기술적 진보가 이러한 체계의 개발을 가능케 했다.

미군은 1978년에 개정된 FM100-5 야전교범에서 공세적 방어Active Defense를 교리로 확정했다. 그러나 공세적 방어는 적의 제1제대를 격파할 수는 있어도 제2제대에게는 거의 피해를 입히지 못하기 때문에, 서방측은 패배는 면할 수 있어도 승리를 기대하기는 어려웠다. 결국 미군은 1982년에 공세적 방어를 대체하는 교리로 공지전투를 채택했다. 공지전투는 적극적으로 승리를 획득하기 위한 공세적 기동공격을 추구했는데, 이는 미군이 전통적으로 유지해오던 화력소모전을 기동마비전으로 전환한 대변혁이었다.

미군은 이 교리에 따라 종심감시, 종심통제, 종심타격체계를 발전시켰으며 이러한 전력체계는 1991년 걸프전 당시 엄청난 위력을 발휘했다. 걸프전에서는 인명 살상을 최소로 줄이고, 대신 주요 지휘통제 및 통신시설, 군수공장 같은 전략시설만을 선별적으로 파괴함으로써 적국 지도부가 전쟁의지를 상실하게 만드는데 초점을 맞추었다. 미군은 걸프전을 역사상 최소 희생으로 최단기간 내에 승리로 장식했다. 미군은 걸프전 승리를 통해 공지전투의 '종심감시-종심통제-종심타격' 시스템이 지닌 위력을 확신하게 되었으며 걸프전 이후 10여 년간 공지전투의 연장선상에서 군사혁신을 강도 높게 추진했고, 그 과정에서 확보한 전력을 가지고 2003년 이라크전쟁을 27일 만에 종결할 수 있었다.

2. 정찰-타격 복합체

정찰타격 복합체Reconnaissance-Strike Complex의 기본 이론은 1984년, 미국의 공

지전투 개념에 자극을 받은 구소련 총참모장 오가르코프N. V. Ogarkov 원수와 그의 동료 군사전문가들이 제기했다. 오가르코프는 미국이 공지전투를 발전시키는 것을 보면서 장거리 정찰체계와 정확도가 매우 높은 장사정 정밀타격체계를 새로운 지휘통제체계에 의해 상호 연결·결합하면 전략적 차원의 '정찰-타격 복합체'를 창출할 수 있다고 주장했다. 그는 이러한 정찰-타격 복합체를 구축하면 장거리에서 순간적으로 표적을 타격할 수 있으므로 비접적·비선형의 장거리 전투수행이 가능하다고 생각했다.

한편 미국은 걸프전 승리를 계기로 1990년대 초부터 새로운 차원의 군사력을 창출하기 위한 군사혁신 비전과 방책을 모색하기 시작하였으며, 오가르코프의 정찰-타격 복합체를 하나의 대안으로 간주하고 이를 '군사기술혁명MTR: Military Technical Revolution'이라고 불렀다. 1990년대 중반 이후부터 미국은 군사기술혁명 뿐만 아니라 전장운영개념과 조직편성의 혁신도 추구하는 군사분야혁명RMA: Revolution in Military Affairs을 발전시키게 된다.

3. 신 시스템 복합체계

시스템 복합체계는 네트워크 중심전에서 가장 핵심적인 체계로서 센서체계sensor(정찰체계), 지휘통제체계, 슈터체계shooter(타격체계)를 네트워크 그리드grid로 상호 결합한 것이다. 여러 시스템(체계)을 포함하는 또 하나의 시스템이기 때문에 신 시스템 복합체계SoS: A New System of Systems라 불린다. 센서체계는 위협표적을 실시간 감시·추적하고 위협정보를 네트워크 그리드를 통하여 지휘통제체계로 전파한다. 지휘통제체계는 표적에 대한 정밀한 위협분석 후 슈터체계에 표적을 할당하여 교전하도록 한다. 교전 결과는 다시 정찰체계를 통해 인지하고 이 과정을 위협이 제거될 때까지 계속한다.

미국의 전 합참차장 오웬스William A. Owens 제독은 오가르코프의 정찰-타격 복합체를 발전시켜 신 시스템 복합체계 이론을 제시하고, "정보·감시·정찰체계(ISR)와 정밀타격체계(PGMs)를 지휘통제 네트워크체계(Advanced C4I)로 상호 연계·결합함으로써 우월한 전장인식에 의한 표적

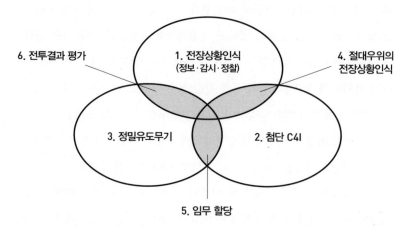

〈그림 7-1〉 신 시스템 복합체계

6. 전투결과 평가

1. 전장상황인식
(정보·감시·정찰)

4. 절대우위의
전장상황인식

3. 정밀유도무기

2. 첨단 C4I

5. 임무 할당

출처 권태영·노훈, 「21세기 군사혁신과 미래전」(서울: 법문사, 2008), p.85.

발견·식별, 임무 할당, 타격결과 평가로 이어지는 일련의 전투행위 사이 클을 신속히 반복·회전시켜 전투력을 극적으로 증가시키는 것"이라고 정 의했다.[7] 신 시스템 복합체계 이론에 의하면 센서체계와 슈터체계를 C4I 체계로 상호 연계·결합하면 두 체계가 중첩하는 부분에서 새로운 전투력 이 창출되고, 이 새로운 능력이 상호 연결되어 일련의 전투행위 사이클을 형성함으로써 엄청난 위력을 발휘할 수 있게 된다는 것이다.

과거에는 정찰체계, 지휘통제체계, 정밀타격체계가 단순히 상호 연결되 는 개념으로 정찰체계로부터 획득한 정보가 지휘통제체계에 의해 전달되 고, 정밀타격체계에 의해 타격되는 순차적인 기능 수행이 이루어졌다. 그 러나 신 시스템 복합체계는 이들 기능이 동시적으로 발휘되기 때문에 혁 신적 전투력을 창출한다는 것이다.

---

7 William A. Owens, "The Emerging System of Systems", U.S. Naval Institute, *Proceeding*, Vol. 121, No.5 (1995), pp.36-39.; Idem, "The American Revolution in Military Affairs", *Joint Force Quarterly* (Winter 1995-96), pp.37-38.

4. OODA 루프

미 공군대령 보이드John Boyd는 1965년 북베트남에서 미 공군의 최신예 항공기인 F-105 전투기들이 소련의 MiG-17 전투기들과 실시한 공중전에서 패배한 이유를 연구하다가, 미그기들이 매우 빠르게 방향전환을 할 수 있다는 것을 밝혀냈다. 그러면서 보이드는 전투기의 기동성보다 더 중요한 것은 '먼저 보는 것'이고, 상대방보다 OODA 루프OODA Loop를 빠르게 완성하는 조종사가 승리한다고 주장했다.[8] 그는 이 주장을 더 확장해서 "육체적·정신적으로 적보다 더 신속하게 행동하는 자가 전쟁에 승리한다"고 주장했다. 이것은 〈그림 7-2〉에서 보는 바와 같이 전장 상황을 관측Observe하고 판단Orient하여 결정을 내리고Decide, 그 결정에 따라 신속하게 행동Action하는 순환과정Loop이 적보다 빨라야 한다는 것을 의미한다.

이를 위해서는 정보수집능력과 분석능력, 신속·정확하게 정보를 전파하는 C4I체계를 요구한다. 즉, 정보기술의 우위성을 이용하여 전장 상황을 적보다 더 빨리 인식하며, 이를 바탕으로 더 완전하고 신속한 결정을

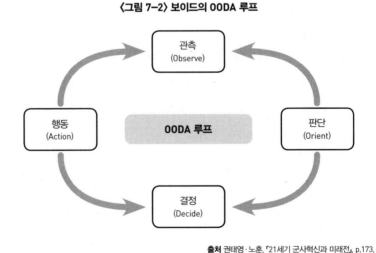

〈그림 7-2〉 보이드의 OODA 루프

출처 권태영·노훈, 『21세기 군사혁신과 미래전』, p.173.

---

8 Bruce Berkowitz, 문장렬 역, 『새로운 전쟁 양상』(서울: 국방대학교, 2008), pp.59~68.

내림으로써 적이 행동하기 전에 먼저 행동을 취할 수 있게 되며, 결과적으로 적은 아측의 공격에 대비할 시간을 갖지 못해 혼돈과 충격에 빠져 패하게 된다는 것이다.

보이드의 이론은 2003년 이라크전쟁에서 실현되었다. 미국은 이라크 전쟁에서 정보·감시·정찰체계와 정보를 전파하는 C4I체계, 표적을 공격하는 정밀타격체계를 통합하여 운영하는 '통합 항공우주작전본부'라는 기구를 운용했다. 이 본부에서 정보를 수집하고 전장 상황을 정확히 파악하여 결정을 내린 후 신속·정확하게 타격함으로써 이라크군을 마비시킬 수 있었다. 한 예로 걸프전에서는 연합군이 표적을 식별하고 공격하는 데 48시간이 소요되었으나 이라크전쟁에서는 약 30분으로 단축되었다. 한편 미 육군은 보이드의 OODA 루프 이론을 '목표군사력'의 전투수행 개념으로 적용하고 있는데, 이는 먼저 보고(See First) → 먼저 이해한 후 (Understand First) → 먼저 행동을 취함으로써(Act First) → 결정적으로 전투를 종료한다(Finish Decisively)는 S-U-A-F의 사이클을 최대한 빠르게 순환시키기 위해 노력한다는 것이다.

5. 네트워크 중심전(NCW)

드넓은 바다 위에 광범위하게 퍼져있는 수십 척의 함정이 신속하게 정보를 교환하고 협조하는 것은 해군의 꿈이요 과제였다. 1970년대 말, 미 해군의 연구자들은 컴퓨터와 통신기술의 발전으로 인해 함정 간 의사소통을 대폭 향상시킬 수 있다고 생각했고, 1980년대에 이르러 정보기술이 눈부신 발전을 보이자 이러한 개념이 실현되기 시작했다. 네트워크를 중심으로 한 정보통신기술을 이용해서 함정들 사이에 효율적인 정보체계를 구축한 것이다. 이 방법을 이용하면 각 함정의 자체적인 감시능력이 부족해도 다른 함정에서 획득한 정보를 공유함으로써 전투력을 획기적으로 증대할 수 있다.

미 해군제독 세브로스키^{Arthur K. Cebrowski}는 한 걸음 더 나아가 이 방법을

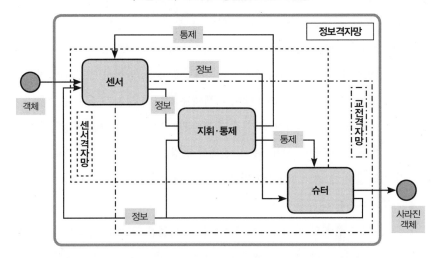

〈그림 7-3〉 네트워크 중심전의 이론적 모형

출처 권태영·노훈, 「21세기 군사혁신과 미래전」, p.214.

보다 광범위하게 적용할 수 있는 아이디어를 내놓았는데, 이것이 바로 네트워크 중심전NCW: Network Centric Warfare의 개념이다. 전장의 여러 전투요소를 효과적으로 연결하고 네트워크화하면 지리적으로 분산된 여러 전투요소가 전장의 상황을 공유할 수 있고, 통합적이고 효율적인 전투력을 만들 수 있다고 생각한 것이다. 세브로스키는 미 해군협회US Naval Institute 기관지 *Proceedings*에 게재한 논문에서 "지금 우리는 나폴레옹 시절 프랑스에서 국민총동원으로 전쟁의 개념을 바꾼 이래 경험해보지 못한 군사혁신의 한가운데에 서 있다"고 말하며, 정보기술이 단순히 조직의 운영만 바꾸는 것이 아니라 전쟁사에서 근본적인 변화를 초래할 것이라고 주장했다.[9]

네트워크 중심전(NCW)은 전투 수행효과 창출 구조를 설명하는 하나의 이론이다. 즉 정보기술의 진전이라는 관점에서 기존의 전투 수행효과를

---

9 Arthur K. Cebrowski and John H. Garstka, "Network-Centric Warfare – Its Origin and Future," U.S. Naval Institute (http://www.usni.org/magazines/proceedings/1998-01/network-centric-warfare-its-origin-and-future).

어떻게 극대화할 수 있는지를 밝히는 것이다.

NCW의 기본구조는 〈그림 7-3〉에서 보는 바와 같이 정보격자망 information grid, 센서격자망sensor grid, 교전격자망engagement grid으로 구성되어 있다. 정보격자망은 센서격자망과 교전격자망을 상호 밀접히 연결하여 망 안에 있는 모든 감시장비와 타격무기체계를 하나의 장치가 작동하는 것처럼 묶어줌으로써 커다란 센서-슈터 복합체StS: Sensors to Shooters를 형성한다. 센서격자망은 각종 감시센서를 연결해서 전장 상황을 높은 수준으로 인식하게 한다. 그리고 교전격자망은 여러 전투수단을 통합해서 운용함으로써 전투력을 대폭 높일 수 있다.

네트워크 중심의 전쟁개념을 옹호하는 사람들은 '플랫폼 중심에서 네트워크 중심으로의 전환'을 전쟁의 이상적인 모델로 생각했다. 플랫폼 중심전Platform Centric Warfare은 개별 시스템의 기능에 초점을 둔 것으로, 플랫폼 간의 상호 연결이 이루어지지 않아 전체적인 시너지 효과를 기대할 수 없다. 그러나 NCW에서는 전장의 플랫폼들을 모두 네트워크로 긴밀하게 연결함으로써 각 개별 플랫폼은 원거리에 위치한 다른 플랫폼이 제공한 정보도 결합하여 활용할 수 있기 때문에, 교전범위를 획기적으로 증대할 수 있다.

6. 5원이론

미국 예비역 공군대령 워든John A. Warden이 제시한 '5원이론Five Ring Theory'은 미 공군의 핵심적인 미래전 이론 중 하나로 병렬전쟁Parallel Warfare 개념의 기초가 되었다.[10] 워든은 전쟁을 물리적 요소와 심리적 요소의 결합체로 인식했다. 적의 물리적 요소는 크게 5개의 동심원 형태로 구성되어 있는데, 가장 안쪽에 중추조직인 적의 지휘부가 존재하고, 가장 바깥 동심원에

---

10 John A. Warden III, "Air Theory for the Twenty-first Century", *Battlefield of the Future: 21st Century Warfare Issues* (http://oai.dtic.mil/oai/oai?verb=getRecord&metadataPrefix=html&identifier=A DA358618).

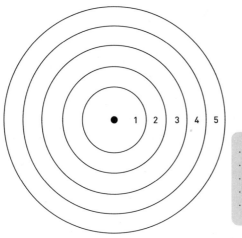

· 제1원 지휘부(Leadership)
· 제2원 핵심체계(System Essential)
· 제3원 하부구조(Infrastructure)
· 제4원 시민(Population)
· 제5원 군대(Field Military)

출처 권태영·노훈, 『21세기 군사혁신과 미래전』, p.179.

내부 동심원을 보호하는 군사력이 존재한다고 주장했다.

워든의 5원이론은 미래전을 발전시키는데 매우 유용한 관점을 제공한다. 첫째, 적의 중심을 신속·정확하게 파악할 수 있도록 해주고 각 체계 상호 간의 중요도를 파악하는데 유용한 수단이 된다. 전쟁의 목적은 상대의 의지를 아측이 원하는 바에 순응하도록 강요하는 것이므로 제1원 지휘부가 가장 핵심적인 중심이다. 적의 군대(제5원)는 적의 제1~4원을 보호하는 방패의 기능을 수행한다. 따라서 전쟁을 신속히 종료하려면 적의 군대를 파괴하기보다는 지휘부를 파괴하는 것이 급선무이다. 왜냐하면 국가의 지휘부가 파괴되거나 마비되면 국가의 존립이 위태롭지만 시민이나 군인이 다수 희생된다고 해서 국가가 멸망하는 것은 아니기 때문이다.

한편 5원이론은 새로운 미래전쟁의 개념과 전장운영방법을 제시했다. 과거에는 적의 지휘부를 파괴하려면 제5원의 군대와 접전해서 영토를 축차적으로 점령해야 제1원의 지휘부에 접근할 수 있었다. 따라서 피아간 대량살상·대량파괴가 불가피하였고 장기소모전 양상이 나타났다. 그러나 이제는 제1원의 지휘부까지도 원거리에서 정확하게 타격할 수 있게 되었다. 따라서 전쟁의 양상 및 수행방식이 적의 군사력과 근접하지 않고 원거리에서 공격하며, 적의 군사력을 파괴하는 것보다 적 지도부의 전쟁 의지를 파괴하는데 초점을 두고 전장을 운영하게 되었다.

이라크전쟁 초기부터 미·영 연합군이 후세인을 제거하기 위해 부단히 노력한 것은 워든의 이론에 영향을 받은 것이라고 할 수 있다. 즉 걸프전에서는 이라크의 지휘통제체제를 무력화함으로써 OODA 루프를 느리게 작동하게 하는 보이드의 이론을 따랐다면, 이라크전쟁에서는 워든의 이론에 기초한 리더십의 무력화(후세인 제거)에 큰 비중을 두었다고 할 수 있다.

7. 병렬전쟁

병렬전쟁Parallel Warfare이란 다양한 범주의 표적을 동시에 일제히 공격하여 적이 재정비 및 재배치할 시간을 주지 않고, 마비효과를 창출하여 단기간 내 전쟁을 종료하는 새로운 작전방식이다. 이러한 병렬전쟁의 목표는 적 시스템의 유기적 능력을 손상·와해·마비시킴으로써 적의 전쟁 수행의지를 파괴하는 데 있다. 적의 중심에 대한 선별적·효과적 공격을 동시에, 병렬적으로, 초스피드로 수행함으로써 적을 극심한 충격·마비·공황상태에 빠뜨리는 것이다. 워든은 5원체계 내의 모든 중심을 동시에 병렬적으로 공격함으로써 국가 전체를 순식간에 마비시킨다는 병렬전쟁 개념을 제시했는데, 이 개념은 미국의 예비역 공군대령 바넷Jeffery R. Barnett에 의해 보다 더 구체화되었다.[11]

다수 표적을 거의 동시에 공격한다는 것은 오랫동안 공군요원들의 바램이었다. 하루 동안 대규모의 공격을 가하는 것이 비슷한 규모의 공격을 몇 주 내지 몇 개월 동안 분산하여 실시하는 것보다 효과가 훨씬 더 크기 때문이다. 과거에는 적의 중심들을 거의 동시에 공격할 능력을 갖고 있지

---

11 Jeffery R. Barnett, 홍성표 역, 『미래전』(서울: 연경문화, 2000), pp.34~40.

못했다. 표적에 대한 정보가 불확실하고 타격수단의 사거리와 정확도가 제한되었기 때문이다. 예를 들면 1942~1943년 미 8공군은 독일군의 주요 표적 124개를 공격하였는데, 당시의 기술수준으로는 6일당 표적 1개 밖에 공격할 수 없었기 때문에 독일군에게 정비 및 재배치를 위한 충분한 시간적 여유를 허용했다. 이와 같은 상황은 1991년 걸프전에 이르러서는 극적으로 변한다. 당시 다국적군 공군은 개전 후 최초 24시간 동안 148개의 표적을 공격했다. 전략적 차원에서 국가지도부 및 통신망, 작전적 차원에서 중요 교량, 전술적 차원에서 해군의 각급 부대들이 각각 표적으로 선정되었고, 적의 전반적인 조직체계가 효과적으로 작동하지 못하도록 손상을 가하되 이라크 측이 수리 및 재정비를 하지 못하도록 최대한 신속하게 실시하는데 주안을 두었다. 동시에 집중적인 공격을 받은 이라크군은 응집력 있게 효과적으로 방어할 능력을 상실했다.

병렬전쟁은 정보, 지휘통제, 침투, 정밀성 등 네 가지 분야에서 이루어진 핵심기술 발전으로 인해 가능해졌다. 첫째, 정보 분야에서 적의 지휘부(제1원)까지도 정확하게 식별·판단할 수 있는 정보·감시·정찰이 가능해졌다. 전략가들은 전략적으로 중요한 정보인 적의 국가지도부의 위치는 물론, 적이 사용하는 통신수단의 종류와 방법, 국가지도부를 수호하는 정예부대들의 위치 등을 파악할 수 있게 되었다. 둘째, 정보기술의 혁명적인 발달에 의해 신속하고 충실한 정보의 저장·인식·전달이 가능케 됨으로써 지휘의 질을 현저하게 높일 수 있게 되었다. 셋째, 극초음속의 스텔스와 전자전 기술은 대규모 침투를 가능케 했다. 마지막으로 정밀타격수단이다. 표적 위치는 몇 피트 이내로 측정하며 정밀무기의 공산오차(CEP)는 1미터 이내가 되었다. 첨단센서들은 대기 중인 폭격기와 기만용 모형항공기를 식별하는 능력을 보유하게 되었다.

바넷은 미래전에서는 이와 같은 정보, 지휘통제, 침투, 정밀도의 발전으로 수준이 향상된 공격이 전쟁 개시 첫날부터 시작되어 지속적으로 수행될 것이고, 병렬전쟁의 잠재능력은 미래로 갈수록 증대할 것이라고 주장한다. 그러나 병렬전쟁에도 제한사항이 적지 않다. 특히 병렬전쟁을 수행하기 위해서는 적에 대한 완벽한 정보와 제공권 확보가 필수적이다. 따라서 상대적으로 우세한 군사력을 보유한 국가에는 적용하기가 쉽지 않다.

8. 비선형전

선형전이 전선을 기준으로 피아 간의 구분이 확실한 상태에서 수행하는 전투를 의미하는데 반해, 비선형전Non-Linear Warfare은 전선이 명확하지 않고 부대들이 넓은 전장에 분산되어 있는 상태에서 이루어지는 전투를 의미한다. 선형전에서는 전방과 후방, 전선, 전투지경선, 화력통제선 같은 지휘통제방책이 지도 위에 설정되고, 이것을 기준으로 전투부대끼리, 또는 전투부대와 지원부대가 같이 대형을 형성해서 전투를 실시한다. 그러나 비선형전에서는 전선, 전방, 후방이 따로 없고 전면이 적에게 노출되어 다면·다점·다방향·다차원의 전장에 놓이게 된다. 비선형전에서 부대들은 소규모로 넓은 전장에 분산되어 있지만 네트워크로 긴밀히 연결되어 정보공유와 전장상황인식이 가능하고, 높은 기동력을 갖고 있어 매우 빠른 템포의 작전을 수행할 수 있다.

전쟁의 비선형성은 현대에 이르러 현저하게 부각하고 있다. 현대전에서 보편화되고 있는 네트워크 중심전(NCW)에서는 과거의 전쟁에서와 같이 전투자산을 지리적으로 한곳에 집중시켜 물리적인 집중효과를 달성하는 것이 아니라, 분산되어 있는 각종 전투자산을 네트워크로 연결하여 정보의 공유와 적에 대한 상대적인 정보우위를 유지한다. 이를 통하여 전장상황의 인지능력을 제고하고 신속대응, 정밀파괴, 협동교전을 실시한다.

미래 전장에서는 부대들이 생존성을 증대하기 위해 소규모로 분산되어 있다가, 필요시 적에게 여러 방향에서 집중적으로 공격을 하고, 공격 후에는 다시 분산되는 모습을 보이게 될 것이다. 이러한 비선형전이 효과적으로 운영되기 위해서는 정보우위에 의한 우세한 전장상황인식, 네트워크화, 종심정밀타격, 압도적 기동 등의 능력을 확보해야 한다.

미국 해군대학원의 교수인 아퀼라John Arquilla는 첨단 네트워크기술을 이용한 새로운 비선형 전법으로서 '벌떼작전/스워밍전술swarming tactics'[12]을 제시했다. 미 합참은 이 이론을 실제 작전에 적용하면서 '분산작전'이란 용어를 사용했다. 분산작전이란 전력을 분산한 상태에서 어떤 상황이 발생하면 신속히 전력을 집중하는 전장운영방식을 말한다. 이는 오늘날 특수전부대들이 적진 깊숙이 침투하여 분산된 상태에서 작전을 수행하는 것과 유사한 전투방식이라고 볼 수 있다.

9. 효과중심작전

효과중심작전EBO: Effects-Based Operation은 적의 군사력에 대한 공격 및 파괴보다는 전략적·작전적 효과 달성에 중점을 두고, 적의 의지와 응집력에 대한 공격을 우선시하는 작전방식이다. 표적중심은 적을 물리적으로 파괴하는데 중점을 두었고, 목표중심은 효과에 관계없이 달성하고자 하는 목표를 선정하고 이를 하위 제대에 임무로 부여한다. 효과중심은 표적·목표중심을 포함한 개념으로서 전략적·작전적으로 요망하는 효과를 설정하여 전역목표를 달성하는 것이다. 여기서 효과란 전략적·작전적·전술적 수준에서 특정한 군사·비군사적 조치로 인해 발생하는 물리적·기능적·심리적 결과나 사건 또는 산물을 의미한다. 효과중심 접근은 목표 달성에 방해가 되는 부정적 영향을 최소화하거나 제거하는데 도움을 준다.

이러한 효과중심작전은 뎁틀라David A. Deptula 장군에 의해 그 개념이 발전하였는데, 아측의 군사력을 적의 군사력을 '파괴'하는데 사용하는 것보다 적의 군사력을 '통제'하는데 사용하는 것이 더 유익하다는 것이다. 여기서 통제control란, 전략적 요소에 대한 적의 영향력을 아측이 지배하는 것을 의

---

12 벌들은 멀리 떨어져 사방으로 분산되어 있다가도 위기 시 '윙윙' 소리를 상호 교신수단으로 삼아 순식간에 무리를 이루어 특정목표를 집중적으로 공격하고 그 목적을 달성하면 다시 흩어지는 행태를 보이는데, 이와 같은 행태를 전술에 응용한 것이다.

미한다. 적의 전쟁 수행역량 전체를 하나의 시스템으로 볼 때, 이 중 핵심이 되는 시스템만을 식별해서 무력화하면 전체 시스템을 무력화할 수 있다. 이것을 아측이 적의 시스템을 효과적으로 통제한다고 말한다. 즉, 획기적으로 향상된 정보수단과 명중률이 향상된 정밀유도무기를 사용하여 적의 중심Center of Gravity을 효과 위주로 공격하여 무력화함으로써 적의 군사력을 통제할 수 있다는 것이다.

기존의 섬멸전과 소모전에서는 적의 표적들을 개별적, 순차적으로 파괴했다. 그러나 효과중심작전에서는 '효과'에 기초해서 핵심 표적들만 선별하여 동시병렬적으로 파괴한다. 또한 적의 시스템을 파괴하는데 중점을 두지 않고 통제하는데 중점을 둔다.

그러나 이 효과중심작전은 실행절차가 복잡하다. 그중에서 가장 중요한 것은 효과기획과정이다. 이것은 목표를 달성하기 위해서 어떤 효과를 만들어내야 하고, 그 효과를 얻으려면 어떻게 행동해야 할 것인가를 분석하는 과정이다. 복잡한 시스템 속에서 적의 급소를 찾아내는 과정을 가리키는 것이다.

10. 신속결정작전

신속결정작전RDO: Rapid Decisive Operation은 걸프전 이후 미국 합참에서 발전시킨 미래 합동작전개념이다. 적이 예상치 못한 시간과 장소에 비대칭전력을 포함한 합동전력을 동시적·병행적·비선형적·비대칭적으로 운용하여 적을 신속하고 결정적으로 격멸하는 작전이다.

여기서 '신속'은 적의 작전 속도보다 더 신속하고 적시적인 작전을 통해 전역계획campaign plan의 목적을 달성하는 것을 의미한다. 신속성을 확보하기 위해서는 다음과 같은 능력을 구비해야 한다.[13]

---

13 권태영·노훈, 『21세기 군사혁신과 미래전』(서울: 법문사, 2008), p.193.

① 지식: 피아에 대한 상세한 이해능력 구비

② 지휘: 즉응적 C2 시스템을 갖춘 합동지휘본부의 운영 및 신속한 의사결정절차 구비

③ 기획: 조기 작전기획 착수, 적시적 작전 의사결정체제 준비

④ 전략적 배치: 전진배치와 신속한 이동의 사전 준비 및 보장

⑤ 작전: 매우 빠른 템포의 작전 수행

⑥ 지원: 신속하고 지속적인 군수지원체계 마련

신속결정작전에서 '결정적'은 적의 응집력과 전투의지를 와해시켜서 아측의 요구를 수용하도록 압박하는 것을 의미하며, 결정적인 작전을 수행하려면 다음 능력을 충족해야 한다.

① 지식: 적의 가장 값진 것을 식별하고 그것이 미치는 영향 파악

② 능력: 정보우위, 지배적 기동, 정밀교전능력 보유, 이들을 연계·동기화함으로써 이루어지는 정밀효과를 최대화할 능력

③ 기획: 효과위주의 작전기획 및 시행절차 마련

④ 지휘: 즉응태세의 지휘통제시스템, 매우 짧은 반응 사이클의 준비 및 훈련

⑤ 작전: 과감하고 무자비한 작전으로 적을 압도하는 충격효과 창출 가능

〈표 7-1〉은 신속결정작전의 특징을 쉽게 이해할 수 있도록 기존 작전과 신속결정작전의 차이점을 비교한 것이다. 기존 작전이 시간·공간·제대별로 축차적, 점진적, 선형적, 대칭적으로 수행되는 반면 신속결정작전은 동시적, 병행적, 비선형적, 비대칭적으로 수행된다. 또한 이전의 작전이 소모전 중심, 부대 중심으로 수행되는 반면에 신속결정작전은 효과 중심, 응집력 공격 중심으로 수행된다.

결국 신속결정작전(RDO)은 미 합참의 '합동비전 2020'[14]에서 강조하는

기존 작전	신속결정작전
축차적	동시적
점진적	병행적
선형적	비선형, 분권적
소모전 중심	효과 중심
대칭적	비대칭적
부대 중심	응집력 공격 중심
전장정보 준비/상황 인식으로 대처	역동적 전장 상황에 대처

압도적 기동과 정밀교전을 정보작전과 연계하여 효과중심작전을 구현하고, 네트워크 중심전·OODA 루프·5원체계·병렬전쟁·비선형전·비대칭전·동시통합전 등의 미래전 이론을 통합적으로 수용하여 체계화한 것이라고 평가할 수 있다.

III. 미래전 양상의 주요 특징

1. 전쟁수행개념 변화

(1) 네트워크 중심전(NCW)

네트워크 중심전(NCW)은 지리적으로 분산되어 있는 여러 전력요소를 정보통신기술을 이용하여 효과적으로 네트워크화함으로써 전장 상황을 공

---

14 미 합참은 2000년 5월에 21세기를 맞이하여 각 군이 경쟁적으로 추진하던 비전들을 합참수준에서 통합하여 만든 '합동비전 2020(JOINT VISION 2020)'을 발표했다. 이는 미군이 나아갈 방향을 제시한 청사진이라 할 수 있다.

유하고, 지휘관의 의도에 따라 부대들이 스스로 움직임으로써 신속한 지휘를 가능하게 하는 새로운 전쟁 및 작전 수행방식이다. 결과적으로 이를 통해 작전 수행효과를 획기적으로 높일 수 있다. 네트워크 중심의 전투는 다수의 전투체계를 동시적으로 정보 공유 네트워크로 조직함으로써 전투력 발휘 효과를 크게 높인다. 미래 전장에서는 네트워크 중심전에 의한 시너지 효과로 전투력을 집중하고 기동의 우세를 달성하며, 신속하고 정확하게 결정적인 전투를 수행할 것이다.

미군은 이미 2001년 아프가니스탄전쟁에서 정보우위 능력을 활용한 네트워크 중심전을 구사하여 단기간 내에 승리를 쟁취할 수 있었다. 아프가니스탄전쟁에서는 특히 신 시스템 복합체계의 정보·감시·정찰 및 네트워크체계의 중요성이 새로이 부각했다.[15] 즉, 아프가니스탄전쟁은 네트워크 중심전의 특성인 전장상황인식의 공유와 신속한 지휘통제가 실현된 전쟁이었다. 미국은 아프가니스탄전쟁에서 우주자산, UAV, 특수부대, 북부동맹 등 기존 탐지수단 외에 공중조기경보통제기 J-STARS와 같은 첨단 정보수집체계를 운용함으로써 현격한 정보우위를 달성하고 C4ISR 능력을 획기적으로 증진할 수 있었다.

(2) 효과중심작전

효과중심작전은 영토를 점령하거나 군사력을 파괴하기보다는 정밀타격 능력을 기반으로 적의 중심을 타격함으로써 전쟁목표 달성을 추구하는 작전을 말한다. 즉, 효과중심작전은 신속한 기동과 원거리 정밀타격을 결합하여 효과의 집중을 달성하며, 효과의 집중을 통해 적의 의지를 교란·마비시킴으로써 최소한의 교전으로 적 전투력을 무력화하는 작전이다.

이러한 효과중심작전을 실시하기 위해 우수한 C4ISR체계 및 정밀타격

---

15 합동참모본부, 『아프간 전쟁 종합분석(항구적 자유 작전)』(2002), p.132.

체계 확보를 선행해야 한다. 적의 중심을 식별하고 실시간 관측하기 위해서는 우수한 정보감시체계가 필요하고, C4I체계를 통하여 신속한 의사결정을 내림과 동시에 적의 중심을 정확하고 효과적으로 공격할 수 있어야 하기 때문이다.

전쟁수단이 비약적으로 발전함에 따라 미래전에서 효과중심작전도 더욱 발전할 것이다. 네트워크체계의 혁신으로 즉응성이 몇 시간 내로 대폭 향상되고, 사거리가 대폭 늘어나 적지의 종심에 전력 투사가 가능해지며, 정확도 향상으로 요망 효과만을 성취할 수 있게 될 것이다. 이러한 변화에 따라 싸우는 개념이 '파괴' 중심에서 '효과' 중심으로, 영토의 '점령'에서 시스템의 '통제'로, 개별적·순차적 공격에서 동시병렬공격으로 급속히 전환될 것이다.

(3) 신속결정작전

신속결정작전은 정보우위 상태에서 종심정밀타격전과 정보·사이버전을 상호 유기적으로 결합함으로써 기동의 속도성·종심성·기습성 및 충격성을 획기적으로 증대하고, 그 결과로 마비효과를 극대화하는 작전이다. 이러한 신속결정작전의 특징으로는 효과중심, 지식중심, 응집된 합동, 완전한 네트워크화 등을 들 수 있다. 효과중심은 전쟁 시 군이 적의 응집력을 약화하고 전투의지를 말살하는 효과를 얻기 위해 정밀능력 운용에 중점을 두는 것을 말한다. 지식중심이란 정보우위를 뛰어넘어 적과 전장의 시스템에 대한 종합적 이해를 추구하고, 우군 상황에 대한 통합된 인식을 공유함으로써 이루어지는 지식발전 중심으로 미래전이 변하는 것을 말한다. 응집된 합동이란 교리와 조직, 인적요소에 미치는 상승효과를 달성하기 위해 미래전력의 합동화가 더욱 절실하다는 것을 뜻하며, 완전한 네트워크화는 지식 창출과 공유를 가능하게 할 뿐만 아니라 여러 과업을 동시에 완수할 수 있도록 해준다.

신속결정작전은 2003년 이라크에 대한 미군의 '충격과 공포Shock and Awe

작전'으로 시현되었다. 이 작전의 첫 단계는 바그다드 진격작전으로, 미군은 3월 20일부터 25일까지 하루 평균 80km를 진격하여 사상 유례를 찾기 어려운 기동성을 보였다. 바그다드 남방 80km 지점까지 진출한 미군은 4월 4일까지 지속적인 공중공격으로 바그다드를 압박했다. 그 후 미군은 바그다드 방위를 위해 출동한 이라크 공화국수비대와 교전하면서 4월 5일에서 14일까지 바그다드를 장악했다. 충격과 공포 작전에서 미군은 신속한 기동 및 빠른 작전템포의 기습작전으로 적의 대응능력을 와해시켰다.

(4) 비선형전

오늘날 지금까지 통용되어 오던 선형전이 비선형전으로 급속히 변하고 있다. 선형전에서는 전방과 후방, 전선, 전투지경선 등과 같은 인위적인 전투구획이 설정되고 이를 기준으로 각 부대가 협조대형을 형성해서 적과 교전한다. 그러나 비선형전에서는 전선과 후방이 따로 없고 사방이 적에게 노출되어 있으며, 부대들은 넓은 전장에 소규모로 분산되어 있으나 네트워크로 연결되어 있어 필요시 적에게 다방면에서 집중적인 공격을 가할 수 있다. 비선형전에서는 물리적 파괴가 아닌 심리적 혼란 및 파괴에 주안을 두고 효과중심의 정밀종심작전을 수행한다.

과거에는 적의 중심을 공격하려면 먼저 적의 전방 배치 군사력을 파괴하고 적의 영토를 점령해야만 했다. 따라서 기동에 의한 병력과 화력의 집중이 중요시되었다. 산업화시대에는 대규모 군에 의한 선형전이 주를 이루었는데 제1차 세계대전에서 절정을 이루었고 제2차 세계대전에서도 선형전의 성격이 매우 강했다.

그러나 군사전략가들은 발전한 과학기술을 군사적으로 최대한 이용하고 기습효과를 달성하기 위해 비선형전의 요소를 증대하기 시작했다. 최근 아프가니스탄전쟁이나 이라크전쟁은 비선형전 성격이 강한 전쟁이었다. 이라크전쟁에서 미군과 영국군은 항공기와 미사일을 통한 적 종심지역 정밀타격을 실시함으로써 적의 지휘통제체계를 와해시켰고, 다양한 특수부대를 투입하여 표적유도활동과 심리전 등을 전개하였으며, 지상전 력도 전선 유지보다는 바그다드를 비롯한 적의 중심을 향한 신속한 진격 에 더 역점을 두었다. 미군은 이라크 전역에 분산되어 있었지만 네트워크 를 통해 연결되어 있었기 때문에 전력을 효과적으로 통합할 수 있었고, 결 과적으로 3주 만에 주요 전투작전을 종료할 수 있었다.

미래에는 이러한 전쟁의 비선형성이 현저하게 증대할 것으로 예상한 다. 미래에는 장거리 정밀무기와 사이버전 무기에 의해 적의 중심을 동시 에 병렬공격하여 큰 인명희생과 대량파괴 없이 조기에 적의 의지를 강요 할 수 있게 될 것이다. 미래의 비선형전에서는 전투부대들이 소규모로 분 산된 상태에서 적의 공격으로부터 효과적인 방호를 받고 있다가 적의 중 심으로 판단되는 소수의 표적에 대하여 여러 방면에서 동시에 공격하고, 공격 후에는 다시 분산하여 다음 임무를 수행하는 모습을 보일 것이다.

분산기지와 벌떼작전/스워밍전술은 대표적인 비선형전 개념이다. '분 산기지'는 분대 내지 소대 규모의 소규모 부대들을 분산하여 적진 깊숙이 침투시킨 후, 이 부대들로 하여금 인간센서human sensor 역할을 하도록 한다. 이 소규모 부대들은 네트워크로 긴밀히 연결되어 전장 상황을 실시간으 로 전파하고 기동부대와 정밀타격수단을 표적에 유도한다.

미군은 분산기지 이론을 실제로 작전에 응용하면서 분산작전이라는 용 어를 사용하고 있는데 절차적으로 보면 분산작전은 위치식별, 결집, 공격, 재분산의 네 단계로 진행된다. 분산되어 있는 모든 부대가 적을 식별한 후 은밀하게 결집하여 공격하고 바로 다시 분산함으로써 차후 공격을 대비 하는 것이다. 여기서 특히 중요한 것은 결집과 동시에 공격을 실시함으로 써 아군의 취약점을 노출하지 않아야 한다.

이러한 분산작전을 효과적으로 운영하기 위해서는 모든 부대가 네트워 크로 긴밀히 연결되어 전장 가시화 및 정보공유가 가능하고 매우 빠른 템 포로 작전을 수행할 수 있어야 한다. 다른 한편으로는 부대 지휘의 분권화나 의사결정의 분산도 필요하다. 하급제대 지휘관들이 예상하지 못한 상황에서도 적절하게 대처할 수 있는 역량을 구비해야 하는 것이다.

2. 전장공간 확대

(1) 5차원전

미래전은 5차원전 양상을 보일 것으로 예상하는데 이는 주로 무기체계의 발전에 기인한다. 무기체계가 장사정화, 정밀화, 네트워크화함에 따라 전장공간은 지상, 해상, 공중에 이어 우주공간 및 사이버공간으로 확장될 것이다. 지구상의 모든 컴퓨터가 네트워크로 연결되고 첨단 정보매체가 등장하면서 정보공간이라는 새로운 공간이 출현하였기 때문이다. 미래 정보사회에서는 이러한 사이버세계의 정보·지식 흐름을 혼돈·마비시키면 그 사회와 군대의 기능이 순식간에 마비될 것이다. 과거 아날로그 시대에서는 전혀 상상할 수 없는 새로운 전쟁 양상이다.

또한 과학기술의 발달로 인해 첨단 우주전력이 출현하여 날로 중요성이 증대하고 있다. 우주전력은 기존의 군사시스템과 통합될 경우 군의 전력을 획기적으로 증대할 수 있는 요소로서 지상 · 공중 · 해상전력과 구별되는 고유의 특징을 갖고 있다. 국제사회의 제반 규약이 지구 궤도권까지 확대되지 않기 때문에 모든 국가는 타국의 수직 공간에서 제약 없이 우주비행체를 운영할 수 있다. 우주공간에서 운용할 수 있는 주요 군용자산으로는 군사위성과 표적 파괴를 목적으로 우주에 배치되어 운용되는 공격용 무기를 들 수 있다. 군사위성은 정찰 및 정보수집, 표적획득 및 정밀공격지원, 기상관측, 통신, 항법지원 등 대부분 군사작전 지원에 활용된다. 공격용 우주무기로는 레이저 및 입자빔, 고출력마이크로파 무기 같은 지향성 에너지무기와 고속으로 운동하는 탄자를 표적에 충돌시켜 표적을 파괴하는 운동성 에너지무기, 그리고 대위성^{Anti-satellite} 공격무기 등이 있다.

(2) 정보전·사이버전

정보작전이란 정보우위를 달성하기 위해서 전·평시 가용한 모든 수단을 통합하여 아측의 정보 및 정보체계는 안전하게 보호하고, 상대측의 정보 및 정보체계에 영향을 미치기 위해 취하는 모든 행동을 의미한다. 정보전 은 정보작전의 하위개념으로 위기 및 분쟁 시에 실시하는 정보작전을 의 미하고, 그 적용범위에 있어서도 비군사 분야를 포괄하는 정보작전과 달 리 정보전은 군사 분야 및 특정목표에 한정된다. 사이버전은 "컴퓨터와 관 련된 기반장비를 토대로 한 사이버공간에서 다양한 사이버 공격수단을 사용하여 상대의 정보자산을 교란·거부·통제·파괴하여 상대의 통신체계 ·전산체계·국가정보체계 등 정보체계를 마비시키기 위해 위기 시나 분 쟁 시에 취하는 무형의 공격적인 행동이나 이에 대한 방어행동"이다.[16] 정 보작전, 정보전, 사이버전은 결국 상대방의 네트워크 중심전(NCW)을 방 해하고 무력화하는 반反 NCW라고 볼 수 있다.

미래 지식·정보화사회에서는 금융체계, 철도운영체계, 지하철체계, 미 디어체계 등 국가의 모든 기간시스템을 고성능 컴퓨터와 네트워크에 의 해 운영하고 통제할 것이다. 이러한 기간시스템이 적의 공격을 받아서 마 비될 경우 군사작전에도 치명적인 타격을 주게 될 것이다.

또한 미래에는 혁명적으로 발전하는 정보기술로 인한 사이버공간의 확 장과 함께 사이버전의 중요성이 크게 부각할 것이다. 특히 군이 첨단 정 보기술을 기반으로 하는 네트워크 중심의 시스템복합체계로 발전하고 있 고, 미래전쟁이 기획·계획 및 실행과 지휘통제수단에 이르기까지 네트워 크에 절대적으로 의존하는 개념으로 바뀌고 있다. 그런데 이러한 모든 전 력의 네트워크화는 전쟁의 효율성을 극적으로 높이는 장점을 갖고 있는 반면, 보호되지 못할 경우 치명적인 결과를 초래할 위험성을 내포하고 있 다. 따라서 미래전에서는 사이버전의 중요성이 한층 더 높아질 것이다.

---

16 배달형, 『미래전의 요체 정보작전』(서울: 한국국방연구원, 2005), pp.93~94.

사이버전은 다음과 같은 매우 중요한 특성을 보유하고 있다. 첫째, 사이버전 무기기술은 소수의 전문가들에 의해 저비용으로 개발하는 것이 가능하다. 둘째, 사이버전은 저비용의 초보적인 공격기술로도 핵무기 못지않은 치명적인 손상을 줄 수 있다. 셋째, 사이버전은 지구촌 어디든지 적용이 가능하며 지리상의 제약을 받지 않는다. 넷째, 사이버전은 정치, 경제, 군사, 사회, 심리 등 모든 분야에 전·평시 구분 없이 적용된다. 다섯째, 사이버전은 비대면성과 익명성이란 특성 때문에 공격을 감지하거나 공격 자체를 입증하거나 고의성을 가려내기가 매우 어렵다. 여섯째, 사이버 공격무기는 상대측의 인명에 피해를 주거나 장비 및 시설을 외형적으로 파괴하지 않고 상대 국가·조직·군대의 기능을 무력화할 수 있다. 일곱째, 사이버전은 약소국이 강대국에 비대칭적으로 대응할 수 있는 수단이다.[17]

사이버전의 공격수단으로 해킹, 컴퓨터 바이러스, 웜, 논리폭탄, 치핑 등이 계속 개발되어 활용될 것이며, 이를 방어하기 위해서 바이러스 백신, 침입차단, 암호 및 인증, 보안관제 등의 방책이 경쟁적으로 발전되고 활용될 것이다.

3. 전쟁수단의 혁명적 변화

(1) 무인로봇전

엘빈 토플러는 그의 저서 『전쟁과 반전쟁』에서 21세기 전쟁은 로봇전쟁이 될 것으로 예측하면서 무인전투체계 개발능력을 보유하고, 무인전투체계를 확보하기 위한 예산을 우선적으로 지원해야 한다고 주장했다.

21세기 정보·지식사회의 전장에서는 다양한 유형의 로봇이 정보수집, 표적식별 및 추적, 레이더 교란, 지뢰 및 기뢰 제거, 오염제독, 표적공격 등의 임무를 전투원을 대신하여 수행하게 될 것이고, 이로 인해 인명을 중시하는 전투 수행이 가능해질 것이다.

---

17 권태영·노훈, 『21세기 군사혁신과 미래전』, p.225.

무인무기체계는 1970년대 이전에는 기술적 성과와 실전 운용성에 대한 의문으로 본격화되지 못했으나, 이스라엘이 1973년 욤키푸르^{Yom Kippur} 전쟁과 1982년 레바논 침공 당시 적 방공망을 제압하는데 무인비행체를 성공적으로 운영한 것을 계기로 미국 등 선진 군사강국들의 관심을 끌게 되었다.

미국은 로봇무기의 혁신적 발전을 추진하고 있는 바, 각 군은 무인체계를 경쟁적으로 개발하고 있다. 특히 기존에 감시·정찰용으로 사용하던 육군의 무인지상차량UGV: Unmanned Ground Vehicle, 해군의 무인잠수정UUV: Underwater Unmanned Vehicle 및 공군의 무인항공기UAV: Unmanned Aerial Vehicle를 전투용으로 발전시키고 있다. 예를 들어 미군은 이라크전쟁과 아프가니스탄전쟁에서 무인정찰기에 감시장비와 헬파이어 미사일을 장착한 후 지상표적을 공격했다. 뿐만 아니라 소형 로봇을 폭발물 제거, 정찰 및 감시작전 등에 투입하여 많은 성과를 거두었다.

현재 전장에서는 프레데터^{Predator}, 리퍼^{Reaper}, 글로벌호크^{Global Hawk} 등의 UAV가 운용되고 있다. 프레데터는 정찰 임무뿐만 아니라 간단한 지상공격 임무도 수행한다. 새로운 버전이 논의 중인데 전자전, 잠수함 추적, 심지어 공중전까지 고려되고 있다. 리퍼는 이륙한 후에는 조종사의 도움 없이도 비행이 가능하며 탑재 센서로 인공물체를 인지 및 분류할 수 있는 능력까지 갖추고 있다. 무인전투기UCAV: Unmanned Combat Aerial Vehicle도 발전하고 있는데, 핵심적인 무인전투기 시제품으로는 보잉 X-45, 노스럽그러면 X-47 등을 꼽을 수 있다. X-47은 적의 방공망을 은밀히 침투하는 위험한 임무를 감안해 스텔스기능을 특별히 강화했다. 이러한 무인전투기 시제품들은 워게임에서 인상적인 능력을 과시한 것으로 알려져 있다.[18] 이외에도 수많은 UAV 및 UCAV가 개발되고 있다. 이러한 공중무인체계는 현재 주로 정

---

18 피터 W. 싱어, 권영근 역, 『하이테크 전쟁: 로봇 혁명과 21세기 전투』(서울: 지안출판사, 2011), pp.172-178.

찰 임무만을 수행하고 있으나 앞으로는 폭탄 투하, 미사일 발사 등 정교하면서도 공격적인 임무들을 다양하게 수행할 수 있도록 발전할 것이다.

한편 지상전력 무인무기체계 개발 노력도 진행되고 있다. 미 육군은 무인지상차량(UGV)이 정보수집, 수색정찰, 표적획득, 화생방감시 및 오염제독, 폭발물 취급, 장애물 설치 및 제거 등 광범위한 분야에 응용될 것으로 판단하고 일찍이 1960년대부터 개발해왔다. 지상은 지형의 기복, 자연 및 인공장애물 등 운용환경이 공중에 비해 복잡하기 때문에 UGV의 실용화 수준은 아직 초보단계에 머물러 있다. 그럼에도 불구하고 미 육군은 다양한 무인지상체계의 개발을 추진하고 있다. 미국 국방부는 22종의 지상운송기기 시제품을 개발 중에 있으며 여기에는 3.5킬로그램 정도의 소형 로봇부터 한 번에 240톤을 나를 수 있는 덤프트럭 로봇까지 다양하다.[19]

(2) 비살상전

비살상무기는 사람에게 치명적인 부상을 입히지 않고, 불필요하게 물자를 파괴하거나 환경에 손상을 주지 않으면서, 적의 인원 및 장비의 기능을 무력화할 수 있도록 설계되고 활용되는 무기들이다. 또한 폭발과 관통, 붕괴 등을 통하여 표적을 파괴하는 재래식 살상무기와 달리, 비살상무기는 표적을 대량으로 파괴하지 않는 수단을 사용한다. 1999년 코소보내전에서 나토군은 유고 공습 시에 '흑연거미줄탄'으로 불리는 신형폭탄을 사용했다. 이는 유고 전역에 공급되는 전기의 70% 가량을 차단하는 큰 효과를 거두었지만, 사람에게는 별다른 피해를 주지 않았다.

전문가들은 이러한 비살상무기가 미래전에서 보다 빈번하게 사용될 것으로 전망하고 있다. 비살상무기는 전통적인 살상무기를 사용하기 어려운 환경에서 매우 유용하게 사용할 수 있다. 범죄와 테러 수준에서는 폭동진압, 국제범죄 및 테러범 체포, 인질 구출 등의 목적으로, 전쟁 이외의 군

---

19 앞의 책, p.164.

사활동에서는 평화조성 및 유지, 인도적 지원 및 재난구조 시 사용할 수 있다. 지역적 분쟁 시에는 작전목표를 지원하고 부수적 살상을 최소화하며 특히 도시지역 군사작전에 효과적이다. 전략적 수준에서는 작전템포를 지원하고 적의 항복을 유도하는 활동에 사용할 수 있다.

대표적인 비살상무기로는 고섬광탄 및 저에너지 레이저와 같은 대[對]센서형 무기, 금속연화제 및 부식제 같은 대기동형무기, 초저주파 음향탄 같은 대인형 무기가 있다.

4. 전장 통합운영

(1) 비대칭전

비대칭전은 일반적인 측면에서 정의한다면 "전쟁에서 피·아 간의 차이점(강·약점)을 이용해서 아측에게 최대한 유리하도록 하고 적에게는 최대한 불리하도록 하여 승리를 도모하는 지략적인 전쟁방식"이다.[20] 즉, 양측의 차이점 분석을 통해서 아측의 강점을 최대화하고 약점을 최소화할 방책과 적의 강점을 최소화하고 약점을 최대화하는 방책을 도출하여 수행하는 전쟁방식이라고 할 수 있다.

비대칭전은 중요한 전쟁방책의 하나로서 인류가 일찍부터 사용해왔지만 최근 안보환경의 새로운 변화, 과학기술의 혁명적 발전, 정보·지식 기반의 새로운 전쟁 양상의 출현으로 그 중요성이 급속히 부상하고 있다. 1990년대에 걸프전과 코소보전, 9·11사태로 인해 2000년대에 벌어진 아프가니스탄전쟁과 이라크전쟁의 사례는 이러한 변화를 극명하게 보여준다. 미국은 압도적인 첨단 정보기술전력을 기반으로 비대칭전을 구사함으로써 상대의 전략적 중심들을 동시병렬적으로 공격할 수 있었고, 최소의 희생과 비용으로 승리할 수 있었다.

비대칭전을 구사한 것은 미국만이 아니다. 걸프전에서 이라크는 미국

---

20 권태영·노훈, 『21세기 군사혁신과 미래전』, p.261.

과 군사적 대결이 어렵다는 판단하에 쿠웨이트를 공격하는 비대칭전을 구사했다. 코소보전에서 세르비아군은 위장과 기만책을 광범위하게 구사하고 모의장비를 설치함으로써 연합군의 유도무기를 엉뚱한 곳으로 유인했다. 아프가니스탄전쟁에서 탈레반은 산악과 동굴에 은거하면서 장기전을 시도하였으나 미국 측이 동굴파괴폭탄 등을 사용하였기 때문에 큰 성과를 달성하지는 못했다. 테러조직은 여기에 맞서 생물무기인 탄저균을 미국 사회에 퍼뜨리는 행동으로 대응했다. 이처럼 정보화시대에 들어서면서 전장운영개념에서 비대칭전략을 경쟁적으로 적용하려는 경향이 뚜렷해지고 있다.

장차 미국 등 주요 선진국들은 원거리로 신속하게 투사할 수 있는 첨단 정보기술군을 창출하는 데 목표를 두고 C4ISR체계와 장사정 정밀타격체계, 미사일방호체계, 전자·정보전체계 등을 시스템 차원에서 통합하여 시너지 효과를 극대화하며 비대칭전을 발전시킬 것이다.

반면 약소국 및 소수집단들은 ① C4ISR체계를 무력화할 수 있는 정보·사이버전, ② 대량살상무기(WMD)를 이용한 위협, ③ 전쟁의 지구전화, ④ 테러리즘과 연대 모색, ⑤ 게릴라전, 도시전, 산악전, 기만전, 심리전 등을 복합적으로 활용한 비대칭적 접근법을 발전시키고 사용할 것이다.

우리의 입장에서 현존하는 북한의 비대칭적 위협은 북한의 대규모 전력, 비정규전 능력, 핵을 포함한 대량살상무기 전력으로, 비대칭적인 접근 개념 및 방책이 긴요한 실정이다. 한편 미래에 예상되는 주변 강국들의 비대칭적 위협은 국력 및 군사력의 현저한 차이에서 비롯한 것으로, 한국이 주변 강국들의 군사력과 대등한 군사력을 유지하기는 국가재정상 어려운 것이 현실이기 때문에 어떤 특수한 비대칭적 접근을 모색하는 것이 긴요하다.

⑵ 동시통합전

동시통합전은 '동시성'과 '통합성'의 특성이 합성된 전쟁 양상이다. 동시성은 전장에서 제반 군사행위가 시간 흐름에 따라 순차적으로 이루어지는 것이 아니라 거의 동시에 이루어지는 것을 의미한다. 통합성은 주어진 군사목적을 달성하기 위해서 가용한 전투공간, 전투수단 및 노력, 전투수 행방식을 통합해서 운영하는 것을 의미한다. 미래 전장에서 주도권을 확보하려면 가용한 능력 및 방책을 모두 특정한 목표 달성에 집중해야 한다.

이러한 동시통합전을 수행하기 위해서는 전장의 모든 참여주체가 네트워크로 긴밀히 연결되어 있고, 정보우세 하에서 전장정보를 공유할 수 있어야 한다. 또한 전장의 가시화로 적의 중심을 식별해서 효과위주로 공격할 수 있어야 하고, 시스템복합체계 및 NCW는 물론 앞에서 언급한 미래전의 체계 및 전쟁수행개념이 상호 연계된 가운데 상황에 따라 동시통합되어 운영될 수 있어야 한다.

이러한 '동시통합'은 전장공간의 동시통합, 전투체계 및 수단의 동시통합, 전장운영방식의 동시통합, 총합적 동시통합을 모두 포괄하는 개념이다. 첫째, 전장공간의 동시통합은 미래전에서는 육지와 바다는 물론 우주·공중·해저·지하의 공간을 모두 통제해야 하는 5차원 동시동합전장이 발전한다는 것이다. 또한 사이버공간의 발전에 따라 현실공간과 가상공간의 동시통합전장이 발전할 것이다. 둘째, 전투체계 및 수단의 동시통합은 전장에 참여한 다양한 센서체계와 정밀타격체계가 지휘통제네트워크체계에 의해 상호 연결되어 동시통합적으로 운영됨을 의미한다. 셋째, 전장운영방식의 동시통합이란 전장운영방식이나 전법들이 주어진 전쟁 상황 및 여건에 가장 적합하게 조합됨을 의미하고, 넷째로 총합적 동시통합이란 전장공간, 전투수단, 전장운영방법이 동시통합하여 시너지 효과를 극대화하는 것을 의미한다.

미국은 최근 걸프전과 이라크전쟁에서 동시통합전을 시현했다. 첨단 C4ISR에 의해 전장을 통합하고, 정밀유도무기 등 가용수단과 전장운영방식을 상황에 가장 적합하게 동시통합했다. 특히 미 공군의 동시병렬작전은 동시통합성의 극치를 보여주었다. 제2차 세계대전 시 미군이 약 120개의 전략적 표적을 타격하는데 2년 이상을 소요한 반면, 걸프전에서는 이와 비슷한 이라크의 전략적 표적들을 불과 24시간 내에 타격했다. 따라서 제2차 세계대전 시의 독일군은 복구·정비할 수 있는 시간적 여유를 확보할 수 있었으나 이라크군은 갑작스러운 동시다발적 파괴로 혼절·마비 상태에 놓이게 되었다. 동시통합전이 기습·충격·마비효과를 창출함을 잘 보여준 것이다.

IV. 맺음말

전쟁 양상은 시대에 따라 끊임없이 변화해왔다. 그러나 인류 역사상 혁명적인 변화가 일어난 것은 몇 차례 되지 않는다. 정보·지식사회의 도래에 따른 전쟁 양상의 변화가 그 혁명적 변화 중 하나이다. 이러한 변화의 방향은 베트남전쟁의 참담함을 기초로 지속적인 군사혁신을 추진해온 미국이 새로이 개발한 전쟁수행개념과 전장운영방법, 전쟁수단 등에 의해 제시되고 있다. 주변 강대국들인 중국, 일본, 러시아도 이러한 변화를 주시하면서 자국의 안보환경과 국력에 부합하는 군사혁신을 추진하고 있다.

한국군도 미래전 양상의 변화에 대처하기 위해 우리나라만의 특수한 전장환경과 상대전력에 대한 분석을 토대로 한국의 특성에 맞는 군사혁신의 방향을 설정하고 추진하기 위해 부단히 노력하고 있다. '국방개혁 2020', '국방개혁 2012-2030' 등이 그 산물이다. 그러나 현재 제시된 개혁계획이 완결판이라고 할 수는 없다. 안보환경 변화와 우리의 대응전략 변화에 따라 지속적으로 수정·보완해야 할 것이다. 특히, 북한의 핵 보유 상황을 고려하여 국방정책과 군사전략, 군 및 부대구조, 전력체계 등을 재점검하고 그 결과를 국방개혁 계획에 반영할 필요가 있다.

ON WAR

戰爭論

PART 3
전쟁의 유형

PART 3

지혜의 발견

ON WAR

CHAPTER 8
전면전쟁과 제한전쟁

김연준 / 용인대학교 군사학과 교수

육군사관학교 졸업 후 국방대학원에서 국방관리 석사학위, 용인대학교에서 경호학 박사학위를 받았다. 임관 이후 야전부대와 국방부 등 정책부서에서 근무하다가, 2011년부터 용인대학교 군사학과 교수로 재직하면서 한국군사학연구학회 이사 등을 맡고 있다. 군사이론, 전쟁사, 북한학 등 군사학적 주제를 연구하고 있으며, 주요 논문으로는 "미래 한국군 군사력 건설방향", "한국적 민간군사기업 도입방안" 등이 있다.

전쟁의 형태는 전쟁을 이해하려는 관점의 차이에 따라 다양하게 분류할 수 있다. 이러한 관점의 차이에는 전쟁 참여자에 대한 성격 규명으로부터 전쟁의 목표, 시·공간적 규모, 이념 및 수단 등을 포괄한다. 전쟁 형태에 대한 다양한 관점을 망라하여 획일적으로 체계화한다는 것은 무척이나 어려운 일이다. 그럼에도 불구하고 통상적으로 전쟁을 성격, 강도, 군사작전의 범위에 따른 세 가지 관점에서 분류할 수 있다.

첫째로 전쟁의 성격별 분류를 보면, ① 존 콜린스J. Collins는 전쟁의 목적과 수단을 기준으로 전면전쟁, 제한전쟁, 혁명전쟁 및 냉전 등으로 분류하였으며,[1] ② 줄리언 라이더Julian Lider는 적대교전상대(국가 간, 국가 내, 국가 간+국가 내 혼합), 전쟁목적(국가적 목적, 사회적 목적, 국가적+사회적 혼합)과 전쟁행위(핵전, 재래전, 비정규전)에 따라 전쟁을 분류하였고,[2] ③ 국제법 준수 여부를 기준으로 합법적·비합법적 전쟁, 공간상으로 전면전·국지전, 시간상으로는 장기·단기·우연전쟁, 전쟁 수행방식에 따라 섬멸전·소모전 등으로 분류할 수 있다.

둘째로 전쟁의 강도별 분류는 분쟁의 스펙트럼과 발생 가능성의 정도에 따라 저강도분쟁Low intensity Conflict, 중강도분쟁Middle intensity Conflict, 고강도분쟁High intensity Conflict으로 분류할 수 있다.

마지막으로 군사작전의 범위에 따른 분류는 다양한 작전활동을 전시, 분쟁 시, 평시로 구분하고 있다.[3]

본장에서는 존 콜린스의 전쟁의 목적과 수단에 따른 분류를 기준으로 하여 전쟁의 대표적인 형태를 기술하고자 한다. 전면전쟁의 개념·정의와 조건 등을 알아보고, 전면전쟁의 상대적 개념인 제한전쟁의 의미, 역사,

---

1 국방대학원 역, 『대전략론』(서울: 국방대학원, 1979), pp.12-16.

2 Julian Lider, *Military Theory: Concept, Structure, Problems* (Aldershot: Gower Publishing Company, 1983), pp.174-180.

3 U.S. Headquarters of the Department of the Army, *FM 100-5 OPERATION* (1993), pp.2-10.

방법과 지침 및 문제점 등을 이해한 후, 제2차 세계대전 이후 개편된 국제연합(UN) 체제하에서 최초로 발생한 무력분쟁인 6·25전쟁(1950~1953년)을 국제체제 수준에서 재조명함으로써 제한전쟁의 이론과 실제에 대한 폭넓은 이해를 도모하고자 한다.

I. 전면전쟁

1. 전면전쟁의 개념과 정의

전면전쟁General War이란 무엇일까? 이 문제는 클라우제비츠가 필생의 역작인 『전쟁론』에서 말한 전쟁의 두 가지 상반되는 본질, 즉 절대전쟁Absolute War과 현실전쟁Real War 중에서 절대전쟁의 속성을 통해 이해할 수 있다. 그는 "전쟁이란 적을 굴복시켜 자기의 의지를 강요하기 위해 사용하는 일종의 폭력행위"라고 주장했다.[4] 즉, 적에게 나의 의지를 강요하는 것이 전쟁의 목적Object이며, 적의 저항력을 무력화하는 것은 전쟁의 목표Aim이고, 물리적 폭력은 전쟁의 수단Means이 된다.[5]

절대전쟁은 다음과 같은 무한대의 상호작용을 통해 비극적인 결말을 초래하게 된다. 첫째, 우리의 의지를 적에게 강요하기 위해서는 '폭력의 극한 사용'이 필요하다. 싸움의 동기는 적대적 감정과 적대적 의도에서 시작한다. 전쟁과 같은 위험한 상황에서 무자비하게 폭력을 사용하는 쪽은 폭력을 사용하지 않는 쪽보다 유리하다. 전쟁을 벌이는 양측은 서로 상대방에게 의지를 강요하게 됨으로, 폭력행위는 이론상 극한으로 발전한

---

4 Raymond Aron, *Clausewitz: Philosopher on War translated by Christine Booker and Norman Stone* (New York: Simon & Schuster, inc, 1985), p.75.

5 Michael Howard, "The influence of Clausewitz," in Michael Howard & Peter Paret, ed & tr., Carl von Clausewitz, *On War* (Princeton, NJ: Princeton Univ Press. Press, 1984), p.75.

다.(제1상호작용)

둘째로 전쟁의 '목표는 적을 저항하지 못하도록 무장해제'시키는데 있다. 전쟁행위로 적에게 나의 의지를 따르도록 강요하려면, 적이 전혀 저항하지 못하도록 만들거나 우리가 적에게 요구하는 희생보다 더 큰 위협을 느끼도록 해야 한다. 전쟁은 두 집단 간의 충돌로써, 내가 적을 쓰러뜨리지 못하면 적이 나를 쓰러뜨리려고 시도하게 되어 상호작용은 극한으로 발전하게 된다.(제2상호작용)

마지막으로 '힘의 최대한 발휘'이다. 적을 타도하려면 적의 저항능력(현존수단·의지력)을 극복할 수 있는 적절한 노력이 요구된다. 상대를 압도하려는 노력은 상호작용으로 발생한다.(제3상호작용)

결국 무제한 폭력의 충돌은 극한상태에서 절대전쟁에 도달하게 될 것이고, 어느 한편이 완전히 파멸할 때에만 종식될 수 있다.

국방대학원에서는 전면전쟁을 "국가 각 분야의 총력으로서 전쟁목적 수행을 위하여 일치협력해서 싸우는 전쟁으로 목적, 지역, 참가국가, 전쟁수단 등에 있어서 무제한이며 전 세계적인 대규모 전쟁"이라고 정의했다.[6] 합참에서는 "적의 직접적인 군사적 위협으로 발생한 위기를 해소하고 국가를 방위하기 위해 실시하는 작전으로, 전면전쟁 동안에는 군사력을 포함한 국가안보의 모든 수단과 역량을 투입하여 국가총력전을 수행함으로써 최단기간 내에 최소의 희생으로 전쟁 승리를 달성해야 한다"고 했다.[7] 또한 육군사관학교에서는 전면전쟁에 대하여 "한 국가가 전쟁을 수행하는데 있어서 전장의 범위, 무기체계 등에 제한을 두지 않는 경우를 지칭한다. 전쟁의 승리를 위해 일국의 군사력, 정치력, 경제력, 기술력 등 가용한 모든 자원이 투입된다"라고 정의하고 있다.[8]

---

6 국방대학원, 『안보관계용어집』(서울: 국방대학원, 2010), p.130.

7 합동참모본부, 『합동·연합작전 군사용어사전』(서울: 합참, 2010), p.294.

8 육군사관학교, 『세계전쟁사』(서울: 황금알, 2004), p.22.

이상과 같이 전면전쟁은 클라우제비츠가 말한 절대전쟁식 전쟁형태로, 전쟁을 수행하는 목적과 전쟁이라는 수단의 관계에서 정치적인 목적이 수단을 통제하지 못하는 결과를 초래하게 된다. 따라서 전면전쟁은 일국이 당면한 전쟁에서 승리하기 위해서 국가의 모든 가용한 자원(정치, 군사, 외교, 경제, 사회, 심리 등)을 무제한으로 투입하여 시행함으로써 전쟁 이후에 달성하고자 하는 정치적인 목적을 고려하거나 통제하지 못한 채, 전쟁 자체의 상호 무제한적 논리에 따라서 진행되는 '무력섬멸전武力殲滅戰'의 양상으로 이해할 수 있다.

2. 전면전쟁의 조건과 평가

전면전쟁은 어떠한 조건에서 발생하는 것일까? 이에 대해서 클라우제비츠는 절대전쟁(전면전쟁, 무력섬멸전)이 발생할 수 있는 세 가지 상황을 다음과 같이 제시했다.[9] 첫째로 전쟁이 과거의 정치세계와 무관하게 고립된 행위로 갑자기 발생하는 경우, 둘째로 전쟁이 시차를 두고 발생하는 것이 아니라 단 한 번의 결전이나 동시에 발생하는 결전으로 구성되어 있는 경우, 마지막으로 전쟁에 이어지는 정치적 상황이 전쟁에 전혀 영향을 미치지 않으면서 전쟁이 독자적으로 종결되는 경우이다. 그러나 클라우제비츠는 다음과 같은 이유로 이러한 세 가지 조건이 실현되기는 거의 불가능하다고 했다.

① 먼저 전쟁을 치르는 양자는 각각 상대방의 전쟁 진행상황을 참고로 하여 자신의 행동을 결정한다. 즉 전쟁은 고립된 행동이 아니고, 상대편의 현재 상태와 행동에 따라 상대방의 의지를 판단하고 이를 토대로 폭력의 수준과 범위를 수정하게 된다. 따라서 이러한 인간의 불완전성은 전쟁 진행을 완화하는 역할을 하게 된다.

---

9 군사학연구회, 『군사사상론』(서울: 플래닛미디어, 2014), pp.136-137.; Michael Howard, "The influence of Clausewitz," p.78.

② 또한 전쟁은 단 1회 결전으로 끝나지 않는다. 단 한 번의 결전으로 전쟁과 관련된 모든 사항이 영원히 결정되기 위해서는 전쟁의 모든 수단과 요소를 동시에 사용해야 한다. 만약에 전쟁이 단 1회 혹은 동시에 진행되는 결전만으로 결정되는 것이라면, 전쟁에 필요한 제반 준비는 무제한적이고 약간의 오산도 있어서는 안 된다.

일국의 국력은 군사력, 국토의 면적과 인구, 동맹세력의 지원 등 다양한 요소를 포함한다. 그런데 국가가 전쟁을 수행함에 있어서 그 나라의 군사력을 동시에 전부 동원할 수 없으며, 전 국토를 동시에 활용할 수도 없고, 동맹세력의 적시 참전도 여러 요인에 따라 제한된다. 따라서 절체절명의 전쟁 상황에서도 국가가 보유한 국력의 모든 요소를 투입하기는 어렵다.

③ 마지막으로 전쟁에 따른 승리와 패배의 결과는 영원히 지속될 수 없다. 즉 전쟁의 승패가 결정되더라도 패전국은 패배를 일시적인 재난으로 볼 뿐, 궁극적 패배로 간주하지 않는다. 단지 더 이상의 국력손실을 방지하거나 후일을 기약하기 위해서 자발적으로 전쟁의 강도를 완화할 수는 있다.

이러한 이유로 폭력의 극단적인 상호작용[폭력의 극한 사용(제1극단), 목표는 적 무장해제(제2극단), 힘의 최대한 발휘(제3극단)]은 이론일 뿐이다. 클라우제비츠는 전쟁의 본질에 대하여 전쟁이 폭력성과 극단성의 논리에 따라서 진행되는 것이 아니라, 전쟁을 수행하는 '정치적 목적'이 존재함으로써 절대전쟁식 전면전쟁을 통제하고 제한한다고 했다.

그럼에도 불구하고 과거의 전쟁 사례들을 살펴보건대, 일방적인 침략을 당한 피해국가인 경우에는 당면한 침략에 대응하기 위해 무한한 목적과 무제한의 수단을 사용할 가능성이 농후하다. 제1·2차 세계대전 동안 불법침략의 피해를 당한 연합국 측에서는 상대방의 무조건 항복을 목적으로 전쟁을 수행함으로써 전쟁의 참혹함을 몸소 체험했다. 더욱이 제2차 세계대전은 일본 본토에 핵폭탄을 투하함으로써 홀연히 종결되었으며, 핵전쟁으로 전쟁에서 승자와 패자의 구분이 있을 수 없는 '지구 종말'

의 위협에 직면할 수 있음을 체험했다. 따라서 절대전쟁식 전면전쟁은 그 어떤 제약도 없이 진행되며, 그로 인하여 도덕적으로 받아들일 수 없고 정 치적으로 정당화할 수 없는 결과를 초래할 수 있음을 뼈저리게 통감했다.

II. 제한전쟁

전면전쟁은 그 어떤 제약도 없이 전쟁 자체의 논리로 진행되면서 비극적 인 결과를 초래했다. 현대에 제한전쟁 개념을 부활하려는 노력은 장차전 쟁張次戰爭을 보다 도덕적이며, 정치적으로 정당화하려는 역사적 경험을 토 대로 하고 있다.

1. 제한전쟁의 개념과 정의

과거와 마찬가지로 현재와 미래의 국제체제는 국가 간 분쟁을 해결하기 위한 수단으로 군사력을 선제적先制的 혹은 최후적最後的 수단으로 사용하게 될 것이다. 이러한 군사력의 사용(혹은 사용 위험)은 절대적으로 '정치 우위 의 원칙'에 따라서 행사해야 한다. 정치와 군사력 사용(전쟁)의 상관관계 에 대한 '정치 우위의 원칙'은 새로운 개념이 아니다. 클라우제비츠는 19 세기 전반기에 "전쟁은 다른 수단에 의한 정치의 연장"이라고 했다.[10] 전 쟁은 정치적 상호작용의 한 부분이며, 결코 독립된 것이 아니라는 것이다. 국가지도자가 국가정책목적을 달성하기 위해서 전쟁을 도구로 사용할 수 있음을 반영한 개념으로 이해할 수 있다. 또한 인류는 제1·2차 세계대전 의 비극적 체험을 통해 기존의 '정치적 이상주의'을 탈피하고, '정치적 현 실주의'를 국제관계의 대안으로 수용하고 있다. 정치적 이상주의자들은

---

10 Raymond Aron, *Clausewitz: Philosopher on War*, p.87.

살생과 파괴를 수반하는 전쟁은 어떠한 이유로도 정당화할 수 없으며, 전쟁 발생을 예방할 수 있고 또한 반드시 예방해야 한다고 주장한다. 인류 최초의 세계대전인 제1차 세계대전의 참혹함을 경험한 인류는 정치적 이상주의에 따라 국제연맹체제를 가동하여 전쟁을 예방하고자 하였으나, 제2차 세계대전이 발생함으로써 그들 이상理想의 한계가 드러났다. 반면에 정치적 현실주의자들은 군사력의 사용(전쟁) 혹은 군사력 사용의 위협을 국제관계에서 발생 가능한 통상적인 현상으로 인정하면서 정치적으로 통제할 수 있다고 주장하고 있다. 작금에 국제사회 대다수는 정치적 현실주의를 인정하면서, 현재와 미래의 국제체제하에서 무력에 의한 강압을 자연스러운 현상으로 인정하고 있다. 이에 전쟁에 관한 문제는 무력에 의한 강압을 불법화하거나 그것이 없어지기를 기대하기보다, 오히려 합리적인 정치적 목적을 달성하기 위한 무력에 의한 강압(전쟁 혹은 전쟁의 위협)을 통제해야 한다고 인식하고 있다.

따라서 현대 핵전쟁시대의 군사력 사용에 대한 고민과 딜레마Dilemma는 '군사력을 사용함으로써 내가 얻게 될 이익을 초과하지 않는 범위 내에서 자원을 절약하고 예상되는 위험을 최소화할 수 있는가?'로 귀결된다. 군사력을 지나치게 선별적이고 제한적으로 운용할 경우에는 상대방으로 하여금 군사적 대응을 허용하게 하여 분쟁은 장기화되고 지원소요가 증가하게 된다. 반면에 군대를 무분별하게 사용한다면 전면핵전쟁의 발발 가능성이 높아진다. 이러한 극단론 사이에서 국가목표를 수행하기 위해 필요한 군사력을 효과적이고 합리적으로 사용할 수 있는 방안이 존재한다. 제한전쟁은 클라우제비츠가 언명한 절대전쟁식 전면전쟁으로 인한 비극적인 결과를 거부하면서, 군사력 사용(혹은 군사력 사용의 위협)을 통해 정치적 목적을 달성하려는 개념이다.

제한전쟁의 정의에 대해서는 다양한 견해가 존재한다. 대표적으로 한국 합참에서는 "한정된 정치목적에 부합되도록 행동지역, 사용수단, 사용무기, 병력 등에 일정한 제한을 가하면서 수행하는 무력전"[11]이라고 했다.

이는 목표와 성취된 결과를 포함하고 있지 않다. 오스굿^{Robert Osgood}은 "제한전쟁은 상대국의 국가의지를 완전히 굴복시키는데 이르지 않는 목적을 추구하며, 교전국가 쌍방의 군사적 자원의 일부분만 사용하여 적대국의 민간인과 군대를 대부분 보존하면서 협상으로 종식을 유도하는 전쟁"[12] 이라고 정의했다. 이상과 같이 제한전쟁이란 적어도 전쟁당사국 중 일방이 정치적 목적을 달성하기 위해서 의도적으로 군사적 목표나 수단 중 하나, 혹은 둘 다를 제한하는 무력분쟁이다. 아울러 제한전쟁은 대체로 ① 폭력수준의 제한, ② 기간의 제한, ③ 장소의 제한 등 세 가지 범위로 구분하여 이해할 수 있다.[13]

2. 제한전쟁의 역사

제한전쟁은 새로운 전쟁유형이 아니다. 인간은 수세기 동안 다양한 이유와 다양한 수준으로 제한전쟁을 수행해왔다.

(1) 서양 근세사의 제한전쟁: 베스트팔렌조약(1648년)~제1차 세계대전(1914년) 직전

서양 근세사에서 특히 제한전쟁이 우세하던 시기는 ① 베스트팔렌조약(1648년) 체결부터 프랑스혁명(1789년)까지, ② 빈 회의(1814~1815년)부터 제1차 세계대전(1914년)까지를 말한다.[14] 이 시기의 전쟁들은 일반적으로 쌍방의 존립을 위협하지 않으면서, 상대방에 대한 과중한 경제적 부담을 부과하지 않았던 제한된 폭력을 행사했다. 전쟁은 대개 협상을 통하여 종결되었으며, 전체적인 세력의 변화와 비참한 결과를 초래할 전쟁은 가급

---

11 합동참모본부, 『합동·연합작전 군사용어사전』, p.340.

12 Robert E. Osgood, *Limited War: the Challenge to American Strategy* (Chicago: University of Chicago Press, 2007), p.41.

13 최병갑 등, 『현대군사전략대강-제한전쟁과 전략』(서울: 을지서적, 1988), pp.17-22 재정리.

14 Robert E. Osgood, *Limited War: the Challenge to American Strategy*, pp.62-63.

적 회피했다.

풀러J. F. C Fuller는 30년전쟁(1618~1648년)부터 프랑스혁명까지의 시기를 '절대왕정의 제한전쟁'이라고 했다.[15] 당시 각국의 군주들이 권력을 유지하는 수단으로 운영하던 직업상비군職業常備軍은 '사회의 하층계층' 출신 남자로 구성되었고, 따라서 당시에는 민간사회로부터 백안시되었다. 또한 30년전쟁의 여파로 국가자원은 고갈되어 군대는 필연적으로 규모가 제한되었다. 당시 군사작전의 목표는 주로 통신과 보급기지를 교란하여 희생을 최소화하는 가운데 적의 군사력을 마비시켜 적국을 협상테이블로 끌어내는 것이었다. 17세기 후반에서 18세기의 전쟁은 교전을 할 경우 발생할 극단적인 희생을 회피하기 위해서 가급적 전쟁을 제한했다.

한편 민족주의가 고조하고 국사國事에 대한 대중의 관심과 영향이 획기적으로 증대하여 전쟁은 더욱 격렬하게 진행되었다. 나폴레옹전쟁을 기점으로 전쟁의 제한된 특수한 목표(프랑스혁명 이념의 전파)와 이를 달성하기 위한 수단의 관계에 국가적 관심이 나타나기 시작했다.[16] 그럼에도 불구하고 1815년부터 1914년까지 유럽에서 벌어진 분쟁은 대부분 제한적이었다. 전쟁은 지속기간이 짧고 투입되는 군대의 규모가 작았으나, 군조직과 관리기술이 급속히 확대되었으며 전쟁의 수단도 점차 효율적으로 개선되었다. 이 시기는 유럽에서 민족주의의 부상, 군사과학기술의 발달과 군대의 집단화를 통해 비록 현재의 기준으로 보았을 때 제한전쟁 수준이지만 전면전쟁의 원형原型을 제시했다.

(2) 총력전시대의 무제한전쟁: 제1차 세계대전(1914년)~제2차 세계대전 (1945년)

제1차 세계대전 이래로 전쟁은 무제한전쟁의 양상으로 발전했다. 먼저,

---

15 J.F.C Fuller, *the Conduct of War* (Da Capo Press, 1992), pp.15-25.

16 최병갑 등, 『현대군사전략대강-제한전쟁과 전략』, p.27.

제1차 세계대전(1914~918년)은 복잡하게 얽힌 연맹聯盟체제, 강렬한 민족주의와 군국주의 등장, 독일과 삼국협상 국가 간 치열한 경제적 경쟁 등으로 인해 발생했다.[17] 19세기 말부터 20세기 초에 나타난 두 동맹체제, 즉 삼국협상(영국·프랑스·러시아)과 삼국동맹(독일·오스트리아·이탈리아)의 갈등에 더하여 유럽 각국의 국수주의적인 민족주의는 인류 최초의 세계대전의 비극을 초래하는 근본적인 원인이 되었다. 20세기 초반 급격히 산업이 성장한 독일은 식민지 확보로 시장市場을 확장하기 위해 영국, 프랑스 등 기존의 산업선진국들과 경제적인 충돌이 불가피했다. 유럽 각국에서는 국수적인 민족주의로 인하여 인접국가(민족)에 대한 배타적인 우월감이 팽배하였으며, 산업성장에 따라 대규모 군사력을 보유함으로써 전쟁 발생 가능성은 한층 증대했다. 전쟁 발발 전 일련의 사건들, 즉 오스트리아의 보스니아와 헤르체고비나 병합(1908년), 프란츠 페르디난트Franz Ferdinand 황태자 암살(1914년) 등은 너무 시급한 방향으로 전개되어 통제할 수 없었다. 제1차 세계대전은 계획된 것이 아니라 오해와 오산, 그리고 강대한 유럽국가들 중에 어느 2개국 간에 전쟁은 대규모전쟁을 초래할 것이라는 것을 인식하지 못한 정치가들 때문에 일어났다.[18] 유럽 주요 국가들의 배타적인 민족주의와 자국自國 군사력에 대한 자부심으로 인해, 전쟁은 국가 정책목적을 수행하기 위한 수단으로써가 아니라 전쟁 그 자체를 목적으로 하는 비이성적인 무제한전쟁, 대량소모전의 형태로 나타났다. 제1차 세계대전 동안 전쟁의 정치적 목적에 부합하는 명확한 군사목표의 결여로 각국의 주요 의사결정자들은 목표와 수단의 합리성을 적절히 평가할 수 없었으며, 이로 인하여 전 세계적인 대재앙을 초래했다.

제1차 세계대전 종전 이후부터 제2차 세계대전 발발 전까지(1918~1939

---

17 육군사관학교, 『세계전쟁사』, pp.189-193.

18 Raymond Aron, *Peace and War: A Theory of International Relations, An Abridged Version* (Garden City, NY: Anchor Books, 1973), p.9.

년)는 '불안전한 휴전'의 시기였다. 제1차 세계대전의 결과 연합국들은 전쟁책임을 독일에 전가하면서 베르사유조약(1919년)을 통해 강요된 평화를 달성했다.[19] 오스굿은 "제1차 세계대전에서 제2차 세계대전까지를 중요한 사건의 연속이라는 관점에서 보면 제1·2차 세계대전 사이의 전쟁은 단지 대격변 중에 불안전한 휴전으로서 소규모의 충돌뿐이었다"라고 주장했다.[20] 제1차 세계대전의 참혹함을 경험한 유럽의 전승국가들(영국, 프랑스 등)은 불안전한 휴전기간 중에 발생한 독일의 국제연맹 탈퇴 선언(1933년), 독일·폴란드 불가침조약 체결(1934년), 이탈리아의 에티오피아 침공(1935년), 히틀러의 라인란트 진주와 방벽 구축(1936년) 등에 대하여 유화정책Appeasement Policy으로 일관했다.[21] 유럽의 정치가들은 히틀러의 전쟁 야욕에 대하여 수수방관함으로써 제한전쟁의 가능성을 스스로 포기하고, 또 다른 전쟁의 대재앙을 초래했다.

히틀러의 폴란드 침공(1939년)으로 시작된 제2차 세계대전(1939~1945년)에서 추축국(독일·일본 등)의 전쟁준비에 수수방관으로 일관하였던 연합국 측은 추축국의 '무조건 항복'을 목표로 전쟁을 수행했다. 이를 달성하기 위한 무제한적인 방법이 연합국의 국민들에게 수용되었다. 이에 따라 유럽전역에서 독일에 대한 승리 이후, 미국의 정치지도자들은 태평양 전역에서 조기에 전쟁을 종결하여 병력손실을 최소화하려는 전략기조 아래 일본의 무조건 항복을 달성하기 위하여 히로시마와 나가사키에 원자폭탄을 투하했다. 그러나 현대에 이르러 핵무기 기술은 전 세계로 확산되었으며, 핵전력을 무분별하게 사용할 경우 승자도 패자도 없는 공멸共滅 사태를 초래할 수 있다. 핵무기 출현과 대량파괴무기의 압도적인 힘의 공포로부터 제한전쟁의 개념의 유용성이 재조명되었다.

---

19 육군사관학교, 『세계전쟁사』, pp.259-260.

20 Robert E. Osgood, *Limited War: the Challenge to American Strategy*, p.98.

21 육군사관학교, 『세계전쟁사』, pp.270-271.

(3) 제한전쟁의 부활과 발전

미국은 6·25전쟁과 쿠바 미사일 위기(1962년)를 겪은 후, 핵 독점권에 기초한 대량보복전략Massive Retaliation Strategy[22]의 실효성에 대한 의문으로 인해 제한전쟁 시대로 복귀했다. 미국의 대량보복전략은 '우방국(피지원국)이 핵공격을 받을 경우 미국은 핵보복을 할 것인가? 재래식전쟁 또는 저강도 분쟁Low Intensity Conflict이 발생할 경우에도 핵공격으로 대응할 수 있겠는가?' 라는 실효성 논란을 거쳐 유연반응전략Flexible Response Strategy을 채택함으로써 핵시대 제한전쟁의 유용성을 재인식하게 되었다.[23] 1962년 10월 발생한 쿠바 미사일 위기는 전면핵전쟁으로 커질 가능성이 큰 사건이었다. 이 사태에 직면하여 미국의 케네디John F. Kennedy 행정부는 전면핵전쟁으로 진행을 차단하기 위하여 다음의 세 가지 대안을 고려했다. ① 해안봉쇄, ② 쿠바 미사일기지 폭격과 ③ 쿠바로부터 미국에 대한 미사일공격은 소련에 의한 공격으로 간주하여 전면보복행동을 취할 것이라고 경고하면서, 소련은 쿠바에 설치준비중인 미사일기지 폐쇄를 요구했다. 결국 소련은 쿠바 인근의 카리브 해 지역에 대한 미국의 해안봉쇄작전에 굴복하여 운송 중이던 미사일선박을 철수했다. 쿠바 미사일 위기는 미국이 제한전쟁전략(해안봉쇄)으로 제3차 세계대전(핵전쟁)을 방지한 사태로 평가되었다.[24]

소련은 제한전쟁의 가치를 인정하고 있었던 것으로 보인다. 1961년 1월 제2차 공산당대회에서, 소련 공산당 서기장 흐루쇼프는 국지전쟁이 핵전쟁으로 확전될 위험에 대하여 부인하면서, 핵무기의 사용 없이 공산혁명(전쟁)을 지속할 수 있는 '민족해방전쟁'에 대한 지지를 공언했다.[25] 또

---

22 1945년부터 1950년 초까지 미국은 핵전력과 기술 분야에서 소련보다 압도적으로 우위인 상황을 활용하여, 병력을 감축하는 대신에 핵무기와 그 운반수단인 전폭기를 증강하여 소련의 위협에 대응하려는 '대량보복전략'을 채택했다.

23 유연반응전략에 대한 내용은 다음을 참조할 것. 군사학연구회, 『군사사상론』, pp.468-473.

24 최병갑 등, 『현대군사전략대강-제한전쟁과 전략』, p.38.

25 최병갑 등, 『현대군사전략대강-제한전쟁과 전략』, p.37.

한 중국의 마오쩌둥毛澤東은 국가이익을 달성하고 유지하는 수단으로 '인민전쟁'을 지지했다. 1949년 이후 중국 공산당은 전면전쟁에 개입하지 않고 6·25전쟁(1950년), 티베트 침입(1950년), 대만해협 대결(1958년), 중·소 국경분쟁(1969년) 등 다양한 제한전쟁을 수행했다.

(4) 평가

오늘날의 제한전쟁은 17세기에서 현대에 이르기까지 국제체제의 여러 추세를 반영한 결과라고 할 수 있다. 근대적 주권국가가 출현하게 된 일명 '베스트팔렌체제'[26]는 과거 다양한 종교전쟁의 산물이었다. 베스트팔렌체제 이전에 주로 발생한 종교전쟁은 자신의 믿음을 상대방에게 강요하는 특성으로 인하여 전면전쟁으로 발전하는 경향이 있었다. 베스트팔렌조약 체결(1648년)부터 프랑스혁명(1787년)까지의 기간에는 제한된 정치적 목적을 위한 제한전쟁이 우세해지는 특징이 있었으나, 프랑스혁명과 나폴레옹전쟁으로 해서 현대 전면전쟁의 씨앗이 뿌려졌다. 프랑스혁명은 세계 역사상 인류에 큰 영향을 미친 사건 중 하나였다. 이 혁명은 정치상의 의미를 넘어서 사회적, 사상적, 군사적으로도 커다란 의미를 갖는다. 과거 봉건제도를 타파하고 자유와 평등을 이념으로 하는 근대사회를 확립했으며, 현대사회의 지도적 원리인 자유민주주의를 정착시켰다. 프랑스혁명으로 촉발된 나폴레옹전쟁은 자유·평등 등 혁명정신을 확산하려는 프랑스 시민군대와 이를 차단하려는 유럽 왕정국가 간 이념대립이었다. 나폴레옹전쟁은 과거 전쟁에 비하여 대규모로 격렬하게 진행되었으나, 현대적 관점에서 볼 때는 당시 과학기술의 한계로 인하여 제한되어

---

26 중세 유럽지역에서 16세기 중반 이후 약 100년간 계속된 전쟁을 종식시킨 베스트팔렌조약 (1648년)을 체결함으로써 형성된 체제. 베스트팔렌조약에 의해 유럽 각 제후국은 종교적으로 신교와 구교를 동시에 인정하고, 정치적으로는 각국 영토 내에서 독립주권(獨立主權)을 행사할 수 있게 되었다. 그로써 각국은 동등한 주권 행사 및 외교관 교환 등을 통해 동등한 국제관계를 수립했다. 이에 대한 자세한 내용은 다음을 참조할 것. 차하순, 『서양사총론』(서울: 탐구당, 1986), pp.290-292.

있었다. 이후 산업혁명에 따른 현대 과학기술의 발달에 힘입어 전쟁의 수단은 더욱 다양하게 발전했다. 제1·2차 세계대전에서 각 교전국은 엄청난 살상력을 수반하는 전쟁수단을 이념적인 목적과 연결하며 전면전쟁을 벌였다. 제1·2차 세계대전의 결과 대량살상과 핵전쟁에 따른 상호 공멸Armageddon의 공포를 목격한 인류는 전면전쟁의 심각성을 재인식하면서, 전쟁의 도덕성과 정당성을 달성하려는 대안으로 제한전쟁의 가치를 재인식하게 되었다.

3. 제한전쟁의 방법

제한전쟁은 전쟁과 평화라는 양극단 사이에서 정치적 목적 달성과 용납할 수 없는 확전擴戰 Escalation 회피라는 두 가지 상반된 조건을 충족해야 한다.

정치적 목적을 달성하면서 전쟁을 제한하는 방식은 ① 폭력수준의 제한, ② 기간의 제한, ③ 장소의 제한 등을 들 수 있다. 첫 번째로 무기의 통제를 통해서 핵전쟁을 회피할 수 있다고 주장하는 이론가들은 '폭력(무력) 수준의 제한'을 강조하고 있다. 브로디Bernard Brodie는 "폭력의 수준(전쟁을 수행할 수단)을 제한함으로써 통제할 수 없는 전쟁이나 원하지 않는 확전의 가능성을 감소하는 효과를 달성할 수 있다"[27]라고 주장했다. 블룸필드Lincoln Bloomfield는 "핵시대에 있어서 핵무기의 기본적인 목표는 역설적으로 폭력의 수준을 최소한으로 감소하는데 있다. 전쟁에 있어서 폭력수준에 대한 통제는 중요하면서 때로는 치명적이기도 하다. 그러나 군사목표의 달성보다 폭력의 제한 자체가 목표가 될 때는 군사력을 운용하는 신뢰성을 잃게 된다. 기본목표가 오로지 폭력의 기준을 제한하는 경우에 전쟁 개입은 무의미하다"[28]라고 했다. 군사목표가 중요하면 중요할수록 국

---

27 Bernard Brodie, *Strategy in the Missile Age* (Princeton, N.J.: Princeton University Press, 1959), p.313.
28 Bloomfield, *Controlling Small Wars*, p.XI. 최병갑 등, 『현대군사전략대강-제한전쟁과 전략』, p.19에서 재인용.

가는 높은 수준의 폭력에 호소할 것이라는 점을 예상할 수 있다. 상대적으로 덜 중요한 군사목표를 달성하는데 전략핵무기에 의존할 가능성은 감소한다. 그러나 제한된 군사목표를 달성하기 위해서 폭력수준을 제한하더라도, 적의 위협에 굴복당하지 않도록 폭력수준의 결핍缺乏이 없도록 해야 한다. 쿠바 미사일 위기는 군사목표의 가치에 비하여 폭력수준이 상대적으로 높았음에도 불구하고 더 많은 힘을 사용하거나 위협을 가중할수록 위기의 종결은 신속히 이루어졌으며 희생은 감소했다. (당시 미국은 쿠바로 항해중인 소련의 선박에 대하여 외견상 통상적인 항해일 수 있음에도, 쿠바에 미사일기지를 비밀리에 건설하고 있음을 간파하고 전면적인 해안봉쇄를 시행했다.) 따라서 군사목표의 가치는 폭력의 수준을 결정하는 핵심적인 요소이지만, 목표가 상대방(적국가)에게 치명적이지는 못하지만 보다 큰 힘을 행사할지라도 부분적 규모의 힘을 행사할 때보다 궁극적으로 더 적은 비용으로 전쟁의 위험을 사전에 해소할 수 있다. 따라서 핵시대에도 재래식 전력의 건설과 운용은 여전히 유효하다.

두 번째로 '기간의 제한'은 상대방이 보강된 반응을 보일 시간을 갖기 전에 신속하게 공격함으로써 군사목표를 효율성으로 달성할 수 있다. 이에 관한 중요한 사례는 6일전쟁으로 불리는 제3차 아랍-이스라엘 전쟁 (1967년)을 들 수 있다. 당시 이스라엘은 열세인 군사력을 극복하기 위해 단기결전 개념의 선제공격전략을 시행했다. 단기결전을 추진함으로써 한정된 기간 동안에 공격력을 유지할 수 있었으며, 주변 아랍국가에 대한 소련의 지원을 차단할 수 있었다.[29] 분쟁을 제한하는 다른 방법과 달리 시간이라는 변수는 적에게 제한한다는 사실을 꼭 알릴 필요는 없다. 반면에 목표의 제한, 무기 또는 장소의 제한의 경우는 공식·비공식적이든 간에 상대방에게 이를 인지할 수 있도록 해야 한다.

---

29 이에 대한 구체적인 내용은 다음을 참조할 것. 육군사관학교, 『세계전쟁사』, pp.475-480.

마지막으로 '장소의 제한'이다. 이는 분쟁이 확대되어 당사국의 동맹국까지 개입하게 됨으로써 세계대전으로 비화하는 위험을 방지하고, 분쟁을 한정된 지역으로 국한하는 유용성이 있다. 특정한 지역으로 한정하여 분쟁을 하겠다는 분명한 표시는 시행과 통제가 가장 용이한 신뢰성 있는 제한이 될 수 있다. 그러나 특정한 지역의 외부, 즉 적대국가의 망명정부나 동맹세력이 존재하는 지역에서 분쟁을 지원하는 행위를 근절하기 위한 자국^{自國}의 공격행위가 필수적이라면 '장소의 제한'을 해서는 안 된다. 자국의 공격행위가 정당한 것임에도 불구하고 장소(지리적) 제한을 발표한 후 이를 지키지 않을 경우에, 확전의 책임을 부담해야 하는 위험이 있다.

4. 제한전쟁의 지침

현대에 이르러 불가피한 전쟁을 통제하기 위해서는 정치 우위의 전쟁, 비례적 대응과 자발적인 분쟁규칙 준수 등을 고려해야 한다.

(1) 정치적 우위와 군사적 수단에 대한 통제

전쟁은 정치적 목적을 달성하기 위한 군사적 수단일 뿐이다. 전쟁의 도덕성과 정당성에 대한 수많은 논란에도 불구하고, 국가이익과 국가정책에 기초한 정치적 목적을 달성하기 위해서 전쟁은 정치의 강력한 통제하에 수행된다는 '수단적 전쟁론'[30]이 자명한 사실로 인정되고 있다. 그러나 전쟁은 정치에 의한 통제를 거부하면서 자체적인 목적을 추구하는 성향이 있다. 더욱이 군사적 목표가 정치적 목적과 상충하기도 한다. 제2차 세계대전에서 연합국은 '추축국(독일, 일본, 이탈리아 등)의 무조건 항복'이라는 지나치게 광범위한 정책목표를 설정함으로써 대량살상과 전면핵전쟁의 공포 등을 초래했다.

---

30 수단적 전쟁론에 대한 내용은 다음을 참조할 것. 박창희, 『군사전략론』(서울: 플래닛미디어, 2013), pp.24-29.

전쟁은 건전한 정치적·군사적 원칙과 부합해야 하며, 제한전쟁에서 군사적 수단은 정치적 목적에 종속되어야 한다. 따라서 제한전쟁이란 정치적 목적이 항상 군사적 수단을 결정하는 전쟁을 의미한다.

(2) 전쟁의 목적을 제한

현대에 전쟁은 무제한적이거나 무한적인 목적을 추구할 가능성이 증대하고 있다. 제2차 세계대전에서 독일·일본 등 추축국의 격렬화, 미국·영국·프랑스 등 연합국의 절대적인 요구(무조건 항복) 등은 전쟁목적을 통제할 수 없는 수준으로 확장했다. 이에 전쟁은 전면전쟁의 양상으로 진행되었다.

20세기에 들어와서도 전쟁은 자국의 국가이념이 허용하는 범위를 초월한 광범위한 목적(이념적, 종교적, 인종적, 국가적 등)을 위해서 수행되었다. 그와 같은 성전聖戰은 현재의 국제법에 의해서 비난을 받아왔다. 현대에 와서 평화와 질서를 강조하고 있는 국제법은 보다 나은 정의의 질서를 요구하는 사람들에 의해서 무시될지도 모른다. 그럼에도 불구하고 현대전쟁은 지나치게 이념적이며 파괴적이기 때문에 무제한적인 속성으로 진행될 가능성이 농후하다. 따라서 우리는 (결전을 통해 일거에 정치적 목적을 달성하려는 무제한성을 극복하고) 제한전쟁 사고思考를 통해서 단계적으로 달성 가능한 정치적 목적을 구현하기 위해서 군사목표를 일정부분 제한함으로써 전면전쟁의 폐해를 극복하고 도덕성과 정당성을 구현해야 한다.

(3) 병력 절약과 비례적 대응

병력 절약은 교전국의 자원이 무한하지 않다는 사실을 반영하고 있다. 일국의 자원은 군사적 목표 달성을 위해 경제적으로 사용해야 한다. 병력 절약은 목적과 수단의 비례적 대응을 의미한다. 국가정책의 수단으로 군사력을 사용함에 있어서, 목표를 달성하는데 필요로 하는 수준보다 과도한 군사력 사용을 피해야 한다.[31] 정치적 목적에 합당한 수준으로 군사력을 사용함으로써 전쟁을 제한하고 무력을 통제하는 것이 가능하다.

(4) 자발적인 분쟁규칙 준수

분쟁규칙을 준수하기 위해서 다음과 같은 다양한 방법을 신축적으로 고려할 수 있다. ① 교전국가 간에 지속적인 의사소통 추구, ② 핵무기의 제한, ③ 분쟁의 지리적 제한, ④ 합법적인 정당성과 공영화, ⑤ 심리적 수단의 사용 자제, ⑥ 신축대응역량 구비와 의지.

첫째로 교전국가 간에는 지속적으로 의사소통을 추구해야 한다. 만일 양측이 제한전쟁을 수행할 용의가 있다면, 준수해야 할 제한의 형태 또는 수준에 관해서 의사를 표명해야 한다. 어느 일방이 제한사항을 공식적으로 발표하거나 상대방에게 제의할 수도 있다. 상대방도 공개적으로 그러한 제한사항을 수락하거나 묵인하는 의사표현을 할 수 있다. 공식적이든 비공식적이든, 명시적이든 묵시적이든 간에 분쟁의 규칙에 관하여 교섭이 있을 수도 있다. 상대방에게 상응하는 조치를 요구하지 않고 일방적으로 제한조치를 시행할 수도 있다. 전쟁 주도국이 제한조치를 자발적으로 부과함으로써 전쟁의 수준을 제한하고 확전을 방지할 수 있다.[32]

둘째로 핵무기 사용을 제한해야 한다. 현대의 제한전쟁에 있어서 가장 분명한 규칙은 핵무기의 선제불사용이다. 핵문지방은 현대전쟁을 제한하는 가장 명확하고도 중대한 근원이다. 이러한 핵문지방을 넘으려는 유혹은 6·25전쟁과 베트남전쟁(1960~1970년)에서 공히 저지沮止되었다.[33]

셋째로 분쟁을 지리적으로 제한해야 한다. 지난 제1·2차 세계대전에서

---

31 Robert E. Osgood, *Limited War: the Challenge to American Strategy*, p.18.

32 Robert E. Osgood, *Limited War: the Challenge to American Strategy*, pp.241–243.; Thomas C. Schelling, *The Strategy of Conflict* (New York: Oxford University Press, 1963), p.30.

33 최병갑 등, 『현대군사전략대강-제한전쟁과 전략』, p.97.

양 진영은 전쟁의 교착상태나 불리한 전황을 타개하기 위해서 동맹국을 확대하고, 새로운 전역戰域에서 공세행동을 벌이는 등 끝없이 경쟁했다. 전쟁의 주요 당사국 간 전역으로 한정해도 충분함에도 불구하고 불필요하게 자원을 낭비하고 무의미한 파괴와 참상 등을 양산했다. 현대 제한전쟁은 전쟁을 지리적으로 명백한 교전국으로 한정하지 않으면 안 된다.

넷째로 정당하고 공동의 노력에 의한 전쟁이어야 한다. 국제연합(UN)의 헌장과 관련 법률은 개별국가에 의한 무력사용을 엄격하게 제한하고 있다. 미국은 세계 유일의 초강대국으로서 막강한 군사력을 보유하고 있음에도 불구하고, 다양한 국제분쟁에 개별적·단독적인 대응보다는 집단적인 대응방식(평화유지군, 다국적군 등)을 사용함으로써 정치적·법적·도덕적 정당성을 유지하고 있다.

다섯째로 심리적 수단의 사용을 자제해야 한다. 현대 전면전쟁에서는 적국을 필요 이상 '악의 화신'으로 묘사하면서, 상대방에 대한 증오와 상호 경쟁을 무제한으로 증대했다. 그와 같은 과잉행동이 전쟁의 진행을 제한하고, 승리 없이 전쟁을 종결시키는 일을 어렵게 만들게 되었다. 따라서 심리적 수단의 사용을 자제함으로써 전쟁을 제한하기 위해 노력하고 있음을 주변국은 물론 적국에까지 알릴 필요성이 있다.[34]

마지막으로 다양한 전쟁 상황에 신축적인 대응이 가능한 역량을 구비해야 한다. 충분한 군사적 역량을 보유하고 확전을 회피하려는 의지에 기반을 둔 신축대응은 제한전쟁의 핵심적인 기반이다. 재래식 전면전쟁과 전면핵전쟁 등 다양한 전쟁 양상에 대비할 수 있는 군사적 역량을 구비함으로써 실효성 있는 대응이 가능하다.

---

34 Robert E. Osgood, *Limited War: the Challenge to American Strategy*, p.92.

5. 제한전쟁의 문제점과 확전전략

제한전쟁의 주요 관점은 전쟁을 정치적 현상으로 인정하면서, 불가피하게 발생한 전쟁을 도덕적이며 정치적으로 정당성을 인정할 수 있는 전쟁으로 통제하려는 것이다. 이러한 제한전쟁의 관점은 다음과 같은 비판에 직면해 있다.[35] 첫째로 제한전쟁은 전쟁 발발을 억제함으로써 완전한 평화를 달성하려는 노력을 거부하는 것이라는 주장이다. 전쟁을 통제하거나 관리할 수 있다고 생각한다면, 정치인들은 전쟁을 그다지 기피하지 않을 것이다. 둘째로 제한전쟁은 전쟁을 정치적으로 실용성 있는 수단으로 인정하는 것이라고 비판한다. 클라우제비츠는 "전쟁은 다른 수단에 의한 정치의 연장"이라고 언명했다. 그러나 핵전쟁시대에 전쟁이 발생한다면 상호 공멸을 초래할 수 있다. 따라서 반대론자들은 현대 핵전쟁 상황에서는 상호 공멸이 불가피함으로 어떠한 전쟁도 허용할 수 없다고 주장한다. 마지막으로 제한전쟁은 이성적이고 합리적인 상황(집단)만을 고려하는 것일 뿐이며, 비이성적이고 비합리적인 경우와 전쟁을 통제하는 것은 기술적으로 불가능하다는 주장이다.

대다수의 사람들은 제한전쟁의 유용성을 확신하고 있으나, 전쟁 없는 평화가 반드시 보장된다고 말할 수는 없다. 여기에는 다음과 같은 이유가 있다. 먼저 가혹한 대가가 항상 억제의 실효를 거둘 수는 없다. 마치 잠재적 범죄자들에게 형벌의 엄중함을 강조하고 있음에도 범죄행위가 발생하고 앞으로도 발생할 가능성이 상존하는 이치와 동일하다. 다음으로 제한전쟁은 위협에 대응하는 정책결정자들의 정치·군사적 대응 판단과정에서 합리적인 손익계산을 할 것이라는 가정(假定)에 기초하고 있다. 그러나 인간이란 분노, 갈등, 침략성과 맹목적인 복수심 등 다양한 품성을 가지고 있으며, 항상 냉정하고 합리적인 판단을 한다고 확신할 수 없다. 그럼에도 불구하고 제한전쟁은 억제의 실효성 논란과 인간의 합리성에 대한 다양

---

35 최병갑 등, 『현대군사전략대강-제한전쟁과 전략』, pp.236~238.

한 견해를 폭넓게 수용하면서, 핵전쟁으로 인한 상호 공멸만은 반드시 방지(회피)해야 한다는 공동인식하에 발전해왔다.

제한전쟁의 또 다른 딜레마는 확전을 억제해야 하므로 그 수행방법이 매우 복잡하고, 전쟁의 목표와 수단을 의도적으로 제한한다는 것이 매우 어렵다는 점이다. 그러나 정치적 통제하에 수행하는 확전은 국가이익을 달성할 수 있는 의도적이고 계획적인 전략이 될 수 있다.[36] 즉 '치킨게임 Chicken Game' 같이 어떤 위험이나 희생을 무릅쓰고라도 승리하겠다는 확고한 의지를 나타내는 측이 승리하게 된다. 반면에 제한전쟁에서는 힘을 무모하게 사용하거나 고의적으로 통제력을 상실하게 하고, 그 결과에 대해 개의치 않겠다는 태도를 취함으로써 자신을 의지를 나타낼 수도 있다.

이상과 같이 확전은 전쟁을 보다 폭력적인 것으로 만들기도 하지만, 전쟁을 조기에 종식할 수도 있는 이중적인 도구이다. 제한전쟁에서 확전은 전쟁을 종식하기 위한 필요전제조건일 수도 있다. 이는 어느 일방 혹은 쌍방이 더 이상 감수할 수 없어서 불가피하게 평화를 수용하도록 폭력수준을 급격히 확대하는 것이다.

III. 제한전쟁 사례: 6·25전쟁

제2차 세계대전 종식 직후 미국이 주도하는 국제연합(UN) 체제는 소련의 사주하에 북한의 불법남침으로 시작된 6·25전쟁(1950~1953년)으로 인하여 심각한 고민에 직면했다. 이에 미국은 새로이 개편된 동서냉전 체제하에서 6·25전쟁을 철저히 제한전쟁전략으로 수행했다.

---

36 최병갑 등, 『현대군사전략대강-제한전쟁과 전략』, p.249.

1. 미국과 국제연합의 참전 결정과정

북한의 무력도발에 직면하여 미국의 정치지도자들은 "만약 북한이 불법적인 침략행위를 계속한다면 도처의 공산주의자들도 타국을 정복하기 위해 비슷한 방법을 사용할 것이고, 사태가 더욱 확산되어 제3차 세계대전을 초래할 수 있다"라고 인식했다.[37] 미국과 국제연합의 6·25전쟁 참전은 정치적인 차원에서 상대적으로 덜 중요한 약소국에 대해서도 '강제조치(군사지원)'를 시행함으로써 미국이 주도하는 국제연합 체제에 대하여 동맹국들의 신뢰를 강화하고, 반대세력에 대해서는 어떠한 형태의 무력도발도 허용하지 않겠다는 강력한 경고를 의미했다. 당시 미국은 소련이 서구에 대한 공격에 착수할 수 있도록 한국을 일종의 시험장소로 이용할 수 있다고 생각했다. 그리고 한국 사태에 미국이 전면적으로 대응한다면 소련의 직접적인 개입을 유발하여 제3차 세계전쟁으로 발전할 가능성이 있다고 우려했다.

트루먼 행정부는 위와 같은 정치적·군사적 요인과 판단에 근거하여 6·25전쟁의 목표, 지역 및 사용할 자원들을 제한하면서 참전을 결정했다.[38] 먼저 군사행동은 38선 이남 지역으로, 전쟁목표는 남한 영토를 회복하여 해당 지역의 평화를 재건하는 것으로 제한했다. 핵무기와 화생방무기 사용을 금지하고 재래식 전력만 사용하며, 병력 동원에도 제한을 가했다. 이 모든 제한은 미국이 자발적으로 시행한 것이었다.

2. 북한군 침공과 중국군 불법개입 단계

북한군이 기습 남침한 1950년 6월 25일부터 같은 해 9월 한국군과 유엔군이 낙동강 방어선에서 지연전을 실시할 때까지, 국제연합의 목표는 남북한을 전쟁 이전 상태로 되돌리는 것이었다. 이에 유엔군의 군사행동은

---

37 Harry S. Truman, *Memories*, vol 2 (Garden City, N.Y.: Doubleday, 1955), pp.238-239.

38 Robert E. Osgood, *Limited War: the Challenge to American Strategy*, p.170.

한국 내로 들어오는 적을 파괴하는 것으로 제한되었다. 이 시기 대만의 장제스 정부가 국민군을 지원하겠다고 제안하였으나 중국의 개입을 차단하기 위해 이를 거부했다.

3. 유엔군 반격 단계

유엔군이 인천상륙작전에 성공함으로써 전쟁 이전 상태로 남한 지역을 회복하고, 북한 지역으로 전과를 확대할 수 있는 여건이 조성되었다. 이에 트루먼 행정부는 한반도 전 지역에 대하여 통일한국을 달성하는 것으로 정치적 목적을 확장하면서, 맥아더 유엔군사령관에게 북한 수복지역에서 (중국군이나 소련군으로부터 군사적인 저항이 없는 경우로 한정하여) 적을 격멸할 수 있도록 했다. 이 과정에서 미국과 국제연합은 한반도 외부로 전쟁을 확대할 의도가 없다는 사실을 공식성명을 통해 밝히고, 자발적인 제한지침을 엄격히 준수했다.

미국 정부가 한반도에서 제한전쟁 방침을 천명하였음에도 중국군은 6·25전쟁에 불법적으로 개입했다. 결국 미국은 한반도 통일이라는 변경된 정치적 목적에도 불구하고, 확전의 위협을 사전에 차단하기 위해 군사적 수단을 지나치게 제한함으로써 한반도 통일을 포기하는 정치적 실패를 자초했다. 이 과정에서 맥아더 유엔군사령관과 트루먼 행정부는 심각한 갈등을 초래했다. 전쟁 수행기간 한반도에서 미국과 유엔군의 군사적 성공과 우세에도 불구하고, 트루먼 행정부는 제3차 세계대전의 발생 가능성을 차단하기 위해 전쟁을 지나치게 제한함으로써 중국군의 한반도 불법 개입을 방기하는 결과를 초래했다.

4. 고착전기

고착전기固着戰期 단계는 유엔군이 38선을 따라 전선을 안정시킨 1951년 봄부터 휴전협정이 체결된 1953년 7월까지 약 2년간 지속되었다. 미국 행정부는 한반도에 중국군이 불법개입한 상황에서도 그들을 격퇴하려는 군사적인 조치를 취하기보다는 최대한 빨리 휴전을 달성하기 위해 전쟁의 확대를 철저히 제한했다.

이 시기에 미국 정부는 훨씬 더 조심스럽게 행동했다. 미국은 마오쩌둥의 중국군 불법개입을 문제시하기보다 한반도의 국지분쟁이 세계대전으로 확전되는 것을 방지하는데 주력했다. 중국군의 한반도 불법개입에도 불구하고 미국 행정부는 한반도 재통일 달성이 아닌 전쟁 이전 상태로 회복하는 것을 추구하면서 전쟁을 제한했다.

5. 함의

제2차 세계대전 직후 새로이 개편된 국제연합 체제에 대한 최초의 도전이었던 6·25전쟁은 한국의 입장에서는 전면전쟁이었으나, 미국과 소련, 중국 등의 입장에서 보면 대리전쟁 성격의 제한전쟁이었다. 또한 6·25전쟁은 핵전쟁으로 확전이 가능한 상황에서 제한전쟁의 성과와 한계에 대한 다양한 교훈을 남겼다.

첫째는 전쟁에서 '정치 우위의 원칙'을 준용해야 한다는 것이다. 6·25전쟁 중에 미 트루먼 대통령과 맥아더 유엔사령관은 심각한 갈등을 겪었다. 트루먼 행정부는 6·25전쟁이 소련과 제3차 세계대전으로 발발할 가능성을 억제하며, 중국 본토로 전쟁이 확대되는 것을 방지하고, 서부유럽의 안전을 보장하면서 한반도에 미국의 군사력을 투입하려는 필요성에 따라 전쟁을 제한하고자 했다.[39] 반면에 맥아더 장군은 정치가 실패하여 전쟁 단계로 발전한 이상, 정치의 유일한 기능은 군사목표를 설정하는 것일 뿐이라고 주장했다. 따라서 맥아더는 설정된 군사목표를 수행하는 과정은 전적으로 군부의 의견을 존중해야 한다는 입장을 고수했다.[40] 이에 대하여 트루먼 행정부는 정치 우위의 원칙에 따라 한반도에서 전쟁 수행

---

39 Robert E. Osgood, *Limited War: the Challenge to American Strategy*, pp.169-170.

40 앞의 책, p.177.

을 철저하게 제한하였으며, 그 결과 제3차 세계대전의 발생을 저지했다. 그럼에도 불구하고 6·25전쟁 동안 군사적 판단(군)에 대한 정치적(민간당국) 우위 원칙을 융통성 없이 엄격하게 적용함으로써 유엔군의 인천상륙작전 성공으로 조성된 전과확대 단계에서 군사목표 재조정이 지연되었고, 이로 인하여 군사적 공격 기세의 상실로 공산주의자들에게 협상을 지연시키게 하고 인명과 자원의 심대한 손실을 초래하기도 했다.[41]

둘째로 전쟁은 '제한된 목표'를 지향해야 한다. 북한의 불법남침에 따라 최초의 전쟁목적은 전쟁 이전 상태로 회복하는 것이었다. 그런데 미국과 국제연합은 인천상륙작전을 성공하면서 전쟁목적을 한반도 통일로 재조정했다. 그 결과 중국군의 불법개입을 초래하여 전쟁이 확대되었다.

마지막으로 제한전쟁에서는 교전 당사국 쌍방 혹은 일방이 전쟁규칙을 준수해야 함을 시사하고 있다. 즉 교전국들은 전쟁 중에 공식적·비공식적, 쌍방·일방적(타방의 묵인) 다양한 의사소통을 지속하며, 초강대국 간에 직접접인 대결을 회피하고, 핵무기 사용은 최후의 순간까지 유보하며, 제한된 동원을 시행하고, 전투와 협상을 병행하는 등 신축적인 대응방식으로 전면전쟁(핵, 재래식)으로 확전되는 것을 강력하게 통제해야 한다. 이상과 같이 6·25전쟁은 국제적으로 불법남침에 대한 한국의 방위라는 정당한 전쟁Just War이면서, 불법침략에 대한 '강제권 행사'라는 국제법을 준수한 전쟁이었다.[42] 또한 6·25전쟁은 제한전쟁의 방식으로도 재래식 전면전쟁이나 핵전쟁으로 확전을 방지하면서 불법세력의 침략을 격퇴할 수 있음을 보여주었다.

---

41 Bernard Brodie, *Strategy in the Missile Age*, p.318.

42 Robert E. Osgood, *Limited War: the Challenge to American Strategy*, p.173.

IV. 맺음말

제한전쟁은 상반되는 두 가지 필요성에 따라 발전해왔다. 우선 사람들이 억제에 실패할 경우 전멸全滅이 아닌 다른 대안을 원했기 때문이고, 또 다른 이유로는 많은 사람들이 제한전쟁 수행이 억제능력을 증대한다고 믿었기 때문이다.[43] 이에 따라 제한전쟁 이론은 정치적 목적 달성을 위한 전쟁 수행 통제와 확전 회피라는 두 가지 상반된 관점에서 발전했다.

현재와 미래 핵시대에 군사력 운용의 주요 이슈는 '국가이익을 달성하면서도 그에 수반하는 위험 발생을 최소화하기 위해서 군사력을 어떻게 사용할 것인가?'이다. 군사력을 지나치게 선별적이고 제한적으로 운용할 경우에는 주도권을 상실하게 되어 분쟁은 장기화하고 지원요구가 증가한다. 반면에 핵 또는 비핵군사력을 무분별하게 사용한다면 전면(핵)전쟁의 발발 가능성이 높아진다. 제한전쟁은 이러한 양극단 사이에서 국가목적을 달성하면서도 도덕적이며 정당한 방법으로 전쟁을 통제할 수 있는 균형점을 발견하는 것이 핵심이다.

---

43 최병갑 등, 『현대군사전략대강-제한전쟁과 전략』, p.235.

ON WAR

CHAPTER 9

혁명전쟁과
4세대 전쟁

이종호 / 건양대학교 군사학과 교수

육군사관학교를 졸업하고 육군대령으로 전역하였으며, 충남대학교에서 군사학 박사학위를 받았다. 2012년부터 건양대학교 군사학과 교수로 재직하고 있으며, 군사과학연구소 소장, 미래군사학회 부회장을 맡고 있다. 군사혁신론, 국방제도와 조직, 패권전쟁 등 군사이론과 관련된 주제를 연구하고 있다. 저서로는 『전쟁철학』(공저), 『군사학개론』(공저) 등이 있다.

'전쟁이란 무엇인가?'라는 명제를 가지고 오랫동안 씨름하고 있는 군사학도들에게 '혁명전쟁'이라는 주제는 다소 진부할 수 있겠으나, 이를 깊이 있게 분석해 볼수록 현재진행형이라는 것을 알 수 있다. 용어나 모습은 다양한 양상으로 나타나고 있으나, 과거 공산주의자들이 즐겨 사용했던 전쟁 수행방법들이 현대의 발전된 과학문명을 활용하여 보다 더 교묘하고 은밀하게 사용되고 있다.

마오쩌둥이 확립한 이론적 체계는 제2차 세계대전 이후 많은 나라에서 혁명전쟁으로 적용·변형되어 나타났으며, 이제는 복합적이고 상호 의존적인 세계의 정치경제질서 속에서 4세대 전쟁이라는 양상으로 등장하고 있다. 여기에서는 혁명전쟁과 4세대 전쟁을 연속선상에 놓고 그 기원과 이론의 전개 및 발전, 특징을 고찰하고 향후 전망을 제시한다.

I. 혁명전쟁

1. 혁명전쟁의 정의

'혁명전쟁'은 전쟁이론에 있어서 매우 중요한 분야로 언급되고 있으나 아직까지 학계에서 명확하고 통일된 개념이 정착되지 않고 있다. 그 이유는 마오쩌둥이 중국의 국공내전을 통해 이론화하고 체계화하여 성공적으로 실전에 활용함에 따라, 제2차 세계대전 이후 수많은 민족해방전쟁에서 이를 변형하여 적용하면서 다양한 형태로 발전해왔기 때문이다. 현대의 많은 국가에서 공산주의자들이 주로 활용해오면서 민족해방전쟁, 인민전쟁, 빨치산전쟁, 내전, 전복전, 비재래식전쟁 등의 모습으로 나타나기도 했다.

이선호는 혁명전쟁을 "서로 다른 정치적, 사회적, 경제적 및 심리적 수단과 연계하여 운용되며 상이한 수준에서 빈번히 동시적으로 행하는 다국면분쟁multi-faceted conflict으로서 주로 유격전적 군사전술로 혁명적 변화를

지향하는 것"이라고 주장했다.[1]

헌팅턴Huntington은 전쟁을 총력전쟁Total War, 전면전쟁General War, 제한전쟁
Limited War, 혁명전쟁Revolutionary War 으로 구분하고, 혁명전쟁이란 "비정부 집
단과 정부 간의 투쟁"이라고 정의했다.

베일리스Baylis는 "혁명전쟁이란 혁명활동의 한 형태이다. 이는 하나의
새로운 이념체제 또는 정치체제를 생성시키기 위하여 비정규 군사전술을
정치·심리적 작전과 결합한 장기적 투쟁을 포함하는 다양한 혁명적 활
동"이라고 주장했다.

샤이Shy는 혁명전쟁을 "대중 또는 광범위한 정치적 운동에 기반하고 장
기간의 무장투쟁을 수반하며, 잘 선전된 정치사회적 계획을 실행하기 위
해 정치권력을 장악하는 것"이라고 정의했다.

톰슨Thomson은 혁명전쟁이란, "무자비한 소규모 소수집단이 폭력을 통해
한 국가의 국민에 대한 지배력을 획득하여 폭력 및 비합법적 수단으로 권
력을 장악할 수 있게 해주는 전쟁의 한 형태"라고 주장했다.

이를 종합해보면 혁명전쟁이란, 현존하는 정부를 전복하고 새로운 정
치체제의 탄생을 목적으로 하는 전쟁형태라고 할 수 있다. 그러므로 혁명
전쟁에 있어서 가장 중요한 요소는 혁명적 목표의 존재이며, 이 목적을 달
성하기 위한 수단은 부차적인 문제이다. 또한 혁명적 목표는 기존 사회제
도의 파괴와 새로운 국가구조의 대체라는 절대성을 갖기 때문에 상대방
을 완전히 타도하기 위해 폭력 운용이 극단으로 치닫는 절대전쟁의 형태
를 띠게 된다.[2]

---

1 이선호, "혁명전쟁의 제이론 분석," 『국방연구』 제30권 제2호 (1987), p.318.

2 김태현, "혁명전쟁의 이론적 고찰과 현재적 함의," 『동아연구』 제62권 (2012), p.136.

2. 혁명전쟁의 기원: 마오쩌둥의 혁명전쟁전략

혁명전쟁은 과거 공산주의자들이 가장 빈번하게 적용하여 발전시켰는데 레닌이 주장했던 '제국주의 전쟁론'과 스탈린이 주장했던 '정의의 전쟁'은 정치적 명분을 공략대상으로 삼았다.

그러나 오늘날 정치경제질서의 변화 속에서 다양한 모습으로 나타나는 혁명전쟁의 새로운 양상은 마오쩌둥이 중국의 국공내전에서 성공적으로 적용하여 발전시켰던 인민전쟁, 지구전, 유격전 등의 개념에서 태동한 것이라고 할 수 있다. 마오쩌둥의 혁명전쟁전략은 전 세계의 혁명가들에게 큰 영향을 미쳤으며, 특히 북한의 김일성, 베트남의 보응우옌잡Vo Nguyen Giap, 쿠바의 카스트로Fidel Castro, 체 게바라Ché Guevara 등이 이를 자신들의 혁명전쟁에 적극적으로 활용했다.

마오쩌둥은 국민당에 비하여 열세한 전력을 가지고 중국의 혁명전쟁에서 승리하기 위하여 정치사회적 수준에서 국민대중의 에너지를 조직하고 동원하는 인민전쟁전략을 추구했다. 즉 국민들의 민심을 얻음으로써 이들로 하여금 중국 공산당을 지지하도록 하고, 또한 국민들이 공산당 군대에 참여하거나 후방작전을 지원하며, 필요시에는 민병을 조직하여 적과 싸우도록 하는 것이다. 인민전쟁전략의 핵심은 혁명근거지를 확보하고 이 근거지 내에서 국민대중의 민심을 얻는 것이다.

중국 공산당은 철저하게 대중노선을 추구하며 가용한 범위 내에서 국민대중에 대한 정치적 교화를 진행, 국민들로부터 내전의 정당성을 인정받고 이들의 지지를 확보할 수 있었다.

마오쩌둥은 군사적으로 열세한 상황에서 인민해방군(홍군)이 국민당 군대를 상대하여 조기에 승리를 거둘 수 없다고 판단하여 지구전전략을 추구했다. 지구전의 제1단계는 전략적 퇴각 단계로 국민당 군대가 전략적 공격을 할 때 홍군은 전략적 방어를 하는 것이다. 제1단계의 전략적 방어는 물러서기만 하는 소극적 방어가 아니라, 적에게 부단한 기습을 감행하는 적극적 방어를 수행한다. 따라서 제1단계에서 주요 작전형태는 운동전이며, 유격전과 진지전은 보조적인 작전형태가 된다.

제2단계는 전략적 대치 단계로, 국민당 군대가 병참선 신장과 병력 부족으로 공격의 한계점에 이르게 되어 전략적 수비를 할 때 홍군이 전략적 공세를 취하는 단계이다. 국민당 군대는 공격을 중지하고 점령한 지역 중에서 전략적 요충지와 거점을 확보하는데 중점을 두고자 할 것이다. 이때 홍군은 강한 적은 회피하고 유격대의 역량으로 승리할 수 있는 적에 대하여 집중적인 공격을 가한다. 따라서 제2단계에서 주요 작전형태는 유격전이며, 운동전과 진지전은 보조적인 작전형태가 된다.

제3단계는 전략적 반격 단계로서 이제 충분한 군사력을 갖추고 공세의 여건이 형성됨에 따라 홍군이 전략적 반격을 하고 국민당 군대가 퇴각을 하는 단계이다. 즉 결전을 추구하는 단계이다. 이때 결전은 비정규군에 의한 유격전 형태가 아니라 정규군에 의한 정규전으로 수행할 때 성공할 수 있다. 따라서 제3단계에서 주요 작전형태는 운동전과 진지전이며, 유격전은 운동전과 진지전을 보조하는 역할을 수행한다.

마오쩌둥의 혁명전쟁전략에 의하여 절대적 열세였던 중국 공산당이 국민당 군대를 패퇴시키고 승리를 달성한 것은 혁명전쟁의 대표적인 사례가 되었다. 핵심적인 승리의 요인은 다음과 같다. 첫째, 혁명을 추구하기 위한 근거지를 확보하는데 주력했다. 초기에 군사력이 약했던 중국 공산당은 장시 성江西省과 산시 성山西省의 산악지역 일대에 혁명세력을 위한 근거지를 강화하고 이를 기반으로 세력을 확장하고자 했다. 둘째, 군사력 측면에서 국민당 군대에 대항하기 어렵다는 인식을 하고 군사적 차원의 전략보다는 정치사회적 차원의 인민전쟁전략을 추구했다. 셋째, 국민대중에게 정치적 동기를 주입하고 이들을 조직화함으로써 내전에 동원할 수 있었다. 넷째, 정치사회적 전략의 성과를 바탕으로 중국 공산당은 군사력 균형을 유리하게 전환시킬 수 있었으며, 그 결과 전략적 반격 단계에서 결전을 통하여 최종적인 군사적 승리를 얻을 수 있었다.[3]

중국 공산당이 수행한 혁명전쟁은 국민의 지지와 동원이 전쟁의 결

과에 결정적인 요인이 된다는 것을 보여주고 있다. 이는 오늘날 분란전
Insurgency[4]과 같은 4세대 전쟁의 형태에도 그대로 나타나고 있다.

3. 전개 및 발전

(1) 혁명전쟁과 국제전의 비교

혁명전쟁은 기존 정부를 내·외부세력으로부터 차단하여 고립시키고 사
회구조를 교체하여 최종적으로 정치권력을 장악하는데 목표를 두고 있기
때문에 절대전쟁의 성격을 가지고 있다.

초기에 혁명세력은 정부군에 비하여 군사적 측면에서 상대적 열세를
면하기 어렵기 때문에 국민대중의 정치적 동원을 통한 정치전에 치중해
야 한다. 따라서 혁명전쟁에 있어서 전쟁 수행의 핵심은 정치전이 되어야
하며, 이는 전쟁목적의 절대성과 혁명세력과 정부군 간 군사력 수준의 비
대칭성이 주요 원인이다.

혁명전쟁 초기에는 정부군이 군사력 면에서 절대적 우위에 있으므로
힘이 약한 혁명세력은 물리적인 열세를 극복할 수 있는 비대칭수단으로

〈표 9-1〉 혁명전쟁과 국제전의 비교

구분	혁명전쟁	국제전
정치적 목적	타도(적의 무조건 항복)	협상 또는 타협(평화조약)
최종상태	영구적 평화	조건부 평화
전쟁의 목표(형태)	절대적 목표(절대전쟁)	제한적 목표(제한전쟁)

박창희, 『현대 중국전략의 기원』(서울: 플래닛미디어, 2011), pp.19-20 참조.

---

3 박창희, "마오쩌둥의 전략사상," 군사학연구회, 『군사사상론』(서울: 플래닛미디어, 2014), pp.135-536.

4 분란전은 비정규 군사집단과 불법 정치기구의 사용을 통해 국가의 자원을 완전히 또는 부분적으로 통제하려고 하는 정치·군사적 행위로, 게릴라전, 테러리즘, 선전, 비밀기구 등이 있다.

투쟁할 수밖에 없다. 그 핵심수단이 바로 국민대중이다. 만약에 혁명세력이 국민대중의 적극적인 지지와 성원을 획득한다면 혁명전쟁의 최종적인 승리를 쟁취할 수 있다.

따라서 혁명전쟁과 국제전은 전쟁의 본질적 측면에서 서로 상이하다. 국제전 수행의 핵심은 결전을 통하여 적의 군사력을 격멸하고 협상이나 타협 등을 통해 조건부 평화를 획득하는 것이다. 그러므로 적의 군대나 수도와 같은 전략적 중심을 파괴하고 적의 의지를 분쇄하여 협상을 강요하는 제한전쟁의 형태가 된다. 반면에 혁명전쟁은 기존 정치세력의 완전한 타도를 목적으로 하기 때문에 협상이나 타협의 여지가 없으며, 국민대중의 지지와 성원을 기반으로 영구적 평화를 달성해야 한다. 그렇기 때문에 혁명전쟁의 전략적 중심은 적의 군대나 수도와 같은 유형적 중심이 아니라 국민대중의 마음과 같은 무형적 중심이 되며, 이러한 특징 때문에 혁명전쟁은 절대전쟁의 형태를 띠게 된다.

즉 혁명전쟁의 목표 달성에 이르는 기반은 국민대중이므로, 국민대중의 마음을 정부군으로부터 빼앗아 오기 위해서는 정치사회적 환경 속에서 치열한 정치전에 집중해야 한다. 혁명세력이 정규군을 확보할 경우에 있어서도 초기단계에서 국민대중을 정치적으로 조직화하고 동원했던 것을 중요한 자산으로 활용함으로써 군사전과 정치전의 배합을 지속적으로 수행할 수 있다.

혁명세력은 군사전과 정치전을 배합함으로써 정부군에 비하여 절대적으로 열세였던 군사력의 비대칭성을 극복할 수 있으며, 전쟁목적을 달성할 가능성에 한걸음 더 다가갈 수 있다.

(2) 혁명전쟁의 전개 및 발전단계

마오쩌둥은 혁명세력이 일정한 수준의 정치적 정당성을 확보하고 대중을 동원하는데 충분한 성과를 달성한 뒤에야, 비로소 혁명전쟁의 최초단계로 진입할 준비가 된 것이라고 주장했다.

장기간에 걸친 혁명전쟁의 전개 및 발전단계를 대략 3단계로 나눌 수 있다. 제1단계는 정치적 조직 구축 단계, 제2단계는 혁명세력 확장 단계, 제3단계는 결전을 통해 적군을 격멸하기 위한 정규전 전환 단계이다.

제1단계 정치적 조직 구축 단계는 혁명을 준비하는 단계이다. 즉 국가의 정치권력을 장악하여 기존의 정치사회적 구조를 완전하게 변화시키는 것을 혁명전쟁의 목표로 설정하고, 지하활동을 통한 혁명조직 및 근거지 구축에 매진하는 단계이다.

이를 위해 혁명세력들은 데모, 파업, 폭동 등 사회적 혼란을 조성하여 정부의 과잉진압을 유도하고 주민들의 피해를 유발해서 혁명세력에 대한 동정심을 얻는다. 또한 테러와 위협적인 활동을 통하여 정부를 혼란에 빠뜨리고 폭력을 통해 주민들의 협조를 강압하기도 한다. 결국 제1단계는 혁명세력의 조직화를 통해 혁명역량을 강화하고 국민대중의 적극적인 지지를 확보하는데 중점을 둔다.

제2단계 혁명세력 확장 단계는 혁명세력을 중심으로 당 건설을 완료하고, 본격적인 유격전을 수행하면서 정부군과 적극적인 투쟁을 하는 단계이다. 이 단계에서 수행하는 유격전의 핵심목표는 강력한 투쟁을 통해 국민대중을 정부로부터 분리하는 것이다. 이때 당 조직은 유격대가 투쟁을 지속할 수 있도록 지원 역할을 수행한다. 따라서 제2단계는 지구전을 수행함으로써 정부군을 지치게 만들고, 국민대중에 대한 이념교육을 통하여 지지자들을 지속적으로 확보하는 것이 중요하다.

제3단계 정규전 전환 단계는 혁명세력이 양성한 정규군의 능력이 정부군과 동일한 수준으로 발전하고 정치사회적 여건이 공세로 전환하기에 유리하게 조성되면, 완전한 승리를 달성할 때까지 전쟁을 수행하는 단계이다. 마오쩌둥은 내전을 혁명전쟁의 마지막 단계라고 하면서 유격전과 기동전의 배합으로 정부를 붕괴시키고 정권의 교체를 달성해야 한다고 했다. 이 단계에서는 정규군이 혁명의 중심이 되고 유격대는 보조적 기능으로 정규군과 전략적으로 배합하는 역할을 수행한다.

앞서 제시한 혁명전쟁의 3단계는 다양한 혁명전쟁의 사례와 학자들의 연구결과를 토대로 표본화한 것으로, 실제 혁명전쟁의 진행과정에 있어서 반드시 세 단계를 모두 거치는 것은 아니다. 혁명의 여건이 무르익으면 단계를 뛰어넘을 수 있으며, 중간단계에서 혁명을 완수할 수도 있다. 우리가 대표적인 사례로 적용하고 있는 마오쩌둥, 레닌, 보응우옌잡, 카스트로와 체 게바라 등의 혁명가들은 자신들이 처한 정치사회적 환경 속에서 각 혁명의 단계를 창조적으로 적용하여 승리를 달성했다.

4. 특징

(1) 혁명전쟁은 정치전략과 군사전략을 상호 보완적으로 적용한다

혁명전쟁은 전 단계에 걸쳐서 정치전략과 군사전략을 전략적 환경의 대내외적 조건에 부합하도록 상호 보완적으로 적용한다. 정치전략은 혁명전쟁에 있어서 핵심적인 분야이며, 이를 위해서는 강력한 혁명조직을 건설하여 국민대중을 정치적으로 동원하고 정부로부터 분리할 수 있는 여건을 조성해야 한다. 모든 국가는 사회구조적 측면에서 본질적인 모순을 내재하고 있다. 때문에 국민대중이 열망하는 문제에 근접한 목표를 제시하고 선전선동을 통하여 국민대중이 적극적으로 지지하게 만든다면, 점차 국민을 정부로부터 분리할 수 있다.

그러나 국민대중의 요구는 전략적 환경의 변화에 따라 계속 바뀌기 때문에 대외적으로 표방하는 혁명의 목표도 수정해나가야 한다. 국민대중의 동원과 함께 폭동과 파업, 유격전을 통하여 혁명의 여건을 조성하기 위해서는 사회 전 구성원을 포괄할 수 있는 전방위적인 정당의 결성이 중요하다.

정당 결성을 통한 혁명조직의 확장과 함께 유격전을 수행할 수 있는 혁명역량을 점차 확보함으로써 지구전을 준비한다. 혁명전쟁의 초기단계에서 정부군의 정규전 수행능력을 극복할 수는 없으므로, 장기전을 고려하여 정치전략과 군사전략을 상호 보완적으로 적용함으로써 혁명의 최종단계에서 결전을 할 수 있는 혁명여건을 조성한다.

(2) 혁명전쟁은 지구전에 의해 승리를 추구한다

혁명전쟁은 지구전을 통하여 승리를 추구하며 일반적으로 전략적 퇴각, 전략적 대치, 전략적 반격의 세 단계로 이루어진다. 지구전의 제1단계는 전략적 퇴각 단계로 주요 작전형태는 운동전이며, 유격전과 진지전은 보조적인 작전형태가 된다. 제2단계는 전략적 대치 단계로서 주요 작전형태는 유격전이며, 운동전과 진지전은 보조적인 작전형태가 된다. 제3단계는 전략적 반격 단계로서 주요 작전형태는 운동전과 진지전이며, 유격전은 운동전과 진지전을 보조하여 전략적 배합을 수행한다.

지구전에 있어서 핵심적인 요소는 근거지를 확보하고 이를 기반으로 세력을 확장하며, 군사적 차원의 전략보다는 정치사회적 차원의 인민전쟁전략을 추구하는 것이다. 그리고 혁명세력은 국민대중에 대한 교육을 통하여 이들을 조직화하고, 정치사회적 전략의 성과를 바탕으로 조직화된 정규군을 확보하여 군사력 균형을 유리하게 전환할 수 있으며, 그 결과 전략적 반격단계에서 결전을 시도하여 혁명전쟁에서 최종적인 승리를 얻을 수 있다.

(3) 혁명전쟁은 국민대중을 동원하고 이념적 측면에서 수행한다

혁명전쟁은 국민대중의 지지와 지원을 받아야 생존할 수 있다. 특히 초기단계에 조직을 확대하기 위해서는 인원을 보충하고 필요한 정보를 획득하는 것이 중요한데, 이것은 대부분 국민대중의 지원으로 충족된다. 그래서 마오쩌둥은 혁명세력과 국민대중의 관계를 물고기와 물로 비유했다.

또한 혁명전쟁의 사례 중에서 식민지 독립투쟁의 경우에는 국민대중을 동원하기 위하여 민족주의라는 이념을 내걸었다. 공산주의 혁명인 경우에는 대부분 현 정권에 대한 국민들의 불만을 대변하고 사회·경제적 측면에서 나타나는 여러 가지 문제를 집요하게 파고들어서 이것을 선전·

선동구호에 포함시켰다. 혁명세력들은 공산주의 이념을 교묘하게 이러한 구호에 숨겨서 국민대중을 현혹하고 점차 그들의 생각 속에 뿌리를 내리게 유도했다. 국민대중이 이념적 동조자가 되도록 한다는 것은 현실적으로 대단히 어려운 문제이다. 그러나 이념이라는 것이 개인의 신념에 의존하는 것이므로 대중이 지지하는 문제에 접근하여 반복적인 교육을 통해 상호 동질성을 느끼게 한다면, 국민대중은 강력한 혁명 지지기반이 될 수 있다.

(4) 혁명전쟁은 최종적으로 정규군에 의하여 수행한다

혁명전쟁은 전 단계에 걸쳐서 정치전과 군사전의 배합을 통하여 수행하지만, 결정적인 시기가 도래하면 육성해 온 정규군 전력을 이용하여 결전을 시도하게 된다. 혁명지도자가 이 시기를 판단하는 것이 대단히 어렵고 힘들다는 마오쩌둥의 주장처럼, 유격전을 수행하다가 정규전으로 전환하는 것이 너무 빠르거나 늦을 경우 모든 혁명전쟁의 전략이 파탄이 날 수도 있다.

정규전을 통해 혁명전쟁의 최종 승부를 결정짓게 되는 환경을 보면, 정부군은 정규전 능력을 유지하고 있는 반면에 혁명세력의 실체는 대부분 노출되어 더 이상 유격전을 수행하는 것이 어려운 경우이다. 또한 국내의 혁명전쟁이 국제적으로도 영향을 미치고 관련 국가가 다양한 형태로 개입하므로, 혁명세력과 정부군의 군사적 역량 비교가 쉽지 않은 상황에서 정규전에 의한 결전의 시기를 판단해야 한다.

5. 전망

혁명전쟁의 사례와 전쟁 수행의 본질적인 측면을 살펴보면 공산주의 혁명세력이 주로 사용해왔던 전쟁방식임을 알 수 있다. 일부에서는 이를 과거의 전쟁방식이라고 주장할 수도 있다. 그러나 우리 사회가 고도로 발전할수록 사회구조의 모순은 해소하기 어려운 것이 현실이므로, 혁명전쟁은 또 다른 모습으로 세계에 등장할 것으로 본다.

바로 그것이 최근에 많은 학자들에 의해 제시되고 있는 4세대 전쟁이라고 할 수 있다. 특히 이러한 전쟁방식은 이라크전쟁과 아프가니스탄전쟁에서 선보인 바 있으며, 지금도 세계 곳곳에서 나타나고 있다.

또한 과거 6·25전쟁은 북한 혁명전쟁의 대표적인 전쟁방식이었으므로 향후 북한은 4세대 전쟁개념을 활용하여 대남군사전략을 발전시킬 것으로 전망한다. 구체적인 내용은 다음 단락에서 제시하고자 한다.

II. 4세대 전쟁

1. 4세대 전쟁의 정의

4세대 전쟁은 미국이 아프가니스탄과 이라크의 전쟁을 치르면서 이전과는 전혀 다른 전쟁 양상에 직면하였던 사례를 계기로, 학자들이 새로운 전쟁의 틀로 제시하는 전쟁방식이다.

빌 린드^{Bill Lind}와 게리 윌슨^{Gary Wilson}은 그들의 논문 "전쟁의 변화하는 모습: 4세대 전쟁으로"에서 베스트팔렌조약 체결 이후 나폴레옹전쟁까지 약 300년을 인력전 위주의 1세대 전쟁, 제1차 세계대전까지를 화력전 위주의 2세대 전쟁, 제2차 세계대전까지를 기동전 위주의 3세대 전쟁으로 구분하고, 현대의 새로운 전쟁방식을 4세대 전쟁으로 제시했다.

뒤를 이어서 해머스^{Thomas X. Hammes}는 그의 저서 『21세기 전쟁: 비대칭의 4세대 전쟁^{The Sling and the Stone: On War in the 21st Century}』에서 린드와 윌슨이 제시한 4세대 전쟁의 개념을 보다 구체화하고 전쟁의 변화를 사회발전 차원에서 포괄적으로 접근하였으며, 중국의 인민전쟁으로부터 이라크전쟁까지 다양한 사례를 적시하여 이해를 높였다.

이들이 전쟁방식을 4개의 세대로 구분하는 것은 모든 전쟁이 당시 사회상을 반영하며, 지금보다 앞선 1·2·3세대의 전쟁과 마찬가지로 4세대 전쟁도 전반적으로 정치·경제·사회 및 과학기술 분야의 발전과 연계되어 진화해왔기 때문이다.

특히 현대의 4세대 전쟁은 재래식전쟁으로는 패배시킬 수 없는 거대한 적에 대항하여 새로운 방식으로 전쟁을 수행하는 것으로써 중국의 마오쩌둥이 이러한 형태의 전쟁을 시작했다. 그 이후 성공의 교훈을 이어받은 베트남의 보응우옌잡, 쿠바의 체 게바라가 이를 적용하여 더욱 정교한 전쟁방식으로 발전시켰으며, 니카라과의 산디니스타, 1차 인티파다, 아프가니스탄과 이라크, 알카에다 네트워크들은 4세대 전쟁의 전형을 보여주고 있다.

4세대 전쟁은 적의 정치적 위상을 변화시키고자 수행하며, 이러한 목적을 달성하기 위하여 가용한 모든 군사전력체계를 활용한다. 4세대 전쟁은 지금도 현재진행형으로 진화하고 있으며, 학자들도 다양한 관점에서 이를 연구하고 있다.

토플러Alvin Toffler는 그의 저서 『전쟁과 반전쟁War and Anti-War』에서 사회는 거대한 세 가지 물결에 의하여 움직인다고 주장했다. 첫 번째 물결은 약 1,000년 전에 등장한 농업이고, 두 번째 물결은 산업이며, 이제 인류는 세 번째 물결인 정보화시대에 진입했다. 전쟁의 형태가 변화하는 것도 전체 사회가 변했기 때문이다.

크레펠트Martin van Creveld는 그의 저서 『전쟁의 변환The Transformation of War』에서 한 사회의 전쟁방식은 사회구조의 유형과 신념에 바탕을 두고 있다고 설명하면서, 현대에 비재래전으로 싸우는 쪽이 재래전식의 적을 상대로 승리하는 것은 정규군이 현대사회에서 진화하는 위협을 잘 다루지 못하기 때문이라고 했다. 크레펠트는 군인들보다 분란자, 혁명가, 테러리스트들이 이러한 새로운 전쟁방식에 더 숙련되어 있다고 주장했다.

뮌클러Herfried Münkler는 그의 저서 『새로운 전쟁Die neuen Kriege』에서 고전적 전쟁에 대비되는 새로운 전쟁이 부각하고 있다고 주장하면서, 새로운 전쟁의 특징을 다음과 같이 세 가지로 분석했다.

첫째, 비대칭적 전쟁. 폭력의 강도는 약하나 대칭적 전쟁보다 더 잔혹하고 끔찍하며 훨씬 더 오래 지속된다. 새로운 전쟁은 몇 년이 아니라 몇 십년을 끌기 때문에 사회구조에 더 깊이 파고들며, 대칭적 전쟁보다 사회경제적으로 더 심각한 영향을 끼친다.

둘째, 전쟁의 경제화. 그 주역들은 군벌들과 군사서비스 공급자들이다. 즉 군사전문인력회사, 무기제조업체, 자원과 관련된 다국적 기업 등 거대한 네트워크로 형성된 폭력집단의 지도자들은 전쟁지역에 머무르지 않고 유럽과 아프리카에서 분란전을 수행하는 집단들에게 주요 경제자원의 탈취, 민간인 대량학살을 통한 인구교체 등을 지시한다. 그리고 외국으로부터 들어오는 지원자금을 가로채고 석유, 광물과 마약 등 경제자원을 불법적으로 사유화하여 부를 확대하기도 한다.

셋째, 전쟁의 탈군사화. 고전적 전쟁은 군대의 고유한 분야였으나 새로운 전쟁에서는 정치적 행위논리와 경제적 행위논리가 폭력행위자들 속에서 서로 결합되어 나타나므로, 전쟁과 평화의 경계는 물론 전쟁과 범죄의 경계 또한 흐려지기 시작한다.

해머스^{Thomas X. Hammes}는 1·2·3세대 전쟁의 진화가 갑작스러운 것이 아니라 각각의 전쟁세대는 당시의 총체적 사회변화, 즉 정치, 경제, 사회 및 과학기술의 변화·발전에 의해 진화해왔다고 했다.

또 1세대 전쟁은 적의 밀집된 군대를 직접적으로 파괴하는데 중점을 두었으며, 2세대 전쟁은 화력에 의존하되 여전히 적의 전투력 파괴에 중점을 두었다. 3세대 전쟁은 전쟁 수행능력의 확대와 군사력의 장거리 투사능력이 증대한 장점을 이용하여 적의 지휘통제체제와 병참능력 파괴에 중점을 두었다.

해머스는 전쟁 세대가 발전하면서 적을 패배시키기 위하여 점점 적의 중심을 향해가는 경향이 있다고 보았으며, 4세대 전쟁의 중점은 적의 정치적 전쟁 수행의지를 직접 파괴하는 것에 있다고 주장했다.

이를 종합해보면 4세대 전쟁이란 상대방의 정책결정자들에게 그들의 전략적 목적을 달성할 수 없거나 예상되는 이익에 비해 손해가 더 크다는 것을 확신시키기 위해서 가용한 모든 네트워크(정치적·경제적·사회적·군사적 네트워크)를 사용하는 전쟁이다.

4세대 전쟁은 정치적 우세를 적절히 사용하여 거대한 경제력과 군사력을 패퇴시키는 진화된 형태의 분란전이다. 4세대 전쟁은 이전 세대의 전쟁과는 다르게 적의 군대를 패배시킴으로써 승리하려고 하지 않는 대신, 네트워크를 통해 적의 정책결정자들의 정치적 의지를 직접적으로 파괴하기 위한 공격을 한다. 4세대 전쟁은 몇 달이나 몇 년이 아니라 수십 년이 소요되는 장기간의 전쟁이다.[5]

2. 주요 전쟁 사례

(1) 베트남 공산화

호찌민과 보응우옌잡은 마오쩌둥의 인민전쟁전략 3단계를 베트남의 정치환경에 맞게 수정하여 적용했다. 즉 프랑스와 미국 등 원거리에 위치한 적국과 정치전쟁을 수행하면서 그들의 국가적 의지에 대한 과감한 공격을 포함하는 수정모델을 적용했다.

베트남 공산주의자들은 분란전의 본질을 명확히 이해하고 마오쩌둥의 인민전쟁전략 3단계 지침에 충실했다. 1968년 구정 공세와 같이 정치적 상황을 오판하여 조기에 3단계를 적용하려고 했다가 큰 피해를 입었을 경우에도 전략적 초점을 잘 유지하면서 2단계로 후퇴했다. 또한 북베트남의 안전한 근거지를 유지하고 장기전을 수행하면서 승려의 분신, 민간인을 학살하는 미군의 만행 보도, 시민들의 데모 유도 등 지속적인 정치선전 활동을 통해 양자 사이의 세력균형관계를 변화시켰으며, 미국의 정치적

---

5 Thomas X. Hammes 지음, 하광희 외 옮김, 『21세기 전쟁: 비대칭의 4세대 전쟁』(서울: KIDA Press, 2010), pp.27~28.

의지를 파괴했다. 그리고 민주주의 사회의 본질적 요소인 분열성을 최대한 활용하고 물리적 대응보다는 심리적 대응에 초점을 맞추었다. 반면에 미국과 남베트남은 승리를 위하여 무엇이 필요한지 명확하게 파악하지 못하였으며, 당시 그들이 수행하고 있던 분란전도 결코 이해하지 못했다.

(2) 니카라과 공산화

니카라과의 공산혁명을 주도했던 세력은 1961년 조직된 무장혁명조직 산디니스타였다. 그들은 1979년 소모사 독재체제를 무너뜨리고 1985년 정부를 출범시켰다. 산디니스타는 마오쩌둥의 인민전쟁전략을 적용하면서 동시에 해방신학과 도시 분란전의 최선의 요소들을 결합하여 4세대 전쟁의 개념을 더욱 발전시켰다. 산디니스타 혁명투쟁의 핵심전략은 '정치적 힘'이었다. 그것은 다년간 혁명투쟁과정에서 시련과 실패를 거듭한 경험을 바탕으로 수립한 새로운 전략이었다. 즉 재래식 군사공격을 분란전의 필수요소로 선택하지 않고 정치적 노력을 통해 정부군과 세력균형 관계를 변화시킴으로써 정부는 붕괴하고 산디니스타가 정권을 장악할 수 있었다.

산디니스타의 전쟁전략을 요약하면 다음과 같다. 첫째, 광범위한 정치조직의 대중적 호소력을 분란전에 활용했다. 이는 국내뿐만 아니라 국외의 지지를 보장해주었다. 둘째, 해방신학이 주도하는 교회를 이용함으로써 혁명세력에게 도덕적 우위를 제공했다. 셋째, 미국의 의회를 목표로 하여 여론전을 수행하고 미국의 대응을 최소화하기 위하여 선전전을 조직적으로 수행했다. 넷째, 미국과 세계 여론에 영향을 미치기 위하여 대중매체를 최대한 활용했다. 다섯째, 국외에 위장된 혁명조직을 구축하여 이들이 분란전에 대한 국제적 지원을 이끌어 내고 미국의 대응이 약화되도록 유도했다. 여섯째, 미국 학계·시민단체·교회를 재정적으로 지원함으로써 이들이 미국 정계에 영향력을 발휘하도록 했다.

산디니스타의 새로운 전쟁전략에 따라 미국은 소모사^{Somoza} 정권에 대

한 지지를 철회하였고, 국민대중의 반정부 인식이 폭발하여 소모사 정권
은 자연 붕괴했다.

(3) 인티파다(봉기·반란)

1967년 6일전쟁에서 이스라엘이 극적으로 승리함에 따라 이스라엘은 요
르단 강 서안지구와 시나이 반도(특히 가자 지구) 일대를 점령하게 되었다.
그곳에 살고 있던 다수의 팔레스타인인이 자연적으로 이스라엘 영토에
거주하게 됨으로써 다양한 대중운동을 전개하게 되었다. 이를 기반으로
1980년대 말에는 팔레스타인인의 투쟁방법이 4세대 전쟁방식으로 발전
했다. 즉 총파업, 폭동, 저항의 아이콘인 청년들의 단독 공격 등이 일어나
기 시작했다.

1987년 말, 이스라엘 점령지인 가자 지구 내에서 이스라엘 트럭이 팔
레스타인 노동자를 태운 차량과 충돌하여 사상자가 발생하자, 그동안 쌓
였던 팔레스타인 민족의 분노가 폭동으로 분출되었다.

인티파다 초기에 점령지구 내의 팔레스타인 지방지도부는 조직화하여
통합국가사령부(UNC)를 구축했다. 그들이 조치한 것은 첫째, 인티파다 이
전에 시작된 의료와 사회복지서비스를 제공함으로써 거리에서 시민들의
불복종을 지속하도록 했다. 둘째, 무기와 화염병을 버리도록 하여 중무장
한 이스라엘 군대와 맞서 돌멩이와 병만으로 투쟁하는 팔레스타인 청년
의 이미지를 부각했다. 셋째, 전단을 제작·살포하고 이스라엘의 젊은 군
인들이 팔레스타인 여성과 아이들에게 고무탄을 쏘는 이미지를 다양한
채널을 이용하여 전파했다. 이스라엘이 통일된 전략적 접근법을 발전시
키기 전에 인티파다는 이스라엘 유권자들에게 팔레스타인인이 나라를 갖
기 전에는 결코 평화가 있을 수 없다는 것을 믿도록 했다. 결국 이스라엘
지도자와 국민들 사이에 이러한 전쟁을 해야 하는가 하는 의문이 생기기
시작하면서 리쿠드당 내에 불화가 발생하고 이어서 노동당 정부가 들어
서게 되었다. 이처럼 인티파다는 4세대 전쟁방식을 사용하여 이스라엘을

압박하고 협상 테이블에 나오도록 하였으며, 1993년 오슬로 협정에 서명함으로써 영토를 양보하도록 했다.

(4) 아프가니스탄전쟁과 이라크전쟁

현대의 전쟁 양상이 4세대 전쟁으로 변하고 있다는 것을 보여주는 것이 아프가니스탄전쟁과 이라크전쟁이다. 전쟁 초기에는 고강도전쟁으로서 대량의 정밀유도무기 사용과 적의 유형군사력의 직접적인 파괴 및 단기결전을 추구하였으나, 미국이 군사작전을 종료한다고 선포한 이후 반군과 무장폭력단체 및 종파 간 테러전쟁 양상이 심화하고 장기전으로 전환되었다.

미국이 실패한 원인은 이슬람 종파 간의 갈등에 대한 문화적 이해가 부족하고 작전지역 하부조직의 신속한 대응능력이 취약하여 적시에 정보를 획득하지 못한 데 있었다. 그리고 군사행동을 시작하기 전에 작전의 성공을 뒷받침할 수 있는 NGO 등 민간시민단체와 긴밀하게 협조하여 국민적 지지를 이끌어내야 하는데 그렇게 하지 못했다. 문화, 심리, 대중이 중심이 되는 비선형전쟁을 이해하지 못한 결과였다.

3. 전개 및 발전

(1) 전략적 수준에서 4세대 전쟁

오늘날의 세계는 전략적으로 더욱 밀접하게 연결되어 있다. 정치, 경제로부터 개인의 여가활동까지 인간의 모든 활동이 통합되어 있으므로 전쟁도 더 이상 고립되어 수행되지 않는다. 그러므로 전쟁 수행에 있어서 언론의 역할은 더욱 중요해진다. SNS를 통하여 반복적으로 전해지는 정부군의 잔인한 행위들은 곧바로 국민들의 전쟁혐오감과 반정부행동으로 이어질 수 있다. 또 4세대 전쟁은 정치적 측면에서 국제적·초국가적·하위국가적 네트워크를 광범위하게 사용한다. 이러한 네트워크를 통하여 전해지는 메시지는 적의 정책결정자의 심리를 파고들어서 대응을 지연시키거나 마비시킬 수 있다. 그리고 초국가적 요소 중에서 국경없는 의사회, 국제사면위원회, 기타 인도주의 조직들은 다양한 전략적 자산이 되고 있다.

4세대 전쟁계획자들은 대상에 따라 다양한 메시지를 조작하여 보냄으로써 국민의 지지와 지원을 계속 확보한다.

(2) 작전적 수준에서 4세대 전쟁

4세대 전쟁계획자들은 전쟁의 장기화를 고려하여 전략적 목표인 적의 정책결정자들의 심리를 공격할 수 있는 작전을 구체적으로 구상한다. 장기적인 전쟁의 특성상 전쟁계획자들은 작전 수행 동안 상황의 정확한 인식을 중시한다. 이를 위한 지식과 경험 그리고 능력이 요구된다.

전쟁의 작전적 수준에서 상황이 유리하게 전개된다고 판단하여 제3단계를 시행했다가 실패할 경우, 재빨리 제2단계로 전환할 수 있는 유연성이 있어야 한다. 그러면서 동시에 전체적인 작전 상황을 유리하게 조성할 수 있는 과단성 또한 필요하다.

4세대 전쟁은 지리적 위치를 제한하지 않고 모든 지역에서 동시 다발적으로 수행할 수 있다. 그렇기 때문에 전략적 수준에서 수행하는 과업과 전술적 수준에서 수행하는 과업을 통합하여 수행한다. 즉 다양한 전술적인 폭탄테러, 정부에 대한 방해공작, 국민들에게 보내는 메시지 등을 전쟁 목표에 맞게 효과적으로 조합하고 상호 연계해야 한다.

(3) 전술적 수준에서 4세대 전쟁

4세대 전쟁은 전술적으로 복잡하고 혼란한 저강도분쟁 환경에서 발생하고 있다. 전쟁계획자들은 국제적·초국가적·하위국가적 행위자들을 통합하여 가용한 모든 수단을 활용함으로써 전술적 수준에서 모든 영역의 대상에 대하여 폭력적 또는 비폭력적 과업을 수행한다.

대외적으로 발표하는 메시지와 테러활동, 게릴라전 등 군사행동이 전략적 수준에서 제시한 주제에 맞도록 통합되고 동시에 정책결정자들에게 전달될 수 있도록 교회·경제·학술·예술 및 사회적 네트워크를 이용한다.

전술적 수준에서 4세대 전쟁을 수행하는 집단은 국내의 상업용 물건들을 파괴적인 무기로 변환시켜 활용하기도 한다. 대표적인 것이 화학공장의 산업재해 유발, 압력밥솥을 이용한 폭탄테러, 방사선 폐기물에 대한 테러 등으로, 피해 발생 측면에서나 정책결정자와 국민들이 느끼는 측면에서 오히려 더 위협적이다.

4세대 전쟁은 장기전이며 지금도 계속 진화·발전하고 있으므로 전술적 수준의 방법론도 새로운 방식이 개발되고 있음을 유념해야 한다.

4. 특징

(1) 공격의 중심이 적의 군사력에서 정책결정자로 이동한다

재래전에 있어서 공격의 중심은 대체로 적의 군사력을 격멸함으로써 정부의 정책결정자가 더 이상 전쟁이 지속되는 것을 바라지 않도록 영향을 미치는 것이었다.

4세대 전쟁은 공격의 중심을 정부의 정책결정자에게 두고 있다. 가장 우선적으로 정책결정자의 전쟁의지를 파괴하는 것이 중요하며, 이를 위하여 국민들의 지지를 기반으로 전쟁지원과 관련된 분야를 획득하고 정부와 국민들의 결속을 차단한다. 또한 적의 군대에 대해서는 모든 네트워크를 사용하여 효과적인 작전을 못하도록 방해한다.

(2) 대부분 군사적 약자가 강자를 상대로 하는 전쟁이다

4세대 전쟁은 초강대국인 미국과 소련이 유일하게 패배한 전쟁방식이다. 미국은 베트남에서, 소련은 아프가니스탄에서 전쟁을 치렀다. 과거 재래식전쟁에서는 군사적 약자가 전쟁에서 승리할 가능성은 거의 없었다. 그러나 4세대 전쟁에서 약자는 강한 적과 반대되는 전략을 통해 승리한다. 즉 적의 가장 약한 부분을 직접적으로 공략함으로써 강한 적은 서서히 국력을 소모하고 국민들로부터 반감을 사서 스스로 무너지게 된다.

(3) 정보화와 세계화 추세를 기반으로 자유, 개방성을 활용한다

4세대 전쟁은 가용한 모든 정치적·경제적·사회적·군사적 네트워크를 사용하여 거대한 경제력과 군사력을 패퇴시키는 진화된 형태의 분란전이다. 그러므로 자유민주주의 체제의 약점인 개방성을 최대한 이용하여 분열을 조장하고 지지세력을 확대한다. 이를 위하여 언론 및 선전기관, 인터넷 및 유사체계, 국제 및 국내 NGO를 활용하며, 반정부조직을 구축하고 기술전문가와 무기공급자를 확보한다. 그리고 점차 주민들 속에서 반정부세력을 확대하여 전쟁지원에 대비한다.

(4) 장기적이며 동시다발적인 비대칭전·비정규전이다

4세대 전쟁은 몇 달이나 몇 년이 아니라 수십 년이 소요되는 장기간의 전쟁이다. 마오쩌둥의 인민전쟁은 28년간 지속되었으며, 베트남전쟁은 최초에는 프랑스와 다음에는 미국과 30년간 진행되었다. 산디니스타의 니카라과 공산화를 위한 전쟁은 18년 동안 벌어졌으며, 팔레스타인의 분쟁인 인티파다는 48년간 지속되고 있다. 또 아프가니스탄전쟁은 12년, 이라크전쟁은 10년간 진행되고 있다. 전쟁의 유형은 분란전이며, 주로 게릴라전, 테러, IED를 이용한 유혈전과 정보전 등 비대칭·비정규전 양상이 혼합되어 있다.

(5) 정권 탈취를 목표로 한 분란전 양상을 보인다

국가 간의 전쟁은 최종상태인 정치적 목표를 달성하면 다시 원래의 정치·경제·사회적 구조로 복귀한다. 그 목표가 무조건 항복이나 무력 병합인 경우 일부의 영토 변경 등 현상변화가 있을 수 있으나, 대부분의 경우 정치적 협상을 통하여 전쟁 전의 질서를 회복하는 것이 일반적이다.

그러나 4세대 전쟁은 비국가 간의 전쟁이라고 하더라도 정치·경제·사회적 구조의 급격한 변화를 수반한다. 군사력만으로는 목표 달성이 제한되므로 저강도분쟁이나 대테러전 방식을 이용하여 장기적인 전쟁을 수행한다. 이러한 과정을 통해 새로운 사회로 변화를 추구한다.

5. 전망

(1) 4세대 전쟁의 미래

4세대 전쟁은 우리가 살고 있는 세계의 정치·경제·사회·과학기술의 변화와 함께 등장하였으므로, 향후 세계의 변화 양상에 따라 전쟁의 모습도 변할 것으로 전망한다. 해머스의 논리가 맞다면 향후에 나타날 또 다른 전쟁방식은 현재의 전쟁 양상에 내재되어 있으므로, 아프가니스탄전쟁과 이라크전쟁 같은 4세대 전쟁을 잘 분석해 본다면 5세대 전쟁방식을 유추할 수 있을 것이다.

그러나 지금 논의하고 있는 4세대 전쟁에 대항하여 다양한 대비책을 강구하기 위해서는 전쟁의 본질을 좀 더 구체적으로 분석할 필요가 있다. 왜냐하면 4세대 전쟁을 기획하고 수행하는 혁명세력은 앞의 세대에서 발전시킨 4세대 전쟁방식을 자신들이 처한 정치사회적 환경에 맞게 적용하고 있기 때문이다.

오늘날 네트워크화된 세계의 환경은 분란전을 수행하는 4세대 전쟁기획자들에게 대단히 유리한 여건을 제공한다. 또한 과거와는 판이하게 변한 정보화사회에서도 전통적인 산업화시대의 정치구조와 군사조직 모델을 선호하는 비현실적인 현상이 존재하는 한, 약자가 강한 적을 상대하는 4세대 전쟁방식은 계속 진화할 것이다.

따라서 새로운 전쟁의 양상을 예측하고 대비책을 수립하며 이를 수행할 수 있는 최적의 군대를 육성하기 위해, 지적 유연성을 갖춘 전문가를 양성해야 한다. 특히 네트워크화되고 개방적인 현대사회의 취약점을 오히려 장점으로 전환할 수 있는 창조적인 대응전략을 개발해야 한다.

(2) 4세대 전쟁의 함의

북한은 마오쩌둥의 인민전쟁전략의 영향을 받아 이미 6·25전쟁 당시 분란전 형태의 전쟁을 수행했다. 즉 당시 북한은 남로당에 의한 폭동과 반란을 통해 남한 사회를 혼란에 빠지게 한 후에 재래전으로 공격을 감행했다. 그리고 전쟁에서 실패한 이후에도 북한은 지금까지 '남조선 혁명역량 강화'라는 목표를 설정하고 한국사회 내부에서 남남갈등을 조장하고 자신들을 추종하는 세력 확충에 노력하고 있다.

향후 북한은 4세대 전쟁방식의 대남군사전략을 수행할 가능성이 높아 보인다. 북한은 우선 김정은 세습독재체제를 공고히 한 다음에 지속적인 대남도발로 남남갈등을 유발할 것이다. 또한 그들이 가지고 있는 비대칭 전력을 최대한 활용하여 대남적화를 위한 결정적 시기를 조성하려고 할 것이다. 이를 위하여 북한은 이미 핵무기를 개발하여 실전배치하였으며, 중거리 미사일을 작전배치했다. 또한 첨단 모방테러전술을 강화하면서 사이버전 수행조직을 증강하여 전자전 수행능력을 보강했다. 동시에 한국사회 내부에 혁명역량을 강화하기 위하여 종북세력을 확대하고 있는데 그 대표적인 사례가 바로 일심회, 왕재산 사건이다.

과거에 북한이 정규전을 통하여 단기속전속결전략을 구사하려고 했다면 향후에는 비대칭전과 분란전 전략을 활용하려고 할 것이다. 왜냐하면 북한은 이미 분란전을 수행할 수 있는 WMD, 장사정포병, 사이버부대, 경보병사단 등 다양한 역량을 구축하였으며, 현대전의 다양한 분란전 양상을 수행할 수 있는 전문인력을 확보하고 있을 뿐만 아니라, 한국사회의 발전상황은 분란전을 수행하기에 대단히 유리한 여건이기 때문이다.

따라서 북한의 4세대 전쟁방식에 대비하여 우리의 대응능력을 조기에 확충해야 할 것이다. 가장 우선적으로 새로운 북한의 위협에 대한 인식을 통하여 국가 및 군사전략적 수준에서 대응전략을 개발해야 한다.

III. 맺음말

혁명전쟁과 4세대 전쟁의 사례와 전쟁 수행의 본질적인 측면을 분석해보면, 이는 마오쩌둥이 중국의 국공내전에서 승리했던 교훈을 바탕으로 발전해온 것이다. 동시에 대부분의 경우 공산주의 혁명세력이 주로 사용해 왔던 전쟁방식임을 알 수 있다.

우리 사회가 고도로 네트워크화되고 더욱 결속력 있게 발전할수록 새로운 사회·경제적 문제가 발생할 것이며, 다변화된 사회에서는 이러한 문제점을 해소하기가 한층 어려워지기 때문에 혁명전쟁이 진화한 모습으로 또 다시 세계에 등장할 것으로 본다. 바로 그것이 최근에 많은 학자들이 제시하고 있는 4세대 전쟁이다. 특히 이러한 전쟁방식은 이라크전쟁과 아프가니스탄전쟁에서 선보이고 있으며, 지금도 진화·발전하고 있다. 따라서 이에 대항하여 다양한 대비책을 강구하기 위해서는 전쟁의 본질적인 부분을 좀 더 구체적으로 분석할 필요가 있다. 왜냐하면 네트워크화된 세계의 변화된 환경은 전쟁에 대단히 유리한 여건을 제공하며, 혁명세력은 자신들이 처한 정치·사회적 환경을 전쟁 수행에 유리하도록 창조적으로 변화·발전시키고 있기 때문이다.

이미 북한은 마오쩌둥의 인민전쟁전략의 영향을 받아 6·25전쟁 당시 남로당에 의한 폭동과 반란을 통해 남한 사회를 혼란에 빠지게 한 후에 재래전으로 공격을 감행했다. 그리고 전쟁에서 실패한 이후에도 지금까지 북한의 야욕은 변하지 않고 있다. 현재 한국사회의 자유민주주의 체제와 정보화의 발전은 북한과 종북세력이 분란전을 수행하기에 대단히 유리한 환경이므로, 북한은 4세대 전쟁방식을 활용한 비대칭전과 분란전으로 대남군사전략을 전환할 가능성이 높다.

따라서 북한의 새로운 전쟁방식에 대비하여 변화된 전쟁에 대한 본질을 분석하고 우리의 대응능력을 다양하고 유연하게 발전시킬 필요가 있다. 그것은 정치, 경제, 사회, 과학기술의 측면에서 복합적으로 고려해야 한다. 특히 북한의 실체를 통하여 미래 위협을 정확히 인식한 이후에 전략적·작전적·전술적 수준에서 대응전략을 발전시켜야 한다. 그리고 전쟁수행 전문가들은 정확한 상황인식과 유연한 대응능력을 함양하고 정보력의 향상, 국제적 협력경험의 축적과 군사문제와 정치·경제·사회문제를 통합하여 분석할 수 있는 능력을 배양해야 한다.

ON WAR

CHAPTER 10

이념전쟁과 종교전쟁

정한범 / 국방대학교 안보정책학과 교수

고려대학교를 졸업하고, 미 켄터키대학교University of Kentucky에서 정치학 박사학위를 받았다. 현재 국방대학교 안보정책학과 교수 겸 동북아연구센터장으로 재직 중이다. 한국정치학회 대외협력이사 및 코리아정책연구원 자문위원을 맡고 있으며, 국제기구인 세계선거기관협의회(A-WEB)에서 제3세계 선거관리위원회 관리들을 대상으로 강연을 했다. 주요 저서와 논문으로 『세계선거기관협의회의 효용성과 기대효과 분석』, "The Dynamics of Economic Globalization and Political Development on the Welfare State in South Korea", "유럽통합과정에서 정당의 급진성에 따른 국민여론과 정당 노선의 관계" 등이 있다.

전쟁의 원인만큼이나 전쟁의 성격을 구분하는 범주도 다양하다. 즉, 연구자의 관점에 따라 전쟁에서 어떤 하나의 측면을 특별히 강조하여 전쟁을 분류할 수 있다. 전쟁이 일어난 원인을 기준으로 할 수도 있고, 전쟁을 수행하는 주체가 누구인가 하는 것을 기준으로 할 수도 있다. 또 전쟁을 통해서 행위자가 얻고자 하는 것이 무엇인가, 어떠한 방법으로 전쟁을 수행하고 있는가, 전쟁을 수행하는 기간은 얼마나 긴가, 전쟁이 벌어지는 지역이 어디인가, 핵무기 등 대량살상무기를 사용하는가 같은 내용을 기준으로 전쟁의 성격을 규정할 수도 있다. 다시 말해서 하나의 전쟁은 여러 가지 측면에서 범주화하고 분류할 수 있다. 여기에서는 행위자들이 전쟁이라는 수단을 통해서 달성하고자 하는 목적이 무엇인가를 기준으로 해서 전쟁을 구분해 보고자 한다.

전쟁의 행위자들이 전쟁을 통해서 얻고자 하는 목적은 전쟁의 원인과 매우 밀접한 관련이 있다. 즉, 정치적 행위자가 인식하고 있는 현 세계의 문제점이 전쟁의 원인이 되고, 이러한 문제점을 해결하고자 정치적 행위자가 선택한 수단이 전쟁이다. 그러므로 전쟁을 그 목적에 따라 분류하는 작업을 전쟁의 원인에 대한 분석과 분리해서 생각하는 것은 불가능하다.

목적에 따른 대표적인 전쟁의 범주는 이념전쟁, 종교전쟁, 통일전쟁, 제국주의전쟁, 독립전쟁, 예방전쟁, 권력쟁탈전쟁 등이 있다. 이념전쟁이나 종교전쟁은 다른 정치체제가 가지고 있는 이념이나 종교가 정의에 어긋난다고 보는 신념의 차이로 인한 갈등이 원인으로 작용한다. 제국주의전쟁은 자신들이 현재 차지하고 있는 영토나 식민지, 이권 등이 부당하게 배분되어 있다고 믿는 것이 원인이 된다. 통일전쟁은 현재 분리되어 있는 둘 이상의 정치체제가 원래는 하나의 정체성을 가지고 있다고 보는 것이며, 독립전쟁은 반대로 부당하게 통합 또는 복속된 정치체제가 원인이 된다. 권력쟁탈전쟁도 행위자가 인식하는 현재 권력의 정당성 결여가 원인이 된다.

그러나 전쟁의 목적이 전쟁의 원인하고만 관련이 있는 것은 절대로 아니다. 전쟁의 목적은 그것을 수행하는 방식이나 행위자와도 관련이 있다. 예를 들면 종교전쟁은 종종 매우 잔인한 방식으로 수행되는 경향이 있는데, 이것은 종교의 특성상 상대방을 이 세상에 공존할 수 없는 악으로 규정하기 때문이다. 또한 이러한 종교전쟁은 종종 제정일치의 정치집단 지도자들에 의해서 촉발되는 특징을 가지고 있다.

목적에 따라 전쟁을 범주화하는 작업에서 또 한 가지 유념해야 할 것은 전쟁의 목적은 단일하지 않다는 것이다. 대개 전쟁의 원인이 복합적이듯이 전쟁의 목적 또한 매우 복합적인 성격을 띤다. 예를 들면, 종교의 전파를 목적으로 하는 전쟁은 종종 영토를 확장하고 석유 같은 지하자원을 차지하고자 하는 목적을 동시에 지니기도 한다. 또 자신들의 정치적 이념을 강요하고자 하는 전쟁은 종종 영토의 통합과 특정 정치집단 내의 권력을 쟁취하고자 하는 목적과 중첩되기도 한다. 그러므로 전쟁을 목적에 따라 구분하는 것은 학문적·정책적 목적에 따른 편의적 구분이며, 전쟁을 정확하게 이해하기 위해서는 위에서 언급한 다양한 측면을 종합적으로 고려해야 한다. 특히나 현대의 전쟁은 현대사회만큼이나 복합적인 성격을 지니고 있다. 이러한 복합적인 측면을 종합적으로 고려하지 못한다면, 사물을 지나치게 단순화하여 이해하는 오류를 범하게 될 것이다. 이 장에서는 현대 전쟁에서 가장 부각하고 있는 이념전쟁과 종교전쟁을 중심으로 살펴보고자 한다.

이념전쟁과 종교전쟁은 인간의 관념과 가치체계의 차이를 원인으로 해서 발생한다는 점에서 매우 유사하다. 공동생활을 시작하면서부터 인류는 자신들이 속한 집단의 정체성을 형성해왔다. 이러한 공동체의 정체성을 구성하는 데에는 생물학적·혈연적 요소와 거주지의 근접성을 요체로 하는 지역적 요소가 일차적인 역할을 하였지만, 그 외에 세계관이나 정신적 관념을 기반으로 하는 신념체계 역시 중요한 역할을 담당했다. '공통의 신념을 소유하고 있는가'가 이방인을 구별하는 중요한 잣대가 된 것이다. 다시 말해, 특정한 신념체계를 공유하는 집단을 공동체로 인식해왔다.

이러한 신념체계 중에서도 가장 중요한 것들이 바로 종교나 이념 같은 관념체계이다. 이러한 관념은 공동체의 오랜 역사를 통해서 서서히 형성되며, 공동체의 삶과 유기적으로 엮여 공동체의 결속력을 강화하는 역할을 수행한다. 공동체의 구성원들은 집단의 일상생활 속에서 이러한 종교나 이념 같은 관념을 체득하게 된다. 또한, 집단의식을 통하여 수시로 이러한 관념체계를 확인함으로써 공동체에 대한 소속감과 상호 유대감을 발전시켜 나가게 된다. 이슬람 국가들이 서로를 형제의 나라로 간주하는 것이나, 조선과 명나라가 유교적 정치이념을 바탕으로 상대를 우호적인 국가로 간주했던 것이 대표적인 사례라고 할 수 있다.

I. 이념전쟁

1. 이념전쟁의 개념과 기원

정치이념은 한 공동체의 정체성 확립과 외부인하고의 관계를 규정하는데에 있어서 매우 중요한 요소이다. 특히 국가는 이념을 바탕으로 정치체제를 수립하기 때문에, 자신들과 정치적 이념을 공유하는 나라는 자신들의 정치적 정통성을 인정하는 것으로 간주하는 반면, 자국의 정치이념과 다른 정치이념을 신봉하는 국가들은 자국의 정통성을 인정하지 않는 것으로 간주하여 국가 존립에 대한 위협으로 인식한다.

이념전쟁이란 바로 이러한 이상적이라고 여기는 정치적 신념과 사상을 타자에게 강요하거나, 이러한 강요를 저지하기 위하여 군사력을 비롯한 물리적 폭력을 동원하는 것이다. 즉, 서로 다른 정치적 관념체계를 가진 공동체가 상대의 정치적 관념체제를 전복하고자 무력을 사용하는 전쟁이 이념전쟁이다.

그러나 이러한 이념전쟁이 반드시 군사력이라고 하는 물리적 힘을 사용해야만 성립되는 것은 아니다. 20세기 들어서 오랫동안 유지된 정치적 이념대립은 군사력의 물리적 충돌 없이 냉전이라는 전무후무한 전 지구적 차원의 대립을 초래하기도 했다.

이념전쟁의 기원은 고대 그리스의 펠로폰네소스전쟁으로 거슬러 올라갈 수 있다. 고대 그리스에서 도시국가들은 각자의 정치적 사상과 신념에 따라서 독자적인 정치체제를 발전시켜왔고, 자신들의 정치이념을 정의로운 것으로 여기고 상대방의 정치이념을 정의에 어긋나며 자국의 안위에 위협적인 것으로 인식했다. 그래서 자국의 정치체제를 전파하고 상대방의 정치체제를 저지하기 위해서 전쟁이라는 수단을 선택했다. 펠로폰네소스 전쟁은 자국의 국제적 영향력을 증대하고 지역의 패권을 장악하기 위한 것이었지만, 정치적 이념도 중요한 요인 중 하나였다.

2. 이념전쟁의 전개 및 발전

근대사회에 있어서 이념전쟁의 대표적인 사례는 나폴레옹전쟁(1796~1815)이라고 할 수 있다. 프랑스에서 시민혁명(1789~1799)이 발생함으로써 등장하게 된 민주주의적 이데올로기는 자유와 평등이라는 새로운 정치적 이념을 프랑스 사회에 등장시켰고, 이것은 유럽의 다른 나라들에 커다란 충격을 안겨주었다.

프랑스혁명의 기본 정신으로 무장한 프랑스 군대는 나폴레옹이라는 지도자의 뛰어난 지략과 전술을 앞세워 유럽의 왕정국가들과 맞서 싸웠다. 프랑스 혁명군이 자유·평등의 인권적 이상주의에 입각하여 민주주의 이데올로기를 전파하려고 노력한 반면에, 이러한 민주적 이념의 확산을 두려워 한 주변 유럽 왕정국가들은 나폴레옹에 대항하는 연합전선을 형성하여 전쟁을 수행했다. 즉, 나폴레옹전쟁은 프랑스혁명에 입각한 민주주의 정치이념의 확산과 이를 저지하기 위한 절대왕정국가들 간의 이념전쟁이었다.

1792년 여름 프랑스혁명이 2단계에 들어서면서 볼테르[Voltaire]와 몽테

스키외Montesquieu를 중심으로 '점진적 평등주의'의 철학이 발전하고, 혁명을 주도한 노동자 세력이 국민의회와 공안위원회를 장악하게 되면서 전쟁의 분위기가 고조되었다.[1] 이러한 이념적 확신은 사상적으로 이질적인 사람들에 대한 극도의 증오와 적대적 행위를 정당화하는 경향을 보였다. 심지어 자신들과 아주 친하게 지내던 사람들조차 자신의 정치적 이념에 동조하지 않으면 반동이라는 낙인을 찍어 처단하는 것을 서슴지 않았다.[2] 나폴레옹전쟁에 있어서 가장 결정적인 역할은 '자코뱅적'인 열정[3]을 소유한 직업혁명가들이라고 할 수 있다. 이들은 자신들이 신봉하는 이념적 정의를 실현하기 위해서는 총과 칼 같은 극단적인 수단도 정당하다고 믿었다.

이러한 경직된 이념적 배타성은 반발심을 불러 일으켰고, 이에 동조하지 않는 많은 사람들로 하여금 반혁명의 전선을 구축하게 했다. 많은 사람들이 정치적 탄압을 피해서 해외로 탈출하게 되었고, 이들 해외 망명자들을 중심으로 대對프랑스 동맹이 추진되었다. 주변국들의 대프랑스 동맹이 반혁명적인 성향을 띠었기 때문에 프랑스의 혁명군은 반동분자들에 대한 증오심을 강화하며 공포분위기를 더욱 고조시키게 되었다. 결국 프랑스에서 자유·평등·박애를 기치로 한 이념적 혁명은 2만 명에 달하는 생명을 앗아가는 내전으로 치닫고 말았다. 이념적 대립이 전쟁의 양상을 더욱 확대하고 잔혹하게 이끌어간 동력이 되었던 것이다.

이념적 대립으로 인한 갈등으로 유럽에서 나폴레옹전쟁이 발생했다면, 아메리카에서는 미국의 남북전쟁(1861~1865)이 이념적 대립에 의해 발생한 대표적인 전쟁이라고 할 수 있다. 당시 미국은 상공업을 위주로 하는

---

1 홍양표, 『전쟁원인과 평화문제』(대구: 경북대학교 출판부, 1993), p.72.

2 Edward McNall Burns and Philip Lee Ralph, *World Civilization* (N.Y.: W. W. Norton and Co., 1955), p.76.

3 자코뱅파(Jacobins)는 프랑스혁명 당시 중산적 부르주아와 소생산자에 기반을 두고 중앙집권적 공화정을 주장한 급진파를 일컫는다.

북부와 대농장을 중심으로 하는 남부로 나뉘어서 노예제도라고 하는 이념을 중심으로 갈등하고 있었다. 상공업을 중심으로 하는 북부는 노예보다는 숙련된 공장노동자와 상품 소비가 가능한 시민을 필요로 했다. 반면에, 대농장을 중심으로 하는 농업에 종사하고 있었던 남부의 주들은 대농장에 필요한 노동력을 확보하기 위하여 노예제도를 유지하기를 원했다. 이러한 대립이 상대방으로 하여금 자신들의 정치적 이념을 강제로 수용하도록 하는 이념전쟁의 형태로 발전하게 된 것이다.

이념적 대립으로 인한 전쟁의 절정은 20세기 후반 50여 년간 지속된 미국과 소련을 중심으로 하는 동서냉전이다. 제2차 세계대전 중에 독일의 나치즘과 이탈리아의 파시즘, 일본의 군국주의에 대항하여 연합군을 형성했던 소련과 미국은 각각 공산주의 진영과 자본주의 진영으로 나뉘어 각 진영 내의 패권을 장악하기 시작했다.

약소국은 물론 제1·2차 세계대전의 소용돌이 속에서 약해질 대로 약해진 유럽과 아시아의 전통적 강국들도, 제2차 세계대전을 승리로 이끌면서 위력을 과시한 소련과 미국에 의해 양극단의 이념적 진영으로 가담할 것을 강요받았다. 이것은 이념적 대립에 가담하지 않는 나라들의 일상생활에까지 영향을 미치는 가히 전쟁과도 같은 긴장과 공포의 시간이었다. 동서 양 진영 간에 벌어진 직접적 충돌은 이들 이념적 종주국들을 피해서 국지적인 대리전의 양상을 띠었다. 그중에서 가장 비참하고 치열했던 6·25전쟁(1950~1953)과 베트남전쟁(1960~1975)은 이념전쟁의 전형이라고 할 수 있다.

소련의 지원을 등에 업고 한반도의 북쪽을 장악한 김일성 공산세력은 여타 세력과 권력투쟁을 통해 정권을 장악하고 스탈린의 협조를 얻어, 미국의 도움으로 자본주의에 입각한 정치체제를 수립한 남쪽을 상대로 이른바 '민족해방전쟁'이라는 명분하에 전면전을 선포했다. 미국식 자본주의 사회를 자신들이 신봉하는 공산주의 사회로 개조하겠다는 전형적인 이념전쟁이었던 것이다.

특히 6·25전쟁은 당시의 냉전적 세계정치질서를 그대로 반영하듯이 한반도와 아무런 인연이 없는 세계 여러 나라가 각각의 이념적 진영을 위해서 참전했다. 남한 쪽에는 유엔의 결의를 바탕으로 미국을 비롯한 16개국이 군대를 보내어 도왔으며, 의료나 물자를 지원한 나라들도 각각 5개국과 39개국이 있었다. 그러므로 약 60개국이 6·25전쟁에서 남한을 도와 참전한 셈이다.

북한 쪽에는 소련이 무기를 비롯한 물심양면의 지원을 하며 전쟁을 사실상 지휘했고, 중국군이 불법적으로 무력 개입했다. 잘 드러나지는 않았지만, 체코와 헝가리를 비롯한 동유럽의 공산권 국가들도 소련의 요구에 따라 북한을 지원했다. 이처럼 많은 나라들이 한반도와 아무런 이해관계가 없이, 오직 자신들이 신봉하는 이념의 확산과 반대 이념의 저지를 목적으로 6·25전쟁에 참여했다.

비슷한 시기 베트남에서는 호찌민을 중심으로 한 베트민Vietminh에 의해서 반식민지 전쟁이 일어나 프랑스 세력을 몰아내고 독립을 쟁취하게 되었다. 그러나 이처럼 베트남의 독립을 공산주의 세력이 주도하자, 공산주의 확대를 염려한 미국이 반공세력을 지원하여 베트남공화국(남베트남)이 건설되었다. 미국의 지원을 받은 반공정부가 노동자당을 비롯한 공산세력에 대한 대대적인 이념탄압을 가하자, 이에 대항해서 1960년 12월 남베트남민족해방전선(일명 베트콩Vietcong)이 결성되었다. 이어서 베트콩 같은 공산세력의 활동에 남베트남을 잃을 것을 우려한 미국이 북베트남에 폭격을 가하면서 전쟁이 확대되었다. 이를 계기로 북베트남이 남베트남의 공산화를 위해서 본격적으로 개입하게 되었다.

이러한 이념전쟁이 과거의 역사 속에만 기록되어 있는 것은 아니다. 최근까지도 한반도에서는 간헐적인 군사적 충돌이 이어지고 있다. 남과 북은 서로 자신들의 체제 우월성을 과시하고 상대방의 전력을 약화시키기 위해서 경쟁하고 있다.

제2차 세계대전을 전후한 중국의 역사 역시 끝나지 않은 이념전쟁의 역사로 규정할 수 있다. 장제스의 국민당과 마오쩌둥의 공산당은 서로 경쟁하며 자신들의 이념을 중국사회 전체에 확산시키기 위해서 노력했다. 당시 열세에 있던 공산당세력은 쑨원孫文이 주도한 제1차 국공합작을 계기로 세력을 크게 확장하게 되었다. 대립하던 양측은 중일전쟁 당시 일본에 맞서기 위해 제2차 국공합작을 이루기도 했지만, 태평양전쟁이 끝날 때까지 세력경쟁을 계속했다. 제2차 세계대전의 종식으로 일제라는 외부의 적이 사라지자 양측은 전면적인 전쟁에 돌입하게 되었고, 마오쩌둥의 공산당이 국민당세력을 대만으로 몰아내는 데 성공했다. 그러나 이후에도 대만의 국민당은 본토의 공산당에 굴하지 않고 체제경쟁을 이어가고 있다. 양 진영 사이에 직접적인 군사적 충돌은 없지만, 수시로 상대 진영에 대한 위협을 가하고 있다.

3. 이념전쟁의 특징

이처럼 현재까지도 생명력을 잃지 않고 있는 이념전쟁은 다음과 같은 몇 가지 특징을 가지고 있다.

첫째, 이념전쟁은 국가나 민족, 물질적 이해관계를 뛰어넘어 정신적 신념이나 가치체계를 확산시키거나 이러한 확산을 저지하기 위한 전쟁이다. 이러한 이념전쟁은 자신들의 신념체계를 정의로운 것으로 규정하는 한편, 이것으로부터 어긋나는 것은 부당한 것으로 간주한다. 그러므로 이념전쟁은 국가나 민족, 물질적 이해관계 같은 가시적인 균열을 따라 발생하는 것이 아니라, 그것을 초월한 정신적 영역을 바탕으로 발생하는 특징을 가지고 있다. 공산주의와 자본주의의 대결에서도 흔히 공산주의가 자본주의를 역사의 반동으로 규정하는 한편, 자본주의는 공산주의를 악마와 같은 이미지로 그려내는 경향이 있다.

둘째, 이념전쟁은 종종 민족 내부나 국가 내부에서 내전이나 통일전쟁의 형태로 나타난다. 이념이라고 하는 것은 한 집단이 신봉하고 있는 관념적 가치체계이다. 때문에 만약 자신들이 속해 있는 민족이나 국가의 일부가 이러한 가치체계를 수용하고 있지 않다면, 이러한 관념을 정의로운 것으로 확신하고 있는 이념적 혁명세력은 제일 먼저 자신들의 동족이나 국민들에게 이러한 정의를 실현하고자 노력하게 될 것이다.

이념전쟁이 빈번하게 비극적인 양상을 띠는 이유는 전쟁의 대상이 주로 자신들과 가장 가까운 집단이라는 점 때문이다. 지난 세기에 인류가 겪었던 중요한 이념전쟁들은 대부분 민족 내부에서 이루어졌다. 대표적인 것이 6·25전쟁과 베트남전쟁, 중국의 국공내전이다. 이념적 대결의 뿌리인 동서진영의 종주국 소련과 미국은 비록 오랜 시간 상대방을 공존할 수 없는 악으로 규정하고 대치하였지만, 이들이 민족적·국가적으로 다른 뿌리를 가지고 있었기 때문에 실제 열전으로 이어지지는 않았다. 이것은 자신들과 가까운 집단을 교화하는 것을 자신들의 의무로 간주하는 인류의 보편적 성향 때문일 것이다.

셋째, 이념전쟁은 매우 폭력적이고 잔인한 성격을 지닌다. 이념전쟁의 목적은 상대방의 가치와 사상의 다양성을 인정하지 않고 자신의 주관적 판단과 믿음을 상대방에게 강요하는 것이기 때문에, 상대의 주관적 독자성을 무시하게 된다. 이로 인해서 상대방을 자신의 가치를 받아들이지 않는 악으로 규정하게 되고, 악의 제거를 위해서 무자비한 폭력도 정당화하게 된다. 이러한 폭력에는 정규군의 군사력뿐만 아니라 게릴라전과 테러 같은 비정규전을 포함한다. 상대방의 가치체계나 이념을 전복하기 위해서 상대방에 동조하는 세력은 (정부나 국가든 일반인이든) 자신들과 연대감을 형성할 수 없는 적으로 간주하기 때문에, 아무런 죄책감 없이 무자비한 폭력을 동원한다. 6·25전쟁과 베트남전쟁에서 전쟁당사자들은 상대방에게 무자비하고 돌이킬 수 없는 폭력을 행사했다.

그러나 한편으로는 상대방의 '그릇된' 가치체계의 전복이라는 목적을 달성하기 위해서 필요할 경우 비폭력적 수단을 동원하기도 한다. 그래서 이념전쟁에서는 다양한 형태의 전술을 동원한다. 예를 들면 상대 구성원을 겨냥한 포섭이나 회유, 또는 자신들에게 유리한 여론을 조성하기 위한 각종 언론매체의 동원, 극단적인 테러 등을 군사작전과 동시에 수행한다.

넷째, 이념전쟁은 전쟁의 목적을 달성할 때까지 진행되는 특징이 있다. 이념전쟁은 자신들이 옳다고 믿는 관념을 정의로 생각하기 때문에, 선과 악에 대한 판단을 밑바닥에 깔고 있다. 그러므로 악을 제거할 때까지 전쟁은 끝나지 않는다. 간혹 전쟁이 소강상태에 접어들거나 정치적 타협으로 휴전에 이를 수는 있지만, 이런 경우에도 양측은 긴장관계를 유지하면서 상대방의 존재를 인정하지 않거나 전쟁을 재개할 위험성을 안고 있다. 즉, 상대방의 이념적 체제를 전복하거나 와해시킬 때까지 전쟁은 끝나지 않은 것으로 간주한다. 이러한 이념전쟁의 특성은 6·25전쟁 이후 60년이 넘도록 휴전상태를 유지하고 있는 한반도의 예에서 단적으로 볼 수 있다. 아울러 여전히 긴장관계를 유지하고 있는 중국과 대만의 관계, 미국과 쿠바의 관계가 그것을 증명하고 있다. 베트남전쟁처럼 어느 일방이 승리를 선언해야만 전쟁이 종결된다.

마지막으로, 현재까지 벌어진 이념전쟁을 분석했을 때 이념전쟁만이 가지는 독특한 특징 중 하나는, 대부분의 사례에서 전쟁을 수행하는 당사자들이 전쟁 전에는 원한관계에 있지 않았다는 점이다. 즉, 전쟁은 자신들에게 적대적인 상대방에 대한 응징의 차원에서, 또는 전쟁을 통해서 사용되는 폭력을 정당화하기 위하여 과거에 있었던 당사자 간의 원한관계를 중요한 명분으로 삼는 경우가 대부분이다. 그러나 6·25전쟁이나 베트남전쟁, 중국의 국공내전, 나폴레옹전쟁, 미국의 남북전쟁 등은 모두 이념의 확산만을 유일한 전쟁의 명분으로 삼고 있다.

4. 이념전쟁의 전망

20세기는 그 어느 때보다 이념적 대립이 부각하던 시기이다. 가히 '이념의 세기'라고 해도 과언이 아니다. 20세기처럼 오직 가치체계에 대한 열정만을 근거로 많은 대립이 벌어졌던 시기는 없었다. 세계질서 자체가 이념적 질서였다. 동서냉전구도는 그 자체로 양극체제의 세계질서를 형성했다.

역설적이게도 20세기는 이념적 대립을 중심으로 불안하나마 평화가 유지되었던 시기이기도 했다. 동서 양 진영 간의 세력균형이 오히려 세계적 차원의 전쟁을 억지하고 불안한 평화를 가능하게 했던 것이다. 6·25전쟁을 비롯한 여러 차례의 열전이 벌어지기는 했지만, 이것은 세계적 차원의 전면전에 대한 부담이 국지전의 형태로 발산되는 냉전 초기의 예외적인 상황으로 이해할 수도 있다. 오히려 냉전이 지속되면서 양극체제의 대립이 심화되어 갈수록, 전면전에 대한 부담으로 전쟁을 자제하는 현상을 보였다. 지루한 상호 비방과 선전전 속에서 세계는 한동안 불안하나마 평화의 시간을 가질 수 있었다. 20세기 말의 전쟁은 대부분 이러한 동서 양극체제에 가담하지 않는 제3세계에서 발생하는 경향을 보였다. 이들 지역은 미국과 소련의 영향력이 덜 미치는 지역이었다.

1990년을 전후하여 소련을 비롯한 동유럽 공산권의 몰락은 세계적 차원의 냉전을 종식시켰으며, 이념전쟁에 대한 우려를 감소시키는 결정적 계기가 되었다. 이에 대해서는 냉전을 전쟁으로 볼 것인가, 아니면 평화의 상태로 볼 것인가에 따라 다양한 견해를 제기할 수 있다. 냉전을 전쟁으로 본다면 기나긴 전쟁이 종식된 상대적으로 더 평화로운 시대가 도래한 것이고, 냉전을 평화의 시기로 본다면 세계적 차원의 세력균형이 무너짐으로 인해서 국지적 전쟁의 가능성이 도리어 증가한 것이다.

공산권의 몰락으로 이제 세계적 가치체계가 단일한 체계로 수렴되어 가는 것으로 보였다. 즉, 공산주의에 대한 환상이 사라지고 자본주의만이 유일한 대안으로 자리를 잡은 것이다. 겉으로는 사회주의를 표방하고 있는 중국조차도 실제로는 자본주의적 가치를 받아들이고 있다. 이제 세계는 어떠한 이념이 옳은지에 대해서 갈등하고 대립할 필요가 없어졌다. 그런 면에서, 향후 가까운 장래에 세계적 차원에서 이념전쟁이 다시 등장할 가능성은 그리 많지 않다.

그럼에도 불구하고, 냉전의 종식이 오히려 불안한 평화체제를 위태롭게 하는 결과를 가져올 가능성을 배제할 수도 없다. 냉전시기는 케네스 월츠Kenneth Waltz가 얘기한 대로 거대한 두 개의 동맹체제가 서로를 견제하며 평화를 유지했던 시기이다.[4] 그러나 이념이라는 큰 이슈가 사라지자 그동안 간과되어 왔던 다른 갈등이 새로이 부각하고, 서로 견제하는 국제정치의 세력균형시스템이 사라지자 국지적이나마 전쟁의 위험이 증가할 가능성이 있다.

비록 세계적 차원의 이념적 대립과 이로 인한 전쟁의 위협은 사라졌다고 하더라도 이것은 어디까지나 잠정적인 것이다. 향후 중국의 부상과 미국의 쇠퇴, 또는 2014년 우크라이나 사태에서 보듯이 러시아가 서구적 자유주의 가치를 부인하는 행태를 보인다면, 새로운 이념적 대립이 나타날 가능성도 완전히 부인할 수는 없다. 또한, 세계적인 차원은 아니더라도 한반도에서 남과 북이 여전히 법적으로 전쟁상태를 지속하고 있는 것처럼, 국지적으로 이념전쟁이 발생할 가능성은 상존한다고 보아야 할 것이다. 실제로 남미와 아프리카의 많은 나라들에서 여전히 좌우 이념대립을 기반으로 정부군과 반군 사이에 내전이 이어지고 있는 상황이다.

II. 종교전쟁

1. 종교전쟁의 개념과 기원

최근 들어 종교전쟁에 대한 관심이 높아지고 있다. 이것은 가까운 과거에는 물론 2014년 현재에도 중동과 아프리카를 비롯한 여러 곳에서 종교를

---

4 Kenneth Waltz, "International Structure, National Force, and the Balance of World Power," *Journal of International Affairs*, 21 (1967); "The Stability of Bipolar World," *Daedalus*, 93, (1964 Summer) 참조.

빌미로 한 전쟁이 벌어지고 있기 때문이다. 이런 의미에서 20세기가 이념전쟁의 시대였다면, 21세기는 종교전쟁의 시대라고 해도 과언이 아닐 것이다. 앞으로 얼마나 더 많은 종교전쟁이 발생할지는 알 수 없지만, 현재 지구상에서 벌어지는 전쟁의 대부분은 종교와 연관이 있다.

그럼 종교전쟁이란 무엇을 의미하는 것일까? 사실 현재나 과거에 있었던 많은 종교적인 전쟁들은 종교 이외에도 다양한 원인들이 결합되어 발생한 것이 사실이다. 그러므로 종교전쟁을 다른 종류의 전쟁과 명쾌하게 구별하는 것이 쉬운 것은 아니고, 이에 따라 종교전쟁에 대한 정의도 학자들마다 다양하게 제시할 수 있다. 여기에서는 강인철의 종교전쟁에 대한 정의를 소개한다.

"종교분쟁은 ① 분쟁의 당사자들이 둘 혹은 그 이상의 뚜렷하게 구분되는 종교적 성향 혹은 정체성을 지닌 집단들로 구성되고, ② 대립하는 각 진영에 가담한 인구의 종교적 구성이 상대적으로 동질적이거나, 갈등의 과정에서 점점 동질화되어 가며, ③ 당면한 대립과 갈등이 종교적으로 해석/정당화되고, ④ 전투에서 승리하기 위해 신자들, 조직, 리더십, 신학 등 종교적 자원들이 적극적으로 동원되는, ⑤ 폭력적이고 지속적이며 조직적인 갈등이다."[5]

이러한 정의에 따르면 종교전쟁은 '뚜렷하게 구별되는 종교적 정체성'을 지닌 상이한 집단들 간의 '종교적 해석에 의한 갈등'을 의미한다. 여기에서 가장 중요한 부분은 바로 '종교적 정체성'과 '종교적 해석'이다. 강인철에 따르면 먼저, '뚜렷하게 구별되는 종교적 정체성'이 반드시 상이하고 대립적인 집단들을 의미하지는 않는다.[6] 오히려 많은 경우에 종교적 갈등은 하나의 종교 내에서 폭력적 갈등의 형태로 나타난다. 16~17세기 유럽

---

5 강인철, 『전쟁과 종교』(오산: 한신대학교 출판부, 2003), p.45. 학술적으로 '갈등'은 '전쟁'보다 광범위한 의미로 사용되지만, 여기에서 갈등은 전쟁과 거의 같은 의미로 사용되었다.

6 앞의 책, pp.45-46.

에서 벌어졌던 많은 전쟁들도 대부분 기독교 내부의 폭력적 갈등이었고, 현재 벌어지고 있는 대부분의 중동지역 전쟁들도 이슬람교 내부의 갈등 이다. 이러한 대부분의 갈등은 한 종교 내에서 서로 다른 분파 간에 세력 경쟁의 형태로 나타나거나 근본주의 운동을 통해서 상대를 전복시키고자 하는 의도를 드러내기도 한다. 그러므로 종교전쟁을 반드시 서로 다른 종 교들 간의 분쟁으로만 인식하는 것은 잘못된 것이다.

다음으로 '종교적 해석'은 자신들과 다른 집단들 사이의 모든 상호작용 을 종교적 교리의 관점에서 해석하는 것을 의미한다. 이러한 종교적 해석 은 상대방의 진정한 의도와는 상관없이, 상대의 행위를 자신들에게 모욕 적이고 적대적인 것으로 오해할 수 있는 빌미를 제공한다. 예를 들면, 대 부분의 종교적 성격의 갈등 초기에 관계되는 집단들은 두 집단들 사이에 벌어졌던 우발적 사건들이나 사소한 갈등을 종교적 상징성을 띤 거대한 의미를 지닌 사건으로 확대하여 해석하는 경향을 보인다. 이러한 종교적 해석의 과정이 동원되는 이유는, 이를 통해서 이에 관계되는 정치집단들 이 집단 구성원들을 종교적으로 매우 동질적인 집단으로 비약적으로 업 그레이드시킴으로써 정치적으로 동원하기 쉽기 때문이다.

헌팅턴은 21세기를 '문명충돌의 시대'라고 예언했다.[7] 2014년 현재까 지 세계의 분쟁 상황을 분석해본다면, 헌팅턴의 이러한 예언은 어느 정도 적중한 것으로 보인다. 1980년대 이후 세계는 이념적 대립으로 인해 한 때 소강상태에 머물렀던 종교적 대립이 격화하고, 종교를 정치적으로 해 석하는 현상들을 접하게 되었다. 즉, 이념적 대립의 빈자리를 종교적 대립 이 빠르게 대체해 갔다.

이러한 종교적 대립의 부흥은 '민족성ethnicity'이라고 하는 정체성의 문제 와 결부되어 나타나는 경향을 보인다. 종교는 그 발생의 기원이 한 집단의

---

7 Samuel Huntington, "The Clash of Civilization," *Foreign Affairs* (1993 Summer) 참조.

민족적 정체성과 밀접한 관계를 가지고 있기 때문이다. 초기의 아주 원시적인 신앙에서부터 최근의 고도로 발달한 세계종교에 이르기까지 이러한 민족성하고의 연계로부터 자유로운 종교는 거의 없다. 인류가 종교적 행위를 시작하게 된 것은 초기의 집단생활을 시작하면서 공동체의 안녕과 번영을 기원할 필요가 있었기 때문이다. 종교적 의식이 한 종족의 안녕을 위한 기원에서 발생한 만큼, 대부분의 종교에는 선민사상으로 인해 해당 민족을 선으로, 주변의 다른 민족들을 악으로 규정할 수 있는 상징들이 담겨 있다. 이러한 선과 악을 기준으로 신이 돌보아주는 민족과 그렇지 않은 민족이 구별되는 것이다. 이러한 선과 악의 기준은 하나의 민족이 다른 민족으로 바뀔 수 없는 것과 마찬가지로 변화할 수 없는 기준이 된다. 자기 민족집단에 대적하는 민족은 자신들의 신에게 대적하는 집단이 되며, 자신들의 신에게 대적하는 민족은 자기 민족집단에게 대적하는 적이 되는 것이다. 이처럼 종교와 민족성은 떼려야 뗄 수 없는 밀접한 관계를 가지고 있다.

기나긴 인류역사를 통틀어서 가장 규모가 크고 오랫동안 이어진 종교 전쟁은 기독교와 이슬람교 사이에서 벌어진 십자군원정(1096~1279)이었다. 이 당시 유럽에서는 교황의 종교권력이 각국 왕들의 권력을 압도했다. 기독교 세력에게 예루살렘은 포기할 수 없는 성지였고, 이곳을 방문하는 성지순례는 신앙을 유지하기 위한 중요한 과정 중 하나였다. 그러나 예루살렘을 셸주크튀르크가 장악하자 성지순례를 지속하기 어려워지게 되었다. 이러한 상황이 벌어지자 당시 교황은 기독교의 성지를 되찾기 위해서 유럽의 군주들을 설득하여 십자군을 결성했다.

초기 십자군은 이슬람 세력과 3년여에 걸친 전쟁 끝에 예루살렘을 함락(1099)했다. 팔레스타인 지방에는 예루살렘 왕국을 비롯한 5개의 기독교 국가가 설립되었고, 십자군은 돌아갔다. 그러나 1144년 에데사 공국을 시작으로 이 지역에 건설한 기독교 국가들은 다시 이슬람 세력에게 전복되었고, 마침내 1187년 예루살렘 왕국도 무너졌다. 이에 프랑스와 독일을 주축으로 한 십자군이 다시 제2·3차 십자군 원정을 떠났으나 예루살렘을 탈환하는 데에 실패했다. 결국, 십자군은 비무장 상태로 예루살렘을 순례할 권리만을 보장받는 형식으로 퇴각하고 말았다. 그 후 제4·5차 십자군원정이 약 24년의 간격을 두고 이어졌지만, 1244년 예루살렘은 완전히 이슬람 세력의 손에 넘어가 버렸다. 이렇게 되자 다시 제6·7차 십자군원정이 이어졌다. 이처럼 계속적인 십자군원정이 이어졌지만, 1291년 이스라엘 왕국의 마지막 남은 영토가 이슬람 세력에게 함락됨으로써, 십자군원정은 완전히 실패로 끝나고 말았다.[8]

십자군전쟁은 인류역사상 가장 오랫동안 이어진 종교 간 세력싸움이라고 할 수 있다. 특히, 기독교와 이슬람교 모두 성지로 여기는 예루살렘을 차지하기 위한 양측의 경쟁이 매우 치열했다.

2. 종교전쟁의 전개 및 발전

20세기에는 상대적으로 종교적 대립이 많이 부각하지 않았다. 제1·2차 세계대전으로 세계인의 관심이 세계적 차원의 패권경쟁에 집중되어 있었기 때문이다. 그러나 1970년대를 전후로 동서 양 진영 간에 데탕트^{détente}(긴장완화)의 기운이 감돌자 종교적 갈등이 본격적으로 부각하기 시작했다. 1990년을 전후하여 구 공산주의 블록이 몰락하면서 전 지구적 차원에서 구조화되었던 이념적 대립이 제거되었고, 인류는 자신들이 살고 있는 주변 지역에 더 많은 관심을 가지게 되었다. 세계적 차원의 위험이 사라지자 그동안 잠복해 있던 지역적 위협이 부각한 것이다. 한 나라와 민족이 주변의 다른 나라나 민족과 겪는 정체성에 대한 갈등이 주된 위협이었다. 그리고 이러한 정체성의 대부분은 종교와 관련된 것이었다.

냉전의 해체와 함께 직접적으로 나타난 종교전쟁으로는 구舊유고슬라

---

8 Mortimer Chambers, Reymond Crew, David Herlihy, Theodore K. Rabb and Isser Woloch, *The Western Experience*, 3rd ed. (New York: Alfred A. Knopf, Inc., 1983), pp.317~330.

비아의 내전을 들 수 있다. 주요 민족의 분포에 따라 6개 공화국, 2개 자치주로 이루어졌던 유고슬라비아는 냉전시기 세르비아 민족을 중심으로 별다른 갈등 없이 안정적인 연방국가를 형성하고 있었다. 즉, 이념적 대립이라고 하는 전 세계적 차원의 위협구조가 내부의 갈등을 억누르고 있었던 것이다.

냉전이 종식되자 유고슬라비아 연방은 곧바로 슬로베니아와 크로아티아, 보스니아-헤르체고비나, 세르비아, 마케도니아로 분열되었다. 그러나 그 분리·독립과정에서 이들 신생독립국들의 국경선과 종교적 세력분포 간에 불일치의 문제가 생겨나게 되었다. 과거 연방제 시기에 다양한 종교적 배경을 가진 종족들이 뒤섞여 살던 것이 문제가 된 것이다. 결국 이러한 신생 독립국들 내에서 다수파가 소수파의 종교를 탄압함으로써 전쟁에 돌입하고 만다.

유고슬라비아 내전의 특징은 독립된 공화국 내의 종교적 다수를 점하는 민족이 소수파를 형성하는 민족을 탄압하는 것으로부터 시작되었다는 것이다. 이러한 종교적 차별을 이유로 각 공화국 내의 종교적 소수파는 자신들의 거주 지역을 다시 공화국으로부터 분리·독립하고자 하는 의도를 보였다. 심지어는 자신들의 지역을 분리해서 인근의 동일 종교를 믿는 공화국으로 편입되기를 원하기도 했다. 이러한 대부분의 갈등은 동방정교도를 중심으로 한 기독교도와 이슬람교도 사이의 분쟁이었다.

인구 450만 명의 보스니아-헤르체고비나에서는 이슬람계가 43%, 세르비아계가 32%, 크로아티아계가 17%를 차지하고 있었다. 이 중 이슬람계와 크로아티아계가 협력하여 독립을 강행하자 소수파로 전락한 세르비아계는 공화국을 다시 민족별로 분리할 것을 주장하여 무장투쟁을 감행했다. 이 지역에서 전쟁은 다른 민족에 대한 '인종청소'의 양상을 띠어 국제사회의 비난의 대상이 되었다.

보스니아에서 소수파로서 차별을 우려하여 분리·독립을 원했던 기독교도인 세르비아계는 정반대로 세르비아 공화국 내에서 소수파 이슬람교도인 코소보 주민들의 분리·독립 요구에 대해서는 무자비한 탄압을 일삼았다. 당시 기독교계 중심이었던 세르비아인들에게 코소보 지역은 하나의 종교적 성지였기 때문에 코소보의 정치적 독립을 절대로 허용할 수 없었다. 특히, 분리·독립을 요구한 코소보주는 알바니아계 이슬람교도가 90%를 차지하는 등, 세르비아계가 극소수에 불과한 상황이었다. 이러한 분리·독립 움직임에 불안을 느낀 세르비아 보안군은 알바니아인들을 무차별로 학살했다. 마침내, 국제사회는 코소보 내의 인종청소를 저지하기 위하여 북대서양조약기구(NATO)를 앞세워 세르비아에 대한 공습을 단행했다. 약 13년 동안 이 지역에서 발생한 분쟁은 60여 건에 달하고, 이로 인하여 약 26만 5,000명이 사망하였으며 300만 명의 이재민이 발생했다. 그리고 무자비한 인종청소를 일삼은 유고슬로비아 연방의 밀로셰비치 Slobodan Milosevic 대통령은 보스니아 내에서 약 7,000명에 달하는 이슬람교도들을 학살한 혐의로 구유고슬라비아 국제전범재판소(ICTY)에서 2002년부터 재판을 받다가 2006년 네덜란드 헤이그의 감옥에서 숨진 채 발견되었다.

중동과 아프리카 지역의 종교전쟁은 다른 지역에서보다 훨씬 더 광범위하고 빈번하게 발생하고 있다. 이 지역 종교분쟁의 특징 중 가장 중요한 점은 대부분이 이슬람교와 연관되어 있다는 것이다. 주로 이슬람 근본주의로 인한 이슬람교 종파 간 분쟁의 성격을 띠고 있다.

1991년 이라크의 쿠웨이트 침공을 계기로 벌어진 페르시아만전쟁(걸프전)의 경우에 최초 이라크의 침공은 영토와 이권 확보를 위한 제국주의적인 성격을 띠었지만, 미국과 영국이 개입하면서부터 종교전쟁의 양상을 띠기 시작했다. 이라크와 이라크를 지지하는 반미 이슬람국가들은 이를 '성전'이라고 선언하였고, 미국의 부시 대통령은 이를 '정의로운' 전쟁이라고 선언했다.[9] 이후 9·11공격사건을 기점으로 아들 부시 대통령의 이라크전쟁이나 아프가니스탄전쟁도 기독교문명을 위협하는 이슬람권에 대한 응징의 성격을 띠고 있다. 2001년 9월 11일, 알카에다 al-Qaeda를 비롯한 이슬람 근본주의 무장단체들이 미국의 세계무역센터에 테러를 저지르자, 이를 보복하기 위하여 미국은 곧바로 알카에다의 근거지인 아프가니스탄을 침공하여 탈레반 정권을 붕괴시켰다. 동시에 대량살상무기의 개발과 소유를 저지한다는 명분하에 이라크에도 침공함으로써 이라크의 후세인 대통령을 생포하고 법정에 세워 사형시키기에 이르렀다.

　이러한 기독교와 이슬람교 간의 종교분쟁은 이슬람국가들을 굴복시키는 것으로 끝이 났지만, 후세인 정권의 몰락은 뜻하지 않은 더 심각한 종교분쟁으로 이어지고 있다. 미국의 침공 이후 이라크에서는 철권통치로 이 지역을 장악하고 있던 후세인이 몰락하게 되자 권력의 공백상태가 이어지고 있다. 이후 미국에 의해서 수립된 이라크의 현 정부마저 국내 각 지역에 대한 통제력을 확립하지 못하였을 뿐만 아니라, 미국의 침공에 자극 받은 이슬람 근본주의자들이 봉기함으로써 이라크 전역이 종파 간 내전에 휩싸이는 불행한 결과를 초래했다.

　현재, 이라크의 북부는 쿠르드족에 의해서 자치가 이루어지고 있고, 중부와 동부는 '이슬람국가(IS)'라고 하는 수니파 무장단체가 장악한 상황이다. 이들은 미국과 협력하는 시아파 중심의 이라크 정부를 인정하지 않고, 이 지역에 근본주의 이슬람 국가를 수립하기 위한 무장투쟁을 하며 무자비한 학살을 자행하고 있다. 특히나 이슬람국가(IS)는 그 세력이 이라크에만 머무르지 않고, 정부군과 반군 간에 반목이 이어지고 있는 시리아에까지 세력을 확장해서 중동지역 최대의 위협으로 등장한 상태이다. 현재는 그 세력을 터키의 국경 근처까지 확장하고 있으며, 특히 쿠르드족의 거주지를 중심으로 공격하면서 그들의 근본주의 율법인 '샤리아Shari'ah'에 따라 살인과 납치, 강간, 인신매매, 강제결혼 등의 극단적인 폭력을 행사하고 있다.

---

9 J. Milton Yinger, *The Scientific Study of Religion* (London: Macmillan, 1970), p.280.

아프리카에서도 이슬람교와 기독교의 전쟁이 지속적으로 발생하고 있다. 수단에서는 1956년 독립 이후부터 북부의 아랍계 이슬람 세력과 남부의 기독교 세력이 대립하면서 내전을 지속해왔다. 2005년 맺은 포괄적인 잠정평화협정에 의해 자치권을 인정받은 남부는 2011년 독립을 위한 주민투표 결과 98.9%의 압도적 찬성을 얻어 그해 7월 9일 독립을 선포했다. 이 밖에도 시아파와 수니파 이슬람교도 간의 이란-이라크 전쟁, 유대교와 이슬람교 간의 이스라엘-아랍 제국 간 중동전쟁, 인도-파키스탄의 카슈미르 분쟁, 이슬람교와 기독교 간의 아제르바이잔-아르메니아 전쟁, 역시 기독교와 이슬람교 간의 러시아-체첸 전쟁 등이 모두 이슬람교가 연루된 전쟁들이다.

그러나 모든 종교전쟁이 이슬람교와 연관이 있는 것은 아니다. 대표적인 것이 북아일랜드 사례이다. 17세기 영국이 점령한 이래 아일랜드에서는 무장독립운동이 일어났다. 이러한 압력에 굴복하여 영국이 물러갔으나, 영국으로부터 이주해온 신교도들이 다수를 차지하는 북아일랜드 지역은 여전히 영국 땅으로 남겨두게 되었다. 이로 인해서 북아일랜드의 독립을 원하는 가톨릭교도와 잔류를 원하는 신교도들 사이에 내전이 일어나게 된 것이다. 이러한 분쟁은 1998년에서야 양측의 합의로 종결되었다. 이 밖에 인도에서는 일부 시크교도들이 분리·독립운동을 벌이고 있다.

이처럼 종교전쟁은 동서고금을 막론하고 인류가 존재하는 곳이면 어느 곳에서나 볼 수 있다. 다만 시대적 상황에 따라 종교적 분쟁이 부각하는 경우도 있고, 소강상태를 보이는 경우도 있다. 문제는 21세기에 전 세계적 차원의 구조적 대립이 약화함으로써, 강대국 중심의 절제된 갈등보다는 각 지역별로 개별 민족 간 갈등이 부각하고 있다는 것이다. 과거에는 그다지 중요하게 생각하지 않았던 사소한 종교적 차이를 정치적 의도와 맞물려 크게 부풀리고 과장하여 국민들의 정서를 자극하는 상황이다. 이러한 상황에서는 아주 조그마한 분쟁의 계기만 있어도 쉽게 종족이나 종교집단 간 전면적인 전쟁으로 비화할 위험성을 항상 안고 있다. 어쩌면 "21세는 문명 충돌의 시대"라는 헌팅턴의 예언이 맞는 것은 아닐까?

3. 종교전쟁의 특징

종교전쟁은 이념전쟁과 다른 몇 가지 중요한 특징을 가지고 있다.

첫째, 종교의 역사는 인류의 역사만큼이나 오래되었기 때문에, 인류사회에서 종교적 균열은 종족적 균열과 겹치는 경우가 대부분이다. 즉, 한 종족 또는 민족에 의해서 하나의 종교 또는 종교적 분파가 형성이 되고 이러한 종교 또는 분파들 간에 벌어지는 갈등은 단순히 종교적 의미만이 아니라 종족의 생존경쟁의 의미도 가지고 있다.[10]

이념전쟁과 종교전쟁은 모두가 인간의 관념과 사상을 기초로 이루어지는 전쟁이라는 공통점을 가지고 있기는 하지만, 이념이 학습이라는 과정을 거쳐야 체득되는 특징이 있어서 쉽게 전파되기 어려운 반면에, 종교는 주변의 인물들에 의해서 쉽게 전파되는 특징을 가지고 있다. 이념이 이성의 영역에 있다면 종교는 감성의 영역에 있는 것이다. 인간은 현실에서는 무수히 많은 불확실성의 요소를 접하고 살아간다. 이러한 불확실성으로 인해서 인간은 위로를 받고자 하는 욕망을 가지고 있는데, 종교는 바로 이러한 인간의 취약한 부분을 쉽게 파고들 수 있는 조건을 갖추고 있다. 그래서 종교는 서로 감정을 공유하고 살아가는 주변의 친숙한 사람들에게 쉽게 전파할 수 있다.

종교는 주로 종족 또는 민족을 단위로 하여 형성되는 경향이 있다. 이러한 종교집단과 종족집단의 중첩화로 인해서 종교의 차이는 곧잘 민족의 차이로 해석되며, 교리상 이교도들 간에는 타협과 공존이 불가능한 것으로 간주한다. 즉, 이러한 종교의 특성에 의해서 종교전쟁은 그 자체로 종

---

10 '종족'과 '민족'은 종종 다른 의미로 쓰이지만, 여기서는 'ethnicity'를 나타내는 같은 의미로 사용했다.

족 간 또는 민족 간 생존투쟁의 성격을 띠고 있다. 이스라엘과 팔레스타인 사이의 종교전쟁은 그 자체로 유대인과 팔레스타인 아랍민족의 생존과 직결되어 있다.

둘째, 이러한 종교집단과 종족단위의 중첩화로 인해서 생기는 종교전쟁의 특징 중의 하나는 종교나 정치 엘리트의 선동에 의해서 전쟁으로 비화할 가능성이 높다는 것이다. 특히 근본주의가 득세하는 경우, 종교집단의 지도자는 이란의 호메이니^{Ayatollah Ruhollah Khomeini}처럼 종종 정치집단의 지도자 역할을 겸하는 경우가 있다. 이 경우 지도자는 자신의 이해관계에 따라서 정치적 사건을 종교적으로 해석하고 대중을 동원함으로써 자신의 이익을 달성하려고 할 가능성이 높다. 대중을 더 효과적이고 극적으로 동원하기 위해서 지도자는 흔히 현실을 과장하고 자신에게 유리한 내용만을 부각하는 경향이 있다. 이란-이라크 전쟁에서 후세인은 자신의 정치적 권력을 유지하기 위해서 같은 이슬람교 국가인 이란과 종파적 갈등을 부각시켰고, 1979년 이란이 혁명의 소용돌이 속에서 혼란한 틈을 타 이란을 공격했다. 걸프전에서도 후세인은 기독교권인 서방세력에 대한 적개심을 고조하는 데에 집중했다. 이것이 종교전쟁이 빈번하게 발생하게 되는 이유 중 하나이다.

셋째, 종교전쟁은 이념전쟁이나 여타 전쟁들보다 훨씬 더 높은 수준의 폭력을 동원하는 경향을 보인다. 종교도 이념처럼 상호 공존할 수 없는 특징을 지닌다. 종교는 그야말로 현실세계가 창조되고 작동하는 근본 원리를 제시하는 관념의 체계이기 때문에, 어떤 면에서는 이념보다도 더 배타적인 성격을 띤다. 이념이 이성적 사유나 교육을 통해서 충분히 사후에 전파가 가능한 특성을 지닌 반면에, 종교는 그 특성상 유년기부터 이어지는 일생동안 일상적인 공동체의 삶을 통해서 체득하기 때문에, 그러한 종교적 신념을 바꾸는 것은 이념을 바꾸는 것에 비해서 훨씬 더 어렵다. 아울러 이념은 민족의 단위를 초월하여 그 신념을 받아들이는 누구에게나 적용할 수 있지만, 종교는 대부분 그 유래가 특정 종족이나 민족의 기원과 밀접하게 연관이 되어 있어서 민족이나 종족의 단위를 뛰어넘어 다른 집단의 사람들에게 전파되는 것이 이념에 비해서 쉽지 않다. 그러므로 종교적 대립에서 이교도들은 같은 하늘 아래서 공존할 수 없는 원한관계를 가진 원수로 규정되는 경향이 있다. 최근 중동지역 평화에 가장 큰 걸림돌로 부상하고 있는 이슬람국가(IS)의 예에서도 보듯이 종교분쟁은 이교도에 대해서 무자비한 살인과 납치, 폭력을 행사한다.

국방연구원의 '세계분쟁 데이터베이스'에서도 이러한 종교전쟁의 높은 폭력성을 확인할 수 있다.[11] 이 자료에서는 분쟁의 강도를 무력충돌분쟁, 대립분쟁, 잠재분쟁의 세 단계로 나누고 있는데, 종교전쟁은 그중 가장 높은 폭력수준을 보이는 무력충돌분쟁에서 차지하는 비율이 제일 높았다. 이 자료에서 보고된 총 45건의 무력충돌분쟁 중에서는 종교분쟁이 24건으로 전체의 53.3%를 차지하는 반면, 대립분쟁의 경우 종교분쟁이 차지하는 비율은 25건 중 6건으로 전체의 24%로 감소했다. 가장 낮은 수준의 갈등단계인 잠재분쟁에서의 경우 전체 14건 중 2건으로 14.3%를 차지하는 데 그쳤다. 이것으로 종교분쟁은 폭력의 강도가 높아질수록 그 비중이 높아짐을 알 수 있다. 다시 말해서, 종교분쟁은 일단 발발하게 되면 다른 분쟁에 비해서 높은 수준의 폭력이 개입할 가능성이 높다는 것이다.[12]

마지막으로, 종교전쟁은 신념과 가치체계의 차이를 이유로 발생하지만, 여기에 영토와 이권의 쟁탈이라는 측면까지 복합적으로 어우러지는 특징을 보인다. 즉, 이교도들을 이 땅에서 영원히 몰아내는 것이 목적이 된다는 것이다. 그러므로 종교전쟁은 상대방을 자신들이 믿는 신념체계로 편입시키려는 의도보다는 상대방을 응징하고 제거하는 것을 최종의 목적으로 행하는 경우가 많다. 그만큼 종교전쟁에서 폭력의 정도는 더욱 심해질

---

11 국방연구원, 세계분쟁 데이터베이스. www.kida.re.kr/woww/etc/dispute_total.asp
12 강인철, 『전쟁과 종교』, p.49.

수밖에 없는 것이다.

4. 종교전쟁의 전망

헌팅턴(1997)은 『문명의 충돌』에서 이제 이념의 대결이 끝나고 문명충돌의 시대가 올 것이라고 예언했다. 그것은 인류가 세계적 차원의 구조화된 갈등으로부터 해방되면서 주변의 직접적이고 현실적인 문제들에 더욱 많은 관심을 가지게 됨으로써, 이념대립의 시대처럼 멀리 있는 적이 아닌 가까운 적들과 맞서고 있다는 점에서 충분히 가능성이 있다. 작은 차이와 갈등이 상대집단의 과도한 관심과 반응을 촉진하면서 사태를 악화시킬 가능성이 커지는 것이다.

이러한 헌팅턴의 예상처럼 21세기 세계는 수많은 종교적 분쟁들로 얼룩지고 있으며 이에 대한 해결은 더욱 요원해지고 있는 실정이다. 이러한 종교분쟁의 확산은 몇 가지 이유로 해서 당분간 지속될 가능성이 있다.

첫째, 전 지구적 차원에서 지역적 분쟁들을 통제할 힘의 공백이 생기고 있다. 지난 세기에는 냉전적 세계질서를 중심으로 강대국들이 약소국들 간의 분쟁을 적절히 통제하는 효과를 가져왔다. 냉전이 종식된 이후에도 한동안은 미국이라고 하는 절대적 강자가 세계 경찰의 역할을 수행하면서 지역적 분쟁을 억제할 수 있었다. 단적인 예로 이라크의 후세인 정부가 쿠웨이트를 기습적으로 점령하였을 때, 미국은 곧바로 다국적군을 결성하여 이라크를 응징하고 쿠웨이트에서 몰아냈다. 여기에서 보여준 미국의 압도적인 힘은 세계를 경악하게 만들었으며, 한동안 이 지역에서 침략적 분쟁을 억제하는 효과가 있었다.

그러나 현재의 미국을 비롯한 어느 나라도 이러한 세계 경찰의 역할을 완벽히 수행해 낼 능력이나 의지를 가지고 있지 못한 실정이다. 미국은 9·11공격사건 이후 오랜 전쟁을 치르면서 국력이 상당히 소모되어 있는 상태이다. 천문학적인 손실과 경제적 위기상황은 물론이고, 부시 정부가 이라크를 공격했을 당시 명분으로 삼은 대량살상무기의 존재가 조작된 것으로 드러나면서 전쟁에 대한 명분도 상당히 약화된 상태이다. 여기에 국내 여론이 악화하면서 해외파병의 가능성이 더욱 줄어들고 있다. 최근 이슬람국가(IS)의 대량학살에도 불구하고 지상군을 파병하지 못하는 상황이 이를 잘 대변해준다.

둘째, 종교분쟁을 겪고 있는 각 지역에서 압도적인 힘의 우위를 점하는 세력이 없다. 어느 한 세력이 압도적인 힘의 우위를 점하고 있다면 그 국가나 민족을 중심으로 지역의 질서가 재편될 것이며, 전쟁이 발발해도 쉽게 끝날 수 있을 것이다. 그러나 현재 특히 중동이나 아프리카 지역은 패권을 장악한 국가가 없기 때문에, 전쟁의 가능성이 계속 이어지고 있다. 이스라엘이 주변 아랍국가들보다 힘에서 우위를 보이고 있지만 그들을 압도할 수 있을 만큼은 아니며, 이것이 종종 분쟁으로 비화하는 것을 볼 수 있다. 이라크와 시리아에서도 어느 한 세력이 압도적인 힘의 우위를 보여주지 못하기 때문에 쿠르드족이나 이슬람국가(IS) 같은 소수민족이나 정파들이 도전의 가능성을 엿보고 있는 것이다.

셋째, 세계적 민주주의의 확산이 역설적으로 다민족국가들에 분열의 빌미를 제공하고 있다. 냉전이 종식되기 전에는 많은 나라들이 권위주의 정부의 통치하에 있었다. 그러나 냉전이라고 하는 외부의 적이 사라지자 대중들이 내부의 민주화에 시선을 돌리게 되었고, 이 와중에 절대권력에 눌려 있던 많은 소수민족들이 자치권을 획득하거나 요구하게 되었다. 이것은 특히 구소련 지역이나 동구권 국가들을 중심으로 나타났다.

마지막으로, 지난 수세기동안 인위적으로 그은 국경선이 종교적 분포나 민족적 분포와 일치하지 않음으로써 분쟁이 일어날 가능성을 높이고 있다. 근대 유럽의 제국주의에 의해서 형성된 아프리카의 국경선은 여러 종족을 자신들의 편의에 따라 갈라놓거나 한 국가 안에 여러 민족을 섞어 놓게 됨으로써 종족 간 분규의 가능성을 낳았다. 마찬가지로 구소련을 비롯한 동구권 국가들도 공산혁명의 와중에 여러 독립국가를 편입하고 민족들 간 이주정책을 벌여 갈등의 가능성을 높였다. 이러한 국가들에서는 탈냉전 이후 여러 민족의 분리·독립 요구가 촉발했다. 그 갈등은 오늘날까지도 이어지고 있다.

이상에서 살펴본 바와 같이, 오늘날에는 지난 세기보다 종교전쟁의 가능성이 훨씬 더 증가하고 있다. 종교전쟁이 다른 전쟁에 비해서 훨씬 더 많은 희생을 요구하는 것을 감안한다면, 국제사회가 이에 대한 해결책을 강구하기 위해서 더 많은 노력을 기울여야 할 것이다.

III. 맺음말

지금까지 이 장에서는 현대사회에서 가장 부각하고 있는 이념전쟁과 종교전쟁에 대해서 논의해 보았다. 이념전쟁과 종교전쟁은 인간의 신념과 가치체계를 그 원인으로 한다는 점에서 공통점을 가지고 있다. 그리고 다른 신념이나 가치체계를 용납하지 않고 목표를 달성할 때까지 포기하지 않는 특징이 있다. 이러한 특징은 전쟁의 폭력성을 강화하는 요인이 된다. 그러나 종교전쟁이 상대방의 영구적인 제거를 더 큰 목적으로 하는 경우가 많은 데에 비해서, 이념전쟁은 상대방을 이념적으로 동화시키는 것을 더 큰 목적으로 한다. 이것은 종교전쟁이 이념전쟁보다 더 큰 폭력성을 띠는 원인이 된다.

한편, 이외에도 수행 목적에 따라 제국주의전쟁, 통일전쟁, 독립전쟁, 권력쟁탈전쟁, 예방전쟁 등이 있다. 제국주의전쟁은 자국의 영토를 확장하거나 식민지를 획득하고, 정치·경제·군사적 이권을 차지하기 위한 전쟁을 의미한다. 통일전쟁은 분단되어 있는 둘 이상의 정치체제를 통합하는 것을 목적으로 하며, 독립전쟁은 반대로 통합되어 있는 정치체제로부터 분리를 목적으로 한다. 권력쟁탈전쟁은 한 정치체제의 권력을 차지하기 위한 종족 간의 분쟁이나 내전, 왕위계승전쟁 등을 의미한다. 마지막으로 예방전쟁은 미래에 가해질 것으로 예상되는 더 큰 전쟁을 미연에 방지하기 위하여 선제공격을 하는 것을 말한다. 지면의 제한으로 인해서 자세히 다루지 않았지만, 전쟁론을 공부하는 학생들이 꼭 공부해야 할 부분들이다.

ON WAR

戦爭論

PART 4

전쟁과 국가역량

ON WAR

CHAPTER 11
전쟁과 사회

박효선 / 청주대학교 군사학과장

성균관대학교 산업공학과를 졸업하고 학군 21기로 임관하여, 전후방 각지에서 지휘관과 참모 등을 역임했다. 육군본부 인적자원개발장교를 거쳐 국방부에서 인적자원개발 및 평생학습 정책을 담당했다. 성균관대학교 대학원에서 행정학 석사학위, 중앙대학교 대학원에서 인적자원개발정책학 박사학위를 취득했고, 현재는 청주대학교 군사학과장으로 재직하고 있다.

주요 저서와 논문으로는 『한국군의 평생교육』, 『한국군의 인적자원개발』, "군 인적자원개발 정책효과에 관한 연구", "해방 후 창군기 한국군의 평생교육 경향분석", "군 복무 경험의 평가인정 방안" 등이 있다. 관심 있는 연구분야는 군 인적자원개발, 성인학습, 평생학습, 전직지원교육 등이다.

전쟁 수행은 항상 가용자원, 사회조직, 사회의 기술수준을 기반으로 한다. 즉 전쟁은 한 사회의 경제·사회·정치적 발전에 따라 그 본질과 형태가 변화하는 것이다. 또한 "전쟁은 단지 다른 수단에 의한 정치의 연속"[1]으로 사회집단의 정치적인 관여와 지도자의 결정으로 이루어지는 충돌이라 할 수 있다.

본장에서는 전쟁과 사회·문화의 관계를 살펴보고 군 조직의 특성과 군대문화 및 전쟁과 경제적 요소를 중점으로 다룬다. 먼저 전쟁과 사회의 개념과 구성요소를 살펴보고 전쟁의 사회적 기능을 분석한다. 또한 군사조직의 특성을 알아보고 군사문화에 대한 개념과 전쟁으로 인한 군대문화의 사회적 영향을 다루고자 한다. 더불어 전쟁에 있어 가장 중요한 사회의 경제적 요소와 전쟁의 관계 및 현대의 전쟁 수행에 미치는 영향을 살펴본다.

I. 전쟁과 사회·문화의 이해

1. 전쟁과 사회의 개념과 기능

한 국가가 전쟁에 접근하는 방법은 그 국가 특유의 역사, 문화, 지리를 반영하고 있다. 또한 정치적·경제적 체제는 전쟁수행능력을 좌우하고, 실제 전쟁의 도구인 무기와 장비 등은 그 사회의 산업기술수준을 나타낸다.

군대를 지원하고 유지하기 위한 사회구성원들의 군대에 대한 태도는 국가의 존망과 매우 밀접한 관계에 있다. 이러한 사회적 태도는 군대의 사기에 영향을 미친다. 역사적으로 보아도 군인이나 군대를 천시하는 사회

---

1 Carl von Clausewitz, ed. and trans. by Michael Howard and Peter Paret, *On War*, indexed edition (Princeton, NJ: Princeton University Press, 1984), p.75.

는 결국 외침으로 멸망하고 말았다.

예로부터 강한 국가일수록 전쟁과 사회는 매우 밀접하면서도 상호 보완적인 관계를 유지했다. 대표적으로 로마 제국은 강력한 시민병으로 구성된 로마군단의 끊임없는 전쟁대비로 평화와 번영을 누릴 수 있었다. 로마 시민이 입대할 때는 장중한 의식을 갖고, 어떠한 경우에도 사령관의 명령에 복종하고 황제의 안전을 위해 충성을 다할 것을 맹세했다. 또한 그들에게는 정액의 급료 이외에도 전쟁 수행 후에는 노고에 대한 보상금을 지불하였으며, 동시에 명령 불복종에 대해서는 준엄한 형벌을 가하여 강한 군대의 기틀을 마련했다.

국민들의 애국심과 상무정신 등 무형의 사회적 변화 요인은 전쟁에 있어서 중요한 요인으로 남아있다. 예를 들어 스파르타와 초기 로마 제국의 상무적 가치관은 근대의 독일과 일본에서 재출현했다. 또한 프랑스혁명의 사회적 변동에 의해 발생한 무장한 군중은 20세기 러시아혁명 기간 중 붉은 군대赤軍와 더불어 금세기 중엽의 혁명군대 같은 양상으로 표출되기도 했다.[2]

퀸시 라이트Quincy Wright는 사회기능적 측면에서 전쟁이 "둘 이상의 적대 집단이 군대를 상용하여 투쟁하는 법적 상태"라 정의했다.[3] 전쟁은 인류사회에서만 존재하는 특유의 조직행동으로서 모든 수단과 도구를 사용하여 목적 달성을 위해 이루어지는 정치집단 간 투쟁현상이라고 볼 수 있다. 또한 클라우제비츠Clausewitz는 "정치적 목표가 목적이고, 전쟁은 그에 도달하는 수단이며, 수단은 절대로 적으로부터 분리되어 고려될 수 없다"[4]라고 하여 전쟁은 정치의 수단이라는 점을 강조하고 있다. 따라서 군은 정치적인 목적에 부합하도록 전쟁의 목적과 목표를 설정해야 하고, 군사적 비상

---

2 이종학, 『한국 군사사 연구』(충남: 충남대학교 출판부, 2010), pp.48-49.

3 최용성, 『젊은이를 위한 전쟁의 이해』(서울: 양서각, 2005), p.27.

4 Carl von Clausewitz, ed. and trans. by Michael Howard and Peter Paret, *On War*, p.87.

사태는 최단시간 내에 종료함으로써 목적과 수단의 관계를 조속히 회복해야 한다. 전쟁의 주체인 군의 기능을 구체적으로 살펴보면 다음과 같다.

(1) 전쟁의 사회적 순기능

전쟁은 주권을 가진 국가 간의 조직적인 무력투쟁 상태로서 선전포고와 더불어 개시되고 강화조약으로 종결될 때까지 지속된다.[5] 이러한 전쟁이 사회적으로 미치는 순기능은 다음과 같다.

첫째, 군은 전쟁에 대비하여 필수불가결한 존재목적을 지닌다. 즉 국가가 위기에 처할 때 국가통합조직을 유지하기 위하여 군은 외부로부터의 수호자 역할을 하는 것이다.

둘째, 군은 전쟁으로 국가가 위기에 처할 때 국민의 재산과 생명을 보존하고 사회적 질서를 유지하기 위한 임무를 수행하게 된다.[6]

셋째, 전쟁 이외의 군사작전도 국민의 생명과 재산을 보호하고 국가정책을 뒷받침하기 위하여 수행한다. '전쟁 이외의 군사작전OOTW: Operation Other Than War'이란 전면전을 제외한 전시·평시 군사작전으로, 국내외 안정 유지, 인도적 차원의 지원, 국가이익 보호 및 세계평화와 안정을 증진하는 제반 활동이다.

넷째, 군은 전쟁을 통해 국민의 정체성 형성과 근대화에 기여해왔다.[7] 근대화란 사회나 문화, 제도 등이 근대적인 상태로 변화하는 개념이다.[8] 여기에서 전쟁은 국민들에게 국가에 대한 소중함을 일깨움으로써 일체감을 형성하고 국가에 강한 애착을 갖게 하는 역할을 한다.

다섯째, 전쟁은 근대적 기술발전에 필요한 시험장 역할을 한다. 특히,

---

5 김광석, 『용병술어연구』(서울: 병학사), p.498.

6 김영종, "평화시의 군과 사회", 『국방논집』 제12호 (1990년 겨울), pp.86-89.

7 이동열, 『한국군사제도론』(서울: 일조각, 1982), pp.130-137.

8 김영종, 『부패학』(서울: 숭실대학교 출판부, 1993), pp.108-110.

전쟁을 통해 독립을 쟁취한 신생국의 경우 경제발전의 토대가 되는 과학기술은 군에서부터 시작된다. 군의 우수한 장비·구조·조직·기술 등을 활용하여 국가를 발전시킬 수 있다.

(2) 전쟁의 사회적 역기능

전쟁이 국가의 발전과 근대화 과정에 사회적으로 역기능한다는 전제는 군의 정치적 참여에서 출발한다. 퍼트넘Robert D. Putnam은 군이 정치에 관여하는 이유는 사회·경제발전과 정치적 발전, 군 조직 자체의 성격 및 외국의 영향 등이라고 했다.[9] 한편 헌팅턴S. P Huntington은 군의 정치적 관여는 군사적이 아니라 정치적이며, 군의 사회적 성격이나 조직적 성격보다도 오히려 사회의 정치적 구조와 제도적 구조에 기인한다고 본다.[10] 또한 클라우제비츠도 전쟁을 사회적 관점에서 절대전쟁과 정치적 관점에서 현실전쟁으로 구분하면서, 전쟁은 정치의 수단이며 정치의 연속이라고 했다. 이를 바탕으로 전쟁의 사회적 역기능을 알아보면 다음과 같다.

첫째, 사회의 기능분화를 저해하고 특히 민주주의 규범을 약화시켜 민주화에 걸림돌이 된다.[11] 제2차 세계대전 이후 많은 신생국에서 군사쿠데타가 발생하여 헌정憲政을 파괴했다.

둘째, 전쟁을 명분으로 선군정치를 지향하게 되고 군이 정치에 개입함으로써 위협적이거나 강압적이고 무능하며 부패한 국가가 되기 쉽다. 즉 정치전문가가 아닌 군대가 국가를 경영하게 됨으로써 정치적 불안을 초래할 가능성이 많다.

셋째, 군사문화의 확산으로 인해 폭력적, 권위주의적, 비민주적인 문제

---

9 Robert D. Putnam, "Toward Explaining Military Intervention in Latin American Politics" in *World Politics*, Vol. XX, no.1 (Oct. 1967), p.84.

10 한용원, 『군사발전론』(서울: 박영사, 1981), pp.67~68.

11 홍두승, 『한국군대의 사회학』(서울: 나남출판, 1996), p.14.

점을 유발한다.[12] 또한 군 관료문화가 행정문화에 침투하여 상당한 갈등을 유발하기도 한다. 특히 우리나라는 5·16군사정변 이후 군 관료가 행정관료로 무분별하게 특채되어 많은 갈등을 야기했다. 이는 전통적인 관료엘리트에 비해 군 관료엘리트는 보다 권위적이고 급진적인 특성을 지니고 있기 때문이다.[13]

이와 같이 근대화 과정에서 군의 정치적 참여와 행정부서로의 진출은 짧은 기간 내에 경제발전을 이룩하는데 주도적인 역할을 담당하기도 했다. 그러나 비민주적이며 권위주의적 의식 등으로 인한 일부 역기능을 초래한 점 등은 비판의 여지가 있다.

2. 전쟁이 사회발전에 미치는 영향

원시사회에서 고대국가사회로 체제가 변하면서 전쟁도 조직적인 양상을 갖추게 되었다. 고대국가의 정치체제는 권력에 의한 독재 내지 소수집단에 의해 구성되었다. 이러한 국가에서 전쟁은 집권자의 의사결정이나 이권에 의해 결정되는 경우가 많았다. 문명이 고도로 발달하고 사회조직과 국제관계가 다극화된 현대사회에서는 과거와는 달리 국민 전체가 전쟁에 직접 참가하게 되었다. 이와 같이 전쟁과 사회는 상호 밀접한 관계를 갖고 발전해왔다.[14]

(1) 전쟁과 원시사회

원시사회의 전쟁이란 투쟁의 형태가 목적을 지니고 연속적으로 전개되는 것을 말한다. 이러한 투쟁은 단순사회로부터 다원화된 사회에 이르기까지 많은 발전이 있었다. 원시사회의 지식전달의 기본은 문자가 없이 구두

---

12 김영명, 『제3세계의 군부통치와 정치경제』(서울: 도서출판 한울, 1985), pp.49-86.

13 김영종, 『신사회학개론』(서울: 형설출판사, 2005), pp.339-340.

14 육군본부, 『전략론』(충남: 육군본부, 2010), pp.52-53.

로 전달되었고, 사회적 관계는 세대를 통하여 얻은 경험에 의해 터득한 관습이나 기술에 의하여 이루어졌다. 따라서 전쟁도 그들의 관습과 기술에 의해 실시되었다. 당시의 사회는 모든 구성원이 제반 활동에 참여하고, 군사적인 면에 있어서도 전문성보다는 집단적인 원리를 따랐다. 따라서 현대의 방식과 같은 전술적 편성과 합리적인 전쟁계획도 없이 전쟁을 수행했다고 보아야 할 것이다.

원시사회는 제정일치로서 전쟁지도자는 치밀한 계획보다는 길한 꿈이나 주술적인 영감으로 전쟁을 실시했다. 이들의 전쟁 수행방식은 대부분이 매복으로 일정한 거리에서 투석이나 활을 사용하는 방법이었다. 따라서 전투는 조우전이 많았고, 최초 전쟁의 결과로 승패가 결정되었으며, 이것으로 부족의 운명이 결정되기도 했다. 또한 원시시대의 군인은 가족의 생계를 책임져야 했기 때문에 전투기간이나 전장의 거리가 제한되었다.

(2) 전쟁과 현대사회

전쟁은 대체적으로 인간의 본성, 국가의 특성, 국제체제의 한계 등에 의하여 발생한다. 문명이 발달한 현대사회에서 전쟁의 형태는 주로 국가 간의 전쟁이다. 전쟁이란 국제적인 무정부상태에서 국가별로 자국의 이익 증진을 위하여 폭력을 사용함에 따라 발생하는 것이다.[15] 국가란 하나의 인간집단이 다른 인간집단을 지배하는 것을 목적으로 하는 여러 제도의 총체라고 할 수 있다. 요컨대 소수가 다수에 대하여 우월한 권력을 지니는 조직이다. 국가 건설의 유일한 목적이 다른 집단에 대한 지배라면, 국가와 국가 사이에 벌어지는 전쟁은 필연적이라 할 수 있다.

사회학자들이 말하기를 "국가는 인류·문명발전을 위하여 가장 중요한 인위적 기구"이며, 전쟁은 "폭력을 포함한 사회적으로 인정된 집단 간의

---

15 박휘락, 『전쟁, 전략, 군사 입문』(서울: 법문사, 2010), p.5.

분쟁형태"라고 한다.[16] 이와 같이 인류사회, 정치, 경제, 문화는 상황에 관계없이 전쟁의 영향을 받아온 것이다.

"전쟁은 인류역사의 진로를 결정할 정도로 사회에 영향을 미쳐왔고 반면에 전쟁의 성격은 사회적 요소와 기술의 발전에 의하여 형성되었다. 무기도 현대기술의 산물이며 군대는 그 군대가 성장한 사회를 반영"하며, "사회적 혁명이나 산업혁명이 일어나거나 권력이 한 경제계급에서 타 경제계급으로 전환되거나 권력과 경제적 분배가 변하였을 때는 전쟁도 자동적으로 영향을 받았다".[17]

즉 현대문명의 급속한 발달로 인하여 전쟁은 발전된 무기와 이를 사용할 수 있는 편성기술, 교리, 인적자원의 재능에 더욱 의존하고 있다. 군사지휘자들은 군사력과 사회를 조화시키려고 하며 군대도 사회의 일부로서 군사력만이 국방력의 전부가 아니라는 개념을 가지게 되었다.

그동안 전쟁이 사회 형성에 영향을 미친다는 이론은 많이 제기되어 왔다. 일부 사상가들은 전쟁이 사회와 기술발전에 건설적인 힘이 되었다고 결론짓고 있다. 특히 독일의 경제학자인 좀바르트Werner Sombart는 "전쟁은 현대 경제제도와 사회를 건설하였으며 직업군인은 현대 자본주의의 기본인 편성의 원리를 조장하였고, 많은 전쟁비용은 신용대부를 확장시켰고 현대의 군대는 대규모의 표준생산을 확장"시켰다고 주장한다.

이와는 대조적으로 조미니Jomini가 "전쟁은 과거에 모든 문명을 파괴한 직접적인 원인이었다"[18]고 표명한 것은 군대가 목적을 수행하는데 가용한 모든 수단을 동원하는 총력전을 수행함으로써 결국에는 국가를 멸망으로 이끌게 된다고 주장하는 것이다.

여기서 대두한 것이 전쟁의 제한이다. 전쟁의 기간, 장소, 위치, 치열도,

---

16 최용성, 『젊은이를 위한 전쟁의 이해』(서울: 양서각, 2005), p.26.

17 김태훈, 『정치학요론』(서울: 박문사, 1973), p.167.

18 육군본부, 『전략론』, p.203.

형태, 참가인원과 장비, 목표 등 많은 것을 제한하게 되었다. 전투기간의 제한은 주로 전쟁국 간의 병력과 전쟁자원의 우세 여부에 따라 이루어졌으며, 전쟁장소의 제한은 분쟁의 지역적 특성에 좌우되었다. 또한 전쟁의 치열함 정도는 전쟁에 대한 국민의 감정에 의하여, 전쟁목표의 제한은 국내외적 여론과 물리적인 한계에 의하여 결정해왔다.

원시시대부터 현대에 이르기까지 사회의 발전에 영향을 미친 전쟁을 연구하고, 전쟁의 위치를 사회의 영역에서 찾는 것은 군인들뿐만 아니라 사회의 모든 구성원에게 중요한 과제이다.

3. 사회발전에서 전쟁의 역할[19]

사회발전은 본질적으로 사회적 이동성의 증가, 사회적 가치관의 증대, 사회통합과 사회변동에 대한 대응능력 제고 등을 통하여 인간의 삶의 질을 향상하는 것이다. 이와 더불어 사회발전에서 강조되는 부분은 사회적 형평성과 체제의 변화이다. 그동안 전쟁을 수행한 군이 사회발전에 어떠한 역할을 하였는가를 살펴보면 다음과 같다.

첫째, 군은 사회가 권위적으로 변하는데 중요한 역할을 했다. 군의 속성인 충성과 복종, 목적지향적인 가치관 등을 사회 구석구석에 전파함으로써 국민들에게 국가에 대한 충성 의무를 강제했다.[20]

이러한 주장에는 다음과 같은 특징이 있다. 예컨대 ① 국가안위를 우선한 정책을 전제로 하여 관료적 권위주의가 사회 전반에 나타났으며, ② 전후 복구과정에서 근대화와 경제발전을 기치로 관료 중심의 목표 달성에 우선하였고, ③ 핵심적인 국가정책 결정과정에서 국민이 참여하는 이해관계집단들은 철저하게 배제시켰다는 점 등이다.

---

19 김영종, 『신사회학개론』, pp.342-344에서 발췌한 내용을 전쟁과 군의 역할에 부합하도록 재구성했다.

20 이효재, 『한국사회변동이론(II)』(서울: 민중사, 1985), p.142.

둘째, 사회는 합리적이고 점진적이며, 순리를 따라 자연적으로 발전해야 한다. 그러나 전쟁 이후에 재건과 사회통합과정에서 안보논리와 경제성장을 강조함으로써 정치와 사회발전의 괴리현상이 나타난다. 이로 인하여 사회불안과 부패, 사회적 갈등을 초래하기도 한다. 이러한 갈등은 바로 계층 간의 갈등과 지역 간의 갈등, 나아가서는 기업 간의 갈등, 도시와 농촌 간의 갈등, 세대 간 갈등 등을 야기하게 된다.

셋째, 전쟁을 겪은 많은 나라의 경우 군부정권이 집권하는 동안 사회구조가 자율보다는 타율, 봉사보다는 권위, 시장경제보다는 중앙집권적 관치경제, 분권보다는 집단주의적으로 변하게 된다. 또한 기업활동은 정치권력과 야합하지 않으면 생존이 불가능하게 되고, 정경유착으로 권력과 금력이 상호 교환되는 등 부패의 온상이 되기도 한다. 이러한 것은 제도화된 부패, 구조적인 부패, 조직적 부패의 결과적 현상으로 연결되는 악순환으로 나타나기도 한다.

넷째, 전쟁으로 인하여 국민화합과 민족단결 등의 정신이 심화되어 조직과 사회적 연대의식, 즉 집단문화의 기풍이 만들어진다. 집단의 일체의식과 집단문화가 사회 전반에 확산되고 사회적 연대감을 조성하게 되는 것은 군의 속성이 사회문화에 영향을 준 결과라 할 수 있다.

II. 전쟁과 군대문화

1. 전쟁과 군 조직의 특징

개인의 자유와 평등, 인권을 기본이념으로 삼고 있는 자유민주주의 국가에서도 군대는 위계질서와 엄격한 통제를 구성원들에게 요구한다. 이는 군대의 임무와 책임, 성격이 일반사회와 근본적으로 다른 데에 그 원인이 있다.

군대는 외부의 침략으로부터 나라를 지키기 위해 무력을 사용하는 조직이다. 그리고 이러한 무력을 효과적으로 운용하기 위해서는 엄격한 규율과 상명하복의 위계질서가 요구된다.

오늘날 군대사회는 과거 권위주의적 리더십으로부터 이해를 바탕으로 한 상호 존중과 배려, 솔선수범을 통한 합리적이고 유대감을 중시하는 인간중심의 지휘통솔로 바뀌었다. 그러나 군대가 이렇게 변한다고 하더라도 군대조직의 근본적 특성이 바뀌는 것은 아니다. 군대는 국민을 위해서 합법적으로 무력을 사용하는 특수한 기관이다. 그렇기 때문에 무엇보다도 임무 완수에 최우선을 두고, 위계질서를 생명으로 하며, 상관에 대한 절대적인 복종과 엄격한 규율, 골육지정의 단결과 협동심, 무한한 희생과 헌신이 요구된다.

군대는 국가를 보위하고 국민의 생명과 재산을 보호하는 차원에서 국가로부터 합법적인 무력사용 권한을 위임받아 행사하는 국가안보의 군사적 책임기관이다.

'국가로부터 합법적인 무력사용 권한 위임'이라는 말은 군대는 정부의 통제에 따라야 한다는 의미를 내포하고 있다. 정부는 군대의 활동에 대해서 정치적으로 책임을 진다. 대한민국 헌법 제74조에는 "대통령은 헌법과 법률이 정하는 바에 의하여 국군을 통수한다"고 명시되어 있다. 또한 국군조직법 제8조에 "국방부장관은 대통령의 명을 받아 군사에 관한 사항을 정리하고 합동참모의장과 각 군 참모총장을 지휘·감독한다"고 명시되어 있다. 이와 같이 군대의 전체 또는 일부의 사용은 항상 정부의 통제에 따르게 되어 있다.

군대는 국가의 군사안보문제를 제기하고, 국방에 필요한 자원의 배분을 관계부처에 요구하며, 안보관련 정보를 여타 기관에 제공하는 기능을 수행한다.

모든 국민은 각자 개인의 능력과 기능, 소속기관의 임무와 책임에 따라 사회에 봉사하고 기여하게 된다. 군인에게 부여된 임무와 책임은 '국가보위'와 '국민보호'에 있다. 그러므로 군인은 전쟁이 벌어지면 국가의 명령에 의해 어디든지 투입되어 전투를 수행하게 된다.

일단 전투가 벌어지면 목숨을 걸고 싸워서 이겨야 한다. 만약 전쟁이 발발했을 경우 싸워 이기지 못한다면 국가의 운명이 위태로워지고 국민들의 생존도 불가능하게 되기 때문에, 적과 맞서는 순간에는 양보나 타협이 있을 수가 없으며 오로지 승리해야 하는 것이다.

그래서 군대는 평시에 적의 도발을 억제함으로써 전쟁을 예방함은 물론, 전쟁에 대비한 고도의 전투대비태세를 유지해야만 한다. "평상시 땀 한 방울이 전투에서 피 한 방울을 대신한다"는 격언처럼 평상 시 강한 훈련이 전쟁에서 승리를 보장할 수 있다. 따라서 군대는 평상시에도 만반의 전투준비태세를 유지하고 일사불란한 지휘체계를 확립해야 한다.

1990년 초 걸프전 당시 '사막의 폭풍작전'[21]에 참여해 혁혁한 전공을 세운 미 제1기갑사단의 중대장은 '전승의 비결'을 묻는 기자들의 질문에 "위계질서를 바탕으로 한 군기확립"이라고 했다. 이처럼 군대의 위계질서는 전쟁의 승패를 가르는 중요한 요소이다.

그렇다면 군인이라는 직업을 가진 사람의 국가관은 어떠해야 하는가? 어떠한 국가관이 올바른 직업군인의 국가관인가? 사람들이 지닌 국가관은 대개 두 가지 관점에서 알아볼 수 있다. 첫째는 '국가'라는 존재 자체에 대한 인식이고, 둘째는 자신의 사회적 위치와 국가의 관계 설정이다.

국가의 존재 자체에 대한 인식은 국가의 존재의의와 그 가치에 대한 평가를 말한다. 즉 국가의 존립이 인간의 생존과 행복에 어떠한 가치를 가지는가에 대한 것이다. 이것은 자신의 사회적 위치와 국가의 관계 설정에서도 마찬가지로 직업이나 계층(혹은 계급)과 관련하여 어떻게 관계를 지을 것인가에 따라 가치의 차이가 있는 것이다.

---

21 1991년 1월 17일 걸프전 당시 미군을 중심으로 한 연합군의 바그다드 공습작전명. 6주간 지속된 이 작전은 약 1,000시간의 공중폭격과 2월 24일부터 100시간의 지상작전을 통해, 지상작전 개시 4일 만인 2월 28일 이라크의 항복을 받아냈다.

군인이라는 직업은 국가와의 관계에 있어서 여타의 직업과는 구별되는 특징이 있다. 그중에서 다음의 두 가지야말로 직업군인의 가장 두드러진 특징일 것이다.

첫 번째 특징은 국가는 군이 존재하는 전제조건이면서 동시에 군 임무수행의 최종적 목표가 된다는 것이다. 예를 들어 의사는 국가를 전제하지 않고도 그 의미를 찾을 수 있다. 사람이 있는 곳에 질병이 있고, 질병이 있는 곳에 그것을 치료할 사람이 필요하다. 의사의 목표는 오로지 질병을 치료하는 것이다. 그러나 군인은 국가에 의해서만 그 존재의의가 생긴다. 또한 다른 어떤 것도 국가를 보위한다는 군의 목표를 대체할 수 없다. 따라서 국가가 소멸하더라도 의사는 그 존재의의를 크게 상실하지 않을 수 있으나 군대는 국가와 함께 소멸한다. 그렇기 때문에 군과 국가를 공동운명체라고 말하는 것이다.

두 번째 특징은 군인은 국가로부터 보호받는 것이 아니라 오히려 국가를 보호해야 한다는 것이다. 예나 지금이나 국가의 가장 중요한 기능은 국민의 생명과 재산을 외부위협으로부터 지키는 것이다. 그 기능을 직접 수행하는 것은 바로 군이다. 국가가 국민들을 보호하는 가장 강력한 수단인 무력을 군에게 위임했기 때문이다.

이처럼 군과 국가의 관계는 운명공동체라고 할 수 있다. 그렇다면 국가를 수호하는 군인은 국가에 대해 어떤 자세를 견지해야 하는가? 그것은 유구한 우리의 역사에 대한 긍지와 자부심을 가지는 데서 출발한다.

국가의 정통성을 정확하게 이해하는 것도 필요하다. 역사적·문화적·정치적·국제적 정통성에 대한 확고한 신념을 견지할 때 조국수호의 의지가 더욱 높아질 것이기 때문이다. 또한 오늘날 우리가 누리고 있는 자유민주주의와 시장경제체제에 대한 우월성을 확신하면서 민주주의 수호군으로서 위상을 정립해야 한다. 나아가 민주시민으로서 올바른 의식과 자세를 견지하는 것도 중요하다.

이러한 노력을 통해 우리 군은 확고한 국가관을 정립할 수 있고, 21세기 우리 민족의 최대의 과업인 통일을 준비해 나갈 수 있을 것이다. 그리하여 국가의 안위와 번영을 보장하는 시대적 소명을 다해 나가는 정예화된 선진강군으로 거듭날 것이다. 일찍이 도산 안창호 선생은 나라에서 '손님'이 많으면 망할 것이고 '주인'이 많으면 흥할 것이라고 말했다. 즉 우리가 일제에 의해 국권을 빼앗긴 것은 주인정신을 가지고 나라 일에 적극 동참한 사람보다는 소극적이며 비협조적이고 냉소적인 머슴근성을 가지고 있는 사람이 더 많았기 때문이라고 지적한 것이다. 국민의 한 사람으로서 그리고 군인으로서, '주인의식'은 분단시대를 살아가는 오늘날 우리에게는 없어서는 안 될 가치이다.

2. 군대문화의 개념과 특성

'군대문화'란 군대라는 하나의 특수한 사회관계 안에서 군대구성원의 생활양식을 통해 형성되는 문화의 한 유형이라 할 수 있다. 장병들이 공유하는 가치관, 사고방식, 태도 및 신념체계 등의 총체로서, 장병 개개인 또는 집단의 상호작용과 행동절차를 망라하여 군대에서 이루어지고 있는 제반 생활양식 전체를 포함하는 개념이다.[22]

군대는 일반 사회와는 구별되는 독특한 생활양식을 갖고 있다. 헌팅턴 S. P. Hungtington 은 '집단적 결속력'을 군대문화의 특징으로 들었고,[23] 자노비츠 M. Janowitz 는 목적의 절대성을 갖는 군대조직을 강력하고 철저한 권위주의적 위계조직에 의한 '명분체 조직'으로 설명하고 있다.[24] 에치오니 A. Etzioni 는 본질적인 면에서 규범적 승복에 의존하면서도 목표 달성을 위한 조직의 운영과 통제는 강제적 조직의 성격을 갖는다고 했다.[25]

---

22 조영갑, 『한국 민군관계론』(서울: 한원, 2004), p.347.

23 S. P. Huntington, *The Soldier and The State: The Theory and Politics of Civil-Military Relations* (Cambridge, Mass: Havard University Press, 1957), p.10.

24 M. Janowitz, *The in the Political Development of New Satate* (Chicago University Press, 1964), p.32.

25 A. Etzioni, *A Comparative Analysis of Complex organization on Power, Involvement and Their*

군대조직의 모든 활동은 국방이라는 확고부동한 목표에 집중되어 있으며, 목표 달성을 위하여 상당한 강제력과 통제력을 행사하고 그것을 당연히 받아들이는 한편 가치와 규범의 중요성을 강조한다. 따라서 내부적으로 결속력이 강하고 조직 전체가 추구하는 목표를 위하여 동일한 이념을 갖는다.[26] 즉 군대문화는 규범에 의한 강제성, 집단적 결속력, 상하계급에 의한 위계성, 목적의 절대성을 강조하는 문화라 할 수 있다. 그 특성을 살펴보면 〈표 11-1〉과 같다.

이러한 군대문화는 부대의 임무, 지휘관의 성향과 자질, 부대의 역사와 전통, 병영시설의 위치와 수준, 일반사회의 경제수준, 국민문화와 의식수준 등에 매우 큰 영향을 받을 것이다. 특히 병영문화의 주체이자 병영의 인적 구성원인 장병들의 성향과 의식수준은 병영문화에 매우 큰 영향을 미친다.[27] 요즈음 신세대 장병들은 권위주의를 거부하고, 인내심과 적응력이 부족하며, 비합리적 전통을 거부하는 경향이 있다. 또한 불합리한 처우나 권리의 제한에 대해 불복하는 경향이 있고, 개인주의적 성향이 강하다.[28] 반면에 자기표현이 명확하고 임무 완수에 대한 책임감이 강할 뿐만 아니라, 합리적인 이유와 적절한 동기만 부여하면 예상을 뛰어넘는 열정을 보이기도 한다.

국방부는 지난 2012년부터 앞에서 제시한 신세대 장병들의 성향과 특성에 부합하는 생산적이고 선진화된 병영문화 정착을 위해 '2012 병영문화선진화 추진계획'을 수립하여 강도 높은 병영문화 개선대책을 추진하고 있다. 이러한 시점에서 자율이 강조되는 병영문화가 과연 신세대 장병

Correlation (New York: The Free Press of Glencoe, 1962), pp.56-59.

26 군사학연구회, 『군사학개론』(서울: 플래닛미디어, 2014), pp.5-7.

27 김종화, "군 환경 변화에 따른 한국군의 지휘통솔 방향에 관한 연구", 국방정신교육원, 『정신전력연구』(1997), pp.41-71.

28 조현천, "자율적 병영문화가 군 경영성과에 미치는 영향", 한남대학교 박사학위논문(2014), p.12.

<표 11-1> 군대문화의 특성

	특성	내용
조직상 특성	① 조직 목적의 절대성	전쟁 억제와 승리라는 목표 달성을 위해 강제력을 정당화하고 가치, 명예, 규범을 중요시함
	② 권위주의적 위계성	계급과 서열이 절대적인 권위를 지니며 통제와 복종을 강요하는 상명하복의 위계질서
	③ 집단적 일체성과 결속성	개인보다 집단의 목표와 이익을 중시하고 단체행동과 일체감을 강요함
환경적 특성	④ 심리적 구속감과 불안감	물리적으로 병영시설 내에서 24시간 상주하면서 통제된 일과로 인한 구속감, 불안감 발생
	⑤ 열악하고 폐쇄적인 근무환경	병영시설 대부분이 사회와 격리된 오지에 위치하고 협소하며 문화시설과 여가활동이 제한
	⑥ 업무 수행의 수동성	본인 의사와 무관하게 병역의무 부과로 인한 피동적 업무자세

출처 조현천, "자율적 병영문화가 군 경영성과에 미치는 영향", 한남대학교 박사학위논문(2014), p.11.

들의 성향과 특성을 충분히 수용하고 현대전에서 전승을 보장할 수 있는 강군 육성에 기여하는 방향으로 가고 있는지에 대한 연구가 필요하다.

3. 전쟁과 군사문화의 사회적 영향

군대와 사회는 상호 의존하는 관계이고, 문화적으로 서로 영향을 주고받는다. 군대문화에서 파생되어 나온 일반사회의 특성은 다음과 같다.

첫째, 권위주의 의식이다. 우리나라의 경우 6·25전쟁 이후 권위주의가 만연하다가, 1980년대 후반 이후 사회 각 부문에서 권위체계의 수직관계가 서로 대등한 수평관계로 변화하고 있다. 그러나 아직도 군 조직은 계급관계가 확고한 경직화된 수직적 관계로 계속 남아 있다.

둘째, 군은 특성상 일사불란한 업무처리를 필요로 하고 지휘관을 정점으로 하는 1인체제로 운용되기 때문에 통일성과 획일성이 요구된다. 이러한 획일성은 민주사회의 기본질서와 상충하기 때문에 갈등을 야기할 수도 있다.

셋째, 형식과 절차를 중시하는 형식주의이다. 형식주의는 집합의식과 집단적인 결속이 요구되는 군 조직에서는 필연적인 것이지만, 낭비와 비효율을 낳기도 한다. 하지만 형식주의와 혼용되고 있는 의식주의Ritualism는 사회적 통합과 결속을 위해 순기능적 역할을 하기도 한다.

넷째, 집합주의이다. 군대문화는 개성을 강조하기보다는 개인이 집합체의 한 부분으로 존재하도록 요구한다. 일반 사회에서도 집단에 대한 충성과 봉사를 주요한 덕목으로 삼고 있지만, 특히 군대문화에서는 개인의 이익에 우선하여 집단의 이익을 중시하고 때로는 자기희생을 강요하기도 한다.

다섯째, 전쟁에 대비한 직무와 관련한 책임 부분에 대해 엄격한 완전무결주의이다. 군인은 위기관리자로서 비상시를 대비하면서 언제나 긴장된 정신과 생활을 유지해야 한다.

여섯째, 공공조직주의公共組織主義이다. 전통적으로 군 조직에서는 공공조직적 규범에 의해 그 형식이 규정되어 왔으며, 가치평가도 규범적 문화의 척도에 따라 평가되어 왔다. 그러나 일반사회의 경우는 직업주의에 의해 규정되고 평가된다.

한국의 군대문화는 6·25전쟁과 민주화 등 한국 사회의 변화에 대응하면서 발전해왔다. 더욱이 최근에는 정보화 및 세계화의 영향을 받은 신세대 청년층이 군대를 형성하면서, 군대문화도 많은 변화를 요구받고 있다.

그동안 전쟁과 군 복무로 인한 군대문화는 우리 사회에 긍정적인 측면과 부정적인 측면으로 영향을 미쳤다. 먼저 긍정적인 측면으로 국가관 및 민족의식을 고양하고 권위와 질서의 존중, 희생과 봉사정신, 협동심, 조직적 사고 등 국가·사회발전에 원동력을 제공했다고 볼 수 있다. 특히 군 생활을 통해 습득한 애국심과 민주시민의식 및 조직적인 행동 등은 신생 독립국에서 세계의 10대 경제강국으로 도약하는데 밑거름이 되었다.

〈표 11-2〉 군대문화와 일반사회 문화의 이념형 비교

군대문화	일반사회문화
권위주의	민주주의
획일성	다양성
형식주의	실용(실리)주의
집합주의	개인주의
완전무결주의(경직성)	유연성
공공조직주의	직업주의

한편 〈표 11-2〉와 같이 부정적인 측면으로는 보수 성향, 강한 권위주의, 단순·획일적 성향, 형식주의, 법치^{法治}보다 인치^{人治}를 중시, 권력 지향적이고 관료주의적 성향과 집단성이 강하여 개인의 표현의 자유와 창의성이 결여되었다는 비판도 있다. 이러한 현상은 다양성과 민주성을 바탕으로 한 개인이 인권이 보장되는 사회와는 거리가 멀다.

III. 전쟁과 사회경제의 관계

1. 전쟁과 군사경제의 개념

오늘날 국가안보의 개념은 단순히 외부의 군사적 위협을 억제하고, 무력 침략을 물리치는 의미뿐만 아니라, 정치·경제·사회·문화·환경·심리적 요인을 포괄하는 개념으로 쓰인다. 특히 현대전에서는 국민의 안보의지와 더불어 경제력이 국가안보의 요인이 되고 있다.

경제적 측면에서 국가안보는 국가가 필요로 하는 자원과 시장에 접근하는 데 인위적인 장애를 받지 않으며, 경제의 안정과 적정 성장을 유지하여 국민복지를 향상하는 것이다. 또한 국제수지의 균형과 투자재원의

자립, 과학기술의 발전으로 국민경제의 대외종속을 방지하고 경제정책의 자주성을 확보하는 것이다. 나아가서 소득분배의 형평성을 보장해야 하고, 최저생계비를 보장해주는 사회안전망도 확충해야 한다.[29]

현대전은 경제력 없이는 불가능하다. 걸프전(1991년)과 이라크전쟁 (2003년)에서 미국을 중심으로 한 다국적군은 한 달 정도의 전쟁에서 수백억 달러를 지출했다. 스콜로프스키[V. D. Sokolovski]는 국가 경제력은 과거의 전쟁에서보다도 미래전에 있어서는 더욱 결정적 역할을 하게 될 것이라고 주장하고 있다.[30] 결국 미래전에 대비한 전력을 확보하기 위해서는 막대한 비용이 필요하며, 지속적인 경제성장 없이는 강력한 국방력 건설이 불가능하다. 그러나 과도한 국방비 지출은 경제발전에 필요한 투자를 위축시켜 사회적인 문제를 야기할 수 있다. 따라서 전쟁과 경제는 매우 밀접한 관계를 지니며, 전쟁과 사회를 논하는 데 있어 빼놓을 수 없는 요소이다.

현대에는 경제전을 적국의 군사력 증강을 억제하고 국민적 사기를 저하시키는 수단으로 활용하고 있다. 예를 들어 북한이 핵무기개발을 포기하지 않자 유엔의 결의에 의해 각국은 경제적 봉쇄를 단행하면서 경제적 고립을 강화했다. 이 밖에도 유엔이 과거 인종차별정책에 대한 제제수단으로 남아프리카공화국에 대하여 발동한 경제봉쇄, 유고 내전에 따른 세르비아 경제봉쇄 등이 있다.

경제전은 다음과 같이 정의할 수 있다.[31] 첫째, 가장 넓은 의미로는 현대전과 같은 의미로 쓰인다. 즉 현대의 군사력은 경제력을 바탕으로 하고 있기 때문에 '현대전은 곧 경제전'이다. 둘째, 평시나 전시에 자국과 동맹국의 경제력을 강화하고 적국이나 잠재적 적국의 경제력을 약화시키기

29 이성연, 『현대 국방경제론』(서울: 선코퍼레이션, 2006), p.7.

30 V. D. Sokolovski, *Soviet Military Strategy* (Prentice-Hall, 1963), p.145.

31 이성연, 『현대 국방경제론』, pp.505-506.

위해서 취하는 일체의 행동을 말한다. 셋째, 좁은 의미로 경제전은 자국이나 동맹국의 경제력을 강화하기 위하여 취하는 비군사적 행동을 의미한다. 여기서 일체의 행동이란 경제적·정치적·심리적 행동을 모두 포함하며, 이러한 경제전은 전면전General War, 제한전Limited War, 냉전Cold War 또는 탈냉전 하에서도 적용된다.

한편 전쟁으로 인해 동원령이 선포되고 병력동원, 인력동원, 산업동원이 이루어지면서 경제활동은 커다란 제약을 받게 된다. 전쟁 수행에 필요한 수단을 어떻게 조달하며 전쟁이 국민들의 경제활동에 어떠한 영향을 미칠 것인가를 연구하는 학문에는 크게 두 가지가 있다. 전시경제를 다루는 전쟁경제학War Economics은 적국을 가능한 한 빨리 제압하여 전쟁에서 승리할 수 있도록 일국이 보유한 자원을 어떻게 배분할 것인가를 분석하는 학문이다. 반면에 국방경제학Military Economics은 전시뿐만 아니라 평시의 국방과 관련한 제반 문제를 경제학적 관점에서 연구하는 학문이다.

2. 경제전쟁의 수단과 수행조건

오늘날 세계는 이념보다는 국익에 우선하고 인명피해를 기피하면서 '싸우지 않고 이기는 수단'으로 경제전을 유용하게 활용하고 있다. 경제전쟁의 수단에 대해 살펴보면 다음과 같다.[32]

① 해상봉쇄Naval Blockade는 적국을 세계경제와 차단하기 위해 적국의 항구나 해상을 봉쇄하는 것이다.

② 공중봉쇄Aerial Blockade는 오늘날 해상 및 육상봉쇄만으로 완벽한 경제봉쇄가 불가능하기 때문에 취하는 수단이다.

③ 해상봉쇄의 효과를 보완해 주는 방법으로 고도의 긴장상태 또는 전시에 적용하는 수단인 해상운행통제Shipping Controls가 있다.

---

32 앞의 책, pp.506-539.

④ 해상봉쇄의 대체적인 수단으로 수출통제$^{Export\ Controls}$방법이 사용된다. 수출통제는 적국에 공급이 부족한 자원이나, 또는 전쟁물자가 될 수 있는 품목$^{War\ Potential\ Items}$에 대해서만 선택적으로 적용하기도 한다.

⑤ 수입통제$^{Import\ Control}$는 비우호적인 국가의 생산품에 대해서 수요독점^{monopsony}인 경우, 그 상품의 수입을 중단함으로써 비우호적인 국가의 경제에 타격을 입히는 것이다.

⑥ 외국자산통제$^{Foreign\ Assets\ Control}$로 국내에 있는 적성국 또는 적성국과 친밀한 관계에 있는 나라의 국민들이 보유하고 있는 자산을 동결하거나 몰수한다.

⑦ 예방적 구매$^{Preclusive\ Buying}$ 또는 주요 물자의 선매$^{Preemptive\ Purchases}$는 전시에 주요 물자가 적대국에 공급되지 않도록 시장에서 미리 매점하는 것을 말한다.

⑧ 다른 국가들이 적성국을 봉쇄하는 데 협조하도록 하는 무역협정$^{Trade\ Agreements}$이 있다. 이는 특히 중립국들이 적성국과 자유로운 무역을 못하게 함으로써 적성국의 전력보강을 방지하기 위함이다.

⑨ 우방국의 경제를 적성국에 비해 상대적으로 강화시키기 위한 경제원조$^{Economic\ Aids}$도 있다. 이러한 경제원조 수단은 제2차 세계대전 후 미국과 소련 양 진영의 대립과정에서 크게 나타났으며, 우리나라도 해방 이후 막대한 경제원조를 받았다.

⑩ 적과 싸우고 있는 우방에게 직접 군수물자를 공급하는 군수물자 대여$^{Lend-Lease}$이다. 이것은 군수물자가 부족한 우방국에게 전투병력이 아닌 전쟁물자를 공급해 주는 일종의 원조방법이다.

⑪ 블랙리스트$^{Black-listing}$의 작성이다. 이는 중립국의 기업이나 개인이 적성국과 거래한 믿을 만한 증거가 있을 때, 그 기업 및 개인의 모든 경제관계를 단절하는 것을 말한다.

⑫ 경제침략$^{Economic\ Penetration}$은 의도적으로 후진국의 자주적 경제발전을 저해하여 힘을 무력화하는 것이다. 최근에는 선진국의 거대자본이 국경

을 초월한 투자활동을 통하여 빈국을 더욱 빈국화함으로써 국제적 문제가 되고 있다.

기타 경제전의 수단으로는 중립국 또는 소극적 우방에 대한 압력 및 설득, 주요 산업시설에 대한 공습, 악성 선전, 위폐 유포, 적국 수출 식료품에 독극물 주입, 파업 선동, 태업, 데모 및 폭동 등이 있다.

이러한 경제전쟁을 효과적으로 수행하기 위해서는 적성국의 경제정보는 물론 주변국의 경제정보도 알아야 하며, 효율적인 조직과 수행에 대한 충분한 사전 계획이 있어야 한다.

첫째, 경제정보는 평시에는 국가의 대내외 경제정책 수행을 위한 자료로 활용하나 전시에는 경제전 수행을 위한 자료로 이용할 수 있다. 이러한 경제정보는 정부 각 부서 및 민·관 연구기관에서 획득하고 분석하나, 일부는 첩보원과 은밀한 방법에 의해 수집된다. 이와 같이 획득한 경제정보로 인해 적의 약점을 찾아서 집중적으로 압박하거나 동맹국을 경제적으로 원조할 수 있다.

둘째, 경제전을 계획하고 수행하는 적절한 조직이 필요하다. 경제전은 우방과 협력, 무역정책의 조정, 조직과 행동절차의 수립, 중립국 또는 적성국의 효과적인 압력행사 등에 시간이 많이 소요된다. 따라서 이를 준비하고 시행할 조직이 필요하며, 우리나라와 같이 고도 긴장상태에 있는 국가에서는 평시에도 이러한 통제조직이 완비되어 있어야 한다.

셋째, 경제전의 효과를 극대화하기 위한 적정시기의 판단이 중요하다. 전쟁에서도 시간과 장소 및 템포가 중요하듯이 경제전에서도 적절한 시기를 놓치게 되면 그 효과는 반감하고 만다. 만일 적이 경제전을 예측하고 전쟁물자를 충분하게 비축할 시간을 갖게 된다면 결국 아무런 의미가 없게 된다.

3. 전쟁과 경제의 사회적 영향

시장경제를 추구하는 국가에서는 평시에 경제활동의 자유가 보장된다.

그러나 전쟁이 발발하게 되면 산업동원이 이루어지면서 기업의 경제활동이 제약을 받게 되고, 인력동원으로 인해 직업선택의 자유와 거주·이전의 자유도 통제를 받게 된다. 이와 같이 전쟁으로 인한 경제의 사회적 영향은 전쟁의 가격기구를 붕괴시키고, 자원배분 상태를 급격하게 변동시키며, 완전고용에 이르게 한다. 또한 인플레이션을 야기하며 국민들의 경제활동에 지대한 영향을 미친다. 이와 같이 전쟁이 미치는 군사적 차원의 경제문제는 다음과 같다.

첫째, 전쟁에 사용할 수 있는 실질자원의 획득이 우선적인 과제이다. 전쟁에서 승리하기 위해서는 다량의 군수물자가 필요하다. 즉 전시경제에서 우선적으로 필요한 것은 화폐^{money}가 아니라 물자이다. 전쟁의 승리는 화폐에 의해서 달성되는 것이 아니라 재화^{Good}와 서비스에 의해서 달성된다. 따라서 모든 국가는 전쟁에서 승리하기 위해 충분한 양의 전투물자(탱크·항공기·총포·함정 등)를 획득하는 데 관심을 가지는 것이다.

둘째, 전쟁에 가용한 실질자원의 준비이다. 대부분의 국가에서는 군사적 기습을 위한 전쟁물자를 사전에 충분하게 비축하지는 않는다. 그러나 우리나라의 현실은 평시부터 전쟁에 대한 충분한 대비를 해야 하는 부담을 안고 있다. 따라서 전쟁 수행에 필요한 물자를 조달하는 데 소요되는 실질전쟁기금$^{Real\ War\ Fund}$은 증가된 예산, 감소된 개인소비, 전쟁에 필수적이 아닌 신규투자의 감소, 기존자본의 소모, 해외로부터의 차입과 기부, 정복지역에서의 노획물 등으로 충족된다.

셋째, 전쟁으로 인한 경제적 비용은 추정하기 곤란하다. 이는 전쟁이 진행되는 동안 가격이 변동하고, 전쟁에 참여하는 국가마다 화폐의 단위가 다르기 때문이다.

넷째, 전쟁 수행에 소요되는 전쟁비용을 어떻게 조달하는가 하는 문제가 발생한다. 피구$^{A.\ C.\ Pigou}$는 실질 전쟁자원$^{Real\ War\ Resources}$의 구입비용을 조달하기 위한 방법을 제시했다. 그가 제시한 전비 조달의 수단은 조세^{taxes}, 공채$^{public\ loans}$, 통화 발행$^{creation\ of\ new\ money}$, 은행신용$^{bank\ credits}$ 등이다.[33]

케인즈J. M. Keynes는 모든 전비를 조세에 의해 조달하는 것이 불가능하므로 일부는 차입borrowing에 의해서 조달해야 하며, 이러한 차입은 지출의 연기 Deferment of Expenditure라고 보았다.[34]

다섯째, 전시에는 정부가 시장경제에 적극적으로 개입하여 인위적인 자원배분을 하게 된다. 전시에 정부가 경제에 주도적으로 개입하는 이유는 신속한 물자의 조달과 전쟁물자의 우선적 배분과 생산, 경제전의 수단 강구 및 전후 복구의 혼란을 최소화하기 위함이다.

한편 전쟁에서 승리하기 위해서는 사회 민간부문의 활용이 요구된다. 즉, 민간부문의 역량과 효율성을 적극적으로 활용함으로써 군대는 전투를 위주로 하는 핵심 분야에 집중하고, 지원기능에 투입되는 비용을 절약할 수 있다.[35]

특히 전투근무지원 분야를 중심으로 민간부문의 활용을 과감하게 확대하고 군인들은 전투와 직접적으로 연관된 분야에 종사하도록 하여 전투력 증강에 기여해야 한다. 이를 위해서는 평시부터 민·군 협력체계 구축이 중요하며, 사회의 민간 전문가를 적극 활용해야 한다. 또한 군대에서 사용하고 있는 물자와 기능 중에서 상당한 부분은 민간 물자나 기능을 그대로 사용할 수 있도록 해야 한다. 이를 통해 전·평시에 군대는 저렴한 가격으로 신속하게 필요한 물자와 기능을 확보할 수 있을 것이다.

---

33 A. C. Pigou, *The Political Economy of War* (New York: The Macmillan Company, 1941), pp.72-111.

34 J. M. Keynes, *How to pay for the War* (New York: Harcourt, Brace and Company, 1940), p.6.

35 박휘락, 『전쟁, 전략, 군사 입문』, pp.332-346.

ON WAR

CHAPTER 12
전쟁과 군사력

김종열 / 영남대학교 군사학과 교수

육군사관학교를 졸업하고 미 해군대학원에서 무기체계공학 석사학위, 플로리다대학교에서 재료공학 박사학위를 받았다. 육군과 방위사업청에서 무기체계 기획 및 사업관리 부서에 근무하고, 주미 군수무관을 역임했다. 2011년부터 영남대학교 군사학과 교수로 재직하고 있으며 국방획득, 무기교역, 방위산업 분야에 관심을 갖고 연구하고 있다.

군사력은 일반적으로 전쟁의 직접적인 수단으로써 병력과 무기를 일컫는 말이다. 전쟁이란 이러한 군사력에 의한 국가 간 다툼 또는 충돌이다. 오늘날 군사력은 대체로 한 국가의 정부가 독점하고, 외부의 침공으로부터 국가를 방호하기 위해 우선적으로 사용한다. 군사력은 국력의 일부로서 군사작전을 수행하는데 공인되고 조직력을 갖춘 폭력의 성격이 강하다. 전쟁 시에는 국가총동원으로 순수 군사력 이외에 경제·정치·외교력 등 여러 가지 요소가 군사력을 지원하게 된다. 이번 장에서는 군사력의 역할과 기능 및 한 국가가 보유하고 있는 군사력을 어떻게 건설·유지·운용하는지에 대해 살펴볼 것이다. 또한 한 국가의 군사력을 측정하고 평가할 방법을 정리하여 제시하고자 한다.

I. 군사력의 개념

1. 군사력 관련 용어

'군사력'이란 용어를 영어로는 Armed Forces, Military Forces, Military Powers, Military Capability 등으로 다양하게 표현할 수 있다. Armed Forces는 국방부 소속의 육·해·공군 및 해병대뿐만 아니라, 경찰청 소속의 경찰과 해안경비대Coast Guard 등을 포함한다. 즉, 현재 무장을 하고 있는 세력을 일컫는다. Military Forces는 Armed Forces에 Unarmed Forces을 더한 세력을 의미한다. 한편, Military Powers는 한 나라가 가지고 있는 총체적인 군사적 힘으로서 Military Forces와 전략과 교육훈련수준 등 전쟁 수행 잠재력을 모두 포함하는 개념이다. Military Powers와 국력National Power은 다르다. 국력이 한 국가의 자연적 요소와 사회적 요소를 모두 합친 힘이라면, Military Powers는 전쟁에 초점을 맞춘 국력의 일부분만을 의미한다. Military Powers와 Military Capability는 보통 같은 의미로 한 국가의 군사적인 현존능력에 군사전략이나 무기 생산 등의 잠재능력을 포함하여 사용된다. Armed Forces는 현재군사력, Unarmed Forces는 동원군사력, Military Forces는 육·해·공군 군사력, Military Powers는 국가 군사력 정도로 번역이 가능할 것이다.

군사력과 유사하게 사용되는 또 다른 용어로는 '전력'과 '전투력'이 있다. 전력戰力은 영어로는 War Potential로 표현하며, 국가가 전쟁을 수행하기 위하여 동원할 수 있는 총체적인 역량으로 정의하고 있다. 즉 전쟁을 수행할 수 있는 조직적인 무력으로서 병력, 무기체계, 장비, 조직, 전술교리, 군사훈련 및 기반시설 등을 망라한다. 또 다른 의미로는 군사력의 운용을 통해 전장에서 발휘하는 전투수행능력fighting power을 전력이라고도 한다. 즉 전투력과 유사한 개념으로 사용된다. 전투력은 통상 Combat Power로 표현하고, 부대가 전투를 수행하여 군사적 목표를 달성해 나가는 능력이다.[1] 전력과 전투력에 있어서 인적·물적요소가 발휘하는 힘을 유형전력 및 유형전투력, 정신적·기술적·지적 요소가 발휘하는 힘을 무형전력 및 무형전투력으로 부르고 있다.

이와 같이 '군사력'이라는 용어에 대한 정의와 해석은 다양하지만, 일반적으로 "한 국가의 지속적인 안전보장을 위한 실질적이고 직접적인 힘으로써, 군사작전을 수행할 수 있는 능력"이라고 정의하는 것이 가장 적절해 보인다.

2. 군사력의 구성요소와 분류

Armed Forces의 구성요소는 병력의 수, 무기체계, 기동성, 군수, 전략 및 전술교리, 훈련정도(전투준비태세), 군사 리더십, 사기 등을 포함한다. Military Forces의 구성요소는 Armed Forces의 구성요소에 동원전력의 양과 질, 동원속도 등을 포함하는 동원능력을 더한 것이다. Military

---

1 이강언 외, 『최신 군사용어사전』(서울: 양서각, 2009), pp.350-376.

Powers는 Military Forces의 구성요소에 군수산업, 산업 및 군사기술, 국민의 의지, 동맹관계, 국가적 리더십 등을 더한다.

군사력은 또한 가시적인 유형군사력과 비가시적인 무형군사력으로 구분한다. 병력의 수, 무기체계, 기동성, 군수, 군수산업 등을 유형군사력이라고 한다면, 전략 및 전술교리, 훈련정도, 군사 리더십, 사기, 군사기술 등은 무형군사력에 해당한다. 일반적으로 군사력이라고 칭할 때는 유형군사력을 의미하는 경우가 많다. 유형전력은 크게 네 가지 형태로 ① 상비전력은 즉각적으로 작전에 투입할 수 있는 현재의 병력과 무기체계를 의미한다. ② 예비전력은 비교적 짧은 시간에 동원할 수 있는 예비군이나 전쟁예비물자 등을 의미한다. ③ 잠재전력은 장기적으로 전쟁에 전환투입할 수 있는 산업시설 등 비군사적 자원을 의미한다. ④ 연합전력은 전시에 지원받을 수 있는 동맹국의 전력을 의미한다.

유형군사력은 가시적이며 수량화하여 쉽게 측정하기 쉬워 정책결정자들이나 군사지도자들의 주된 관심대상이다. 그와는 달리 쉽게 측정하거나나 수량화하기 어렵고, 전시에 유형군사력과 어떻게 결합할지 예측하기도 어려운 것이 무형군사력이다. 이러한 무형군사력은 세 가지로 구체화할 수 있다. 첫째는 전략적 요소로 군사력의 운용방법과 관련이 있는 군사전략과 전술 등이 이에 해당한다. 둘째는 정신적 요소로 리더십, 사기, 군기 등이다. 셋째는 경험적 요소로 병력의 훈련 정도와 전투 경험 등을 의미한다. 이러한 무형군사력은 형체는 없지만 물리적이고 가시적인 유형군사력을 운용하여 그 효과를 높이는데 필수불가결한 요소라고 하겠다.

3. 국력과 군사력[2]

군사력을 더 깊이 이해하고 논의하기 위해서는 국력의 개념과 연관시켜야 한다. 전쟁은 국가총력전의 경향을 띠는데, 한 국가를 보전하기 위해서는 국가가 보유하고 있는 모든 힘을 쏟아부어야 할 경우가 많기 때문이다.

우선 국력이란 국가가 스스로 자기보존을 해나갈 수 있는 힘으로, 이러한 힘을 유지함으로써 국가는 주권국가로서 독립성을 보전해 나갈 수 있다. 한 국가의 독립성 보전, 즉 국가보전이라는 궁극적 목표를 달성하기 위한 기반이 국력이다. 국력은 국가의 생존에 대한 대내외적 위협과 압력, 저항을 미연에 방지하고, 나아가 실질적인 위협대상에 대해서는 군사적·정치적·경제적·정신적 수단을 사용하여 자국의 의지를 관철하는 국가능력이다.

국력이란 군사력뿐만 아니라 정치력, 경제력, 정신력의 여러 요소가 유기적으로 결합하고 상호 보완하여 기능할 때, 비로소 국가안보정책의 수행능력으로 작용할 수 있다. 즉 국가이익을 수호하는 데 어떤 수단이 적합한가를 먼저 선택하게 되며, 타수단은 선택된 수단을 지원하는 관계에 있어야 한다. 따라서 전쟁 발발 시에 타수단이 군사력을 지원할 수 있어야 한다. 오늘날에는 전쟁이 국가총력전의 형태, 즉 전쟁목적 달성을 위해 국가의 물질적·정신적 생존력과 활동력을 모두 동원하여 전쟁을 수행하는 형태로 변화했다. 현대의 총력전은 전 국력을 통합·발휘하여 싸우는 전쟁이다.

한국의 합동참모본부 합동기본교리에서도 국가총력방위를 "가용한 모든 역량을 총동원하여 국가를 방위하는 것으로, 정치외교·경제·과학기술·사회문화·군사 분야의 교유역량과 활동을 유기적이고 상호 보완적으로 조직하여 국내외로부터 위협과 무력침략에 종합적으로 대응함으로써 총력전쟁을 수행하는 것"이라고 말하고 있다.[3] 따라서 현대 전쟁에서의 주수단인 군사력은 그 국가의 국력이라고 해도 과언이 아니다. 줄리언 라이더는 군사력을 "전쟁의 목적 달성을 위하여 국가가 보유하거나 동원할 수

2 장문석, "군사력의 요소와 분석", 『안전보장이론』(서울: 국방대학교, 2002), pp.316-317의 내용을 재정리함.

3 박계호, 『총력전의 이론과 실제』(성남: 북코리아, 2012), p.54.

있는 모든 유형적·무형적 자산과 잠재적 역량의 총집결"이라고 정의한다. 따라서 전쟁의 수단은 순수한 군사력만이 아니며, 국가의 가지고 있는 국력의 일환임을 알 수 있다. 군사력의 원천은 국력인 것이다.

II. 군사력의 역할과 기능

1. 군사력의 효과 메커니즘[4]

군사력의 강약과 우열에 따라 한 국가가 군사력으로 타국에 영향을 미치는 데에는 세 가지 메커니즘이 있다. 첫 번째 메커니즘은 '전쟁', 즉 조직적인 폭력에 호소하는 방법이다. 두 번째 메커니즘은 전쟁을 포함한 군사행동을 하겠다는 '위협threat'이다. 세 번째 메커니즘은 심각한 분쟁이 발생할 경우 군대를 사용하게 될지도 모른다고 '예상anticipation'함으로써 성립한다.

먼저 '전쟁'에 의한 효과를 살펴보자. 가령, A국의 군사력 수단이 B국의 행태에 영향을 미치는 메커니즘에 의존한다면, 분쟁을 계속할 것인가, 아니면 분쟁의 어느 단계에서 적대관계를 종식할 것인가. 이때 A국에 필요한 군사력의 규모를 결정하려면 다음과 같은 사항을 고려할 수 있다. 첫째로 승리할 것인가, 정돈상태에 빠질 것인가, 패배할 것인가에 대한 군사적전망, 둘째로 전쟁목적 또는 취득목적, 셋째는 무력행사의 계속에 의하여입히거나 받는 각종 대가 등을 고려할 것이다.

두 번째 메커니즘은 '위협'으로, 한 국가가 군사력으로 위협을 행사하여타국의 행태에 영향을 줄 수 있다. 가령 A국과 B국 간 상호 위협에 의한

---

4 장문석, "군사력의 요소와 분석", pp.319-321의 내용을 재정리함.

격렬한 대립을 가정할 때, A국이 B국에 행사하는 군사력의 효과는 다음과 같은 것에 의하여 좌우된다. 즉, B국 정부의 현안(위협)에 대한 이해득실의 평가, 굴복하지 않을 경우에 A국이 계속 위협을 행사할 가능성, A국 및 B국 정부의 협상기술 등이다.

세 번째의 메커니즘인 '예상'에 기인한 군사력의 효과는 군사위협의 행사보다 광범위하다. 강국의 군사력은 계획적으로 기도하지 않고서도 타국의 행태에 효과적으로 영향을 미친다. 이때 군사력이 우월한 국가의 힘은 장차 어떻게 발휘될 것인가를 예상할 수 있다. 한 국가의 군대 규모나 무기 같은 실제적 군사력, 위기나 전쟁에 처한 국가가 추가적인 군사능력으로 전환할 수 있는 자원 같은 군사 잠재력, 한 국가가 과거의 유사한 상황에 폭력으로 대처하는 것과 같은 군사적 평판 등이 작용하여 어떠한 효과를 발휘하게 된다.

2. 군사력의 대내적 역할[5]

(1) 정권 찬탈 및 정권의 전위대 역할

군대는 국가의 상징이기도 하다. 국가가 있어야 군대도 존재할 수 있고, 또 군대가 있어야 국가가 존재할 수 있기 때문이다. 군사력 없는 국가의 생존은 생각하기 어렵다. 각 국가는 대부분 침략으로부터 국가를 방어하고 안전을 유지할 목적으로 군대를 창설하여 보유한다. 그런데 이렇게 창설된 군이 오히려 국내의 사회·정치적 질서를 해칠 우려도 있다.

제3세계, 특히 식민지배를 경험한 국가들에서는 군사쿠데타가 다반사로 발생했다. 독립과 동시에 과대성장한 군대가 독점적 폭력수단을 권력 찬탈에 이용했기 때문이다. 국민이 뽑은 지도자를 총칼로써 갈아치울 수 있는 것은 군사력 외에는 없다. 1960~1970년대에 전 세계적으로 성행했던 군부의 정권 찬탈은 탈냉전 이후에도 계속되었다. 아이티의 군부는

---

5 김열수, 『국가안보, 위협과 취약성의 딜레마』(파주: 법문사, 2010), pp.197-199.

역사상 첫 민선 대통령을 쿠데타로 축출하였으며, 파키스탄의 무샤라프 Pervaiz Musharraf 장군도 쿠데타를 통하여 정권을 찬탈했다. 2008년 12월 기니에서는 쿠데타 세력이 정권을 장악했고 2010년 2월 니제르에서도 쿠데타가 발생했다.

국내적으로 군사력이 가지는 또 하나의 부정적 역할은 군대가 정권의 전위대 역할을 한다는 것이다. 군대가 국가안보를 명목으로 시민의 자유와 권리를 탄압하는데 사용되는 것이다.

(2) 전쟁 이외의 활동

군사력은 재난 지원, 대테러 지원의 역할을 수행할 뿐만 아니라 국외의 평화활동에 참여함으로써 국가의 위상을 제고하는 역할을 수행하기도 한다. 태풍, 가뭄, 지진, 붕괴사고 등이 일어났을 때 군대는 국민이 생명과 재산을 보호하기 위해 동원된다. 또한 테러사건이 발생하거나 사스(SARS), 조류 인플루엔자 등의 전염병이 발생했을 때에도 군은 관련기관을 지원하는 역할을 수행한다.

전쟁 이외의 군사활동은 대내적 역할로만 한정되지 않는다. 대외적으로도 군은 외국의 재난·분쟁지역의 평화활동에 참여함으로써 국가의 위상을 제고한다.

3. 군사력의 대외적 역할[6]

(1) 공격

공격Attack은 적국의 군사력을 파괴하는 행위를 말한다. 이는 적극적인 군사력의 사용으로 현상 변경을 목표로 물리력을 투사하는 역할이다. 공격은 주로 국경 밖에 대하여 이루어지며, 평시에서 전시로 국면을 전환하는

---

6 앞의 책, pp.181-197의 내용을 재정리함.

역할을 한다. 현대 국제사회에서는 제1차 세계대전 이후에 국제연맹규약을 통하여 전쟁 자체를 금지하고 있다. 민주주의와 국제여론의 발달에 따라 정책결정자들이 전쟁을 정치적 수단으로 사용하기에 부담이 가중되었다. 군사력을 사용하는 경우는 자국의 생존과 국가의 사활적 이익에 침해를 받았을 때로 국한하고 있다.

(2) 방어

군사력은 적의 공격을 격퇴하고 피해를 최소화하기 위한 방어Defense적 역할을 수행한다. 이런 목적을 달성하기 위해 국가는 군사력을 적국의 군사력에 직접 지향해야 하고 공격 받기 이전에 군사력을 사용해야 한다. 군사력의 방어적 역할은 공격받은 후에 격퇴와 보복을 하는 것이고, 또한 적의 공격이 임박하거나 피할 수 없는 경우에 먼저 공격을 하기 위한 것이다.

선제공격Preemptive attack과 예방공격Preventive attack도 군사력의 방어적 역할에 해당한다고 볼 수 있다. 선제공격은 적이 자국을 공격할 계획을 가지고 있으며 그 공격이 임박했다고 확신할 때, 적국의 공세적 타격을 지연토록 하거나 또는 공격 이점을 상쇄하기 위해 실시한다. 예방공격은 현재의 군사력 균형이 자신에게 유리하나 미래에는 적에게 유리해져서 적이 자신을 공격할 것이라고 믿고, 군사력 균형이 자국에게 유리할 때 공격하는 것이 더 좋다고 판단할 때 시행한다.

두 사례 모두 먼저 공격을 당하는 것보다 먼저 공격을 하는 것이 유리할 것이라는 '최선의 방어는 공격'이라는 격언에 기초하고 있다. 선제공격은 기껏해야 몇 시간, 며칠, 몇 주의 문제이나 예방공격은 몇 달 심지어 몇 년의 문제이다. 선제공격 시에 국가는 공격시점을 거의 통제하지 못하지만 예방공격 시에는 시간을 조절하여 공격시점을 통제할 수 있다.

선제공격은 전쟁이 끝난 후, 이를 뒷받침하는 다양한 증거를 통해 자신의 선제공격행위를 정당화할 수 있다. 그러나 예방공격은 공격의 정당성을 입증하기가 힘들다. 먼 미래에 닥쳐올 가능성의 영역에 있는 위협을 사전에 제거하기 위한 것이기 때문이다. 따라서 예방공격에 대한 국제사회는 잣대는 엄격하다. 국제사회가 발전시켜 온 어떤 국제규범도 예방공격을 옹호하지 않고 있다. 2003년 미국의 이라크 공격이 선제공격이었는지 또는 예방공격이었는지에 대한 논쟁은 여전히 진행 중이다.

방어를 어디서 하는지에 따라 분류할 수도 있다. 전방방어^{Forward Defense}란 국토 밖에서 방어하는 형태이다. 미국이 수많은 해외기지를 건설한 이유 중의 하나도 적이 본토를 공격하기 이전에 본토 밖에서 이를 방어하기 위한 것이다. 구소련도 전방방어 형태를 띠었다. 서유럽이 미국의 전방방어지역에 해당하고 동유럽이 구소련의 전방방어지역에 해당했다. 전방방어 형태는 국토를 방어하기 위한 경고시간이 길어 대응을 위한 시간적 여유가 있고 본토에 대한 피해는 최소화할 수 있으나 평시 방어비용은 크다고 볼 수 있다.

본토방어^{Frontier Defense}란 국경을 맞대고 있는 대부분의 국가들이 취하는 방어형태이다. 이 형태는 경고시간이 짧아 본토 피해도 크고 방어비용도 크다.

영토방어^{Territorial Defense}란 정부군과 반정부군, 또는 정체성을 중심으로 한 집단들이 자신의 영역을 방어하기 위해 취하는 형태이다. 영토방어는 주로 게릴라전 형태를 띠고 있기 때문에 경고시간은 거의 없으며, 방어비용은 본토방어에 비해 적을 수도 있다. 그러나 장기간 내전이 지속되면 그 피해는 어떤 형태의 방어비용보다 크다고 볼 수 있다.

(3) 억제

군사력은 적이 한 국가가 원하지 않는 것을 하지 못하도록, 만약 적이 그 일을 한다면 수용할 수 없을 정도의 처벌을 가할 것이라고 위협함으로써 전쟁을 억제하는 역할을 수행한다. 억제^{Deterrence}란 전쟁을 치르지 않고 상대를 굴복시키는 개념이다. 억제는 이처럼 처벌을 가하겠다는 위협인데 처벌은 적의 군사력이 아니라 주로 적의 인구 또는 산업인프라를 지향한다. 억제의 목적은 바람직하지 않은 일이 일어나지 않도록 막는 데 있다.

억제의 방식에는 두 가지 종류가 있다. 즉, 방위적 억제Defense Deterrence 또는 거부적 억제Deterrence by Denial와 보복적 억제Deterrence by Retaliation이다. 방위적 억제 또는 거부적 억제란 침략 시 패배당할 위험성이 있음을 공격자가 인식토록 하여 침략행위를 억제하는 것을 말한다. 상대방의 공격을 무력화할 능력을 보유하고 상대방도 그 사실을 알고 있을 때 거부적 억제가 성립한다. 보복적 억제란 상대방의 공격행위에 대한 보복으로, 상대방이 귀중하게 여기는 목표를 파괴할 만한 힘을 가지고 있을 때 성립한다. 즉, 만일 공격을 받을 경우 방자의 군사력으로 공자가 보유한 고가의 자산에 대해 보복한다는 위협을 가함으로써 공자의 도발을 단념하게 하는 것을 말한다.

방위적 억제/거부적 억제와 보복적 억제의 중요한 차이점은 공자가 지불해야 할 비용의 확실성과 통제성과 관련이 있다. 공자가 거부적 억제에 직면할 경우, 비용과 이득을 계산하여 확실한 이득이 있고 상황에 대한 공자의 통제력이 높으면 도발을 할 수 있다. 공자가 보복적 억제에 직면한다면, 공자는 비용 계산이 힘들고 상황통제도 곤란해진다. 방자는 공자의 산업중심지와 인구중심지 등에 대해 보복할 수 있기 때문이다. 이 경우에 방자는 보복적 위협을 통해 강한 억제력을 발휘할 수 있다.

억제가 성공하기 위해서는 몇 가지 조건이 필요하다. 먼저 억제자는 상대방을 응징할 수 있는 능력Capability을 가지고 있어야 한다. 적의 산업인프라를 타격할 수 있는 무기체계와 운반수단을 가지고 있어야 하고 무기의 생존성과 능력발휘 보장성을 가지고 있어야 한다. 그러나 이러한 능력을 가지고 있는 국가는 지구상에 그렇게 많지 않다.

억제 성립의 두 번째 조건은 신뢰성Credibility이다. 억제자는 억제를 위해 반드시 공격할 것이라는 의지를 천명하고 또 이를 실천해야 한다. 상대방이 억제자의 능력과 의지를 믿을 수 있어야 억제가 성립하기 때문이다. 억제자가 능력은 있으나 의지가 없으면 상대방은 자신의 원하는 방향으로 정책을 추진하게 된다.

세 번째 조건은 의사소통Communication이다. 억제자는 자신의 능력과 의지를 각종 수단을 통하여 상대방에게 확실히 전달해야 한다. 미국이 일본에게 진주만을 기습하지 못하도록, 더 나아가 태평양전쟁을 일으키지 못하도록 확실하게 의사소통을 했더라면 미국-일본의 전쟁은 다른 시나리오로 전개될 수도 있었다. 그리고 미국이 이라크로 하여금 쿠웨이트를 절대로 공격해서는 안 된다는 확실한 메시지를 전달했더라면, 역시 다른 시나리오도 가능했을 것이다.

네 번째 조건은 합리성Rationality이다. 억제자가 제시한 처벌 위협의 종류와 정도에 대해 상대방이 이를 타산적으로 계산하여 합리적으로 판단할 수 있어야 한다. 상대방이 억제자의 처벌 위협을 공갈로 여기면 억제는 실패하기 때문이다. 대부분의 조건은 억제자가 주로 갖춰야 하는 조건이지만, 합리성은 피억제자가 갖춰야 할 조건이다.

마지막 조건은 억제자가 피억제자에게 제시하는 대안Option이다. 대안은 억제의 성공을 담보하기 위해 상대방에게 당근을 제시하는 것이다. 쿠바미사일 위기가 하나의 사례가 될 수 있다. 구소련이 쿠바에서 미사일을 철수하는 대신 미국은 터키에 배치되어 있던 주피터 미사일을 철수하고 쿠바를 침공하지 않겠다는 약속을 했다. 대안 제시는 피억제자의 체면을 세워주는 역할을 함으로써 억제자가 원하는 목표를 달성할 수 있다는 이점이 있지만, 상대방에게 유화정책으로 비칠 수 있으므로 주의를 기울일 필요가 있다.

억제의 유형에는 네 가지가 있다. ① 일방적 억제Unilateral Deterrence는 적대국가 간 군사력이 비대칭일 경우 성립한다. 핵무기를 가진 국가와 그렇지 못한 국가 사이에, 또는 군사력의 차이가 현저하게 날 경우에 일방적 억제가 가능하다.

② 상호억제Mutual Deterrence란 적대국가들이 합의하여 서로 억제정책을 실시하는 것을 말한다. 대표적인 것이 상호확증파괴MAD: Mutual Assured

Destruction이다. 상호확증파괴(MAD)가 성립하려면 먼저 공격을 당하더라도 상대방을 확실히 파괴할 수 있는 제2격 능력second strike capability을 보유해야 하며, 핵공격에 노출되어 있어야 한다. 따라서 양자는 핵 운반수단을 파괴할 수 있는 탄도미사일 요격체제BMD: Ballastic Missile Defense System를 가지면 안된다. 이를 위해 1972년 미국과 구소련은 탄도탄요격미사일ABM: Anti Ballistic Missile 제한에 대한 ABM 협정을 체결했다. 그러나 이 협정은 2002년 6월 미국이 일방적으로 탈퇴함으로써 효력을 상실했고, 이를 계기로 미국은 미사일 방어체계MD: Missile Defense를 강화하고 있다.

③ 확대억제Extended Deterrence란 억제자가 자신뿐만 아니라 동맹이나 우방국을 보호하기 위해 억제력을 발휘하는 것을 말한다. 2006년 북한이 핵실험을 단행한 이후 미국은 한미연례안보협의회SCM: Security Consultative Meeting를 통해 한국에 대해 확장된 억제를 제공하기로 합의했다. 한미 간에 합의된 확장된 억제의 개념 속에는 핵우산 제공과 함께 재래식무기에 의한 억제, 미사일방어도 포함된다.

④ 집단억제Collective eterrence란 가치관이 같은 여러 국가가 특정한 국가 또는 국가군에 대해 억제력을 발휘하는 것을 말한다. 국제사회가 유엔 결의안을 통해 북한이나 이라크에 대해 제재 조치를 시행하는 것이 집단억제에 속한다.

억제와 방어는 자국이나 동맹을 물리적 공격으로부터 보호한다는 차원에서 비슷하다. 공통된 목적은 타국이 자국을 손상시키는 행동을 하지 않도록 상대방을 설득하여 이를 단념시키는 것이다. 군사력의 방어적 사용은 적에게 자신의 군사력을 정복할 수 없다는 것을 확신시킴으로써 설득하는 것이다. 군사력의 억제적 사용은 적에게, 만약 바람직하지 않은 행동을 하게 되면 적의 인구와 산업시설이 심각한 손상을 입게 될 것이라고 확신시킴으로써 적을 설득하는 것이다. 방어는 적이 정복할 수 없는 자국의 군사력을 보여 줌으로써 적을 단념시키는 것이고, 억제는 보복적 유린의 확실성을 보여줌으로써 적을 단념시키는 것이다.

(4) 강압

억제가 적이 무엇을 시작하지 못하도록 하기 위한 의도된 행동이라고 한다면, 강압Coercion이란 '적으로 하여금 무엇을 하도록 하는 의도된 행동'이라고 할 수 있다. 억제에 비해 강압은 그것이 성공적인지 아닌지를 즉각 알 수 있다.

억제는 일반적으로 군사력 사용 위협만을 포함하나 강압은 군사력 사용 위협과 군사력의 실제적 사용을 모두 포함한다. 군사력을 사용하겠다고 위협했다면 정의상 억제는 실패한 것이다. 강압은 군사력의 위협과 실제적 사용을 모두 포함하기 때문에 군사적 위협을 시행했다면 이는 강압이다. 강압과 억제의 차이는 군사력의 공세적·수세적 사용과 관련이 있다. 억제적 위협의 성공은 군사력을 사용할 필요가 없는 것으로 측정한다. 강압적 행동의 성공은 적이 얼마나 가깝게 그리고 신속히 내가 원하는 방향으로 움직이는가에 의해 측정한다.

강압은 군사력의 사용 위협은 물론 실제 군사력 사용을 모두 포함하기 때문에 억제에 비해 그 조건이 더 까다롭다. 따라서 강압의 조건은 억제의 조건인 3C+R+O(응징능력Capability, 신뢰성Credibility, 의사소통Communication, 합리성Rationality, 대안Option)는 물론이고 긴박감 조성도 포함해야 한다. 긴박감 조성 방법은 최후통첩, 세부적인 행동 요구내용 전달, 순응기간 명시 또는 피강압자의 대답 기간 제시, 비순응에 대한 처벌의 내용과 수준 제시, 신뢰성 증대를 위한 군사력의 본보기적 사용이나 한정된 사용 등이다.

강압은 3단계로 이루어진다. 첫 번째 단계는 만약 피강압국이 행동을 바꾸지 않으면 군사력을 사용하겠다는 위협을 발하는 외교적 단계이다. 두 번째 단계는 군사력의 과시적 사용demonstrative use으로 실제 군사력을 본보기용으로 사용하는 단계이다. 자국의 이익을 보호하고 필요 시 더 많은 군사력을 사용할 것이라는 결의를 과시하기에 충분할 정도로 군사력을 사용한다. 세 번째 단계는 군사력의 전면적 사용 또는 전쟁이다.

첫 번째 단계에서는 주로 세 가지 방법을 사용한다. 먼저 최후통첩

ultimatum이다. 최후통첩 시 통상 순응시간은 명시하지 않는데, 그 이유는 만약 순응시간을 명시하면 강압국도 그 시간 이후에 어떤 행동을 해야 한다는 부담감이 있기 때문이다. 또한 시도 후 관망try and see 방법도 사용된다. 강압자의 요구만 제시하되 순응시간 명시나 실제적인 군사력 사용은 하지 않는다. 점진적 목조르기screwdriver 방법도 사용한다. 상대방이 행동을 바꿀 때까지 점진적, 단계적으로 위협을 증가시켜 나가는 방법이다.

제1차 걸프전 시, 미국은 유엔 안전보장이사회 결의를 통해 이라크에게 쿠웨이트에서 즉각 철수할 것을 요구했다. 이것이 최후통첩에 해당한다. 그 이후 미국은 이라크에 대한 제재를 점점 더 강화하고 해상 봉쇄를 단행한 후에 이라크를 공격했다. 이것은 점진적 목조르기에 해당한다.

강압은 억제보다 더 어렵다. 이것은 본질적으로 상대방이 하던 행동을 바꾸도록 하는 것이기 때문이다. 강압적 행위는 강압자의 가시적 시도에 반응하여 상대방이 가시적인 방법으로 행동을 바꿀 것을 요구한다. 억제적 위협은 이보다 더 쉬운데, 행동을 명확히 바꾸는 것보다 아무것도 하지 않는 편이 체면 손상이 덜하기 때문이다. 강압은 억제에 비해 본질적으로 달성하기가 더 어려운데, 강압당하고 있는 국가가 치욕을 감수해야 하기 때문이다.

강압은 억제에 비해 피강압국의 열정과 더 직접적으로 관련이 있는데, 그 이유는 강압 속에 고통과 창피가 있기 때문이다. 피강압국의 열정은 위험하고 부메랑효과를 가져오기도 한다. 즉, 피강압국은 강압국에 대해 국내여론을 동원하고, 또 피강압국 정부는 강압받기 이전보다 더 국민들로부터 지지를 받게 되는 결과를 가져오게 된다. 이로 인해 피강압국은 강압국의 강압을 무시하는 역설적 결과를 가져올 수 있다. 강대국이 특정 국가에 대해 강압을 하게 되면 피강압국의 지도자는 국민들로부터 더 인기를 얻는 현상이 발생한다. 이라크의 사담 후세인Saddam Hussein 대통령, 세르비아의 밀로셰비치Slobodan Milošević 대통령, 베네수엘라의 우고 차베스Hugo Chavez 대통령이 그러했다.

(5) 과시

군사력의 또 다른 역할은 과시^{Swaggering}이다. 과시는 타국이 공격하지 못하도록 하거나 타국에 대해 보복적 공격을 하기 위한 것이 아니며, 타국의 행동을 강제적으로 변화시키기 위한 것도 아니다. 과시의 목표는 더 애매하다. 과시는 통상 한두 가지 방법으로 표현되는데, 군사 연습과 국가적 과시(퍼레이드), 그 시기 가장 품위 있는 무기의 구입 등이다. 군사력의 과시는 국민들의 국가적 프라이드를 향상시키거나 또는 통치자의 개인적 야망을 만족시키는 데 그 목적이 있다.

국가와 정치가는 과시가 통하면 국제사회에서 자국의 위상이 높아진다고 생각한다. 만약 이미지가 향상한다면, 방어, 억제, 강압도 어느 정도 향상할 것이다. 과시는 저비용으로 위상을 제고할 수 있기 때문에, 그리고 국가와 정치가가 위상과 존경을 근본적으로 갈망하기 때문에 추구한다고 볼 수 있다. 그러나 과시는 신중한 정책의 결과로 전개되기보다는 제3세계에서 보듯이 그 자체의 재미로 끝날 수도 있다.

4. 군사력의 유용성에 대한 비판[7]

군사력이란 국가가 이익을 추구함에 있어서 필요한 하나의 수단으로 유용하고 적절한 목적에 사용되고 있다. 또한 국방정책이나 외교정책에 직접적으로 관계되지 않는 목적을 위해서도 사용할 수 있다는 점이 인정되고 있다. 세계적으로 군사력은 규모 면에서 보면 과거 대군^{大軍}주의에서 벗어나는 모습이다. 대군주의는 제2차 세계대전 시에 절정을 이루다가, 냉전 이후에는 국제협력과 화해의 분위기 속에서 뚜렷한 감소세를 보이고 있다. 특히 미국을 비롯한 나토(NATO) 회원국, 러시아, 중국 등에서 큰 폭으로 인력이 줄어들고 있다. 이는 세계대전의 위험성이 거의 감소하자 전면전에 대비하기 위한 대규모의 군사력보다는 제한전을 수행할 수 있

---

7 장문석, "군사력의 요소와 분석", pp.323-325의 내용을 재정리함.

는 소규모의 정예 상비군에 의존하려는 구상에 의한 것이다. 현대에는 국가가 필요로 하는 최소한의 군사력만 보유하고 있다고 하지만, 그 유용성을 비판하는 논리도 존재한다.

첫째, 군대의 유지는 믿을 수 없을 정도로 많은 비용이 드는 일이기에 군사력의 건설 및 유지는 선거민에게 인기가 없기 마련이이다. 현대의 복지지향 사회에서는 군사력의 건설을 자원의 잘못된 배분으로 보는 경향이 있다. 국방에 돈을 너무 많이 쓰는 정부는 다음 선거에서 패할 위험성을 안고 있는 것이다. 그래서 권력의 획득과 유지를 지상목표로 추구하는 정치가는 군비를 감소하라는 압력에 예민할 수밖에 없다.

둘째, 민주주의 사회 내에 대규모의 군대가 존재한다는 사실에 불안을 느낄 수 있다. 군사력이 외침과 전복으로부터 민주주의 국가를 보호하기 위하여 필요하다는 점은 널리 알려져 있다. 그런데 이러한 군사력이 소수의 수중에 존재한다는 것은 민주주의적 체제에 근본적인 위협을 제기한다. 군부가 정치적 중립을 지킨 지 오랜 전통을 갖고 있으며, 군사통치의 위협이 거의 현실화되지 않고 있는 영국에서는 대체로 군사력이 불안요소로 작용하지 않고 있다. 그러나 전후 몇 년간 미국 같은 나라도 대규모의 군사제도와 자유민주주의 원칙 간에 높은 긴장감을 경험했다.

'군산복합체military-industrial complex'는 이 문제의 아주 현실적인 단면이다. 일단 대기업과 군부가 밀착하게 되면 거대하고 놀랄 만한 압력단체가 새로이 나타나고, 이 군산복합체는 너무나 강력한 나머지 미국 생활의 대부분의 영역을 지배하고 민주적 문민통제를 어렵게 만들 수 있다.

셋째로 현대무기, 특히 핵무기가 인간생활에 너무나 심대한 파괴를 안기기 때문에 정책의 유용한 수단이 될 수 없다는 논리이다. 이러한 주장에는 오류가 있다. 특히 군사력이란 물리적으로 사용할 때에만 효과가 있다는 전제는 현대의 군사력이 사용되지 않을 때에도 유용하다는 사실을 무시하고 있다. 예를 들면, 초강대국의 대량살상무기는 사용하지 못하도록 하는 수준으로 보유해왔다. 핵억제전략이 좋은 예이다. 즉 동서관계를 유지하고 상호 협상을 추구하던 것은 공격을 억제하기에 충분한 핵무기를 보유함으로써 가능했다. 오늘날 군사력의 전략적 이용은 전쟁을 방지함으로써 평화와 안정을 증진하려는 의도에서 준비된다. 같은 논리로 재래식 무기의 경우도 마찬가지이다. 군사력의 균형을 통해서 전쟁을 억제하고 국가의 안전보장을 유지하는 예는 보편화되어 있다. 이스라엘은 군사력의 우위 달성으로 아랍 여러 나라의 군사적 위협으로부터 민족의 생존을 지켜나가고 있다.

III. 군사력의 건설 및 유지

1. 군사력 건설·유지와 국방비[8]

군사력 건설과 유지의 근본적인 이유는 전쟁 준비이다. 전쟁 준비의 목적은 적이 우리의 능력을 두려워하여 감히 침략하지 못하도록 하거나, 적이 침략할 경우에는 이를 격퇴하여 국가의 생존을 보장할 수 있도록 전쟁수행능력을 갖추는 것이다. 한 국가의 능력은 비단 군사적 능력만이 아니라 경제력, 외교력, 정보력을 모두 포함하는 총체적인 능력을 의미한다. 이중에 군사력을 중심으로 다른 국력요소가 통합되어 전쟁수행능력을 확대하는 요소로 작용하게 된다. 따라서 한 국가의 군사력 건설과 유지는 유사시를 대비한 전쟁수행능력을 확보하는 것으로 매우 중요하다. 어느 정도수준의 군사력을 건설하고 유지하느냐 하는 것은 국가의 전략적 과제로서 국가 차원의 정책과 전략을 통해 그 방향을 설정하고 추진한다.

국방비는 국가 예산의 일부로 군사력 건설과 유지에 사용되는 비용이다. 한 국가의 국방비 규모를 보면 그 국가의 군사력 규모를 가늠해 볼 수

---

8 송영필, 『군사학 입문』(대전: 충남대학교 출판문화원, 2013), pp.142-146의 내용을 재정리함.

있다. 적의 위협의 강하고 급박할 때는 군사력 건설에 많은 재원을 투입해야 할 것이고, 적의 위협의 약하고 다소 여유가 있을 경우는 적은 재원을 투입할 것이다. 또한 국가 재원이 충분할 경우에는 충분한 군사력을 건설할 것이고, 그렇지 못할 경우에는 적은 재원으로 최소의 군사력을 건설하되 연합방위체제 등으로 이를 보완해야 할 것이다. 국방에 투자하는 비용이 클수록 군사력 건설의 속도도 빨라진다. 따라서 한 국가의 국방비 규모는 군사력 소요와 국가의 경제적 부담능력, 국민적 공감대가 어우러져 국가 정책적 결정으로 나타나게 된다. 여기서 군사력 소요는 국방비 규모를 결정하는 출발점이며, 국가의 경제력은 국방비에 얼마만큼 투자가 가능한가를 가늠하게 하고, 국민적 공감대는 국방비 할당에 정당성을 부여한다고 볼 수 있다.

여기에 타국하고의 동맹관계도 국방비 규모에 직접적인 영향을 미친다. 한 국가의 군사력은 현존전력, 동원전력, 연합전력 등으로 구분할 수 있다. 현존전력은 상비군과 같이 지금 당장 운용할 수 있는 군사력을 말하고, 동원전력은 예비군, 민방위대 등 유사시 국가총력방위 차원에서 동원령을 통해 운용할 수 있는 군사력이다. 연합전력은 주한미군이나 전시 한반도에 전개할 미 증원군 같이 군사동맹국이 지원할 수 있는 군사력이다. 따라서 동맹관계를 통해 타국으로부터 지원받을 수 있는 연합전력은 현존전력의 부족함을 일정 부분 보완할 수 있고, 이를 통해 국방비 절감 효과를 달성할 수 있다.

일반적으로 전쟁 준비 분야는 전쟁수행능력 범주에 따라 군사력 건설·유지, 총력방위체계 구축, 연합방위체계 구축 등 셋으로 구분할 수 있다. 군사력 건설·유지 분야는 현존전력에 중점을 두고 이를 강화하는 전쟁준비활동이다. 국방비의 대부분이 이 분야에 투입되며, 군사력 증강과 직결된다. 현존전력에 중점을 둔다는 것은 비단 현재 존재하는 전력의 보강만이 아니라 미래의 전쟁에 대비한 새로운 전력의 준비까지 포함한다. 예를 들어, 향후 신형 전투기를 획득하거나 신무기를 개발하기 위해 필요한 금액의 국방비를 현재 투자하고 있다면, 이 역시 군사력 건설·유지 분야에 속한다. 따라서 군사력 건설·유지는 현재 운용하고 있는 현존전력의 효율성을 극대화하는 것과 미래전장을 주도할 수 있는 미래전력을 새롭게 창출하는 것을 모두 포함한다.

총력방위체계 구축은 유사시 국가가 총력전을 수행할 수 있는 능력을 보장하는 활동이다. 국가의 제반 요소를 군사력을 중심으로 통합하여 국가의 전 역량이 전쟁수행능력으로 결집되도록 하는 것이다. 가장 대표적인 체계인 국가동원체계는 전시에 국가의 인력과 물자, 장비 등을 신속히 전쟁수단으로 전환하는 과정으로 현대전의 승패에 결정적인 영향을 미친다. 또한 평시에 전쟁을 대비한 국가 위기관리 및 전쟁수행체계를 구축하고 이를 주기적으로 가동하는 훈련도 매우 중요한 일이다.

연합방위체계 구축은 국가 상호 간의 신뢰와 군사동맹관계를 바탕으로 이루어진다. 동맹국들은 특정 위협에 대비하여 군사력을 협력적으로 운용한다. 이를 위해 군사협조체계를 마련하고, 공동의 계획을 발전시키며, 이를 바탕으로 주기적인 훈련과 연습을 실시하여 실질적인 연합전력을 만들어내는 것이 중요하다.

2. 전력기획

전쟁을 어떻게 수행할 것이냐(목적)에 따라 어떻게 전쟁을 준비할 것인가(수단)가 정해진다. 한 국가의 군사전략은 전·평시 적의 위협에 대비하여 사전에 위협을 예방 또는 억제하거나, 억제 실패 시 이를 제거하기 위한 군사력 운용개념이다. 특정 국가의 군사력 건설 및 유지의 방향은 당연히 그 국가의 군사전략을 구현할 수 있도록 집중해야 한다.

군사력 건설은 군사력 소요를 결정하고, 이를 획득하여 전력화함으로써 실현된다. 따라서 군사력 소요 결정은 군사력 건설의 첫 단계로서 매우 중요한 역할을 한다. 여러 경로를 통해 소요를 도출하고, 도출된 소요에 대한 검증과 실험 과정을 통해 군사력 소요를 결정한다. 국가의 목표와 위협, 군사전략, 가용한 국방비를 고려하여 군사력(전력)의 소요를 결정하고 개발하는 과정을 '전력기획'이라고 한다. 즉 군사전략과 조화를 이루고 군사전략을 구현할 수 있는 다양한 군사력의 유형과 규모 및 구성 비율을 결정하고, 무기장비와 조직, 전술교리, 군사훈련과 시설 등을 건설하고 개선하는 것이다.

이러한 전력기획의 접근방법은 다음과 같이 정리할 수 있다.[9]

첫째, 하향식Top-Down 접근방법은 군사전략 즉 작전수행개념을 기초로 필요한 능력을 식별하고, 이에 기초하여 작전적 문제를 해결하기 위한 소요를 도출하는 방법이다. 예를 들어 미래의 작전수행개념을 로봇에 의한 대리전쟁이라고 설정했다면, 로봇을 개발하고 운용하는 능력이 필요하고 (능력 식별), 로봇원격통제체계, 로봇탑재 무기체계, 로봇운용교리 등 다양한 소요를 도출할 수 있다.

둘째, 상향식Bottom-up 접근방법은 현재의 군사능력에 기초를 두고 소요를 도출하는 방법이다. 예를 들어 육군 전술통신체계의 부족한 데이터전송능력을 해결하기 위해 보완된 체계를 요구하거나, 육군전술지휘정보체계(ATCIS)의 사용자에 의해서 부족한 성능의 개량을 요구하는 것이 여기에 해당한다.

셋째, 시나리오 접근법은 특정 국가나 전역에서 발생할 수 있는 전쟁 상황을 예측하여 설정한 시나리오에서 요구하는 전력을 도출하는 것이다.

넷째, 위협강조 접근법은 자국에 위협이 되는 여러 환경으로부터 안보위협 상황에 중점을 두고 전력을 기획하는 것이다. 적의 위협을 분석·평가하고 우군 전력의 결함을 시정하기 위한 것으로, 과거 냉전기에 소련의 위협에 대응하기 위하여 나토의 전력기획에 많이 사용되었다.

다섯째, 임무강조 접근법은 전략 기동, 전략적 억제 같이 전쟁 수행을 위한 전시임무의 범주에 기초하여 전력을 기획하는 것이다.

---

9 조원건, 『능력기반 전력기획』(서울: 북코리아, 2007), pp.30~34.

마지막으로 최근에 미국을 중심으로 발전하고 있는 능력기반^{Capability} Based 전력기획이 있다. 국가의 군사전략을 구현하기 위하여 요구되는 군사적 능력을 구비할 수 있도록 하는 전력개발 방법이다. 즉 정보기술혁신을 강조하며 합동성을 제고하는 개념에 기초한 하향식 전력기획방식이다. 합동참모본부에서 장차 미래전 수행에 필요한 군사적 능력인 미래능력을 결정하고, 현재 가용한 군사적 능력과 미래능력을 비교하여 부족능력을 전투발전요소별로 소요를 도출하는 방법이다. 전력 운용의 효율성 향상을 위해 기획단계로부터 육·해·공·우주군에 이르는 합동성을 달성하려고 한다.

3. 국방기획관리체계와 전투발전체계[10]

군사력 건설 및 유지를 위해 무엇이 필요한가(소요)를 결정하고, 이를 획득하여 군이 사용할 수 있도록 하는(전력화) 전쟁준비활동은 평시 매우 중대한 일이며, 막대한 예산이 투입된다. 따라서 각 국가에서는 효율적이고 효과적인 전쟁 준비를 위한 시스템을 갖추고 있으며, 이를 기초로 전쟁 준비에 필요한 절차를 진행한다. 현재 한국군이 채택하고 있는 주요 체계는 국방기획관리체계와 전투발전체계로 간략히 정리할 수 있다.

국방기획관리체계는 국가차원에서 군사력 운용전략과 개념을 설정하고, 이에 기초하여 합리적으로 군사력 건설 방향과 군사력 소요를 결정하며, 결정된 소요를 획득하기 위해 국방비를 효율적으로 활용하기 위한 시스템이다. 주로 소요 결정과 국방비 집행과정에서 합동참모본부와 국방부, 각 군을 포함한 예하기관의 활동이 긴밀히 연계하여 수행한다.

전투발전체계는 각 군 및 합동참모본부에서 미래의 작전수행개념(비전)을 기초로 군사력 소요를 제기하여 국방기획관리체계에서 구현하도록 하는 시스템이다. 전투발전체계는 미래의 작전수행개념을 구현하기 위해

---

10 송영필, 『군사학 입문』, pp.150-191의 내용을 재정리함.

분야별로 소요를 도출하기 위한 시스템이다.

(1) 국방기획관리체계

국방기획관리체계는 현존 군사력의 좌표를 분석하여 새로운 국방목표를 설계하고, 설계된 국방목표를 달성하기 위한 최선의 방법(군사력을 건설·유지·운용하는 방안)을 선택하여, 가용한 국방자원을 합리적으로 배분·운영함으로써 국방의 기능을 극대화하는 업무수행체계를 말한다. 국방기획관리체계는 기획체계, 계획체계, 예산편성체계, 집행체계, 분석평가체계 등 5단계로 구성된다.

기획체계는 예상되는 위협을 분석하여 국방목표를 설정하고 국방정책과 군사전략 수립 및 군사력 소요를 제기하며, 적정 수준의 군사력을 효과적으로 건설·유지하기 위한 제반정책을 수립하는 과정이다. 계획체계는 정책을 실현하기 위한 소요 재원 및 획득 가능한 재원(예산)을 예측·판단하고 연도별·사업별로 추진계획을 구체적으로 수립하는 과정이다. 예산편성체계는 회계연도에 소요되는 재원의 사용을 국회로부터 승인받기 위한 절차로, 체계적이며 객관적인 검토·조정을 통하여 국방중기계획의 기준연도 사업과 예산 소요를 구체화하는 과정이다. 집행체계는 예산 편성 후 계획된 사업목표를 최소의 자원으로 달성하기 위한 제반조치를 시행하는 과정이다. 분석평가체계는 최초 기획단계로부터 집행단계까지 전단계에 걸쳐 각종 의사결정을 지원하기 위하여 실시하는 분석지원과정이다.

(2) 전투발전체계

전투발전이란 미래전에서 승리를 보장하기 위해 미래작전의 수행개념을 발전시키고, 요구되는 미래작전능력을 식별하여 제시하며, 이를 구비하는데 필요한 핵심적인 소요를 창출하여 국방기획관리체계에 반영하고 구현해 나가는 과정이다. 또한 전투발전은 국방기획관리체계와 연계하여 현존전력의 극대화와 미래전력 창출을 위한 다양한 소요를 종합적으로 도출한다.

전투발전체계는 비전 제시, 개념 발전, 미래 작전능력 식별, 소요 제안, 협조 및 구현 등 5단계로 이루어진다. 비전 제시 단계는 군이 지향해야 할 목표와 나아갈 방향을 정립하여 제시하는 단계이며, 개념 발전 단계는 미래전에서 '어떻게 싸울 것인가'에 대한 기본개념과 작전범주별 운용개념, 6대 전투수행기능별(정보, 화력, 기동, 지휘통제, 작전지속지원, 방호) 작전수행 개념을 세부적으로 발전시키는 단계이다. 능력 식별 단계는 발전시킨 세부개념을 기초로 요구되는 작전능력을 전투수행기능별로 도출하는 단계이다. 소요 제안 단계는 작전능력 구현에 필수적인 사항들을 제안하여 국방기획관리체계에 반영하는 단계이다. 협조 및 구현 단계는 전투발전과정을 통하여 창출된 소요가 국방기획관리체계 내에서 구현되는 과정을 지속적으로 추적 및 확인하는 단계이다.

예를 들면, 한국 육군은 미래의 비전으로 작고 강한 군대를 제시할 수 있고, 이러한 미래의 육군이 미래의 전쟁을 주도할 수 있는 작전수행 기본개념으로 '전 영역 동시통합작전'을 상정할 수 있다. 이러한 기본개념에 기초하여 평시, 국지전시, 전면전시, 평화작전시로 구분하여 작전수행 개념을 구체화하여 설정하고, 기본개념을 구현하기 위한 전투수행기능별 운용개념을 세부적으로 발전시켜야 한다. 이렇게 해서 '어떻게 싸울 것인가'에 대한 구체적인 개념 설정이 종료되면, 이제는 '어떻게 준비해야 할 것인가'로 단계가 전환된다. 즉, 전 영역에 대한 동시통합작전을 수행하기 위해서 우리가 갖추어야 할 능력을 전투수행기능별로 정리해보는 것이다. 여기서 제시된 능력을 현재 우리가 갖고 있는 능력과 비교하여 앞으로 준비해야 할 소요를 도출한다. 이러한 소요는 개념적 구분인 전투수행기능별로 도출하는 것이 아니라, 실용적인 분류 기준인 전투발전분야별로 도출한다. 살상력과 정밀도가 대폭 향상된 포병화기(K-00)를 예로 생각할 수 있다. 도출된 소요 중 하나인 K-00은 전투실험을 통해 소요로서 타당성을 검증받게 되면, 국방기획관리체계로 소요를 제기하게 된다. 국방기획관리체계에서는 비용과 우선순위 등을 고려하여 제기된 소요를 검토하여 합동군사전력기획서 또는 국방중기계획서에 반영하여 전력화를 추진하게 되고, 목표연도에는 K-00이 야전에 초도 배치되어 운용할 수 있게 된다.

이러한 전투발전체계는 앞서 언급하였듯이 국방기획관리체계를 통해야만 완성된 절차를 갖는다. 국방기획관리체계는 국방비라는 국가의 재원을 가장 효율적으로 사용하기 위해 만든, 합리적 절차를 규정한 제도이다. 따라서 전투발전체계를 통해 미래전쟁에 필요한 소요를 식별하고 이를 실용·전력화하기 위해서는 반드시 국방비를 다루는 국방기획관리체계로 연결되는 과정이 필요하다. 비전과 개념 설정으로부터 실용·전력화까지 전투발전체계는 각 군과 합동참모본부에서 이루어진다. 각 군과 합동참모본부에서는 전투발전체계를 통해 전투발전소요를 도출하고, 이에 대한 전투실험을 통해 검증한 후 국방부 및 합동참모본부에 소요를 제안하게 된다. 제안된 소요는 국방기획관리체계의 소요 제기 및 결정 과정을 거쳐, 중·장기 소요는 합동군사전력목표기획서에 반영하여 이루어진다. 단기 소요도 국방기획관리체계의 국방중기계획서 또는 국방예산서에 반영되고, 집행과정을 거쳐 추진된다. 따라서 전투발전체계는 소요 제안 단계에서 국방기획관리체계의 기획 또는 계획, 예산 단계로 합류된 후 집행 단계까지는 같은 흐름으로 진행된다.

교리, 구조 및 편성, 무기·장비·물자, 교육훈련, 인적자원, 시설, 간부계발 등 7개 전투발전분야는 미래전 대비차원에서 발전시켜야 할 핵심분야이다. 이들 7개 분야는 서로 긴밀하게 연관되어 있으며 균형 있게 발전해야 한다. 각 분야별 내용을 간략히 살펴보면 다음과 같다.

① 교리: 권위 있는 기관에 의해 공식적으로 승인된 군사력 운용에 관한 기본원리이다. 또한 교리는 현존전투력을 운용하여 현재에서 가까운 미래까지 싸우는 방법을 체계화하여 준칙을 제시한다. 교리는 군대의 구

성원들에게 행동기준과 노력방향, 군사력 운용의 원리·원칙을 제시한다. 그러나 교리는 일반적인 지침이므로 특정한 상황 및 시간과 장소에 따라 신중한 판단과 해석, 융통성 있는 적용이 필요하다.

② 구조 및 편성: 조직이 수행해야 할 임무 및 기능을 분석하여 조직체를 분류하고, 각 조직체의 수직적·수평적 관계를 설정한 다음, 요구되는 인원과 무기, 장비를 편성하여 유기적인 조직체를 결성하는 과정이다.

군의 구조는 국방 및 군사임무 수행에 관련되는 군사력의 조직과 구성 관계로, 크게 상부구조와 하부구조로 구분할 수 있다. 상부구조는 군사정책과 전략을 결정하고 집행하는 군의 최상위 조직을 말한다. 한국의 경우에는 국방부, 합동참모본부, 각 군 본부에 해당한다. 반면에 하부구조는 상부구조 이하의 군 조직으로서 지휘·통제부대(예: 야전군사령부), 전투부대(예: 보병연대), 전투지원부대(예: 포병대대) 등이 있다.

군의 편성이란 공동의 목표를 달성하기 위해 필요한 인적·물적자원을 유기적으로 결합하고 조화시켜 부대 또는 기관을 조직하는 것을 말한다. 군 임무의 특수성을 고려할 때 전시 임무를 기준으로 편성(전시편성)하되, 평시 군의 인력 규모와 부대 및 기관의 수행업무를 고려하여 편성을 축소(평시편성)할 수 있다.

③ 무기·장비·물자: 유형군사력의 핵심적인 요소로, 군사활동을 지원, 유지, 운용하기 위한 모든 요소를 말한다. 부대는 편성에 따라 무기와 장비 및 물자를 할당받아 운용한다.

무기란 적에게 피해를 주기 위해 전쟁에서 사용하는 전투 용구의 총칭이며, 지휘·통제·통신, 감시·정찰, 기동, 함정, 항공, 화력, 방호, 기타 등 여덟 가지 무기체계로 분류하기도 한다. 여기에서 무기체계란 무기의 확장된 개념으로서 하나의 무기가 부여된 임무를 달성하기 위하여 필요한 인원, 시설, 소프트웨어, 종합군수지원요소, 전략·전술 및 훈련 등으로 성립된 전체 체계를 의미한다.

장비는 개인 또는 부대를 장비하고 운용하는데 필요한 완제품으로, 통상 화력, 기동, 특수무기, 통신·전자, 항공·함정, 일반장비 등 6개 분야로 구분한다. 예를 들어 화력분야는 감시장비, 측량/측지기구, 사격기재 등이고, 기동분야는 기동장비와 이를 유지·정비하기 위한 수리부속, 차량장비를 의미한다. 이러한 장비들은 앞서 언급한 여덟 가지 무기체계와 중복될 수 있다.

물자는 군사활동에 필요한 제반 물품 중 무기와 장비를 제외한 것을 말하며, 통상 탄약, 식량, 피복, 유류, 건축 및 축성재료, 개인장구 및 직물류, 사무용 비품, 개인 일용품, 전산물품, 공구류, 포장재료 등을 의미한다.

④ 교육훈련: 교육훈련은 전투력 구성요소들이 그 능력을 제대로 발휘할 수 있도록 보장해주고, 미래에 요구되는 전투력을 창출한다. 이를 통하여 전투력의 상승효과를 발휘하도록 하여, 궁극적으로 전쟁에서 승리하는 부대를 육성하는데 그 목적이 있다. 따라서 실전적이고 강도 높은 교육훈련은 전쟁의 승리를 보장하는 가장 직접적이고 실질적인 노력이다.

교육훈련은 교육과 훈련, 연습을 포함하는 포괄적 개념이다. 교육은 지혜와 판단력을 함양하기 위해 개인의 지적능력을 개발하는 학습활동이다. 훈련은 개인이나 부대가 전·평시 부여된 임무를 효과적으로 수행할 수 있도록 군사지식과 전투기술을 행동으로 숙달하는 것이다. 연습Exercise은 전시 작전수행절차를 숙달하기 위해 실시하는 활동을 말한다. 을지-프리덤가디언UFG; Ulch Freedom Guardian 연습, 키리졸브Key Resolve 연습 등이 이에 해당한다.

⑤ 인적자원 : 인적자원 분야는 전쟁 준비와 장차전 양상을 고려 시 기술집약형 군대의 운영과 관리를 위해, 미래 첨단 정보·과학군 운용에 적합한 인력·인사관리제도를 발전시키면서, 사기 및 복지를 증진하고, 예비인력도 정예화할 수 있도록 해야 한다.

⑥ 시설: 국방·군사시설의 약어로 군사작전, 전투준비, 교육훈련, 병영생활, 연구, 시험, 저장, 주거·복지, 체육 등의 관련시설을 말한다. 좁은 의미로는 진지, 장애물, 훈련장 및 병영시설 등을 말한다.

⑦ 간부계발: 간부계발은 군 조직의 핵심인 간부로 하여금 지식계발, 기술계발, 행동계발을 통해 현재 및 미래의 전장에서 적과 싸워 이길 수 있는 유능하고 자신감 있는 능력을 계발해 나가도록 하는 것이다. 간부계발의 중점은 군사 및 비군사적 위협에 동시 대비할 수 있는 상황판단과 창의적 해결 능력을 배양하고, 첨단 군사과학기술 및 무기체계에 대한 전문지식과 운용능력, 전투수행능력을 구비하는 것이다. 또한 이를 통해 리더십, 국가관, 직업윤리의식, 강인한 정신력과 체력을 배양한다.

IV. 군사력의 운용[11]

한 국가가 전쟁에서 승리하기 위해서는 군사력을 운용하는 체계적인 기술이 요구된다. 국가는 전쟁을 승리로 이끌기 위해 군사력을 조직하고 운용하는 기술을 갖고 있는데, 우리는 이것을 일컬어 '용병술用兵術, Military Art'이라고 부른다. 군사(兵)를 운용하는(用) 술(術)이라는 뜻이다. 국어사전에서는 "전투에서 군사를 쓰거나 부리는 기술"이라고 정의하고 있다. 이러한 용병술은 전쟁에서 적용하는 수준과 역할에 따라 전략, 작전술, 전술로 구분해서 사용하고 있다. 여기에서는 용병술의 원론적인 측면만 알아본다.

1. 용병술 체계의 성립과정

용병술은 인간이 처음 전쟁을 수행하면서부터 등장했다고 볼 수 있다. 고대의 전쟁은 생존을 위한 소규모 부족 단위의 싸움이었고, 이는 곧 부족의 존망과 직결되었으므로 싸움 그 자체가 전략적 행위였다. 부족의 왕은 전쟁을 준비하고 계획함과 동시에 전투를 지휘하는 현장사령관이었기 때문

---

11 송영필, 『군사학 입문』, pp.198~209의 내용을 재정리함.

에 이 시기에는 전략과 전술이 구분되지 않았으며, 전쟁에 승리하기 위한 방법으로서 기술만이 존재했다.

중세시대로 접어들면서 싸우는 방법도 바뀌었다. 서로 성을 빼앗는 방식의 공성전과 갑옷을 입고 긴 창을 말을 탄 기사가 등장하여 전쟁을 수행하게 된 것이다. 또한 시간이 지나면서 무기가 발전하고, 새로운 싸움방법을 연구하게 되면서 전쟁 수행방식은 점진적으로 발전하고 조직화되어 갔다. 15세기에는 돈으로 고용된 용병이 주축이 되어 전투를 수행했다. 이 시기부터 군주는 전쟁을 기획하고 용병은 전장에서 전투를 수행하게 됨으로써 전쟁을 기획하고 준비하는 전략의 영역과 전장에서 싸우는 전술의 영역이 구분되기 시작했다.

나폴레옹시대(1769~1821)에 들어서면서 전쟁 양상도 큰 변화를 겪게 된다. 즉 프랑스대혁명을 통해 국가의 주체가 군주에서 시민으로 바뀌는 국민국가가 탄생하여 시민 중심의 대규모 국민군이 등장하게 되었다. 또한 산업혁명으로 인한 증기기관의 등장과 철도 같은 이동수단의 발달로 전장이 광범위해졌다. 따라서 전략은 평시부터 전쟁에 대비하는 개념으로 확장되었다. 또한 대규모 국민군대를 효율적으로 운용하기 위한 사단과 군단이 편제되고, 전장의 광역화로 인하여 일회성 전투가 아니라 여러 전투를 연속적·동시적으로 계획해야 했으므로 작전술 영역이 등장하게 되었다. 이러한 시대변화를 인식하고 변화된 용병술을 잘 적용하여 많은 전쟁을 승리로 이끈 장본인이 바로 나폴레옹이다. 이때부터 전략은 정치적인 목적을 달성하고자 전시뿐만 아니라 평시부터 전쟁에 대비하여 노력하는 것, 작전술은 전략목표를 달성하기 위해 작전을 계획하고 군대를 이동 및 배치하는 것, 전술은 적의 의지를 파괴하는 직접적인 전투행위로 구분하게 된다. 그러나 이 당시에도 작전술이라는 개념과 용어 자체는 없었고, 나폴레옹 자신도 작전술의 영역을 발견하지는 못했기 때문에 작전술이라는 개념과 용어는 후세에서 이론화되었다.

19세기~20세기 초 작전술 발전의 선구자는 독일(프로이센)의 몰트케였다. 작전술의 역사에서 몰트케가 중요한 인물로 인식되는 것은 그가 전형적인 작전적 수준의 지휘관으로서 전쟁을 수행했기 때문이다. 특히 몰트케는 '작전적'이라는 말을 처음으로 사용하였고 작전술의 영역을 인식하고 있었을 뿐 아니라 이를 수행하고자 노력했다. 하지만 몰트케도 나폴레옹과 마찬가지로 자신의 작전적 사고를 이론화하지는 못했으며, 그 개념도 적과 접촉하기 이전에 군대의 이동 및 배치의 수준에 머물렀다.

제1·2차 세계대전에 이르러서 군대는 대규모 상비군으로 변화하고 전차, 항공기 등 새로운 무기체계가 등장함과 동시에, 육·해·공군이 명확하게 구분되어 합동작전을 수행하도록 군 구조가 발전했다. 또한 광역화된 전장에서 여러 나라의 군대를 통합하여 연합작전을 수행하는 것이 보편화되었다. 군대의 대규모화와 과학기술의 발전에 따른 무기와 장비, 편성의 변화로 국가와 국가 간 전쟁이 한 지역에서 한 번의 전투로 결정되는 것이 아니라, 여러 번의 전투가 연속해서 수행되는 대규모의 전투를 필요로 하게 되었다. 따라서 여러 지역에서 발생하는 다수의 대규모 전투를 조직하고 통제할 수 있는 어떤 영역이 절실했고, 바로 이것이 지금의 작전술을 낳았다.

따라서 전쟁을 효율적으로 수행하기 위한 현재의 용병술 체계에는 군사전략과 전술 사이에 작전술 영역이 추가되었다. 즉 군사작전 수준에 따라 전쟁을 준비하고 계획하는 군사전략의 영역, 군사작전을 계획하고 수행하는 작전술의 영역, 전투를 수행하는 전술의 영역으로 정립된 것이다.

2. 용병술 체계의 상호관계

군사전략은 전쟁에 대비하는 최상위 용병술로서, 전략제대(국방부, 합동참모본부)는 이를 적용해서 전쟁의 목표를 달성하기 위해 전쟁을 기획하고, 이를 기초로 전략지침을 작성해서 작전술제대(연합사, 각 작전사령부)에 하달하는 역할을 한다. 전략제대에서 작성하는 전략지침에는 군사전략목표, 군사전략개념(싸우는 방법), 군사자원(군사력) 등이 포함되며, 이러한 전략지침을 작성할 때에는 군사적인 관점뿐만 아니라 국가의 여러 기능요소인 정치, 경제, 사회 및 문화, 과학기술 등을 고려해서 작성해야 한다. 이를 통해 전략제대는 예하 작전술제대에 전쟁목표와 싸워서 승리할 수 있는 방법을 제시하고 동시에 군사력을 할당한다. 이와 같이 전략제대는 군사전략을 적용해서 전쟁지도본부(대통령과 국방부장관을 포함한 주요 정부 주요 각료)의 전쟁지도지침을 구현하고 예하 작전술제대가 전쟁을 수행할 수 있는 여건을 보장해주는 역할을 수행한다.

작전술제대는 군사전략목표를 달성하기 위해 작전술을 적용해서 전역과 주요 작전계획을 수립하고 시행함으로써 전략제대에서 제시한 전략지침을 군사작전으로 전환하는 역할을 수행한다. 또한 군사전략목표를 달성하기 위해 전략제대에서 할당한 군사력을 사용하여 여러 전투를 시간·공간·목적 측면에서 조직하고 운용한다.

전술은 작전술제대에서 제시한 작전적 목표를 달성하기 위해 전투력을 조직하고 운용하는 것을 말한다. 전술제대(통상 군단급 이하 부대)는 작전계획을 수립하는 측면보다는 작전술 제대에서 수립한 작전계획에 따라 적과 직접 전투를 수행하는 것에 중점을 둔다. 일부 전술제대에서도 작전계획을 수립하나, 이러한 계획은 작전적 목표와 상급제대 지휘관의 의도 안에서 수립하고 시행해야 한다. 그럼으로써 궁극적으로 전술적 성과가 작전적·전술적 승리로 이어져 전쟁에 승리할 수 있는 것이다. 여기에 바로 용병술 체계의 중요성이 있다. 〈표 12-1〉은 용병술 체계를 일목요연하게 정리한 것이다.

그렇다면 각각의 용병술은 어떠한 차이점이 있을까? 이에 대해 목적, 수단, 시간과 공간, 기능 측면에서 알아보도록 하자. 목적 측면에서 군사전략은 가능한 모든 방법을 동원하여 전쟁을 억제하거나, 억제에 실패하여 전쟁이 발발했을 때 가능한 한 피를 흘리지 않고 승리를 꾀하려는 고차원적인 전쟁기술이다. 작전술은 전쟁 또는 전투에서 주도권을 장악하거나, 적의 의지를 마비시켜 전투를 최소화함으로써 아군에게 유리한 방

용병술 수준	담당 분야	주요 과업	주요 행위자
군사전략	전쟁	·전쟁 억제 ·전쟁 대비 및 수행 ·전쟁지도의 실무 작업 ·작전적 승리를 위한 여건 조성	대통령 국방부, 합참
작전술	합동작전 연합작전	·군사작전 수행 ·제반 군사력의 효과적인 통합 ·전술적 승리를 위한 여건 조성	작전사령부 연합사, 야전군
전술	전투	·전투의 승리 ·제반 전투력의 효과적인 통합	군단, 사단 이하

황진환 외 공저, 『군사학개론』(서울: 양서각, 2011), p.325의 내용을 수정하여 재정리함.

향으로 이끌어 가는데 목표를 둔다. 반면, 전술은 적 전투력의 격멸이라는 유혈수단을 통해 승리를 꾀하는 직접적인 전투기술이라고 할 수 있다.

수단 측면에서 군사전략은 전쟁의 목적을 달성하는데 가장 직접적인 수단인 군사력을 건설하고 운용하는 것이다. 작전술은 전쟁의 직접적 행동인 전투에 가장 유리한 여건을 조성하기 위하여 접적 이전에는 경계와 기동 및 배비를, 접적 이후에는 전투라는 수단을 사용한다. 반면 전술은 접적 이후의 행동지침이기 때문에 사격과 기동이라는 단순한 전투수단에 의해 목표를 달성하는 것이다.

시간과 공간적인 측면에서 군사전략은 광범위한 지역에서 장기적인 안목으로 군사력의 조성과 배비를 다루고, 작전술은 전투가 벌어지고 있는 전장에서 군대를 가장 유리하게 운용할 수 있도록 적과 접촉하기 이전부터 전장까지의 기동을 의미하며, 전술은 전장이라는 좁은 지역에서 단기적으로 전투력을 사용하는 전투수행 방법으로서 적과 접촉한 이후의 군사행동기술이다.

기능적인 측면에서 전술이 부분적인 전투수행기술인데 반하여 작전술은 여러 전투를 수행하기 위한 작전을 계획하고 조합하는 것이며, 군사전략은 전쟁의 전체적인 계획과 실천이다. 따라서 군사전략상의 승리에 의해 작전 및 전술적 실패를 만회할 수 있는데, 그에 반해 전술적 승리의 누적에 의해 작전 및 전략상의 패배를 만회할 수는 없다.

그러나 이러한 개념상의 차이에도 불구하고 실제로 여러 용병술 체계를 명확하게 구별하는 것은 어려운 실정이다. 군사전략, 작전술, 전술은 적용 수준에 약간의 차이점만 있을 뿐 모두 연계되어 있으며 상호 보완적이다.

V. 군사력의 평가

1. 군사력 평가의 어려움과 목적

군사력을 객관적으로 평가한다는 것은 대단히 어려운 작업으로 알려져 있다. 그 이유를 살펴보면 첫째, 군사력을 구성하고 있는 요소들이 대단히 복잡하고 다양하기 때문이다. 모든 요소를 망라하여 평가하기란 매우 어렵다. 또한 군사력을 현존 실제 군사력, 또는 국가가 동원 가능한 미래 군사능력 등 어떤 수준에서 평가하는 것이 합리적인 것인지도 알기 어렵다. 둘째, 군사력 분석을 위한 자료 수집이 어렵다는 점이다. 대부분의 국가에서 국방백서를 통해서 자국의 군사력 규모를 밝히고 있지만, 이를 밝히지 않는 국가도 존재한다. 셋째, 군사력 구성요소 중 무형적 요소에 대한 평가가 특히 어렵다. 비가시적 군사력에 해당하는 전략 및 전술교리, 훈련 정도, 군사 리더십, 사기, 군사기술 등에 대한 평가는 어렵다는 것이다. 자국에 대한 이런 무형적 요소의 평가도 어렵지만 잠재 적국에 대한 평가는 더더욱 어렵다. 넷째, 가시적인 유형적 요소에 대한 평가도 쉽지 않다. 비숫한 무기체계에 대한 숫자 비교는 가능하겠지만 이를 질적으로 비교한다는 것은 어려운 일이다. 전투기나 잠수함도 제각기 성능이 다르기 때문이다. 다섯째, 군사력 구성요소에 대해 각각 비중을 어떻게 부여할 것인지도 어려운 문제이다. 어떤 요소에 더 높은 비중을 부여할 것인지, 또 같은 요소 내에서도 어떤 세부요소에 더 높은 비중을 부여할 것인지도 어렵다. 예를 들어, 유형적 요소 중에 무기체계 내에서 잠수함의 비중은 어느 정도 두어야 하는지에 대한 어려움 등이다.

이러한 어려움에도 불구하고 군사력을 분석하여 비교·평가하는 목적은 우선 피아 군사력의 균형에 대한 지표를 제공하기 위함이다. 이를 통해 국가의 군사정책가들이 피아 군사력의 격차에 대하여 기초적이고 현실적으로 인식하게 한다. 또한 외부의 침략 시 국가 방어 가능성에 대한 판단 자료를 제공하기 위함이다.

현존 군사력 규모나 전시 투입 가능한 전투력의 규모에 대한 정확한 자료는 정태적 비교분석이나 워게임 등의 동태적 비교분석에 의하여 평가된다. 그 결과는 국가의 군사정책에 필요한 기초자료로 활용된다. 그리고 군사력의 평가는 한 국가의 재원에 대한 투자우선순위 및 군비통제의 근거를 제공하기 위해 필요하다. 경쟁국과 군사력 균형관계가 어느 정도인가를 인식하고 군사력 발전을 위한 자원할당전략 수립을 위한 기초자료가 필요하고, 나아가 불필요한 군사력의 통제를 위한 기초자료도 필요한 것이다.

2. 군사력 평가방법의 분류

군사력을 비교분석하는 방법에는 정량적 분석과 정성적 분석 방법이 있으며, 군사력 평가시기에 따라 정태적 평가와 동태적 평가로도 구분할 수 있다. 정량적 분석이란 군사력을 양적으로 비교하는 것이다. 수로 나타낼 수 있는 군사력의 양적요소는 국가 군사력의 기본적 요소로서 모든 군사력 건설은 바로 군사력의 양을 책정하는 데서 시작한다고 할 수 있다. 이러한 양적요소는 *The Military Balance*나 *SIPRI Yearbook*에 기재되어 있는 세계 각국 병력의 수, 무기 및 장비의 수, 국방비 규모 등을 들 수 있으며 군사력 분석의 기본 자료로 제공되고 있다. 결국 유형적 요소 중에서도 무기체계와 병력의 수 등이 주요 비교의 대상이 된다. 국방비도 주요 비교의 대상이 되는데 그 이유는 국방비로 군사력 건설의 양과 질을 유추할 수 있기 때문이다. 이러한 가시적이고 양적인 군사력은 측정이 쉬운 부분이나 정량적 요소 자체로는 전투효율을 나타내기는 곤란하다. 이는 군사력의 질적요소가 포함되어 있지 않기 때문이다. 특히 오늘날과 같이 비선형 전장화되는 복잡한 전쟁 양상에서는 군사력의 양적 역할이 감소하고 질적 중요성이 증가한다.

정성적 분석이란 정량적 분석의 단점을 보완하기 위해 개발된 방법으로, 주로 무기체계의 성능을 질적으로 분석하는 방법이다. 이 방법은 1974년 미 육군 분석국에서 처음 시도되었는데 무기체계의 무기치사 지수, 잠재화력 지수, 잠재화력 방법을 종합하여 무기별로 상이한 특성을 구체적으로 비교·평가하는 것이다. 무기별 화력, 기동성, 생존성 등을 분석하여 이를 지수화함으로써 다양한 무기 특성을 복합적으로 고려하여 평가할 수 있다. 이를 무기효과지수WEI: Weapon Effectiveness Indices 또는 부대가중치WUV: Weighted Unit Values라고 한다. 그러나 이 방법은 군사력의 유형적 요소, 그중에서도 무기체계에 한해서만 계량화가 가능하다는 단점이 있다.

군사력의 정태적 평가방법은 전쟁이 개시되지 않은 한 시점에서 양측의 군사력을 구성요소별로 구분하여 양적·질적으로 평가하는 방법이다. 이에 포함되는 분석방법으로는 정량적 분석인 무기체계와 부대의 '단순 수량 비교법'과 무기효과지수 및 부대 효과지수 등을 사용하는 정성적 분석방법인 '지수 비교법'이 있다.

동태적 평가란 전쟁이 개시되고 일정 기간 후에 전력비교나 전력손실 비율 등을 평가하는 방법으로, 카우프만 모형, 전투상황변수 적용방법, 다양한 워게임 모형 등이 있다. 국군과 주한미군이 동시에 참여하는 키리졸브 연습이나 을지-프리덤가디언(UFG) 연습 시에 주로 워게임 방법을 적용한다.

3. 군사력 평가 이론[12]

군사력의 능력과 가치를 이해하기 위해서 군사력을 분석·평가하는 것은 중요한 과제이다. 군사력은 상대적 능력을 통하여 국제협상에서 정책적 도구로써 영향력을 행사하므로 그 작용이 신축적이고 다양하게 나타난다. 따라서 이러한 군사력을 평가하는 것은 그 역할만큼이나 복잡하고 다양하다. 군사력을 구성하는 요소에 대한 이론도 다양하다. 요소별 계량화를 위한 일관된 분석도구를 찾기는 더욱 어렵다. 군사력 분석은 순수한 군사력의 제한된 영역에 대한 분석만이 아니고 비군사적 분야를 군사적인 시각에 초점을 맞추어 분석해야 한다. 군사력 평가의 난해함과 다양성으로 인하여 객관적이고 권위 있는 평가방법을 제시하기 어렵지만, 여기에서는 이러한 다양한 군사력 평가방법에 대한 몇 가지 이론을 소개하고자 한다.

(1) 클라인의 군사력 평가방법[13]

조지타운대학교 전략 및 국제관계연구센터의 레이 S. 클라인[Ray S. Cline] 박사는 그의 저서인 『국력분석론World Power Trends and U.S. Foreign Policy for the 1980's 』에서 국력은 전략적·군사적·경제적·정치적인 강점과 약점의 혼합체라고 규정하고 있다. 그는 국력은 군사력에 의해서만 결정되는 것이 아니라 영토의 규모와 위치, 주변의 성격, 주민, 천연 자원, 경제구조, 기술발전, 재정력, 인종의 혼합, 사회적 결합력, 정치적 과정 및 의사결정의 안정성, 국

---

12 부형욱, "군사력 비교평가방법론 소개", 『국방정책연구』(서울: 한국국방연구원, 1999), pp.274–286.

13 장문석, "군사력의 요소와 분석", pp.333–335의 내용을 재정리함.

민정신이라 부르는 무형의 질에 의해 결정된다고 주장하면서 다음과 같은 국력 측정 공식을 제시했다.

$$Pp = (C+E+M) \times (S+W)$$

- **Pp** = 인지된 국력(Perceived power)
- **C** = 외형적 규모(Critical mass); 인구(population) + 영토(territory)
- **E** = 경제적 능력(Economic capability)
- **M** = 군사적 능력(Military capability)
- **S** = 전략적 목표(Strategic purpose)
- **W** = 국가전략을 추구하는 의지(Will to purpose national strategy)

그는 군사능력 측정방식은 핵실전능력[nuclear war-fighting capability]과 재래식군사력을 고려해야 한다고 주장한다. 각각의 군사력을 100점 만점으로 배정하여 중요도를 동등하게 부여하고, 대부분의 충돌은 재래식 비핵군사력으로 치르게 될 것이므로 재래식군사력을 측정하는 요소에 대하여 알아본다. 불가시성을 고려한다면 실질적인 전투능력을 평가하기 위해서 주관적 판단이 불가피하다. 이 난제를 해결하기 위해서는 일련의 환산인수[conversion factor]나 계수[coefficient]를 군사력 요소별로 국제적으로 비교할 수 있도록 고안·적용한다. 이에 대한 공식은 다음과 같다.

군사능력 = [인력×평균계수(인력의 질, 무기의 효율성, 부대구조 및 군수, 조직의 질)]
×전략적 유효범위 + 전략핵군 + 군사적 노력

- **인력의 질** 전쟁에서의 운용효율성을 뜻하는 것으로 부대훈련, 집단사기, 장교의 통솔력 등을 들 수 있다.
- **무기의 효율성** 무기의 양과 질을 고려한다. 전차, 대포, 함정, 항공기 등의 기계적 성능뿐만 아니라 운용능력까지 포함한다.
- **부대구조 및 군수지원** 레이더 감시 및 통제체제로부터 항공기 대피시설 준비에 이르기까지, 야전에서의 정비운용으로부터 보급품 저축의 적합성까지의 광범위한 분야를 망라한다.
- **조직의 질** 관료적인 조직으로서 국군의 질을 반영하려는 것이다. 즉 관리적 효율성, 준비태세, 계획능력, 지휘 및 통제, 전투경험(또는 평시의 실전감 있는 훈련) 등이 주요 요소가 된다.

- **전략적 유효범위** 경제력이나 전략핵전력 문제와는 달리 비핵군의 능력은 전투력이 요구되는 장소에서 거리가 멀면 약화하기 마련이다. 이는 군수와 기동성 그 자체만으로 신속히 대비하여 목적지에 도달하는 능력으로 전략적 유효범위를 정의할 수는 없다. 따라서 전략적 유효범위는 지리적 위치의 유리함과 인력 및 무기의 장거리투사능력으로 정의한다.
- **군사적 노력** 추가적인 군사력에 반영되는 자료로 GNP에 대한 군사비의 비율이 예외적으로 높은 몇몇 국가에게 추가하는 능력이다.

(2) 랜드 연구소의 군사력 평가[14]

미국의 랜드(RAND) 연구소는 국력의 가장 궁극적인 요소인 군사력Military Capability을 두 가지 측면으로 보아야 한다고 제시한다. 즉 현재 보유하고 있고 가시적·정태적인 군사적 자원resource과 전쟁 시에 투입되어 발현되는 결과적 차원의 실질적인 군사력으로 구분하는 것이다. 전자가 '투입 군사력input'이라면 후자는 '발휘되는 군사력output'이다. 랜드 연구소는 발휘되는 군사력의 평가는 별도로 다루어야 할 사안이라고 언급하며, 유사시에 투입할 수 있는 군사력을 측정하고 평가하는 방법을 제시한다. 전쟁이나 기타 작전에 투입하기 위하여 보유중인 군사적 자원을 평가함에 있어서 포함해야 할 요소들도 제시하고 있다. 이러한 군사력의 평가 범주를 크게 세 가지 요소로 분류하고 있다. 즉 국가적 차원에서 가용한 전략적 자원, 효과적인 군사작전을 수행할 수 있도록 전환하는 능력, 그리고 다양한 군사작전에서 부대의 전투숙달정도로 구분하여 평가하는 방법을 제시하고 있다.

① 전략적 자원(Strategic Resources): 한 국가의 군사력을 평가함에 있어서 우선적으로 그 국가의 경제적·인적·물리적·기술적 측면에서 가용한 전략적 자원들을 먼저 살펴보아야 한다. 이는 국가가 보유하고 있기도 하고 국가활동에 의하여 창출되기도 한다. 한 국가의 군사력을 평가하기 위하여 획득해야 할 정보는 〈표 12-2〉와 같다.

---

14 Gregory F. Treverton and Seth G. Jones, "Measuring National Power" (RAND National Security Research Division, 2005), pp.133-175.

〈표 12-2〉 전략적 자원의 주요 평가요소

전략적 자원	주요 평가요소
국방비(Defense budget)	• 총 국방비 규모와 GNP에서 차지하는 비율 • 각 군별로 배분되는 비율
인력(Manpower)	• 병력 규모, 각 군별 규모 • 계급별 교육훈련 수준, 기술적인 숙달 수준
군사내부구조 (Military Infrastructure)	• 군사기지, 시험과 훈련장, 의료시설 등의 수 • 각종 시설의 분야별, 각 군별 분포 상태
전투 연구개발과 시험평가 (Combat RDT&E)	• 전투와 관련된 연구개발과 시험평가 기관의 수 • 관련 기관과 시설의 전투분야별, 각 군별 분포도
방위산업 기반 (Defense Industrial Base)	• 무기·장비 생산시설과 업체 수 • 군 소요 무기의 생산능력
보유 무기장비와 지원체계 (Inventory & Support)	• 탱크나 전투기, 정찰장비, 미사일 등의 가용 대수 • 충분한 군수지원 체계

〈표 12-3〉 전환능력의 주요 평가요소

전환능력	주요 평가요소
위협과 전략 (Threat and Strategy)	• 국가가 처한 위협과 이에 대응할 군사전략 • 군사작전적 요구사항
민군관계 구조 (Structure of Civil-military relations)	• 국가적 리더십에 군의 접근성 정도 • 군사문제와 군사계획에 대한 정부의 통제 정도
외국군과의 관계 (Foreign Mil-Mil relations)	• 외국에 자국군의 대표를 파견하는 수 • 외국군에서 훈련 받는 수, 상호 연합훈련 수
교리, 훈련, 조직 (Doctrine, Training, Organization)	• 어떻게 싸울 것인가: 교리 • 통합된 훈련, 부대구조와 부대편성구조 • 현대 첨단무기 조작을 위한 기술적 숙달 정도
혁신 능력 (Capacity for Innovation)	• 새로운 전략, 전투력, 교리, 무기 등의 창조 환경 • 이전의 전투 실패 경험으로부터 교훈

② 전환능력(Conversion Capability): 위에서 살펴본 전략적 자원들은 군사력 평가를 위해서 중요한 요소이지만 이것만으로는 충분하지 못하다. 군은 각 부대가 다양한 적과 대치하여 군사작전을 효과적으로 수행하도록 가용한 자원을 전환해야 한다. 성공적인 전환이 가능하도록 하는 요소들은 〈표 12-3〉에 요약·정리했다.

③ 전투숙달정도(Combat Proficiency): 국가가 가용한 자원을 보유하고 이를 군사적전 수행을 위해 전환할 능력을 갖추고 있더라도, 결국에는 군대가 군사작전에 투입되어 실질적으로 전투를 성공적으로 수행해야 한다. 군사력을 평가하는 또 다른 고려 요소로 전투숙달정도를 포함하는 이유는 군대의 궁극적인 행위는 전투에서의 승리이기 때문이다. 전투숙달정도를 평가하는 요소는 수많은 변수가 상호작용하고, 다양한 작전형태에 따라 달라진다. 따라서 랜드 연구소는 지상군작전, 해상작전, 미사일 공격작전 등 다양한 작전형태에 따라 전투숙달정도를 평가하는 방법론만을 제시하고 있다. 이 방법론은 기술적 요소^{Technology}와 통합전투능력 요소$^{Integrative\ Capacity}$라는 두 가지 변수에 대한 평가를 포함한다. 전략적 자원과 전환능력에서 고려된 여러 요소를 다시 재차 포함하기도 한다. 예를 들어 지상작전 전투숙달정도를 평가하는 경우, 평가할 기술적인 요소로는 야시장비, UAV, 정비활동, 화력통제체계 등이고, 통합전투능력 요소로는 여단급 연습과 훈련, 합동작전 훈련, 야간훈련, 정보지원활동 등을 포함한다. 전투숙달정도는 새로운 기술·무기·병력·전투지원 자원을 확보하여 통합적 차원의 능력을 개발하고, 그 능력을 확대시켰는가를 평가하는 것이기도 하다.

(3) 단순수량비교법

단순수량비교법은 병력과 전투장비 수량 등을 직접 비교하는 방법으로 가장 보편적으로 사용된다. 간결한 장점도 있지만 군사적인 지식이 없으면 연관된 요소들을 포괄적으로 종합하여 전체적인 의미를 도출하기 어렵다. 그러나 단순수량비교는 다른 모든 군사력 비교평가의 기초가 되기 때문에 필수적으로 수행해야 할 과제이다.

〈표 12-4〉 단순수량비교법의 예

구분	남한	북한
병력	육: 50만 해: 5만 공: 5만 　　　　계: 60만	육: 100만 해: 5만 공: 10만 　　　　계: 115만
부대	군단: 10개 사단: 50개 여단: 20개	군단: 20개 사단: 60개 여단: 115개
지상장비	전차: 2,000대	전차: 3,500대
항공장비	전투기: 500대	전투기: 800대

(실제 보유하고 있는 수량이 아니라, 단지 방법을 보여주기 위한 가상 숫자임)

(4) 군사비 비교평가방법

대표적인 군사투자비 비교방법으로 자본스탁Capital Stock의 계산방법이다. 특정년도(t)의 자본스탁을 Kt라고 하고, 당해년도 투자비를 It, 감가상각률을 d라고 할 경우 다음과 같이 표시한다.

$$Kt = (1-d) \times Kt + Id$$

위 공식으로부터 t년도 투자비 누계를 계산하여 상호 비교평가하는 방법이다.

$$Kt(누계) = \Sigma(1-d) \times Kt + Id$$

군사투자비의 비교를 통해 군사력을 비교평가하는 방법은 각국의 상이한 가격체계와 군사비에 관한 자료의 신빙성 문제를 감안할 때, 단순한 군사비의 비교평가는 어렵고 무의미할 수도 있다. 그러나 이와 같은 문제점에도 불구하고 공통척도로 군사자산의 가치를 평가할 수 있어서 군사 잠재력 평가에 유용하게 사용되기도 한다.

(5) 전력지수 방법

전력지수란 여러 가지 전투장비를 복합적으로 보유하고 있는 한 부대 혹은 군의 전투능력을 종합하여 하나의 수치로 표시하는 방법이다. 무기별로 무기효과지수(WEI)를 산출하고, 여기에 부대가 보유한 유효무기 수량을 곱하여 합산한 수치로 표시한다. 미국 육군에서 개발된 이 방법은 무기효과지수(WEI)와 부대가중치(WUV)라는 이름으로 한국 육군에도 도입되었다. 1982년 미 육군 개념분석국은 WEI와 WUV의 오용을 우려하여 자체적으로 사용을 중단했다. 그럼에도 불구하고 한국은 자체적으로 전력지수체계를 발전시켜왔으며, 미국의 랜드 연구소에서 새롭게 개발한 전력지수(JWS)를 한국군 상황에 맞게 보완하여 워게임 입력자료에 활용하고, 군사전략 수립이나 군사력 소요 결정 시에 참고자료로 활용하고 있다. 전력지수(JWS)는 JICM(합동작전 분석모델Joint Integrated Contingency Model)이라는 전구급 워게임 모델에 입력되는 자료로 사용하기 위하여 지상군 무기체계를 네 가지로 구분하여 무기효과지수를 산정한 것이다.

전력지수는 공학적인 성능자료와 전문가의 견해를 바탕으로, 무기체계의 상대적 효과를 논리적인 평가를 거쳐 도출한 수치이다. 이해하기 쉽고 계량화되어 비교가 용이하며, 대략적인 군사력의 비교에 유용한 자료라는 점에서 주목할 필요가 있다. 그러나 전력지수의 결과를 사용하는 데에 있어서는 주의를 요한다. 전력지수라는 말은 무기체계의 화력 발휘능력이 전력을 대표할 수 있다는 가정하에 사용된다. 전력지수가 총체적 군사능력을 대표하는 것으로 해석하고, 어떤 군사전력기획의 의사결정에 사용하는 것은 무리라는 것이다. 군사력은 병력과 무기, 전략전술, 리더십 등 수많은 유·무형 요소로 구성된다. 때문에 단지 전력지수만을 가지고 어느 부대나 국가의 군사력을 포괄적이고 명확하게 비교·평가하는 것은 어렵다고 할 수 있다. 이렇듯 전력지수에 의한 군사력 평가방법은 유용성과 제한점을 동시에 가지고 있다. 공학적인 성능자료와 전문가의 견해를 바탕으로 무기체계의 상대적 효과를 논리적인 과정을 거쳐 산출한 수치이므로 이해하기 쉽고, 계량화된 것이어서 비교가 용이하며, 대략적인 군사력의 비교에 유용한 자료라는 점은 주목할 필요가 있다. 전력지수에 의한 계량적인 군사력 평가는 지속적인 발전과 활용이 예상된다.

(6) 듀피의 군사력 평가모형

듀피Trevor N. Dupuy의 군사력 비교평가방법은 클라우제비츠가 제시한 수의 법칙에서 출발한다. 클라우제비츠는 전투에 가장 중요한 요소는 쌍방의 병사수라고 말하고, 상호 전력평가의 모형을 '전력=병력의 수×전투상황계수×병력의 자질'로 표시했다. 듀피는 이를 준용하여 다음과 같은 전력평가모형을 제시했다.

전력 = 무기효과지수×전투상황계수×전투효과도

여기서 무기효과지수는 개별 무기의 효과지수에 무기 범주별 환경가중치를 곱하여 계산한 수치이고, 전투상황계수는 지형·기후·계절 등의 자연환경지수와 전투태세·방어물 구축·공중우세·기습효과 등의 작전적 변수, 지휘통솔·교육훈련·사기 등의 인간 행태적 변수를 고려하여 계산한다. 전투효과도는 C4I, 군수지원능력, 기타 무형전력 등에 부여하는 승수이다.

〈표 12-5〉에서는 가상의 숫자를 사용하여 듀피의 군사력 비교평가방법을 보여주고 있다. 양국의 군사력 비율은 이스라엘이 시리아의 3배 이

구 분		이스라엘			시리아		
		수량	효과지수	전력	수량	효과지수	전력
분야	병력	30,000	1	30,000	20,000	1	20,000
	전차	800	100	80,000	200	100	20,000
	전투기	200	250	50,000	100	250	25,000
	소계			160,000			70,000
전투 상황계수	지형		1			1	
	방어태세		1			2	
전투효과도			3			1	
전력 합계			160,000×1×1×3 = 480,000			70,000×1×2×1 = 140,000	

상(480,000/140,000= 3.4)이라는 평가가 가능하다.

(7) 더니건 모형

더니건James F. Dunnigan은 그의 저서 『How to Make War: 무엇이 현대전을 움직이는가』에서 무기체계별 전투가치를 설정하고, 어느 부대가 보유하고 있는 모든 개별 무기체계의 수량과 전투가치를 망라하여 그 부대의 군사력을 산출하고 있다. 예를 들어 병력 수에 의한 전력을 계산한다면 병력 수에 병력의 질을 곱하여 계산하는 단순한 방법이다. 이때 병력의 수는 24시간 내에 전투준비 완료가 가능한 병력을 의미하고, 병력의 질이란 통솔력, 훈련, 군수지원 등의 항목별로 가중치를 부여하여 점수로 환산한다. 이렇게 산출된 기본전력은 여러 감소요인, 즉 전력수정계수에 의하여 수정되어 실질적인 군사력으로 계산된다. 〈표 12-6〉은 가상의 숫자를 사용한 더니건의 군사력 계산모형을 보여주고 있다.

〈표 12-6〉 더니건 전력 계산의 예

구분	전력 감소요인 (수정계수)					
기본 전력	지형	공중우세 상실	훈련 저조	지휘통솔 부족	피기습	사기 저하
30,000명	20% (80%)	10% (90%)	30% (70%)	10% (90%)	30% (70%)	20% (80%)
수정 전력	30,000×0.8×0.9×0.7×0.9×0.7×0.8 = 7,620명					

(8) 각종 워게임 모형에 의한 방법

워게임은 둘 또는 그 이상의 적대 군사력 간에 발생하는 군사적 상황을 일정한 게임규칙을 이용하여 모의하는 군사작전 게임이다. 워게임은 실전적인 모의를 가능하게 함으로써 군사기획, 전략·전술, 군사교리 및 편성을 발전시키고 평가하는데 중요한 도구로 사용되기도 한다. 특히 워게임은 양측의 군사력을 비교평가할 때 유용하게 사용하는데, 군사력의 여러 구성요소가 상호작용하는 모습을 시간적·공간적으로 구체적으로 묘사할 수 있기 때문이다. 그리고 갖가지 전장 상황에서의 전투에 대한 결과도 도출이 가능하다. 동태적인 군사력 평가는 상호 군사력이 충돌하여 발휘되는 군사력을 바로 이러한 워게임을 이용하여 비교평가하는 것을 말한다.

대표적으로 사용되고 있는 워게임 모형으로는 합동전구급 모의모델JTLS: Joint Theater Level Simulation과 전략과 작전 수준의 전쟁을 모의하는 JICM, 소부대 훈련과 분석용인 JANUSJoint Army Navy Uniform Simulation 등이 있다. JTLS와 JICM은 합동훈련과 합동작전 분석에 많이 사용되며, 전력 평가와 군사력 소요 결정시 참고 자료로도 사용된다. JANUS는 지휘관이나 참모의 지휘훈련에도 사용되지만, 특정 무기체계의 무기효과분석에도 사용된다.

VI. 맺음말

모든 국가는 자국의 영토와 주권, 국민을 보호하고 외부로부터의 침탈을 억제하며, 유사시 전쟁이 발발할 경우 승리로 이끌 수 있는 전쟁수행능력을 확보하고자 한다. 전쟁수행능력의 핵심은 군사력이다. 이러한 군사력의 기본 개념, 군사력의 건설과 유지, 군사력의 운용, 군사력의 평가에 대하여 원론적인 측면에서 정리하여 보았다. 군사력의 실제적인 측면은 보다 복잡하고 어려운 문제라고 할 수 있다. 새로운 무기체계의 발전과 정보혁명에 의한 새로운 작전수행개념의 등장으로 군사력에 대한 건설과 운용이 나날이 변화·발전하고 있다. 세계의 각 국가는 변화하는 미래전에 부합하는 군사력의 확보와 운용을 위해 군사혁신 또는 군사변혁을 지속적으로 추진하고 있다. 유사시를 대비한 유형·무형군사력 전반에 걸친 준비와 유지는 복잡다단한 국가적 과제로, 다양한 계층의 전문가에 의한 복합적이고 통합적인 연구가 필요하다. 군과 민을 떠나 상호 협력하여 창의적으로 접근하는 방식이 요구된다.

CHAPTER 1

전쟁이란 무엇인가 | 최병욱(상명대학교 군사학과장)

군사학연구회, 『군사사상론』, 서울: 플래닛미디어, 2014.

군사학연구회, 『군사학개론』, 서울: 플래닛미디어, 2014.

다케다 야스히로·가미야 마타케, 김준섭·정유경 역, 『안전보장학 입문』, 서울: 국방대학교 국가안전보장문제연구소, 2013.

메리 캘도어, 유강은 역, 『새로운 전쟁과 낡은 전쟁』, 그린비라이프, 2010.

박창희, 『군사전략론』, 서울: 플래닛미디어, 2013.

온창일, 『전략론』, 서울: 지문당, 2013.

온창일, 『전쟁론』, 서울: 집문당, 2008.

카알 폰 클라우제비츠, 김만수 역, 『전쟁론』, 서울: 갈무리, 2010.

헤어프리트 뮌클러, 공진성 역, 『새로운 전쟁: 군사적 폭력의 탈국가화』, 서울: 책세상, 2012.

황진환 외, 『군사학개론』, 서울: 양서각, 2014.

휴 스트레이천, 허남성 역, 『전쟁론 이펙트』, 서울: 세종서적, 2013.

Carl von Clausewitz, trans. by Michael Howard and Peter Paret, *On War*, Princeton, NJ: Princeton University Press, 1989.

Frank G. Hoffman, "How Marines are preparing for hybrid wars," *Armed Forces Journal* (March 2006).

Martin van Creveld, *The Transformation of War*, New York: The Free Press, 1991.

William S. Lind, Keith Nightengale, John F. Schmitt, Joseph W. Sutton, Gary I. Wilson, "The Changing Face of War: Into the Fourth Generation," *Marine Corps Gazette* (October 1989).

CHAPTER 2 ──────────────────────────

전쟁의 원인 | 박용현(대전대학교 군사학과장)

구영록, 『인간과 전쟁』, 법문사, 1989.

국방대학원, 『안전보장이론』 I · II, 1991.

군사학연구회, 『군사학개론』, 플래닛미디어, 2014.

김열수, 『전쟁원인론: 연구동향과 평가』, 국방대학교 교수논집 제38집 (2004).

김태욱, 『전쟁의 시대』, 채륜, 2012.

김호철, 『전쟁론』, 민음사, 1991.

박유진, 『현대사회의 조직과 리더십』, 양서각, 2008.

박휘락, 『전쟁 · 전략 · 군사 입문』, 법문사, 2005.

백종천, 『국가방위론』, 박영사, 1987.

베리 부잔, 김태현 역, 『세계화시대의 국가안보』, 나남, 1995.

아더 훼릴, 이춘근 역, 『전쟁의 기원』, 인간사랑, 1990.

양준희, "비판적 시각에서 본 헌팅턴의 문명충돌론," 『국제정치논총』 제42집 1호 (2002).

온만금, 『군대와 사회』, 황금알, 2014.

유현석, 『국제정세의 이해』, 한울아카데미, 2003.

윤형호, 『전쟁론(평화와 실제)』, 도서출판 한원, 1994.

이상우, 『국제관계론』, 박영사, 1991.

하랄드 뮐러, 이영희 역, 『문명의 공존』, 푸른숲, 1999.

CHAPTER 3 ──────────────────────────

전쟁의 과정 | 박창희(국방대학교 군사전략학과 교수)

강성학, "유엔과 미국: 교황과 황제처럼", 『인간신과 평화의 바벨탑: 국제정치의 원칙과 평화를 위한 세계헌정질서의 모색』, 서울: 고려대학교 출판부, 2006.

김희상, 『중동전쟁』, 서울: 일신사, 1982.

박창희, 『군사전략론: 국가대전략과 작전술의 원천』, 서울: 플래닛미디어, 2013.

육군사관학교, 『세계전쟁사』, 서울: 일신사, 1985.

존 K. 페어뱅크 외, 김한규 외 역, 『동양문화사』(하), 서울: 을유문화사, 1991.

최용성, 『세계전쟁의 이해』, 포천: 드림, 2009.

Bruce A. Elleman, *Modern Chinese Warfare, 1795-1989*, London: Routledge, 2001.

Carl von Clausewitz, eds. and trans. by Michael Howard and Peter Paret, *On War*, Princeton, NJ: Princeton University Press, 1984.

Cornelius van Bynkershoek, trans. by Tenney Frank, *The Classics of International Law*, Oxford: Clarendon Press, 1930.

Daniel Tretiak, "China's Vietnam War and its Consequences," *The China Quarterly*, No. 80 (December 1979).

Harry G. Summers Jr., *On Strategy: The Vietnam War in Context*, Carlisle: US Army War College, 1981.

John Garnett, "The Causes of War and the Conditions of Peace," John Baylis et al., *Strategy in the Contemporary World*, New York: Oxford University Press, 2007.

Michael Howard, "The Forgotten Dimensions of Strategy," George E. Thibault(ed.), *Dimensions of Military Strategy*, Washington, D.C.: NDU, 1987.

Robert B. Strassler, *The Landmark Thucydides: A Comprehensive Guide to the Peloponnesian War*, New York: The Free Press, 1996.

William Edward Hall, *A Treatise on International Law*, London: Oxford University Press, 1924.

Zeev Maoz, *Paradoxes of War: On the Art of National Self-Entrapment*, Boston: Unwin Hyman, 1990.

CHAPTER 4

전쟁의 종결 | 정재욱(숙명여자대학교 국제관계대학원 조교수)

강성학, 『시베리아 횡단열차와 사무라이: 러일전쟁의 외교와 군사전략』, 고려대학교 출판부, 1999.

박영준, "전쟁의 종결과 영향에 대한 이론적 고찰", 한국정치학회, 2007.

박흥순, "다자외교의 각축장", 『다자외교 강국으로 가는 길』, 서울: 21세기 평화재단 평화연구소, 2009.

온창일, 『전쟁론』, 서울: 집문당, 2007.

이신화, "세계안보와 유엔의 역할", 박흥순·조한승·정우탁 편, 『유엔과 세계평화』, 서울: 오름, 2013.

정재욱, "북한 급변사태와 보호책임(R2P)에 의한 군사개입 가능성 전망", 『국방연구』 제54권, 4호 (2012).

Andrew J. R. Mack, "Why Big Nations Lose Small Wars: The Politics of Asymmetric Conflict," *World Politics*, Vol. 27, No. 2 (January 1975).

Berenice A. Carroll, "How Wars End: An Analysis of Some Current Hypotheses", *Journal of Peace Research*, vol. 6 (1969).

Bruce C. Bade, "War Termination: Why Don't We Plan for It?" In John N. Petrie(ed.), *Essay on Strategy XII*, Washington D.C.: National Defense University Press, 1998.

Donald Kagan, On the Origins of War and Preservation of Peace, New York: Anchor Books, 1996.

H. A. Calahan, *What Makes a War End?*, New York: Vanguard Press, 1944.

Harry G. Summers, Jr., *On Strategy: A Critical Analysis of the Vietnam War*, New York: Presidio Press, 1984.

Hein E. Goemans, *War and punishment: The causes of war termination and the First World War*, Princeton, NJ: Princeton University Press, 2000.

Jeoffery Blainey, *The Causes of War*, 3rd ed., New York: Free Press, 1988.

Joseph S. Nye Jr. and David A. Welch, *Understanding Global Conflict and Cooperation: An Introduction to Theory and History*, Pearson education, 2011.

Katie Paul, "Why Wars No. Longer End with Winners and Losers," *News Week* (January 11, 2010).

Lewis Coser, "Termination of Conflict", *Journal of Peace Resolution*, Vol. 5 (1961).

Nguyen Vu Tung, "Hanoi's Search for Effective Strategy," in Peter Lowe(ed.), *The Vietnam War*, New York: St. Martin's Press, 1999.

Paul R. Pillar, *Negotiating Peace: War Termination as a Bargaining Process*, Princeton, NJ: Princeton University Press, 1983.

Quincy Wright, *A Study of War*, Chicago: University of Chicago Press, 1964.

Tansa George Massoud, "War Termination (review essay)," *Journal of Peace Research*, Vol. 33, no. 4 (1996).

CHAPTER 5

고대 및 중세의 전쟁 | 손경호(국방대학교 군사전략학과 교수)

기우셉 피오라반조, 조덕현 역, 『세계사 속의 해전』, 신서원, 2006.

도널드 케이건, 허승일·박재욱 역, 『펠로폰네소스 전쟁사』, 서울: 까치, 2007.

박상섭, 『근대국가와 전쟁』, 서울: 나남, 1996.

배영수 편, 『서양사 강의』, 서울: 한울아카데미, 2000.

버나드 로 몽고메리, 승영조 역, 『전쟁의 역사』, 서울: 책세상, 2007.

베리 스트라우스, 이순호 역, 『세계의 역사를 바꾼 전쟁 살라미스 해전』, 갈라파고스, 2004.

손경호, "고전기 그리스에서 나타난 경보병의 발달과 그 한계", 『서양사론』 107집 (2010).

손경호, "펠로폰네소스 전쟁기 페리클레스의 전략에 관한 고찰", 『서양사학연구』 제21집 (2009).

손경호, "펠로폰네소스 전쟁을 통해 본 고전기 그리스 군사전략", 『서양사학연구』 제26집 (2012).

전윤재·서상규, 『전투함과 항해자의 해군사』, 군사연구, 2009.

차하순, 『서양사 총론』 1, 서울: 탐구당, 2008.

한스 델브뤼크, 민경길 역, 『병법사』, 서울: 화랑대연구소, 2006.

C. W. C. Oman, *The Art of War in the Middle Ages*, Ithaca: Cornell University, 1953.

F. E. Adcock, *The Greek And Macedonian War*, Berkeley: University of California Press, 1957.

John Keegan, *The Face of Battle*, New York: The Viking Press, 1976.

John Warry, *Warfare in the Classical World*, Norman, Oklahoma: University of Oklahoma Press, 2006.

Lawrence Keppie, *The Making of the Roman Army*, Norman, Oklahoma: University of Oklahoma Press, 1998.

Thucydides, *The Peloponnesian War*.

Victor Davis Hanson, *Carnage And Culture*, New York: Anchor Books, 2001.

CHAPTER 6 ───────────────────

근대 및 현대의 전쟁 | 김재철(조선대학교 군사학과 교수)

고봉준, "미국 안보정책의 결정요인: 국제환경과 정책합의", 『국제정치논총』 제50집 1호 (2010).

군사학연구회, 『군사사상론』, 서울: 플래닛미디어, 2014.

군사학연구회, 『군사학개론』, 서울: 플래닛미디어, 2014.

김관옥, 『갈등과 협력의 동아시아와 양면게임이론』, 서울: 리북, 2010.

김열수, 『국가안보: 위협과 취약성의 딜레마』 제2판, 파주: 법문사, 2011.

김용현, 『군사학개론』, 서울: 백산출판사, 2005.

김재철·김재홍, 『무기체계의 이해』, 조선대학교 출판부, 2012.

김철환·육춘택, 『전쟁 그리고 무기의 발달』, 서울: 양서각, 1997.

김희상, 『생동하는 군을 위하여』 제4판, 서울: 전광, 1996.

박성섭, 『근대국가와 전쟁』 제5판, 파주: 나남, 2007.

박창희, 『군사전략론』, 서울: 플래닛미디어, 2013.

버나드 로 몽고메리, 승영조 역, 『전쟁의 역사 II』제4판, 서울: 책세상, 1996.

오수열, 『미중시대와 한반도』, 부산: 신지서원, 2002.

온만금, 『군대와 사회』, 서울: 황금알, 2014.

온창일, 『전략론』, 파주: 집문당, 2004.

육군교육사령부, 『군사이론연구』, 육군인쇄공창, 1987.

육군대학, 『세계전쟁사』, 교육참고(육대) 4-2-12, 2002.

육군본부, 『한국군사사상』, 육군인쇄공창, 1992.

육군사관학교, 『세계전쟁사』, 서울: 황금알, 2004.

이강언 외, 『신편군사학개론』, 서울: 양서각, 2007.

이재평 외, 『군사이론』, 파주: 글로벌, 2012.

이진호 외, 『합동성 강화를 위한 무기체계』, 성남: 북코리아, 2013.

정명복, 『무기와 전쟁 이야기』, 파주: 집문당, 2012.

조셉 커민스, 김지원 역, 『전쟁연대기 II』, 고양: 니케북스, 2013.

조영갑, 『민군관계와 국가안보』, 서울: 북코리아, 2005.

주시후 편저, 『전쟁사』, 서울: 홍익재, 2006.

최용성, 『신편 세계전쟁의 이해』, 포천: 드림, 2009.

클라우제비츠 저, 김만수 역, 『전쟁론』, 서울: 갈무리, 2006.

황진환 외, 『군사학개론』, 서울: 양서각, 2011.

James L. George, 허홍범 역, 『군함의 역사』, 서울: 한국해양전략연구소, 2003.

B. H. Liddle Hart, *Strategy*, New York: Praerer, 1967.

Bernard Brodie(ed), *The Absolute Weapon: Atomic Power and World Order*, New York: Harcourt, Brace and Company, 1946.

Charles W. Kegle, Jr and Gregory A. Raymond, *From War to Peace: Fateful Decisions in Interational Politics*, New York: St. Martin's Press, 2002.

James D. Kiras, "Irregular Warfare: Terrorism and Insurgency", John Baylis et al., *Strategy in the Contemporary World*.

Samuel P. Huntington, *The Soldier and the State*, Cambridge: Harvard University Press, 1957.

CHAPTER 7

미래의 전쟁 | 김정기(대전대학교 군사학과 교수)

군사학연구회, 『군사학개론』, 서울: 플래닛미디어, 2014.

권태영·노훈, 『21세기 군사혁신과 미래전』, 서울: 법문사, 2008.

김종하, 『미래전, 국방개혁 그리고 획득전략』, 서울: 북코리아, 2008.

노계룡·김영길, 『한국의 미래전 연구실태 분석』, 한국국방연구원(KIDA) 연구보고서, 1999.

노훈·독고순·유지용, 『미래 전장』, 서울: 한국국방연구원, 2011.

배달형, 『미래전의 요체 정보작전』, 서울: 한국국방연구원, 2005.

손태종·노훈 외, 『네트워크 중심전』, 서울: 한국국방연구원, 2009.

앨빈 토플러·하이디 토플러, 『전쟁과 반전쟁』, 서울: 한국경제신문사, 1994.

이진호, 『미래전쟁: 첨단무기와 미래의 전장환경』, 서울: 북코리아, 2011.

피터 싱어, 권영근 역, 『하이테크 전쟁: 로봇 혁명과 21세기 전투』, 서울: 지안출판사, 2011.

합동참모본부, 『아프간 전쟁 종합분석 (항구적 자유 작전)』, 2002.

Bruce Berkowitz, 문장렬 역, 『새로운 전쟁 양상』, 서울: 국방대학교, 2008.

Jeffery R. Barnett, 홍성표 역, 『미래전』, 서울: 연경문화, 2000.

T. N. 듀푸이, 박재하 역, 『무기체계와 전쟁』, 서울: 병학사, 1987.

Arthur K. Cebrowski and John H. Garstka, "Network-Centric Warfare - Its Origin and Future,"U.S. Naval Institute (http://www.usni.org/magazines/proceedings/1998-01/network-centric-warfare-its-origin-and-future)

David A. Deptula, "Effects-Based Operations. Defense And Airpower Series", 2001. www.au.af.milau/awe/awegate/dod/to3202003_to319effects.htm

JFC, *Toward a Joint Warfighting Concept*, Rapid Decisive Operations (RDO Whitepaper version 2.0, USJFCOM, 2002).

John A. Warden III, "Air Theory for the Twenty-first Century", *Battlefield of the Future: 21st Century Warfare Issues* (http://oai.dtic.mil/oai/oai?verb=getRecord&metadataPrefix=html&identifier=ADA358618)

John Arquilla and David Ronfeldt, *Swarming and the Future of Conflict*, Santa Monica, CA: RAND, 2000.

Martin Van Creveld, *The Transformation of War*, New York: Free Press, 1991.

William A. Owens, "The American Revolution in Military Affairs", *Joint Force Quarterly* (Winter 1995-96).

William A. Owens, "The Emerging System of Systems", U.S. Naval Institute, *Proceeding*, Vol. 121, No.5 (1995).

CHAPTER 8 ─────────────────────────────

전면전쟁과 제한전쟁 | 김연준(용인대학교 군사학과 교수)

국방대학원 역, 『대전략론』, 서울: 국방대학원, 1979.
국방대학원, 『안보관계용어집』, 서울: 국방대학원, 2010.
군사학연구회, 『군사사상론』, 서울: 플래닛미디어, 2014.
박창희, 『군사전략론』, 서울: 플래닛미디어, 2013.
육군사관학교, 『세계전쟁사』, 서울: 황금알, 2004.
차하순, 『서양사총론』, 서울: 탐구당, 1986.
최병갑 등, 『현대군사전략대강-제한전쟁과 전략』, 서울: 을지서적, 1988.
합동참모본부, 『합동·연합작전 군사용어사전』, 서울: 합참, 2010.

Bernard Brodie, *Strategy in the Missile Age*, Princeton, NJ: Princeton University Press, 1959.

Harry S. Truman, *Memories*, vol. 2, Garden City, NY: Doubleday, 1955.

J. F. C. Fuller, *the Conduct of War*, Da Capo Press, 1992.

Julian Lider, *Military Theory: Concept, Structure, Problems*, Aldershot: Gower Publishing Company, 1983.

Michael Howard, "The influence of Clausewitz,"in Michael Howard and Peter Paret, ed. and trans., Carl von Clausewitz, *On War*, Princeton, NJ: Princeton Univ Press. Press, 1984.

Raymond Aron, *Peace and War: a Theory of International Relations*, An Abridged Version, Garden City, NY: Anchor Books, 1973.

Raymond Aron, translated by Christine Booker and Norman Stone, *Clausewitz: Philosopher on War*, New York: Simon & Schuster, inc, 1985.

Robert E. Osgood, *Limited War: the Challenge to American Strategy*, Chicago: University of Chicago Press, 2007.

Thomas C. Schelling, *The Strategy of Conflict*, New York: Oxford University Press, 1963.

U.S. Headquarters of the Department of the Army, FM 100-5 OPERATION (1993)

CHAPTER 9

혁명전쟁과 4세대 전쟁 | 이종호(건양대학교 군사학과 교수)

김태현, "혁명전쟁의 이론적 고찰과 현재적 함의", 『동아연구』 제62권 (2012).

메리 캘도어, 유강은 역, 『새로운 전쟁과 낡은 전쟁』, 서울: 그린비출판사, 2010.

모택동, 김정계·허창무 역, "항일유격전쟁의 전략문제", 『모택동의 군사전략』, 서울: 중문, 1993.

박창희, "마오쩌둥의 전략사상", 『군사사상론』, 서울: 플래닛미디어, 2014.

박창희, 『현대 중국전략의 기원』, 서울: 플래닛미디어, 2011.

이선호, "혁명전쟁의 제이론 분석", 『국방연구』 제30권 제2호 (1987).

헤어프리트 뮌클러 지음, 공진성 역, 『새로운 전쟁』, 서울: 책세상, 2012.

R. B. 에스프레이, 일월서각 편집부 역, 『세계 게릴라 전사』 서울: 일월서각, 1993.

Thomas X. Hammes, 하광희 외 역, 『21세기 전쟁: 비대칭의 4세대 전쟁』, 서울: 한국국방연구원, 2010.

CHAPTER 10

이념전쟁과 종교전쟁 | 정한범(국방대학교 안보정책학과 교수)

강인철, 『전쟁과 종교』, 오산: 한신대학교 출판부, 2003.

베른트 슈퇴버, 최승완 역, 『냉전이란 무엇인가: 극단의 시대 1945-1991』, 서울: 역사비평사, 2008.

온창일, 『전쟁론』, 파주: 집문당, 2007.

제레미 블랙, 한정석 역, 『전쟁은 왜 일어나는가』, 서울: 이가서, 2003.

파워즈 거즈스, 장병옥 역, 『이슬람과 미패권주의』, 서울: 명지사, 2001.

홍양표, 『전쟁원인과 평화문제』, 대구: 경북대학교 출판부, 1993.

Edward McNall Burns and Philip Lee Ralph, *World Civilization*, New York: W. W. Norton and Co., 1955.

J. Milton Yinger, *The Scientific Study of Religion*, London: Macmillan, 1970.

Kenneth Waltz, "International Structure, National Force, and the Balance of World Power,"*Journal of International Affairs*, 21 (1967).

Kenneth Waltz, "The Stability of Bipolar World,"*Daedalus*, 93 (1964 Summer).

Mortimer Chambers, Reymond Crew, David Herlihy, Theodore K. Rabb and Isser Woloch, *The Western Experience*, 3rd ed., New York: Alfred A. Knopf, Inc., 1983.

Samuel Huntington, "The Clash of Civilization,"*Foreign Affairs* (1993 Summer).

CHAPTER 11 ─────────────────────────────

전쟁과 사회 | 박효선(청주대학교 군사학과장)

군사학연구회, 『군사학개론』, 서울: 플래닛미디어, 2014.

김광석, 『용병술어연구』, 서울: 병학사. 1992.

김영명, 『제3세계의 군부통치와 정치경제』, 서울: 도서출판 한울, 1985.

김영종, "평화시의 군과 사회", 『국방논집』 제12호 (1990년 겨울).

김영종, 『부패학』, 서울: 숭실대출판부, 1993.

김영종, 『신사회학개론』, 서울: 형설출판사, 2005.

김재홍, "조직문화와 조직효과성에 관한 연구", 전남대학교 대학원 박사학위논문, 2010.

김태훈, 『정치학요론』, 서울: 박문사, 1973.

박재섭, 『전쟁과 국제법』, 서울: 박문사, 2012.

박휘락, 『전쟁·전략·군사 입문』, 서울: 법문사, 2010.

온만금, 『군대와 사회』, 서울: 황금알, 2014.

육군본부, 『전략론』, 육군본부, 2010.

이동열, 『한국군사제도론』, 서울: 일조각, 1982.

이상현, "군대문화와 전투력 관계의 분석 연구", 전남대학교 대학원 석사학위논문, 2001.

이성연, 『현대 국방경제론』, 서울: 선코퍼레이션, 2006.

이종학, 『한국 군사사 연구』, 충남대학교 출판부, 2010.

이효재, 『한국사회변동이론 (II)』, 서울: 민중사, 1985.

장진기, "신세대 장병의 병영생활 적응을 위한 병영 문화 발전 전략", 한국외국어대학교 석사학위논문, 2012.

조영갑, 『한국 민군관계론』, 서울: 한원, 2004.

조현천, "자율적 병영문화가 군 경영성과에 미치는 영향", 한남대학교 박사학위논문, 2014.

최용성, 『젊은이를 위한 전쟁의 이해』, 서울: 양서각, 2005.

한용원, 『군사발전론』, 서울: 박영사, 1981.

홍두승, 『한국군대의 사회학』, 서울: 나남출판, 1996.

A. C. Pigou, *The Political Economy of War*, New York: The Macmillan Company, 1941.

A. Etzioni, *A Comparative Analysis of Complex organization on Power, Involvement and Their Correlation*, New York: The Free of Glenooe, 1962.

Carl von Clausewitz, eds. and trans. by Michael Howard and Peter Paret, *On War*, Princeton, NJ: Princeton University Press, 1984.

J. M. Keynes, *How to pay for the War*, New York: Harcourt, Brace and Company, 1940.

M. Janowitz, *The in the Political Development of New Satate*, Chicago: University of Chicago Press, 1964.

Robert D. Putnam, "Toward Explaining Military Intervention in Latin American Politics"in *World Politics*, Vol. XX, no.1 (Oct. 1967).

S. P. Huntington, *The Soldier and The State: The Theory and Politics of Civil-Military Relations*, Cambridge, Mass: Havard University Press, 1957.

V. D. Sokolovski, *Soviet Military Strategy*, Englewood Cliffs: Prentice-Hall, 1963.

VON der Mehden, *Politics of the Developing Nations*, Englewood Cliffs: Prentice-Hall, 1968.

CHAPTER 12 ────────────────────────────

전쟁과 군사력 | 김종열(영남대학교 군사학과 교수)

김열수, 『국가안보, 위협과 취약성의 딜레마』, 파주: 법문사, 2010.

박계호, 『총력전의 이론과 실제』, 성남: 북코리아, 2012.

부형욱, "군사력 비교평가방법론 소개", 『국방정책연구』, 서울: 한국국방연구원, 1999.

송영필, 『군사학 입문』, 대전: 충남대학교 출판문화원, 2013.

이강언 외, 『최신 군사용어사전』, 서울: 양서각, 2009.

장문석, "군사력의 요소와 분석", 『안전보장이론』, 서울: 국방대학교, 2002.

조원건, 『능력기반 전력기획』, 서울: 북코리아, 2007.

황진환 외, 『군사학개론』, 서울: 양서각, 2011.

Gregory F. Treverton and Seth G. Jones, "Measuring National Power", RAND National Security Research Division, 2005.

군사학
연구총서
3

ON WAR
전쟁론

개정판 1쇄 인쇄 2023년 3월 29일
개정판 1쇄 발행 2023년 4월 5일

지은이 군사학연구회
펴낸이 김세영

펴낸곳 도서출판 플래닛미디어
주소 04044 서울시 마포구 양화로6길 9-14 102호
전화 02-3143-3366
팩스 02-3143-3360
블로그 http://blog.naver.com/planetmedia7
이메일 webmaster@planetmedia.co.kr
출판등록 2005년 9월 12일 제313-2005-000197호

ISBN 979-11-87822-75-2 93390